BLUETOOTH LOW ENERGY
WIRELESS TECHNOLOGY

# 블루투스
## 저에너지 무선기술

변계섭 · 임성화 · 이병훈 · 윤종욱 공저

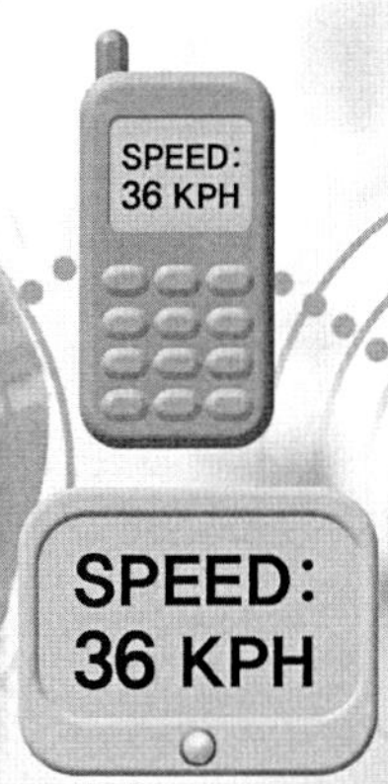


홍릉과학출판사

# 시작하며

필자가 블루투스를 접한지도 10년이 넘었다. 처음 블루투스를 접했을 당시의 블루투스 스펙 버전 1.1이였다. 그 이후 1.2 버전으로 휴대폰에 개발을 하던 때가 기억난다.

블루투스 기술에 대한 시장이 형성되면서 그만큼 블루투스 디바이스의 종류와 그 양도 증가하였다. 물론 한국 시장에서도 많은 블루투스 디바이스들이 양산 및 판매되어 많은 유저들이 사용하고 있다. 세계적으로도 블루투스 디바이스는 이제 마켓에서 인정받는 무선 기술 중 하나가 되었으며, 이제 또 한 번의 비상을 시도하고 있다. UWB를 이용한 블루투스 + AMP가 그것이며, 이는 데이터의 전송 속도를 획기적으로 향상시키는데 일조했다. 또한 블루투스 저에너지 무선 기술(블루투스 Low Energy Wireless Technology)은 기존의 블루투스와는 또다른 기술을 선보이고 있다.

이런 블루투스 디바이스들은 표준화된 인증 프로세스를 거쳐 시장에 출시된다. 이에 대한 모든 프로세스를 관리하고 이들에 대한 기술을 제정하는 곳이 블루투스 SIG(Special Interest Group)이다. 연간 블루투스 디바이스의 인증 대수는 그 해를 거듭하면서 획기적으로 증가하고 있다. 그 중에서 한국에서 인증하는 대수는 전세계적으로 가장 많은 편에 속한다. 이 의미는 모바일폰과 같은 휴대 디바이스의 생산이 세계 최고 수준이라는 의미이다.

필자는 블루투스 무선 기술에 대해서 오랜 기간동안 접하면서 직접 블루투스 무선 기술의 발전 모습과 블루투스 SIG의 노력을 보아왔다. 이런 블루투스 SIG와 방향과 함께하여 또 하나의 새로운 기술인 블루투스 저에너지 무선 기술을 국내에 소개하고 더 나아가 마켓에서 더 많는 유저들이 이를 이용해 편리한 생활을 영유하는데 도움을 주고자 한다.

지금은 3.0 + AMP(Alternative MAC and PHY)버전과 LE 1.0 스펙이 제정되어 시장에서 활발하게 구현되어 호환성 테스트를 마치고 일반 사용자에게까지 제공되고 있다. 여기에 소개된 용어는 가능한 많은 개발자들이 널리 사용하는 용어를 이용하여 표기하였다. 물론 영어 표기에 대한 한국어 표기가 의미상 잘 맞지 않고 애매한 경우에는 영어 표기를 우선으로 하였다.

앞으로 자주 나오는 블루투스 Low Energy Wireless Technology는 이 책에서는 블루투스 저에너지 무선 기술로 표기하기로 한다

본 서에서 서술한 블루투스 저에너지에 관련된 기술은 블루투스 SIG에서 제정한 블루투스 저에너지 무선 기술 버전0.9를 기반으로 작성하였으며, 본 서에서 미진한 부분은 향후 나오게 될 Bluetooth 4.0버전이나 Bluetooth Low Energy관련 스펙을 우선하여 참조하기 바란다.

본 서는 블루투스 SIG의 스펙을 기반으로 각 저자들이 독자들의 이해를 돕기 위해 부가적인 설명이나 기술적인 설명을 덧붙였다. 물론 새로이 작성한 부분도 있으므로 독자는 이를 참고로 하여 이하 글을 이해하면 좋겠다.

본 서는 크게 여섯 부분으로 나누어서 작성되었다.

part I에서는 블루투스 저에너지 무선 기술과 블루투스 SIG에 대한 전반적인 내용을 서술했다.

part II에서는 호스트와 컨트롤러를 연결하는 인터페이스에 대해서 간략하게 서술했다.

part III에서는 블루투스 저에너지 컨트롤러와 호스트와 대해서 스펙레벨에서 소개했으며 코어 프로토콜인 L2CAP과 애트리뷰트 프로토콜과 보안 매니저에 대해서 자세하게 설명하였다.

part IV에서는 시험과 인증에 대해서 설명하였다.

part V에서는 향후 블루투스 저에너지 무선 기술의 발전방향에 대한 전반적인 동향을 기술하였다.

part VI에서는 용어 해설과 테이블, 그림들을 정리했다.

이들 각 부분에서 호스트와 컨트롤러를 연결하는 인터페이스 부분과 L2CAP부분은 현재 국내 유수 대기업의 단말연구소에서 차세대 모바일 단말을 개발하고 있는 윤종욱 주임 연구원이, 보안 파트 부분은 일리노이 대학에서 무선네트워크 프로토콜을 연구한 임성화 박사가, 그리고 유비쿼터스 시스템 연구센터에서 이동컴퓨팅 미들웨어를 개발해 온 이병훈 박사는 애트리뷰트 프로토콜 부분에 대해서 맡아주었다. 이들 나머지 부분에 대해서는 필자에 의해 작성되었다.

필자의 책은 1년여 기간동안 집필작업이 지속되었다. 쉽지 않은 작업 기간이었다. 지난해 많은 눈이 온 탓에 집필할 시간을 많이 갖게 해 준 하느님께 감사의 인사를 전한다. 그리고 먼저, 주말마다 책쓰기에 빠져 가족들을 잘 챙기지 못한 나에게 힘찬 격려를 아끼지 않은 나의 아름다운 아내이자 예비 엄마인 희경이와 나의 사랑스런 아들 범이에게도 깊은 감사를 전한다.

이 과정동안, 함께 어려운 과정을 겪은 임성화 박사, 이병훈 박사와 윤종욱 주임 연구원에게 감사의 말을 전한다. 또한, 출판하는데 많은 도움을 주신 홍릉과학출판사 사장님, 김응수 부장님과 집필에 관련하여 많은 도움을 주신 출판사 관계분들께 감사의 말을 더하고자 한다.

바쁜 와중에도 항상 블루투스 컨퍼런스때마다 격려를 아끼지 않으신 블루투스 SIG의 한국지사를 담당하고 계신 Eric Choi께도 감사의 인사를 드리고 싶다.

많은 시간 단말연구소에서 여러 밤을 함께한 강형욱 선임, 김상진 선임 그리고 절친한 김형문 책임연구원에게도 심심한 감사를 표한다.

마지막으로 이 글을 쓰는데 많은 경험을 갖게 한 Broadcom과 CSR의 모든 지인들과 많은 시간 도움을 주신 ST Ericsson 동료분들께 감사의 인사를 전한다.

2010년 8월

저자

# 차례


## Part I 블루투스 저에너지 무선 기술이란?

1. 블루투스 저에너지 무선 기술 3
    - 1.1 블루투스 디바이스 클래스 3
    - 1.2 블루투스 저에너지 디바이스의 용도 4
    - 1.3 블루투스 저에너지 무선 기술 소개 7
    - 1.4 전력 소모 9
2. 디바이스 성능 및 프로파일 10
    - 2.1 브로드캐스터 프로파일 11
    - 2.2 옵져버 프로파일 13
    - 2.3 센트럴 프로파일, 페리퍼럴 프로파일(Central and Peripheral Profile) 15
        - 2.3.1 검색 15
        - 2.3.2 연결하기 18
        - 2.3.3 기존 블루투스 무선 기술과의 호환성 고려 21
3. 프로파일 통신 21
    - 3.1 애트리뷰트 21
    - 3.2 프로파일 통신을 위한 애트리뷰트 22
    - 3.3 서비스 검색 25
    - 3.4 보안 25

3.5 프라이버시 26

4. 블루투스 저에너지 무선 기술의 역사 27

4.1 배경 27

5. 블루투스 SIG 27

5.1 블루투스 역사 28

5.2 멤버쉽 29

5.2.1 회원 자격의 중요성 30

5.2.2 회원사의 등급 30

5.2.3 참여방법 31

5.2.4 멤버쉽 비용 31

5.2.5 회원사 혜택 32

## Part II 블루투스 저에너지 호스트 인터페이스

1. 호스트 인터페이스의 기본 구조 36

2. 호스트 인터페이스를 통한 기본 동작 39

3. 호스트 인터페이스 명령어 41

4. 주요 명령어와 인자 46

## Part III 블루투스 저에너지

1. 블루투스 저에너지 컨트롤러 53

1.1 물리 계층 규격 53

1.1.1 주파수 대역과 채널 배열 53

1.1.2 트랜스미터 특성 54

1.1.3 모듈레이션 특성 54

1.1.4 주파수 허용범위 55

1.1.5 리시버 특성 56

1.2 링크 계층(Link Layer) 규격 58
1.2.1 링크 계층 58
1.2.2 비트 오더링(Bit Ordering) 60
1.2.3 디바이스 어드레스 61
1.2.4 물리 채널 61
1.2.5 에어 인터페이스 패킷(Air Interface Packets) 63
1.2.6 비트 스트림 프로세싱(Bit Stream Processing) 74
1.2.7 에어 인터페이스 프로토콜(Air Interface Protocol) 76
1.2.8 링크 계층 컨트롤 97
1.3 블루투스 저에너지 링크 계층 보안 105
1.3.1 인크립션 105
1.3.2 CCM 106
2. 블루투스 저에너지 호스트 110
2.1 논리 링크 제어와 적합 프로토콜(L2CAP, Logical Link Control and Adaptation Protocol) 110
2.1.1 L2CAP 특징 110
2.1.2 L2CAP에 필요한 몇가지 가정 112
2.1.3 채널 식별자 112
2.1.4 디바이스 및 계층간 통신 113
2.1.5 L2CAP 동작 모드 114
2.1.6 데이터 패킷 포맷 114
2.1.7 시그널링 패킷 포맷 116
2.1.8 페러미터 설정 옵션들 118
2.1.9 L2CAP의 일반적인 프로시져들 119
2.1.10 플로우 컨트롤과 재전송 123
2.1.11 스테이트 머신(State Machine) 124
2.2 보안 매니저 규격 125
2.2.1 개요 125
2.2.2 암호화 툴박스 126
2.2.3 페어링 메소드 129
2.2.4 블루투스 저에너지에서의 보안 136
2.2.5 보안 매니저 규격(Security Manager Specification) 143
2.3 블루투스 저에너지 GAP 157
2.3.1 프로파일 소개 157

2.3.2 사용자 인터페이스 161

2.4 오퍼레이셔널 모드와 프로시져 164

2.4.1 브로드캐스팅 166

2.4.2 디바이스 검색 167

2.4.3 연결(Connection) 177

2.4.4 결합(Bonding) 183

2.4.5 서비스 검색 187

2.5 보안에 대한 고려사항 188

2.5.1 요구사항 188

2.5.2 인증 프로시져 189

2.5.3 블루투스 저에너지 보안 프로시져 190

2.5.4 랜덤 어드레싱 195

2.6 애드버타이징 데이터 포맷 198

2.6.1 AD Type 정의 199

2.6.2 애드버타이징 데이터 예 202

2.7 GAP 애트리뷰트 203

2.7.1 GAP 프로파일 UUID 204

2.7.2 디바이스 이름 204

2.7.3 버전 정보 204

2.7.4 아이콘 204

2.7.5 벤더와 제품 정보 205

2.7.6 디바이스 언어 지원 205

2.7.7 현재 사용 언어 205

2.7.8 슬레이브 선순위 연결 페러미터 206

3. 블루투스 저에너지 프로토콜 207

3.1 애트리뷰트 프로토콜(Attribute Protocol) 207

3.1.1 프로토콜 요구사항 207

3.1.2 기본개념 207

3.1.3 애트리뷰트 PDU 212

3.1.4 애트리뷰트 프로토콜 PDU 216

3.1.5 보안 고려사항 241

4. 블루투스 저에너지 프로파일 242

4.1 GATT(Generic Attribute Profile) 242

4.1.1 프로파일 소개 242

4.1.2 서비스 호환성 요구사항 248

4.1.3 GATT 특징 요구(GATT Feature Requirements) 259

4.1.4 L2CAP 호환성 요구사항 279

4.1.5 GAP 호환성 요구사항 280

4.1.6 정의된 GATT 프로파일 서비스 281

4.1.7 보안에 대한 고려 284

4.1.8 서버 애트리뷰트의 예 285

5. 블루투스 저에너지 응용 프로파일 287

5.1 근접 프로파일(Proximity Profile) 287

5.2 PUID(Personal User Interface Device) Profile 291

5.3 리모트 컨트롤 프로파일(Simple Remote Control Profile) 296

## Part IV 블루투스 Low Energy 시험과 인증

1. 블루투스 저에너지 무선 기술 인증 소개 300

1.1 블루투스 인증 제품 유형 300

1.2 블루투스 로고의 사용 301

1.3 제품의 변경 302

1.4 시장 감시 및 강제 이행 302

1.4.1 불법 유통에 대한 시장 감독 303

1.4.2 적합성 심사 감사 303

1.5 인증 기관 304

1.5.1 인증 기관 304

2. 블루투스 저에너지 인증 프로세스 305

2.1 블루투스 저에너지 디바이스 인증 시작 306

2.2 블루투스 저에너지 디바이스 인증 테스트 플랜작성 307

2.3 블루투스 저에너지 디바이스 인증 테스팅 308

2.3.1 PTS(Profile Tuning Suite) 309
2.4 블루투스 저에너지 디바이스 인증 리스팅 310
2.4.1 EPL 311

3. 직접 테스트 모드 312
3.1 HCI 테스트 인터페이스 312
3.1.1 테스트 인터페이스 순서 312
3.1.2 저에너지 트랜스미터 테스트 313
3.1.3 LE 리시버 테스트 314
3.2 UART 테스트 인터페이스 314
3.2.1 UART 인터페이스 특성 314
3.2.2 UART 기능 설명 315
3.2.3 명령어와 이벤트 315

Part V 향후 과제 및 발전 방향

1. 향후 블루투스의 발전 전망 321
1.1 로이 선보일 애플리케이션들 323
1.1.1 센서 프로파일을 이용한 스포츠 용품들 323
1.1.2 환자를 위한 원격 진단 모니터링 제품 324
1.1.3 일상에 적용가능한 제품 325

Part VI 부록

Appendix A 용어해설 327
Appendix B 테이블 및 그림정리 336

■ 찾아보기 346

Part I

BLUETOOTH LOW ENERGY WIRELESS TECHNOLOGY

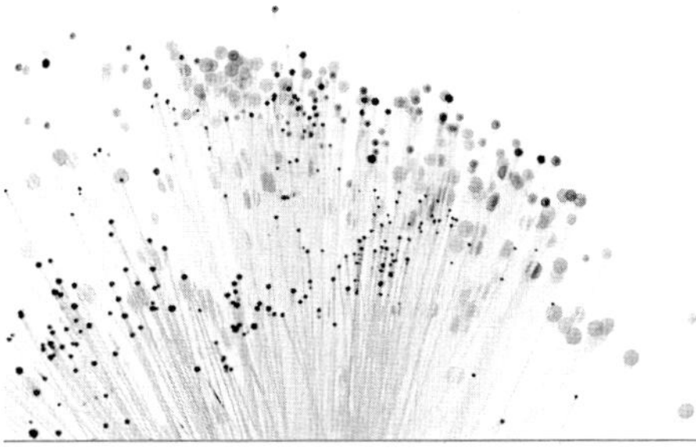

# 블루투스 저에너지 무선 기술이란?

최근들어 시장에서 블루투스에 대한 폭발적인 수요로 인해 다양한 제품을 구입할 수 있다. 특히 블루투스 헤드셋은 어디서나 쉽게 볼 수 있으며, 휴대폰에는 이를 지원하기 위한 헤드셋 프로파일(HSP; HeadSet Profile)이 동작한다. 특히, 운전 중에도 아주 유용하게 사용할 수 있다. 또한, 블루투스를 이용하면 MP3를 들을 때 유선으로 연결된 헤드셋 대신 간편히 무선으로 음악을 즐길 수 있다. 이는 블루투스라는 무선 기술(Bluetooth Wireless Technology) 덕에 가능하게 된 것이다. 블루투스 역사에 대한 자세한 내용은 뒷부분에 정리했다. 그러나 이 블루투스 무선 기술이 특정 기능으로 동작하는 경우(예, MP3 플레이 또는 파일 전송)에는 해당 디바이스의 리소스 사용증가(CPU 점유, 많은 전력 소모 등)로 인해 전력이 무시할 수 없는 수준으로 소모된다. 이로 인해 자주 배터리를 충전하거나 교체해야 하는 등의 불편함을 야기시킨다.

특정 프로파일만을 지원하는 경우, 디바이스는 블루투스 무선 기술의 전체 기능을 구현할 필요는 없다. 이런 경우를 위한 최적의 디바이스를 만들기 위해 블루투스 저에너지 무선 기술(Low Energy Wireless Technology)이 탄생되었다.

블루투스 프로파일이란 블루투스 애플리케이션을 구현할 때, 특정 애플리케이션마다 사용해야 할 프로토콜의 종류와 그 구조 및 사용 방법을 규정한 것이다. 이에 대한 자세한 내용은 이후 다시 설명하기로 한다.

블루투스 저에너지(LE; Low Energy) 디바이스는 기존의 블루투스 BR(Basic Rate)/EDR(Enhanced Data Rate)와 AMP(Alternative MAC/PHY)와는 다른 구조를 지닌 차세대 블루투스 무선 기술이며, 블루투스 SIG에서 제정되었다(이들 무선 기술에 대한 자세한 정보는 다음 장에서 자세하게 비교하였다). 물론 기존의 BR/EDR 및 AMP와 서로 완전하게 상이하지는 않지만, 적어도 다음과 같은 블루투스 저에너지 무선 기술만의 특징을 갖는다.

- 낮은 가격
- 낮은 대기시간
- 낮은 duty cycle
- 낮은 데이터 전송률
- 낮은 전력 소모

위의 특성에서와 같이 블루투스 저에너지는 지금까지 사용해오던 블루투스 BR/EDR/AMP와 비교하여 상대적으로 낮은 duty cycle을 가지며 낮은 가격에 생산이 가능하고, 낮은 데이터 rate를 통한 낮은 전력 소모가 가능하다. 그러나 이들 모두의 블루투스 기술(기존의 블루투스 무선 기술과 저에너지 무선 기술)을 사용하는 디바이스는 호환이 가능하게 설계되었으며, 언제라도 이들 디바이스간 통신이 가능하다. 기존의 블루투스 무선 기술을 탑제한 블루투스 디바이스들(BR/EDR/AMP)은 블루투스 저에너지 디바이스와 완벽히 호환되지 않을 수 있다. 이는 기존 디바이스에서 블루투스 저에너지와 관련된 스택 및 통신 프로토콜 처리를 지원하지 않기 때문이다. 그러므로 이에 대한 호환을 위해서는 코드를 재작성해야 한다.

본 PART I에서는 블루투스 저에너지 무선 기술에 대한 전체 구조와 이와 같은 기술이 태어나게 된 배경에 대해서 알아본다. 이제 블루투스 저에너지에 대한 전체적인 개념, 구조, 그리고 용어에 대해서도 알아보도록 하자. 아래 그림은 블루투스 저에너지 기술을 이용하여 제작할 수 있는 제품의 한 예를 보여준다.

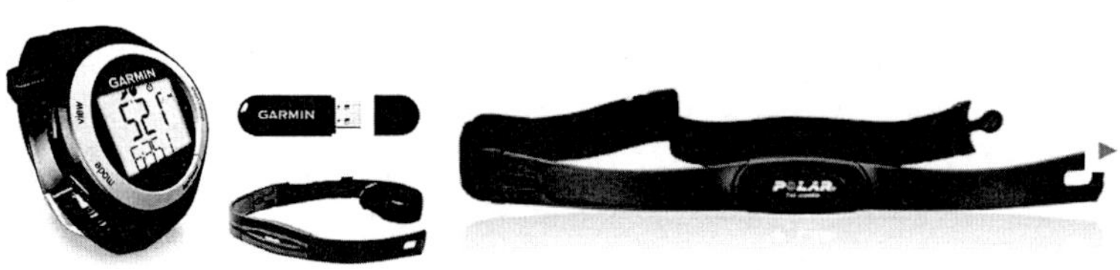


[그림 1 블루투스 저에너지 제품]

# 1 블루투스 저에너지 무선 기술

블루투스 저에너지 무선 기술 디바이스는 아래와 같은 특성을 갖는다. 원활한 이해를 위해 기존의 블루투스 기술과 저에너지 기술에 대해서 비교하였다.

[표 1 블루투스 저에너지와 블루투스 기술의 비교]

| 기술 사양 | 블루투스 기술(BR/EDR) | 블루투스 저에너지 |
|---|---|---|
| Radio frequency | 2.4GHz | 2.4GHz |
| 거리/범위 | 10m | 10m |
| 공간 데이터 속도 | 1-3Mbps | 1Mbps |
| 애플리케이션 간 전송 속도 | 0.7–2.1Mbps | 0.2Mbps |
| 노드/활성가능한 슬레이브 | 7-16,777,184 | 제한없이 확장 가능 |
| 보안 | 64b/128b / 애플리케이션 계층에서 사용자 정의 | 128b AES / 애플리케이션 계층에서 사용자 정의 |
| Robustness | Adaptive fast frenquecy hopping, FEC, fask ACK | Adaptive fast frenquecy |
| Latency(비연결 상태) 데이터 전송시간 | 100ms | <6ms |
| 통제 규칙 | 전세계 통용 | 전세계 통용 |
| 인증 | 블루투스 SIG | 블루투스 SIG |
| 음성 지원 | 지원 | 지원하지 않음 |
| 네트워크 토폴로지 | 스캐터넷 | 스타버스 |
| 파워소모 | <30mA | <15mA (max 15mA, 코인셀) |
| 서비스 검색 | 지원 | 지원 |
| 프로파일 컨셉지원 | 지원 | 지원 |
| 주 사용 애플리케이션의 예 | 모바일 폰, 게임, 헤드셋, PC 등 | 모바일 폰, 게임, PC, 시계, 스포츠, 헬쓰케어, 자동차, 가전제품, 산업 전반 등 |

## 1.1 블루투스 디바이스 클래스

블루투스 저에너지 무선 기술은 블루투스 무선 기술의 한 테두리 내에 존재하는 기술이다. 여기에서 소개하는 디바이스 클래스는 기존 블루투스 무선 기술에서 사용하는 디바이스 클래스와 비교할 때 추가적인 부분이 존재한다. 즉, 블루투스 저에너지만의 디바이스 클래스가 존재한다. 물론 이들의 어떤 디바이스의 결합은 서로 통신이 불가능한 경우에도 존재할 수 있다. 예를 들면, 블루투스 저에너지만을 지원하는 디바이스는 블루투스 저에너지를 지원하지 않는 전통적인 블루투스 디바이스와 통신할 수 없다. 어떤 이들은 블루투스 저에너지 디바이스와 기존 블루투스 디바이스와의 호환 문제를 심각하게 여길 수도 있다. 그러나, 블루투스 저에너지는 특별히 저전력 디바이스를 꼭 사용해야하는 마켓에 기존의 블루투스 디바이스보다 낮은 전력 소모와 적절한 수준의 성능을 제공한다.

또한 블루투스 저에너지는 기존 블루투스 영역에 추가로 구현하는데 아주 낮은 비용이 소요된다. 이는 블루투스 저에너지가 기존의 블루투스 기술의 많은 부분을 공유해서 구현했기 때문이다.

이들 디바이스들은 두 가지 기술을 쉽게 결합하여 전체 블루투스 에코시스템(ecosystem) 내의 디바이스들의 통신을 쉽게 만든다. 전체적인 디바이스 클래스를 정리해보면 아래와 같다.

- 싱글 블루투스 저에너지 디바이스
- 블루투스 디바이스 + 블루투스 저에너지 디바이스
- 블루투스 디바이스(블루투스 저에너지를 지원하지 않는 디바이스)

여기에서 블루투스 디바이스는 블루투스 BR/EDR 디바이스와 블루투스 AMP로 나눌 수 있으며, 통상적으로 블루투스 AMP는 이전의 BR/EDR 디바이스와 호환된다.

## 1.2 블루투스 저에너지 디바이스의 용도

그렇다면 블루투스 저에너지 디바이스는 어떤 용도로 쓰일까? 제조회사의 입장에서 보면 우선 해당되는 용도에 맞게 디바이스를 개발해야 할 것이다. 우선 시장에서 가치있고, 사용가능한 제품을 만드는 것이다. 이에 대해서 디자인할 때 여러 가지로 고려할 사항이 있다. 하지만 가장 우선시 해야 할 부분은 어디에 어떤 용도로 쓰이는가이다.

블루투스 저에너지 디바이스를 디자인할 때 애플리케이션을 최적화하기 위하여 몇 가지 결정을 내려야 한다. 그러나 이러한 결정을 내릴 때에는 다른 애플리케이션과의 영향을 감안해야 하는 등의 신중한 고려가 필요하다. 그러므로 새로운 디바이스를 개발할 때, 향후 영향을 미칠 수 있는 결정들에 대해서 이해하는 것은 매우 중요하다. 이는 디바이스를 디자인하고 개발하는 엔지니어 입장에서 아주 중요한 부분이다.

블루투스 저에너지는 연결 중 긴 슬립 타임(sleep time), 작은 크기의 데이터 전송 단위, 매우 낮은 duty cycle, 그리고 심플한 토폴로지(topology)를 갖는다. 반면 기존의 블루투스 무선 기술이 장착된 디바이스(BR/EDR/AMP+High Speed)는 항상 연결되어 있거나 현재 연결되어 있고 높은 보안 안전과 복잡한 토폴로지를 갖는 것에 최적화 되어 있다. 그러므로 효과적인 사용을 위해서는 블루투스 저에너지의 가장 기본적인 특징에 대해서 알고 있어야 한다. 이는 새로운 디바이스나 애플리케이션을 구상할 때 꼭 고려해야 할 것이다. 그래야 블루투스 저에너지의 강점을 최대한 살릴 수 있다. 이에 대한 장점 및 특징을 아래에 서술했다.

**대기시간** 블루투스 저에너지 무선 기술은 3ms보다 짧은 시간 내의 연결 셋업을 지원한다. 이를 통하여 애플리케이션이 연결되고 난 후 데이터를 전송하고 연결을 끊는 동안의 프로세스를 아주 빠르게 진행할 수 있다. 이런 대기시간을 줄이기 위해 리모트 디바이스는 매우 제한적인 주기동안 높은 duty cycle로 지속적인 브로드캐스팅이 필요하다. 이같은 과정은 브로드캐스팅 메소드를 사용하는 디바이스를 위해 지속적으로 스캐닝이 필요한 스캐닝 디바이스가 연결되었을 때 운용이 가능하다. 이 연결 설정 시나리오를 최적화 하기 위해서는 연결 설정을 유지하는 동안, 낮은 latency 애플리케이션은 사용하지 않는다. 이와 같은 전형적인 시나리오를 갖는 애플리케이션은 오디오/비디오 디바이스를 위한 리모콘이다. 그러나 배터리로 동작되는 애플리케이션은 높은 연결 대기시간을 갖는다. 이것의 범위는 20ms에서 10.24s(표면상 1.28s 정도)이다. 특별히 매우 빠른 연결 상황은 가능하지만, 배터리로 동작하는 디바이스의 주파수는 매우 낮아야 한다.

**데이터 전송** 블루투스 저에너지 무선 기술은 단일 패킷 내에 최적화된 명령어와 매우 짧은 데이터 패킷(8~27octet)을 지원한다. 이러한 패킷 사이즈는 많은 양의 데이터를 전송하는데에 적합하지 않다. 이런 경우에는 기존의 블루투스 무선 기술을 사용하는 것이 좋다. 많은 양의 패킷을 전송할 때에는 블루투스 저에너지 무선 기술의 패킷 오버헤드(패킷 수)가 기존의 블루투스 무선 기술보다 훨씬 크다. 그러나 작은 양의 패킷을 전송하는 경우에는 블루투스 저에너지가 훨씬 좋은 효율을 나타낸다.

**Duty Cycle** 블루투스 저에너지를 이용함으로써 가장 큰 장점은 에너지 절약을 위해 긴 시간동안 호스트와 컨트롤러가 sleep 모드로 진입할 수 있다는 점이다. 이는 긴 시간동안 두 디바이스가 연결되어 있을 필요가 없는 경우의 애플리케이션에서 매우 효과적인 기능이다. 물론 이를 잘 활용한 디바이스를 디자인하는 것 또한 중요하다.

**보안** 블루투스 저에너지 무선 기술은 기존의 블루투스 무선 기술의 보안 특성을 많은 부분 공유하도록 설계되었다. 그렇지만 숫자적으로 아직 기존의 블루투스 무선 기술과 비교하면 부족한 점이 많다. 예를 들면 블루투스 무선 기술 버전 1.2 또는 그 이후에서 정의한 SPP(Secure Simple Pairing)의 경우와 같이 블루투스 저에너지에는 아직 정의되지 않은 부분이 존재한다(SPP는 블루투스 저에너지 스펙에 향후 추가될 예정). 대신에 Man-In-The-Middle(중간에 가로채는 기법) 방지가 필요하다면 대신에 pass key(기존의 블루투스 무선 기술에서 사용하는 알고리즘과는 다른 pass key entry를 위한 인증 키를 생성) 진입이 필요하다. 블루투스 저에너지 무선 기술은 두 디바이스 사이에 요구되는 암호화된 링크가 없는 리모트 디바이스의 인증 사용을 허용한다.

**호스트 컨트롤** 블루투스 저에너지 무선 기술은 컨트롤러 내의 호스트가 어떤 액션을 수행하기 원할 때, 컨트롤러에 의해서 깨어나고 긴 시간동안 호스트가 슬립에 들어가게 하는 등의 중요한 부분을 차지한다. 또한 전력 소모를 최소화한다. 블루투스 저에너지 디바이스는 크게 호스트와 컨트롤러로 나뉜다. 컨트롤러는 호스트를 제어하는 역할을 하며 컨트롤러에는 물리적인 계층이 포함되어 있다.

**토폴로지(Topology)** 블루투스 저에너지 무선 기술은 스타형 토폴로지를 이용하여 일대 다 연결을 허용하며, 일대일 연결에 최적화 되어 있다.

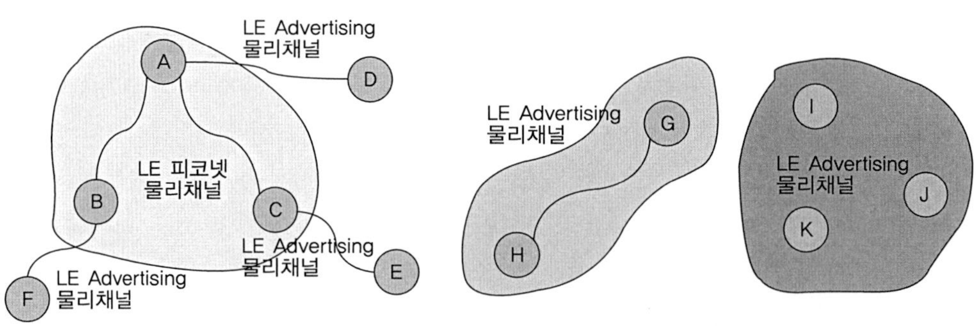


[그림 2 블루투스 저에너지 무선 기술의 토폴로지]

메쉬(mesh)나 스캐터넷(scatternet) 등과 같은 복잡한 네크워크 모델은 초기 블루투스 저에너지 버전에서는 지원하지 않는다. 빠른 연결 및 끊음과 같은 기능을 사용하여 메쉬 네트워크를 유지하기 위하여 복잡한 프로세스 수행없이 메쉬 토폴로지처럼 데이터를 이동할 수 있다. 블루투스 저에너지 디바이스는 마스터(master)와 슬레이브(slave) 역할을 동시에 지원하지 않는 비대칭(asymmetric)이 가능하다. 어떤 경우에 블루투스 저에너지 디바이스는 단지 단일 토폴로지 역할만 지원한다. 예를 들면, 온도 센서 역할을 하는 블루투스 저에너지 디바이스와 이 정보를 이용하는 센트럴 디바이스의 역할이 이에 해당한다. 토폴로지 역할은 연결 생성 시에 고정된다. 스위칭(switching) 토폴로지 역할은 연결을 종결하고 다시 새 연결을 개설하는 새로운 토폴로지 역할을 필요로 한다. 블루투스 저에너지 무선 기술에서는 스타형 토폴로지만을 지원한다. 이후 버전에서는 좀 더 효율적이고 확장 가능한 토폴로지를 지원할 예정이다.

블루투스 저에너지를 이용한 새로운 디바이스 디자인 시에 위의 요소들을 신중하게 고려해야 한다. 이는 독립적인 애플리케이션 모델이 아닌 쌍방향의 통신이 필요한 디바이스에 관한 부분이기 때문이다. 리모트(remote) 디바이스에서는 적은 양의 배터리 한계를 고려해야 한다. 만약 이런 고려가 없다면, 블루투스 저에너지 무선 기술을 이용하여 애플리케이션을 만드는 것 자체가 현재 존재하는 블루투스 저에너지 무선 기술 ecosystem에 부정적인 영향을 초래할 수 있기 때문이다.

## 1.3 블루투스 저에너지 무선 기술 소개

블루투스 저에너지를 지원하는 디바이스들은 이미 존재하는 블루투스 무선 기술 디바이스와는 다르게 몇 가지 차이점을 가지고 있다. 기존의 블루투스 무선 기술에 대해서 대략적으로 공부하는 것만으로도 – 기존 무선 기술과 차이는 존재하겠지만 – 블루투스 저에너지를 이해하는데 많은 도움이 될 것이다.

블루투스 저에너지 무선 기술은 피어(peer) 디바이스간 대칭적인 구조가 아니다. 최적화된 저비용과 저전력을 위해 블루투스 저에너지 디바이스들은 송신 또는 수신만 가능한 한방향 통신(unidirectional communication)을 지원한다. 경우에 따라서는 두 방향 통신(Bi-directional communication)이 여전히 지원 가능하지만, 대개의 경우 단방향을 지원한다. 기존의 블루투스 디바이스와는 다르게, 연결되어 있는 동안 블루투스 저에너지 디바이스는 마스터와 슬레이브의 역할 교환을 지원하지 않는다. 애플리케이션 프로파일은 프로파일 상에서 마스터와 슬레이브의 역할을 정의하여 결정한다. 그리고 슬레이브는 두 개의 마스터 또는 두 개의 슬레이브 상황에 대해서 동작하지 않는다.

또 다른 중요한 차이점은 디바이스 검색과 연결 셋업 상황이다. 블루투스 저에너지는 전통적인 블루투스 무선 기술에서 사용하는 풀(pull) 모델 대신 푸시(push) 모델을 사용한다. 다른 디바이스에 의해서 검색되기를 바라는 디바이스는 브로드캐스트 애드버타이징(beacon)을 사용한다. 반면 전통적인 블루투스 무선 기술에서는 다른 디바이스에 의해서 검색되어지기를 바라는 디바이스는 디바이스 정보를 보내기 전에 inquiring 디바이스로부터 브로드캐스트 메시지를 받기 위해 대기모드 내에 존재해야 한다. 쉽게 말하면 블루투스 저에너지 디바이스는 특정 디바이스와 연결하기 위해 브로드캐스트 애드버타이징 메시지를 사용하는 푸시모델을 따르고, 기존의 블루투스 무선 기술 디바이스는 특정 디바이스와 연결하기 위해 풀 모델을 따른다. 이에 대해서는 뒤에서 나올 디바이스 성능 부분에서 다시 설명하기로 한다.

블루투스 저에너지에서 애드버타이징 브로드캐스트는 주변에 존재하는 연결을 위한 디바이스들을 나타내기 위한 메소드(method)를 제공한다. 애드버타이징 브로드캐스트를 기다리는 디바이스는 연결을 희망하는 디바이스로부터 저에너지 애드버타이징 브로드캐스트를 받으면, 애드버타이징 브로드캐스트를 보낸 디바이스를 제외한 다른 디바이스와의 연결은 무시하게 되며, 이를 위해 해당 모드로 진입한다. 이는 동시에 여러 개의 디바이스와의 연결시 생길 수 있는 문제를 사전에 막기 위해서이다.

블루투스 저에너지 무선 기술은 대칭성, 고정된 검색, 그리고 연결 모드에 대한 취약성으로 인해 다양한 결합형태에 대한 수용능력을 나타내기 위한 상세한 프로파일 역할이 필요하다. 프로파일은 두 디바이스간 같은 프로파일을 지원할 때, 다른 디바이스와 통신하기 위한 매우 중요한 부분을 차지한다. 이들 프로파일은 아래의 브로드캐스터, 옵저버, 페리퍼럴 그리고 센트럴 이렇게 네 가지의 형태의 디바이스에서 각각의 역할을 수행한다. 각 프로파일은 해당 디바이스를 설계할 때 아주 중요하게 검토되어야 할 부분이다. 각 디바이스에 대한 설명은 다음과 같다.

**브로드캐스터(Broadcaster)** 브로드캐스트 역할을 수행하는 디바이스. 단지 전송 역할만을 수행하고 다른 디바이스에 애드버타이징 브로드캐스트를 한다. 위에서 설명한 푸시 모델을 지원하기 때문에 꼭 필요한 프로파일이다.

**옵져버(Observer)** 옵져버 프로파일을 지원하는 디바이스로 수신 기능만이 존재하고 디바이스 브로드캐스팅 애드버타이즈로부터 애드버타이즈를 받기 위해 대기모드로 존재한다.

**페리퍼럴(Pheripheral)** 페리퍼럴 프로파일을 지원하는 디바이스로 전송과 수신모드의 기능을 수행한다. 이 디바이스는 브로드캐스팅 애드버타이즈먼트를 지원하고 슬레이브처럼 다른 디바이스에 연결된다.

**센트럴(Central)** 센트럴 프로파일을 지원하는 디바이스로 송신과 수신 모두의 기능을 필요로 한다. 브로드캐스트 애드버타이즈먼트를 위해 대기상태로 존재해야 하며 초기 연결시 마스터로서의 역할을 수행한다.

디바이스는 필요 시 여러가지 프로파일 역할을 동시에 지원할 수 있다. 각 프로파일 역할은 지원하는 애플리케이션에 맞도록 최적화 할 수 있다. 만약 해당 애플리케이션이 주기적으로 작은 사이즈의 정보만을 전달해야 한다면 두 방향성의 통신은 필요하지 않으며, 브로드캐스터와 옵져버 프로파일 역할로 고려하면 될 것이다. 애플리케이션은 특정 상황에서 디바이스 설정과 같은 방법으로 페리퍼럴과 센트럴 프로파일 역할로 바뀔 수 있다. 그러나 대부분의 경우에는 브로드캐스터와 옵져버 프로파일 역할로 운영된다. 어떤 애플리케이션은 페리퍼럴과 센트럴 프로파일 기능을 추가적으로 요구한다. 이때 가장 중요한 것은 어떤 상위 계층 프로파일 역할이 페리퍼럴 프로파일 역할 또는 센트럴 프로파일 역할에 잘 맞는가 하는 것이다. 이는 개발할 디바이스의 컨셉을 결정하고 디자인할 때, 필요한 요소를 파악하고 정의하는 단계에서 이루어지며, 심플한 디바이스의 개발에서도 이는 꼭 고려되어야 한다.

## 1.4 전력 소모

블루투스 저에너지 디바이스는 위에서 언급했듯이, 배터리 교체주기가 굉장히 길다. 배터리 생명주기를 늘리기 위해서 배터리의 생명주기 내에 가장 큰 영향을 미치는 주요 요인을 분석해야 한다. 아래의 테이블은 블루투스 저에너지 컨트롤러를 구현하고 데이터 교환, 대기시간, duty cycle의 주요 요인에 기반한 전력소모의 영향에 대한 내용들을 나타낸다. 테이블의 숫자들은 일정한 시간 주기 동안의 상대적인 전력 소모를 나타낸다.

테이블 내의 값은 170mAh 코인 셀(coin cell)을 이용하여 시뮬레이션한 값을 나타내었다. 애플리케이션의 매 8octet(1octet = 8비트) 페이로드(payload)마다 프로토콜 오버헤드(overhead) 17octet가 사용되었다. 사이즈가 '0'인 페이로드는 비교를 위해서 가장 작은 사이즈의 패킷을 의미한다.

[표 2 블루투스 저에너지 전력 소모]

| | 통신 간격 | | | | |
|---|---|---|---|---|---|
| | 20ms | 100ms | 500ms | 1sec | 10sec |
| 브로드캐스터(payload = 0 octet) | 3+ 주 | 3+ 주 | 1+ 주 | 1.5+ 년 | 3.5+ 년 |
| 브로드캐스터(payload = 31 octet)<br>376us length * 3 per 이벤트 | 1+ 주 | 1+ 달 | 6+ 달 | 8+ 달 | ~3 년 |
| 옵져버(payload =0 octet)<br>10 ms window | 8+ 시간 | 1+ 달 | 1+ 주 | 2+ 주 | ~4 달 |
| 페리퍼럴(8 octets of Attribute 데이터) | ~1 달 | 3+ 달 | 1+ 년 | 1.5+ 년 | 3.5+ 년 |
| 센트럴(8 octets of Attribute 데이터) | ~2 주 | ~2 달 | 9+ 달 | 1+ 년 | 3+ 년 |

## 2 디바이스 성능 및 프로파일

이미 서술한 바와 같이 블루투스 저에너지는 네 가지의 프로파일 역할을 지원한다. 브로드캐스터, 옵져버, 페리퍼럴 그리고 센트럴이 그것이다. 블루투스 저에너지 디바이스는 특정 또는 모든 프로파일 역할을 수행할 수 있다. 각 역할은 디바이스의 성능에 대응된다. 상위 계층 프로파일은 위의 네 가지 중 하나의 프로파일과 맵핑되어야 한다. 하위레벨에서 디바이스의 형태는 상위의 프로파일과 기능상 맞아야 하며, 이는 통신할 상대 디바이스와 원활한 통신을 위한 구조를 가지고 있어야 한다. 이는 위에서 설명할 각 프로토콜과 프로파일에 대해서 특정 기능을 수행하는 디바이스에서 꼭 고려되어야 할 사항이다.

브로드캐스터 프로파일 역할만을 지원하는 디바이스는 트랜스미터(transmitter)만 필요하다. 그러나 상황에 따라서 리시버(receiver)도 포함할 수 있다. 옵져버 프로파일 역할을 하는 디바이스는 리시버만 요구하지만, 트랜스미터를 가질 수도 있다. 각 프로파일에 매핑된 애플리케이션 프로파일은 브로드캐스터 또는 옵져버 역할을 위한 임의의 리시버 또는 트랜스미터가 있음을 가정하지는 않는다.

[그림 3 온도 센서(브로드캐스터)]

[그림 4 온도 디스플레이(옵저버)]

페리퍼럴 또는 센트럴 프로파일 역할을 하는 디바이스는 리시버와 트랜스미터 둘 다의 기능이 요구된다. 기존의 블루투스 디바이스와는 다르게 블루투스 저에너지 디바이스는 컨트롤러 레벨에서 리모트 디바이스와 대칭적이지 않다. 그리고 그들 컨트롤러는 단지 페리퍼럴 또는 센트럴 프로파일 역할을 위한 기능만을 요구한다.

[그림 5 시계(페리퍼럴)]

[그림 6 휴대폰(센트럴)]

블루투스 저에너지는 자체적으로 블루투스 컨트롤러를 운영함으로써 전력 소모를 더 줄이기 위해 노력한다. 어떤 프로파일 역할에서 컨트롤러는 디바이스로부터 브로드캐스트 통신을 필터링하도록 지시받는다. 그리고 화이트 리스트(white list)로 알려진, 이전에 본딩(bonding)된 적이 있는 디바이스의 리스트에 존재하지 않는 디바이스로부터의 통신을 거절한다. 컨트롤러는 희망하지 않는 브로드캐스트 또는 슬립(sleep) 상태의 호스트를 깨우기 위한 브로드캐스트 통신이 아닌 다른 요청은 거부한다. 희망하지 않는 브로드캐스트나 임의의 요청으로 해당 서비스를 공격하려고 하는 의도를 차단한다. 이는 해당 공격에 대해 보안측면에서 장점을 제공하기도 한다.

## 2.1 브로드캐스터 프로파일

브로드캐스터 프로파일(broadcaster Profile) 역할을 사용하는 디바이스는 디바이스간 통신시에 단방향으로 통신을 하고 적은 양의 브로드캐스트 데이터를 사용한다. 이 때 전력소모는 낮다. 이 프로파일에서 브로드캐스터의 호스트는 특정 영역 내의 디바이스에게 주어진 시간주기에 애드버타이징 브로드캐스트를 보내기 위해서 브로드캐스터의 컨트롤러를 설정한다. 브로드캐스터의 컨트롤러는 호스트가 애드버타이징 브로드캐스트의 내용을 변경하지 않는다면, 호스트에 의한 그 이상의 행동은 필요로 하지 않는다. 컨트롤러의 프로세서 상에서 호스트와 컨트롤러의 기능이 나란히 놓이지 않는 디바이스의 호스트 프로세서는 호스트와 컨트롤러가 활동(active) 상태의 경우와 전력소모를 비교하여 이를 상당히 크게 줄일 수 있는 슬립모드(sleep mode)로의 진입이 가능하다.

애드버타이징 브로드캐스트에 대해서 애플리케이션은 아무런 승인절차 없이 서로의 패킷이 영역 내의 모든 옵져버에 의해서 전송 에러 또는 수신문제 없이 전송된다고 가정할 수 없다. 브로드캐스트된 데이터를 해당 디바이스가 성공적으로 수신할 확률을 높이기 위해서 브로드캐스팅 디바이스는 여러번 같은 데이터를 보내야 한다. 페리퍼럴 역할이나 센트럴 역할을 지원하는 디바이스는 브로드캐스트된 데이터를 복호화하고 out-of-band 인크립션 키 교환을 수행하기 위해 연결 설정을 위한 능력을 이용한다. 하지만 그렇치 않으면 브로드캐스트 프로파일 역할만을 수행하게 된다.

[그림 7 블루투스 저에너지 온도 센서]

브로드캐스트 역할을 지원하는 블루투스 저에너지 디바이스는 전형적으로 짧은 대기시간, 적은 데이터량, 긴 duty cycle의 요구사항을 만족한다. 애드버타이징 데이터의 크기는 각 애드버타이징 데이터 브로드캐스트를 포함하여 31octet 값으로 제한적이다. 브로드캐스트 프로파일 역할의 한 예로는, 온도를 측정하고 현재 온도를 매초마다 주변의 애드버타이징 데이터 브로드캐스트를 기다리는 디바이스들에게 브로드캐스트하는 온도 센서를 들 수 있다.

브로드캐스터 디바이스는 임의로 양방향 통신을 지원할 수도 있다. 이는 애드버타이징 데이터 브로드캐스트 내에 포함되지 않은 추가적인 정보를 수신 디바이스가 요청할 수 있게 사용될 수 있다. 브로드캐스터의 호스트는 이 추가적인 정보를 애드버타이징 브로드캐스트 시작 시에 컨트롤러에 설정한다. 이는 요청을 프로세싱하기 위한 브로드캐스터의 호스트가 깨어남없이 자체적으로 브로드캐스트의 컨트롤러가 이들 요청에 대해서 응답함을 허락한다. 이런 경우에는 호스트가 깨어나서 동작해야할 필요를 없애주므로 저전력이 유지된다.

데이터값이 자주 바뀌는 데이터들은 애드버타이징 브로드캐스트 데이터(애드버타이징 데이터)내에 포함되어야 하고, 추가적인 요청 정보(Scan Response 데이터)는 포함하지 않는 것을 추천한다. 센트럴 디바이스와는 다르게, 애드버타이징 브로드캐스트를 위한 디바이스는 옵져버에 대해서 추가적인 정보 요청 설정은 하지 않는다. 브로드캐스터 디바이스는 이런 추가적인 정보 요청을 필터링하고 디바이스의 화이트 리스트에 존재하지 않는 디바이스로부터의 어떤 요청도 거절한다.

브로드캐스트 디바이스는 단지 트랜스미터를 지원하기 때문에 이런 타입의 디바이스를 위한 구현 비용은 페리퍼럴 또는 센트럴 프로파일 역할을 지원하는 디바이스를 구현하는 비용보다 낮을 수 있다. 반면 양방향을 지원하는 브로드캐스터 디바이스는 리시버가 필요하다.

각 애드버타이징 브로드캐스트 내의 애드버타이징 브로드캐스트의 시간 간격과 데이터의 양은 브로드캐스트 디바이스의 전력소모 측면에서 중요한 영향을 미친다.

## 2.2 옵져버 프로파일

옵져버 프로파일(observer Profile) 역할을 수행하는 디바이스는 디바이스 사이에서 단반향 통신을 할 때, 상당히 에너지 효율적이며 작은 양의 데이터를 수신한다. 이 옵져버 프로파일 역할에서 옵져버의 호스트는 주변의 영역 내에서 애드버타이징 브로드캐스트에 대한 대기를 위해 옵져버의 컨트롤러를 설정한다. 다른 블루투스 저에너지 디바이스를 위해 대기할 때, 옵져버 디바이스의 컨트롤러는 옵져버 디바이스의 호스트가 이를 중단하지 않는다면 특정 시간동안 주기적으로 대기한다. 컨트롤러의 프로세서 상에 호스트 기능이 동시에 동작하지 않고, 호스트 프로세서가 관련된 애드버타이징 브로드캐스트를 받은 후 컨트롤러에 의해 깨어나지 않을 때까지 슬립모드(sleep mode)로 유지가 가능하다. 옵져버는 애드버타이징 브로드캐스트를 필터링하고 디바이스의 화이트 리스트(white List)상에 존재하지 않는 디바이스로부터의 애드버타이즈먼트는 받아들이지 않는다.

옵져버 역할의 블루투스 저에너지 디바이스는 브로드캐스트 또는 페리퍼럴 프로파일을 지원하는 블루투스 저에너지 디바이스로부터의 애드버타이즈먼트 브로드캐스트 데이터를 수집한다. 예를 들면, 자동차 응용에서 옵져버 프로파일은 애드버타이즈먼트 브로드캐스트를 수집한 뒤 데이터를 분석하여 타이어 공기압을 디스플레이 할 수도 있다.

옵져버 디바이스는 추가적으로 양방향 통신을 지원할 수 있다. 이는 옵져버 디바이스가 범위내의 애드버타이징 브로드캐스트로부터 추가적인 정보를 요청하는 것을 허락하기 때문이다.

옵져버 디바이스는 리시버만 포함하면, 이에 따르는 구현 비용은 트랜스미터와 리시버를 동시에 포함하는 비용에 비해서 줄어든다. 양방향 통신을 지원하는 옵져버 디바이스는 트랜스미터가 필요하다. 이 경우에는 비용 또한 추가로 발생한다.

애드버타이징 브로드캐스트를 수신하기 위한 옵져버 디바이스의 시간 간격과 각 애드버타이징 브로드캐스트 내의 데이터 양은 옵져버 디바이스의 전력 소모에 중요한 영향을 미친다.

브로드캐스트 디바이스는 정기적으로 온도 정보를 포함한 애드버타이징 브로드캐스트 데이터를 보낸다. 이 예에서 첫 번째로 브로드캐스트 데이터를 받은 모바일폰에서는 브로드캐스트 디바이스로부터 추가적인 정보를 요청한다. 이를 받은 브로드캐스트 디바이스는 즉시 이에 대해서 응답한다. 추가적인 정보 요청은 브로드캐스트 윈도우를 확장시킨다. 그렇다 할지라도 브로드캐스트 디바이스의 컨트롤러를 위해 슬립시간을 줄임으로써 브로드캐스트 주기 내에 존재하게 된다. 그 이후 다시 다음 브로드캐스트의 시작점에서 브로드캐스트를 하게 된다. 브로드캐스터에 추가적인 정보가 없을 경우, 브로드캐스터의 컨트롤러는 더 많은 슬립 주기를 갖게 된다. 이 예에서와 같이 각 옵져버는 다른 대기 윈도우(scan window)와 윈도우 사이의 인터벌(scan interval)을 갖는다. 브로드캐스트 인터벌은 대기 윈도우와 인터벌 값을 취해야하기 때문에 이는 매우 중요하다.

## 2.3 센트럴 프로파일, 페리퍼럴 프로파일(Central and Peripheral Profile)

센트럴과 페리퍼럴 프로파일 역할을 하는 블루투스 저에너지 디바이스는 트랜스미터와 리시버를 갖기 때문에 저비용의 효과를 제공하지는 못한다. 그러나 이들 프로파일 역할이 있기에 전체 블루투스 저에너지가 많은 효율적인 작업을 수행할 수 있다. 센트럴, 페리퍼럴 프로파일 역할을 수행하는 디바이스는 옵저버와 브로드캐스트 역할을 하는 애플리케이션을 지원한다. 그러나 이들은 사용 용도에 따라서 엄격하게 제한되어 있지는 않다. 이런 애플리케이션을 용이하게 하기 위한 양방향 통신은 센트럴, 페리퍼럴 프로파일 역할을 구현한 디바이스에 의해 지원된다. 인증이나 암호화 통신이 필요한 애플리케이션은 보안 설정에 대한 연결 형태가 필요하다. 그러므로 이 디바이스에서 페리퍼럴 또는 센트럴 프로파일 역할에 대한 지원이 요구된다. 센트럴, 페리퍼럴 역할을 지원하는 디바이스간에는 검색(discovery)과 연결(connecting)의 두 가지 단계가 필요하다. 이들 두 단계에 대해서 알아보자.

### 2.3.1 검색

검색(discovery)은 두 디바이스간의 서비스를 얻고 디바이스를 연결하기 위한 프로세스이다. 디바이스를 찾고 연결하기 위해 브로드캐스트와 옵저버 프로파일에서 사용된 브로드캐스트 메소드와 같은 방법을 사용한다. 그러나 여기서 각각의 애드버타이징 데이터는 다르다. 페리퍼럴 프로파일을 지원하는 디바이스 즉, 페리퍼럴 디바이스는 영역 내에 다른 디바이스가 있는지 확인하기 위해 애드버타이징 브로드캐스트를 보낸다. 센트럴 디바이스 역할을 하는 센트럴 디바이스는 애드버타이징 브로드캐스트를 듣는다. 브로드캐스터 및 옵저버와 통신하기 위해서 페리퍼럴과 센트럴 디바이스는 디바이스간의 기본적인 통신을 위한 애드버타이징 브로드캐스트를 수행한다. 그러나 만약 페리퍼럴 디바이스가 연결을 수락하면, 센트럴 디바이스는 더 향상된 통신을 위해 페리퍼럴 디바이스와의 연결을 요청할 수 있다.

#### 2.3.1.1 검색가능한 상태

다른 디바이스에 의해 검색되기 위해서는 해당 디바이스가 이에 대한 준비가 되어 있어야 한다. 블루투스 저에너지 무선 기술은 이에 대한 이론적인 배경을 위한 알고리즘을 가지고 있다.

센트럴 디바이스에 의해서 발견되는 페리퍼럴 디바이스 같은 경우, 페리퍼럴 디바이스는 두개의 애드버타이징 브로드캐스트 중 하나를 사용한다. 첫 번째는 디바이스 검색(ADV_DISCOVER_IND)을 위해 브로드캐스트 패킷을 사용한다. 이 브로드캐스트 패킷은 연결 요청을 허용하지는 않지만 센트럴 디바이스에 의해 페리퍼럴 디바이스가 검색되는 것은 허용한다. 페리퍼럴 디바이스가 이미 다른 디바이스에 연결되어 있을 경우, 다른 디바이스와의 연결은 허용되지 않는다. 하지만 여전히 다른 디바이스들에 의한 검색은 가능하다. 대신, 페리퍼럴 디바이스는 센트럴 브로드캐스트 패킷을 사용한다. 이 브로드캐스트 패킷은 센트럴 디바이스에서 사용이 가능하다(ADV_IND). 각 애드버타이징 브로드캐스트 내의 애드버타이징 브로드캐스트의 인터벌과 데이터의 양은 페리퍼럴 디바이스의 전력소모에 매우 중요한 요인으로 작용한다.

#### 2.3.1.1.1 검색가능한 디바이스 브로드캐스트 데이터

애드버타이징 브로드캐스트는 항상 디바이스의 주소(IEEE MAC address, 랜덤, private)를 포함한다. 애드버타이징 브로드캐스트 데이터(애드버타이징 데이터)는 디바이스의 상태에 관한 다양한 플래그, 지원하는 서비스 리스트, 별명(friendly name)과 같은 몇 가지의 애트리뷰트를 포함한다. 어떤 애트리뷰트 값들은 애플리케이션 프로파일 내에 특징적으로 나타난다. 이 두개의 검색가능 모드 플래그는 모든 디바이스에서 정의된다.

브로드캐스트 패킷은 검색가능 모드(discoverable mode) 디바이스가 현재 전체 검색이거나 제한적 검색인지 등을 나타내는 검색가능 모드 플래그를 포함한다. 만약 이들 플래그가 셋팅되지 않았다면, 브로드캐스트는 검색가능한 브로드캐스트 패킷이 아니다.

제한적 검색가능 모드의 목적은 디바이스의 검색 속도를 높이는 것이다. 그러나 제한적 검색가능 모드의 사용은 유저에 의해 제한적 검색가능 모드로 진입하기 위해 요청해야 하는 디바이스에 의해 한정적인 사용이 가능하다. 제한적 검색가능 모드는, 다른 디바이스에 의해서 검색되는 동안 짧은 지연시간을 위해 검색가능 애드버타이징 브로드캐스트를 보내기 위해서 디자인되었다.

일반적인 검색가능 모드사용은 검색시간 제약이 필요없는 디바이스에 의해서 사용된다. 액세스 포인트(Access Point)는 일반적 검색가능 모드의 좋은 예이다. 그들의 검색범위 내에 들어오는 디바이스들은 검색이 되기 때문이다. 지속적인 브로드캐스팅은 중대한 전력소모를 일으킨다. 이는 배터리에 의존하지 않는 지속적인 전력 공급이 가능한 디바이스에서 쓰일 수 있다. 지속적인 브로드캐스팅은 주변의 디바이스와 간섭 가능성을 줄이기 위해 낮은 duty cycle을 사용해야 한다.

애드버타이징 데이터의 크기는 31octet으로 상대적으로 작으며, 각 애드버타이징 브로드캐스트를 위해 보내지는 데이터로, 이 데이터는 연결 설정을 위해서 필요한 제한된 정보를 갖는다.

#### 2.3.1.1.2 추가 브로드캐스트 데이터

스탠다드 애드버타이징 브로드캐스트 데이터에 애드버타이징 브로드캐스트를 기다리는 디바이스는 추가적인 브로드캐스트 데이터(Scan Response Data)를 요청할 수 있다. 이 데이터는 각 브로드캐스트 내의 스탠다드 애드버타이징 브로드캐스트 데이터에 포함되지 않는다. 이 추가적인 브로드캐스트 데이터는 보충적이고 고정된 데이터이다. 스탠다드 애드버타이징 브로드캐스트 내에 디바이스 이름을 보내는 것은 필요하지 않다. 이것은 디바이스의 별명(friendly name)을 요청할 때, 추가적인 브로드캐스트 데이터에서 제공한다. 어떤 애플리케이션 프로파일은 추가적인 브로드캐스트 데이터 내에 추가적인 요구사항을 포함시킨다.

블루투스 저에너지 디바이스의 추가적인 브로드캐스트 데이터는 기존의 블루투스 디바이스의 Extended Inquiry Response(EIR) 데이터와 비슷하다.

### 2.3.1.2 디바이스 검색하기

센트럴 디바이스는 다른 디바이스를 검색하는 프로파일 역할로 이용된다. 이때 애드버타이징 브로드캐스트는 브로드캐스트 데이터에 검색가능 모드 플래그를 셋팅한다. 검색하는 디바이스에는 유저에 의해서 직접 검색하는 경우(Active)와 백그라운드 활동에 의해서 검색되는 경우(Passive)가 있다. 다른 블루투스 저에너지 디바이스가 대기상태에 있을 때, 센트럴 디바이스의 컨트롤러는 정해진 윈도우와 인터벌을 가지고 센트럴 디바이스의 호스트에 의해서 중지될 때까지 지속적으로 대기상태로 머무를 수 있다.

유저가 UI(User Interface)상의 특정 애플리케이션을 동작하는 동안 검색 영역 내 디바이스 검색을 시작하거나, 검색가능 상태의 브라우징을 통해 디바이스 검색 진행을 시작한다. 전자처럼 유저에 의해서 디바이스 검색을 하는 경우는 리스트에 나타난 우선순위에 따라서 스탠다드 브로드캐스트나 추가 브로드캐스트 데이터에 포함된 서비스 데이터를 사용한다.

위와 같은 두 가지 상황의 경우에 센트럴 디바이스는 리스트에 검색된 디바이스에 스탠다드 애드버타이징 브로드캐스트 데이터 또는 추가 애드버타이징 데이터 내의 별명을 사용한다. 디바이스 별명이 유효하지 않다면 센트럴 디바이스는 페리퍼럴 디바이스의 별명과 함께 연결한다.

만약 디바이스가 다른 디바이스에 수동적으로 검색되어진다면 스탠다드 애드버타이징 브로드캐스트 데이터 내에 추가적인 정보를 포함하지 않는다.

센트럴 디바이스는 센트럴 디바이스의 전력소모에 중요한 영향을 미치는 각 애드버타이징 브로드캐스트 내의 데이터 양과 애드버타이징 브로드캐스트를 위해 대기한다.

### 2.3.2 연결하기

센트럴 디바이스와 페리퍼럴 디바이스 사이의 연결은 검색 이후의 두 번째 작업이다. 만약 디바이스가 이전에 연결한 이력이 있거나 서로 검색한 기록이 있다면, 이 연결 단계는 검색 단계없이 가능하다. 해당 디바이스가 화이트 리스트(이미 연결한 적이 있는 디바이스들의 리스트)에 있기 때문이다.

블루투스 저에너지에서 연결 설정시간은 빠른 연결 설정을 위해서 최적화되어 있다. 짧은 연결 설정시간은 대기시간에 대한 페리퍼럴 디바이스와 센트럴 디바이스간에 새로운 연결을 위한 시간 설정에 따르는 패널티를 줄인다. 이 일시적인 연결을 위한 상태는 각 디바이스의 컨트롤러가 저전력 모드로 동작 후 전력소모를 줄이는데 중요한 역할을 한다. 물리적 연결을 거슬러 애플리케이션 상태정보를 요구하는 애플리케이션을 위한 가상 연결 매커니즘은 컨트롤러 레벨에서의 임시적인 연결 상태일 때, 지속적으로 연결 규칙을 마련할 수 있다. 가상 연결과 이에 조합되는 프로토콜의 사용은 애플리케이션 프로파일의 스택 내에 명시되어야 한다.

#### 2.3.2.1 Connectable 상태

페리퍼럴 디바이스는 연결가능 상태에서 컨트롤이 가능하다. 페리퍼럴 디바이스가 Connectable 상태일 때, 대기하는 센트럴 디바이스(ADV_IND) 또는 싱글 디바이스(ADV_DIRECT_IND)로부터의 연결 요청에 대해서 수락하는 애드버타이징 브로드캐스트를 사용한다. 페리퍼럴 디바이스는 그것이 페리퍼럴 컨트롤러 내의 화이트 리스트에 존재하거나 이전에 본딩(bonding)된 적이 있는 디바이스만 연결을 허용한다. 센트럴 디바이스와 연결이 형성되면 페리퍼럴 디바이스는 슬레이브가 되고, 센트럴 디바이스는 마스터 디바이스가 된다. 페리퍼럴 디바이스는 모든 Connectable 한 애드버타이징 브로드캐스트를 중단한다. 그러나 이 경우 연결 불가능한 애드버타이징 브로드캐스트를 지속적으로 보낸다. 페리퍼럴 디바이스는 센트럴 디바이스가 마스터로서 연결 설정이 되어 있는 동안, 다른 블루투스 저에너지 디바이스와의 연결 설정을 허락하지 않는다.

### 2.3.2.2 연결 시작

센트럴 디바이스는 페리퍼럴 디바이스와의 모든 새로운 연결을 시작한다. 센트럴 디바이스가 Connectable 애드버타이징 브로드캐스트를 위해 특별히 대기모드로 진입할 때 발생한다. 만약 사용자의 요청에 의해서 대기모드로 진입한다면, 센트럴 디바이스는 특정한 페리퍼럴 디바이스의 Connectable 애드버타이징 브로드캐스트를 위해 대기하게 된다. 백그라운드나 자동적인 프로세스와 같은 부분의 연결 초기화에서 센트럴 디바이스는 컨트롤러에 있는 센트럴 디바이스의 화이트 리스트 내에 포함되는 페리퍼럴 디바이스의 세팅을 대기한다.

센트럴 디바이스가 페리퍼럴 디바이스로부터 Connectable 애드버타이징 브로드캐스트를 받으면, 이것은 페리퍼럴 디바이스에게 연결 요청을 보낸다. 여기에서 센트럴 디바이스는 연결이 성립되고 센트럴 디바이스의 호스트는 연결이 되었음을 공지하고 데이터를 전송한다. 센트럴 디바이스의 컨트롤러는 연결 요청에 있는 센트럴 디바이스에 의해 미리 결정되는 시간에 데이터 전송을 시작한다. 요청을 받은 페리퍼럴 디바이스는 연결이 형성되었고 연결 요청상태의 시간에 센트럴 디바이스로부터 첫번째 데이터 패킷 전송을 시작하기 위해 대기한다.

만약 연결이 이루어지는 동안 상대 디바이스들로부터 더이상 데이터를 받지 못한다면 연결 타임아웃에 의해서 각 디바이스의 연결 종료를 발생시킬 수 있다.

연결 요청은 중요한 두 가지 페러미터인 연결 인터벌과 슬레이브 latency를 포함한다. 연결 인터벌은 연결 이벤트라고 부르는 연결 패킷들 간의 시작 시간과 관련이 있다. 슬레이브 latency는 기존의 블루투스에 존재하는 sniff sub-rating과 비슷한 전력 소모 감소를 제공한다. 슬레이브 latency는 latency가 느슨해지고 전력소모에 아주 좋은 장점을 제공하게 된다.

센트럴 디바이스에 의해 결정되어지는 이들 두 페러미터는 페리퍼럴 디바이스를 위해서 최적화되어 있지 않다. 이 경우, 페리퍼럴 디바이스의 호스트는 센트럴 디바이스의 호스트에게 페리퍼럴 디바이스를 위해 최적화 할 수 있는 연결 페러미터를 설정하기 위한 요청 메시지를 보낸다. 만약 센트럴 디바이스가 연결 페러미터를 맞추지 못하면, 페리퍼럴 디바이스는 배터리 수명을 보존하기 위해 연결을 종료한다. 그러므로 센트럴 디바이스는 페리퍼럴 디바이스에 의해서 요청되는 연결 페러미터를 최적화해야 한다.

만약 페리퍼럴 디바이스가 Connectable 애드버타이징을 브로드캐스트하면, 이 역시 연결 시작을 가능하게 할 수 있다. 보낼 데이터를 가진 페리퍼럴 디바이스는 즉시 애드버타이징을 시작하고 만약 센트럴 디바이스가 연결을 위해 스캐닝을 하면 페리퍼럴 디바이스는 연결을 시작할 수 있고, 데이터를 전송할 수 있다. 센트럴 디바이스는 페리퍼럴 디바이스보다 자주 스캐닝을 하며 애드버타이징한다. 그러나 센트럴 디바이스가 보낼 데이터를 가지고 있는 경우, 페리퍼럴 디바이스가 연결 시작을 하기 위한 Connectable 애드버타이즈먼트를 브로드캐스트할 때까지 기다려야 한다. 가끔 센트럴 디바이스가 페리퍼럴 디바이스에게 브로드캐스트를 하면, 보낼 데이터를 위한 latency는 길어진다.

#### 2.3.2.3 빠른 재연결

블루투스 저에너지는 극히 빠른 재연결(Fast Reconnection)에 적합한 특별히 목표로한 Connectable 애드버타이징 브로드캐스트를 정의한다. 이 Connectable 애드버타이징 브로드캐스트는 직접적으로 한정적인 센트럴 디바이스에 보내진다. 빠른 연결을 위해서는 정해진 시간 동안 높은 전력 소모라는 트레이드오프를 가지고 1초 미만의 짧은 시간 동안 지속적인 브로드캐스트를 발생한다. 이때 전송 도중 디바이스는 슬립모드에 진입하지 않는다. 이 빠른 연결 메소드는 높은 전력 소모가 필요한 까닭에 빠른 재연결이 요구되는 경우에 한해서 사용된다. 만약 센트럴 디바이스가 이 메소드를 이용해 페리퍼럴 디바이스 연결에 실패한다면, Connectable 애드버타이징 브로드캐스트를 이용해서 다시 연결할 수 있다.

### 2.3.3 기존 블루투스 무선 기술과의 호환성 고려

만약 페리퍼럴 디바이스가 기존의 블루투스 무선 기술을 지원한다면 기존 블루투스 무선 기술을 사용하여 연결이 가능하며, 토폴로지에 제한적이지 않다. 페리퍼럴 디바이스는 블루투스 EDR 연결에 대한 모든 요구에 대응하기 위해서 호환성을 확보해야 한다. 그리고 블루투스 저에너지 연결은 동시에 블루투스 EDR과 블루투스 저에너지가 연결될 경우에 대해서도 고려되어야 한다. 만약 동시 연결이 불가하다면, 호환되지 않는 경우에 대해서는 모든 새로운 연결을 허락해서는 안되며, 새로운 연결을 가능하게 만드려면 기존의 연결을 종료해야 한다.

이러한 호환성의 고려는 모든 블루투스 무선 기술의 통합 형태에서 찾아볼 수 있다. 이에 대해서 블루투스 SIG는 블루투스 4.0을 계획하고 있으며, 이는 LE/BR/EDR/High-Speed를 모두 고려한 통합된 형태의 스택을 제공할 계획이다. 이에 대한 자세한 내용은 블루투스 SIG에서 찾아볼 수 있다.

# 3 프로파일 통신

## 3.1 애트리뷰트

블루투스 저에너지 애트리뷰트는 프로파일 레벨에서 두 디바이스간의 정보 교환에 대한 서술에 사용된다. 애트리뷰트는 타입(type), 핸들(handle), 값(value) 이렇게 세 부분으로 구성된다. 애트리뷰트 타입은 블루투스 SIG에서 제정된 UUID에 의해 표시된다. UUID에 대해서는 블루투스 저에너지 스펙과 인증파트에서 자세히 설명한다.

애트리뷰트 핸들은 로컬 디바이스에 의해 할당된 유일한 식별자(identifier)이다. 애트리뷰트 값은 애트리뷰트 타입에 따른 프로파일에 따라서 정의된다.

애트리뷰트는 두 개의 블루투스 저에너지 디바이스간의 데이터를 교환하는 컨테이너 역할을 수행한다. 한 디바이스는 애트리뷰트를 저장하는 서버로서의 역할을 하고 다른 디바이스는 애트리뷰트 클라이언트와 같은 역할을 수행한다. 블루투스 저에너지는 애트리뷰트 프로토콜(Attribute Protocol)이라는 새로운 프로토콜을 사용한다. 이는 작은 패킷 사이즈를 최적화하기 위한 방법을 제공한다. 애트리뷰트 프로토콜과 애트리뷰트 프로파일은 기존 블루투스 무선 기술에서도 역시 지원한다.

클라이언트는 서버의 애트리뷰트에서 읽기, 쓰기, 실행에 관련된 일들을 한다. 클라이언트는 애트리뷰트 서버를 설정하는데, 이는 서버의 애트리뷰트에서 이벤트가 발생할 때, 알림과 지시 등을 수행하기 위함이다. 서버는 클라이언트의 요청에 응답한다. 서버가 지시하면 클라이언트는 이 지시에 따라 확정 응답을 보낸다. 그러나, 서버가 알림을 보낼 때, 클라이언트에서는 이에 대한 확정 응답을 할 필요가 없다.

애트리뷰트는 인증(Authentication)이나 암호화(Encryption)와 같은 보안 요구에 대해서 읽기와 쓰기에 대한 권한을 부여한다. 이런 일련의 작업들에 대해서 접근하기 위해서는 프로파일에 의해 각기 다른 권한(Permission)을 가져야 한다. 이런 권한들은 프로파일 자체로 로컬 디바이스에 의해 정의된다. 권한은 애트리뷰트의 정의 부분이 아니며 애트리뷰트 프로토콜에 의해 읽기 또는 쓰기를 하지 않는다.

## 3.2 프로파일 통신을 위한 애트리뷰트

애플리케이션 프로파일을 사용하는 블루투스 저에너지의 두 디바이스는 GAP (Generic Atribute Profile) 내에 정의된 애트리뷰트 프로토콜과 공통 애트리뷰트 프리미티브(Primitives)를 이용하여 통신한다. 애플리케이션 프로파일은 애트리뷰트 프로토콜의 집합체이며, 통신 시 이런 애트리뷰트 상에서 어떤 퍼미션이나 행위가 이루어지게 된다. 애트리뷰트 프로토콜은 클라이언트에 의해서 모든 활동이 이루어지는 좀 모순되는 상황을 연출한다. 그러나 설정 단계 후에 서버는 지시나 알림 등을 시작으로 그 이후의 행동에 대해 단독으로 책임을 지게 된다.

클라이언트가 애트리뷰트를 서버에게 쓰거나 또는 애트리뷰트를 서버로부터 읽을 때, 애트리뷰트 클라이언트와 애트리뷰트 서버 사이에서는 정보교환이 일어난다. 이 경우에 서버는 트랜잭션(transaction)을 시작하지 않는다. 만약 애트리뷰트 클라이언트가 첫번째 요청(polling)없이 서버로부터 정보를 수신하기를 원한다면, 애트리뷰트에 이벤트가 발생했을 때, 지시나 알림을 보내기 위해서 서버를 구성해야 한다.

센트럴 디바이스의 애트리뷰트 예가 아래 테이블에 표시되어 있다(단지 예제일 뿐이므로 내부 값이나 구조는 의미가 없다). 실제적인 요구사항은 향후 릴리즈될 표준 프로파일 스펙을 보기 바란다.

| 핸들 | 타입 | 값 |
|---|---|---|
| | | |
| 4000 | Service | Generic Access Profile |
| 4001 | Version Information | 0x6 |
| 4002 | Device Name | "Mobile Phone" |
| | | |
| 4501 | Service | Generic Attribute Profile |
| 4502 | Attribute Version Information | { 0x1, 0x00A, 0x001 } |
| 4503 | Commands Supported | 0x01FF |
| 4504 | Number of Prepare Write Values Supported | 0x3 |
| | | |
| 5000 | Service | Battery Status Profile |
| 5001 | Profile Role | Client |

[그림 8 센트럴 디바이스 서버 애트리뷰트]

위의 예에서 흐린 글씨 부분색은 UUID를 정의한다. 모바일 폰을 위한 애트리뷰트 서버는 블루투스 저에너지 확장, Generic Attribute Profile(GATT)과 배터리 상태 프로파일(Battery Status Profile)에서 GAP(Generic Access Profile)를 지원하는 디바이스를 위해 모든 필요한 애트리뷰트를 포함한다. 애트리뷰트가 요구하는 GAP는 서비스 애트리뷰트와 버전 그리고 디바이스 이름 애트리뷰트이다. 모든 애트리뷰트는 프로파일의 한 부분이며, 그것들이 가진 서비스 애트리뷰트 타입 중에 비서비스 애트리뷰트 타입이 포함된다. GAP 서비스 애트리뷰트의 값과 버전 정보와 디바이스 이름은 GAP 스펙 내에 정의되어 있다. GATT 서비스 애트리뷰트의 값은 애트리뷰트 버전 정보, 지원되는 명령어 그리고 지원되는 애트리뷰트의 준비된 값으로 구성되며 이들은 GATT 스펙에 정의되어 있다. 디바이스상에서 배터리 상태 프로파일 서비스는 클라이언트 역할을 포함한다. 그러므로 다른 배터리 상태 프로파일 애트리뷰트는 필요하지 않다.

페리퍼럴 디바이스의 애트리뷰트 예가 그림 9에 나와 있다.

| 핸들 | 타입 | 값 |
|---|---|---|
| | | |
| 0x7000 | Service | Generic Access Profile |
| 0x7001 | Version Information | 0x6 |
| 0x7002 | Device Name | "Heart Rate Monitor" |
| | | |
| 0x7050 | Service | Generic Attribute Profile |
| 0x7051 | Attribute Version Information | { 0x1, 0x00A, 0x001 } |
| 0x7052 | Commands Supported | 0x01FF |
| 0x7053 | Number of Prepare Write Values Supported | 0x1 |
| | | |
| 0x7100 | Service | Battery Status Profile |
| 0x7101 | Profile Role | Server |
| 0x7102 | Characteristic Declaration | { features = 0x0002, handle = 0x7103 } |
| 0x7103 | Battery Level | 0x55 |
| 0x7104 | Characteristic Format | { format=uint8, exp=0, unit=Percent, 설명=Internal } |

[그림 9 페리퍼럴 디바이스 서버 애트리뷰트]

위의 예에서 심장 박동 모니터는 GAP와 GATT 서비스를 위한 애트리뷰트의 세트와 비슷하다. 서버에 배터리 상태 프로파일 서비스는 추가적인 애트리뷰트가 존재한다. 배터리 상태 프로파일 서버 역할의 디바이스 구현에서 배터리 상태 프로파일 스펙내에 정의된 배터리 레벨 값을 포함한다. 추가적으로 특징적인 선언 애트리뷰트는 또다른 계층을 사용하고 관련된 애트리뷰트의 모임을 포함한다. 이 경우 유저에게 디스플레이하기 위해 특정 프로파일은 남은 배터리의 레벨 값을 어떻게 표현하고, 포멧은 어떤 것인가에 대한 정보를 서술한다.

블루투스 저에너지의 GATT 프로파일은 이러한 프로파일 애트리뷰트에 액세스 및 특성 선언과 특성 형식으로, 사용자에게 의미있는 정보를 위해 특정 응용 프로그램 프로파일에서는 구현되어 있지 않은 기능에 대해서 추가로 사용할 수 있도록 기본적인 정보를 제공한다. 어떤 경우에 특정 애플리케이션 프로파일 내에 제공하는 컨텍스트(context)에 정보가 부족하면 값은 유저에 의해서 재해석이 필요하다. 예를 들면 위에 예제에서, 애트리뷰트 클라이언트 디바이스는 읽을 수 있는 기능(features = 0x0002)이며, 특성 값은 애트리뷰트 내의 핸들인 0x7103인 특성을 디코딩한다.

애트리뷰트 타입 UUID는 블루투스 SIG 할당 번호에서 배터리 레벨과 맵핑되며 값은 0x55이다. 특성 포멧 애트리뷰트는 unsigned 8비트 정수값으로 표시된다. 특성값의 단위는 블루투스 SIG 할당 번호에서 퍼센티지(percentage)에 맵핑되는 UUID 값이다. 애트리뷰트 클라이언트 디바이스는 이 표준화된 할당 번호를 사용한다.

다양한 애트리뷰트와 특징적인 프로파일을 표시하기 위해 GATT는 센서와 같은 매우 간단한 디바이스에 유용하다. 이에 대한 자세한 사항은 뒷부분에서 자세하게 다룰 것이다.

## 3.3 서비스 검색

블루투스 저에너지에서 서비스 검색은 두 가지 다른 방법으로 가능하다. 첫 번째 메소드는 지원되는 프로파일의 리스트에 나타나게 하기 위해 애드버타이징 데이터를 이용한다. 이것은 연결이 이루어진 후 서비스 검색을 통해 나타나는 디바이스 리스트에서 제거해야 할 몇몇 디바이스를 지원하기 위한 최적의 방법이다. 두 번째 메소드는 로컬 디바이스의 유저 인터페이스 내에 리모트 디바이스를 필터링하기 위한 방법을 제공한다. 이는 로컬 디바이스의 공통 서비스를 공유하는 다른 프로파일을 가진 디바이스를 디스플레이 하기 위함이다. 애드버타이징 데이터 내의 서비스 리스트는 필요하지 않다. 각 디바이스는 두 번째 메소드 지원이 필요하다.

블루투스 저에너지에서 리모트 디바이스와 로컬 디바이스는 애트리뷰트 서버의 서비스 리스트를 포함한다. 프로파일 스펙은 어떤 디바이스 또는 디바이스들이 애트리뷰트 클라이언트 지원이 필요한지를 명시한다. 다중의 프로파일을 지원하는 디바이스를 위해 애트리뷰트 클라이언트와 애트리뷰트 서버의 기능을 동시에 지원하는 것이 필요하기도 하다.

## 3.4 보안

블루투스 저에너지는 기존의 블루투스 무선 기술로부터 풍부한 보안 메소드를 물려받았다. 암호화, 인증 그리고 권한 등은 블루투스 저에너지에서 크게 바뀌지 않았다. 다만 한 가지 다른 점은 다양한 보안 메소드를 호출하는 방법이다. 블루투스 저에너지가 가지고 있지 않은 기존 블루투스 무선 기술 부분의 보안은 프로파일 레벨에서 셋팅이 가능하다. 블루투스 저에너지에서의 보안은 각 애트리뷰트 레벨에서 셋팅된다. 각 프로파일은 정의된 애트리뷰트 프로파일로의 접근을 수락하기 전에 각 보안레벨의 필요여부를 명시한다. 만약 보안이 프로파일 애트리뷰트 정의에 필요하다면 프로파일은 접근을 위한 보안요구가 현재의 연결에서 실행가능한지를 결정한다. 만약 인증과 권한이 불충분하다면 애트리뷰트 접근이 거절된다. 애트리뷰트 클라이언트는 애트리뷰트에 또다른 접근 시도를 하기전에 연결 인증 및 권한에 대해서 요청할 수 있다.

연결이 인증되었으나 특정 애트리뷰트에 대한 접근에는 불충분한 낮은 레벨일 경우, 접근은 거절된다. 애트리뷰트 클라이언트는 높은 레벨 보안에 접근하기 위한 어소시에이션(association) 메소드를 이용하여 재인증을 받아야 한다.

블루투스 저에너지와 블루투스 무선 기술과의 다른 또 하나의 부분인 인증 커뮤니케이션은 암호화된 연결을 요구하지 않는다는 것이다. 암호화가 지원되지 않지만 애트리뷰트를 쓰기위해서 인증이 요구되는 디바이스를 위해 GATT는 이전에 결합된 두 디바이스 사이에 Attribute Client Signed Write Request Key를 기반으로 요청을 작성하여 서명하고 이 인증을 사용하여 특성을 작성한다.

이에 대한 자세한 사항은 보안 매니저(Security Manager) 스펙부분에서 자세히 알아보도록 하자.

## 3.5 프라이버시

블루투스 저에너지는 사생활 보호기능을 추가적으로 제공한다. 특정 시간이 지난 디바이스를 트랙킹할 가능성을 제한할 수 있다. 신뢰하지 않는 디바이스와 통신하기 위해 실제적인 디바이스 주소는 사용되지 않는다. 대신, 임의로 생성된 주소를 사용한다.

이 임의로 생성된 주소는 적어도 20분에 한 번의 주기로 바뀐다. 신뢰할 수 있는 통신 디바이스에서도 임의의 디바이스 주소를 사용하지만, 본딩 프로시져 동안 고유 정보를 통해 임의의 주소와 상관 관계를 통해 이를 신뢰할 수 있는 디바이스들 사이에서도 임의의 주소는 교환될 수 있다.

# 4 블루투스 저에너지 무선 기술의 역사

## 4.1 배경

블루투스 저에너지 무선 기술은 시계, 완구, 스포츠, 건강, 보건, 휴먼 인터페이스(HID) 및 엔터테인먼트 디바이스를 개인 영역 네트워크에 손쉽게 추가할 수 있는 방법을 제공한다. 이 기술은 시계, 무선 키보드, 게임 및 스포츠 센서와 같은 제품에 내장될 수 있으며, 휴대폰 및 퍼스널 컴퓨터와 같은 호스트 디바이스에 연결될 수도 있다.

혁신적인 설계가 적용된 블루투스 저에너지 무선 기술은 종래의 블루투스 무선 기술에 비해 극히 소량의 전력을 소모한다. 많은 경우, 이러한 디바이스는 재충전 없이 1년 이상 작동이 가능하다.

2007년 6월 12일, 블루투스 SIG는 Nokia에 의해 개발된 저에너지 무선 기술을 전문적으로 취급하는 WiBree Forum이 블루투스 SIG와 합병되었다는 발표를 한다. 이 합병으로 인해 WiBree의 규격은 블루투스 저에너지 무선 기술의 일부로서 블루투스 규격에 편입되었다.

블루투스 SIG에서는 WiBree를 합병 후 Ultra Low Power(ULP)라는 워킹그룹(Working Group)을 토대로 하여 현재의 블루투스 저에너지가 제정되었다. 필자도 이 워킹그룹에서 스펙에 대한 리뷰 등의 활동을 하고 있다.

# 5 블루투스 SIG

블루투스 Special Interest Group(SIG)은 민간에 의해 운영되는 비영리협회이다. SIG는 1988년 9월에 설립되었다. 블루투스 SIG의 역할은 블루투스 규격을 공표하고, 적합성 심사 프로그램을 관리하고, 블루투스 상표를 보호하고, 블루투스 무선 기술을 홍보하는 것이다(블루투스 지원 제품의 생산, 제조 또는 판매는 블루투스 SIG의 역할이 아니다).

SIG는 통신, 컴퓨팅, 자동차, 음악, 의류, 산업 자동화 및 네트워크 분야를 선도하는 12,000개 이상의 회원사를 보유하고 있다. SIG의 회원사들은 블루투스 무선 기술의 개발을 주도하는 동시에 자사의 제품을 통해 이 기술을 구현 및 판매하는 역할을 한다.

## 5.1 블루투스 역사

블루투스 기술의 개념이 태동한지는 10년도 더 되었으나, 최초의 제품이 상업적으로 소개된 것은 2000년 이후이다. 그로부터 불과 8년이라는 짧은 시간 동안 15억 대의 블루투스 지원 디바이스가 출하되었으며, 이 기술을 주도하는 조직인 블루투스 Special Interest Group의 회원사 수도 불과 몇 개에서 10,000개 이상으로 성장하였다.

아래는 블루투스 SIG의 역사를 한 눈에 알 수 있다.

[표 3 블루투스 SIG 역사, Bluetooth SIG자료]

| | |
|---|---|
| 1998 | • 5개의 회사로 블루투스 SIG 협회 시작 • 400개의 회원사<br>• Bluetooth라는 이름 공식 적용 |
| 1999 | • 블루투스 1.0 스펙 릴리즈 • 첫 UnPlugFest 개최<br>• COMDEX에서 "Best of Show Technology Award" 수상 |
| 2000 | • 첫 번째 블루투스 휴대폰 적용 • 첫 번째 PC Card 제품 적용<br>• CeBIT에서 마이스와 랩탑간 블루투스 데모 시연<br>• COMDEX에서 USB dongle 시연<br>• 첫 번째 RF+Baseband 통합 마이크로프로세서 구현<br>• 첫 번째 블루투스 헤드셋 적용 |
| 2001 | • 첫 번째 블루투스 프린터 적용<br>• 첫 번째 블루투스 랩탑 적용<br>• 첫 번째 블루투스 핸즈프리 카킷 적용<br>• 첫 번째 음성인식 블루투스 핸즈프리 카킷 적용<br>• 블루투스 SIG, Inc. 출범 |
| 2002 | • 첫 번째 키보드/마우스 콤보제품 적용<br>• 첫 번째 블루투스 GPS 리시버 적용<br>• 500개의 블루투스 제품 인증<br>• IEEE로부터 802.15.1 스펙 인증<br>• 첫 번째 블루투스 디지털 카메라 적용 |
| 2003 | • 첫 블루투스 MP3 플레이어 적용<br>• 블루투스 1.2 버전 릴리즈<br>• 주당 백만 블루투스 가능 제품 선적<br>• 첫 번째 FDA 인증 medical system 적용 |

| | |
|---|---|
| 2004 | • 블루투스 2.0 버전 +Enhanced 데이터 Rate (EDR) 릴리즈<br>• 2억5천만대의 블루투스 제품<br>• 주당 3백만 블루투스 가능 제품 선적<br>• 첫 번째 블루투스 스테레오 헤드셋 적용 |
| 2005 | • 주당 5백만 블루투스 가능 제품 선적<br>• 4천 번째 블루투스 SIG 멤버 가입<br>• Bellevue에 블루투스 SIG 본사 오픈, 홍콩과 말모에 지역 사무소 오픈<br>• 첫 번째 블루투스 선글래스 제품 적용 |
| 2006 | • 첫 번째 블루투스 손목시계 제품 적용<br>• 첫 번째 블루투스 사진액자 제품 적용<br>• 10억개의 블루투스 적용 다비이스<br>• 주당 천만 블루투스 가능 제품 선적<br>• UWB에 대한 WiMedia Alliance와 블루투스 SIG 협력<br>• 첫 번째 블루투스 알람 라디오 제품 적용 |
| 2007 | • TV 첫 적용<br>• 8,000 멤버 가입<br>• 블루투스 SIG's All Hands Meeting에서 SIGnature 첫 데뷰<br>• 마이클 폴리 박사, 블루투스 SIG Executive Director, Telematics Leaders Arward 수상 |
| 2008 | • 블루투스 기술 10주년 행사<br>• 10,000 멤버 가입<br>• 마이클 폴리 박사, 블루투스 SIG Executive Director, RCR Wireless News' Mobile Movers & Shakers for 2008 |
| 2009 | • 블루투스 3.0+HS 릴리즈<br>• 12,000 멤버 가입 |
| 2010 | • 블루투스 저에너지 무선 기술 1.0 릴리즈(예정)<br>• 블루투스 4.0 릴리즈 예정 |

## 5.2 멤버쉽

블루투스 Special Interest Group(SIG)은 12,000개가 넘는 회원사로 구성되어 있다. 블루투스 Special Interest Group(SIG)의 회원 자격은 회사에 대해 부여된다. 블루투스 무선 기술을 통합하고자 하거나, 이 기술을 이용해 제품과 서비스를 제공하거나, 아니면 단순히 블루투스 기술을 제품의 브랜드에 적용하려는 모든 회사는 반드시 블루투스 SIG의 회원사가 되어야 한다. 국제적으로 블루투스 기술을 이용한 제품을 만들고 이를 판매하려면 인증을 받아야 한다.

### 5.2.1 회원 자격의 중요성

블루투스 SIG의 회원사는 블루투스 무선 기술의 방향과 개발에 영향을 미친다. 블루투스 무선 기술은 개방형 플랫폼이므로, 블루투스 SIG의 모든 회원사는 블루투스 무선 기술을 자사의 제품 및 서비스에 사용할 수 있는 권한을 갖는다. 회원사는 회원 자격을 통해 상당한 혜택을 얻을 수 있다. 회사 차원에서 블루투스 무선 기술의 사용에 관심이 있으나 아직 블루투스 SIG의 회원사가 아니라면 언제든지 등록이 가능하다.

비록 모든 등급의 회원사가 동일한 회원 약관을 체결하기는 하지만 각 회원사 등급별로 여러 가지 다른 혜택이 제공된다. 블루투스의 지적 재산권 보호와 관련하여 기존의 회원 약관에 대해 보다 명확한 설명이 필요하다면 IP와 관련하여 제공되는 각종 정보를 확인하기 바란다.

현재 개인에 대해서는 회원 자격을 부여하지 않는다. 대학의 경우에는 해당 학교를 대리하여 회원 약관을 승인할 수 있는 권한을 가진 사람에 의해서만 등록이 가능하다. 아쉽게도 학생은 자신이 속한 학교를 등록할 수 없다. 단, 학교의 기존 회원 자격과 연계하여 사용자 계정을 생성할 수는 있다.

회원으로 가입하면, 블루투스 SIG에서 지원하는 프로그램에 대한 접근이 가능하고, 컨퍼런스 및 PTS(Profile Tuning Suite)와 같은 검증 툴에 대한 사용이 허락된다.

### 5.2.2 회원사의 등급

회원사의 등급은 후원사, 제휴사 및 수용업체의 3가지로 구분되어 있다. 비록 모든 등급의 회원사가 동일한 회원 약관을 체결하기는 하지만 각 등급별로 여러 가지 다른 혜택이 제공된다.

■ 후원사 회원(Contributors)

후원사 회원은 이사회의 구성원 자격으로 블루투스 무선 기술의 개발에 참여한다. www.bluetooth.com 페이지에 접속하면 이사회 구성원에 대한 개요를 볼 수 있다.

■ 제휴사 회원(Associate)

비록 모든 회원사가 공표된 블루투스 규격 및 상표 라이센스를 사용할 수 있기는 하나, 제휴사 회원에 대해서는 다른 제휴사 및 후원사와 함께 핵심 규격 및 프로파일 규격에 대한 전략적이고 기술적인 개선사항을 구현할 수 있는 기회가 제공된다. 그 외에도, 제휴사 회원은 규격이 일반에 제공되기 전에 검토할 수 있는 권한을 갖는다. 회원사 가입 비용은 회원사의 규모에 따라 달라진다.

■ 수용업체 회원(Adopter)

블루투스 SIG의 수용업체 회원은 공개된 블루투스 무선 규격 및 블루투스 상표를 사용할 수 있다. 단, 공개되지 않은 블루투스 기술 규격에 영향을 미치거나 조기에 액세스할 수 있는 기회는 제공되지 않는다. 회원 자격은 무료로 제공된다.

### 5.2.3 참여방법

기술 분야에 관심이 있든 마케팅 분야에 대한 관심에서든, 블루투스 SIG와 합류할 수 있는 방법은 여러 가지가 있다. 현재 290개가 넘는 후원사 및 제휴사 회원이 등록되어 있으며, 그 중 거의 전부가 워킹 그룹 및 위원회에 참여하여 블루투스 무선 기술의 추가적 개발을 위한 도움을 제공하고 있다.

회원사들은 연중 내내 대면 회의, 연례 행사 및 기타 활동을 비롯한 여러 가지 행사를 통해 블루투스 기술의 발전 및 계도를 위하여 노력하고 있다. 회원사들은 인적 교류와 교육 행사 및 온라인 교육을 통해 귀중한 지식을 얻을 기회를 제공 받는다. 또한 회원사들은 자사의 블루투스 지원 제품을 테스트 및 PR 목적으로 블루투스 SIG에 기증하고 SIG가 후원하는 PR 활동 및 행사에 여러 가지 방법으로 함께 참여할 수 있다.

### 5.2.4 멤버십 비용

회원사 등급에서와 같이, 후원사 회원 자격은 이사회 구성원 이상에게만 제공되며 일반 회원의 멤버십 비용은 무료이다. 또한 블루투스 SIG는 블루투스 기술 관련 사업을 시작하는 소규모 신생 업체를 위한 스몰 비즈니스 인센티브 프로그램을 제공한다.

■ 제휴사 멤버십 비용

블루투스 기술 개발에 참여하고 할인을 비롯한 다양한 혜택을 받고 싶다면 제휴사 멤버십으로 업그레이드하면 된다. 멤버십 유효 기간은 12개월이다. 블루투스 SIG 제휴사 멤버십은 2006년부터 가격 인상 없이 그대로 유지되고 있다. 반면 제휴사를 위한 혜택은 지속적으로 추가되고 있다.

연간 매출이 미화 1억달러를 초과하는 회사는 대규모 제휴사로 분류되며, 미화 35,000달러의 연회비를 납부해야 한다. 연간 매출이 미화 1억달러 미만인 소규모 제휴사의 연회비는 미화 7,500달러이다.

■ 스몰 비즈니스 인센티브 프로그램

스몰 비즈니스 인센티브 프로그램은 소규모 비즈니스를 하는 작은 업체에 도움을 주기 위한 프로그램이다. 자본금이 미화 1.5백만달러 이하의 조건과 직전년도 세입이 미화 백만달러를 넘지 않는 기업이 여기에 해당된다. 사업을 시작한지 6개월 미만, 또는 3년 이상인 업체는 이에 대한 해당사항이 없다.

이 조건을 충족시키는 업체에서는 프로그램 비용으로 미화 5000달러에 가능하다. 또한 PTS에 대한 1년의 사용기간과 2개의 QDL이 가능하다. 그러나 가입 후 18개월 내에 해야 한다. 또한, FTS4BT(무선 블루투스 프로토콜 분석 및 패킷 탐지기)에 대한 라이센스 없이 3개월 동안 무료로 사용할 수 있다.

### 5.2.5 회원사 혜택

구체적인 회원사의 혜택에 대해서 표 4와 같이 정리하였다. 이 정보는 블루투스 사이트에 가면 확인할 수 있다.

[표 4 블루투스 SIG 회원사 혜택, Bluetooth SIG자료]

| 회원 혜택(2010년 1월 1일 기준) | 제휴사 | 일반 회원사 |
|---|---|---|
| bluetooth.org에 대한 액세스 | O | O |
| 제품에 블루투스 무선 규격 사용 가능 | O | O |
| 제품 데이터베이스에 무료 등록 | O | O |
| 마케팅 활동 및 제품에 블루투스 상표 표시 가능 | O | O |
| 적합성 심사 프로그램을 통한 제품 제출 기회 | O | O |
| 규제 데이터베이스 접속 | O | X |
| 적합한 설계 목록(QDL) 비용 | 미화 $5,000 | 미화 $10,000 |
| 프로파일 튜닝 스위트(PTS) 테스트 툴 | 무료 | 미화 $7,500 |
| Frontline에서 제공하는 FTS4BT 무선 블루투스 프로토콜 분석기 및 패킷 스니퍼 1개의 1년간 라이센스 | 미화 $1,000 | 미화 $3,495* |
| 규격 초안 버전 0.90에 대한 액세스 | O | O |
| 규격 초안 버전 0.70에 대한 액세스 | O | X |
| 규격 초안 버전 0.50에 대한 액세스 | O | X |
| UnPlugFest(UPF) 행사 참여 비용 할인 | O | X |
| 올 핸즈 미팅 초대 | O | 1인당 미화 $750 |
| 개발자 회의 무료 참가 | O | X |
| SIG 회의에서의 기조 연설 기회 | O | X |
| 블루투스 SIG 발표 기회, 목록 등록 기회 | O | X |
| BARB 투표 자격(카운셀러로 선출된 경우) | O | X |
| 위원회 및 워킹 그룹 - 참석 가능 | O | X |
| 위원회 및 워킹 그룹 - 의장으로 피선 가능 | O | X |
| 위원회 및 워킹 그룹 - 투표 자격 | O | X |
| 2009 IMS Research의 연례 보고 블루투스 기술 레포트 | 10% 할인 | X |
| SBD Research의 텔레메틱스 및 자동차용 오디오 보고서 2종 | 50% 할인 | 20% 할인 |
| IDC Worldwide 블루투스 Semiconductor 2008 - 2012 Forecast (전 세계 블루투스 반도체 시장 2008~2012년 전망) | 10% 할인 | X |
| IMS Research의 시장 조사 보고서 | 10% 할인 | X |
| InMedia의 시장 조사 보고서 | 20% 할인 | X |
| 시그니처: 블루투스 계간 잡지에 게재되는 광고에 대한 할인 | O | X |

# Part II

BLUETOOTH LOW ENERGY WIRELESS TECHNOLOGY

# 블루투스 저에너지 호스트 인터페이스

본 장에서는 블루투스 저에너지의 호스트 인터페이스에 대한 기능적인 특징들에 대해서 알아본다. 호스트 인터페이스는 블루투스 컨트롤러의 연결 방법들에 있어서 동일한 인터페이스를 제공하는 역할을 한다. 다음의 내용에서 블루투스 소프트웨어의 스택과 블루투스 하드웨어의 하위 단들의 전체 흐름에 대해 간략하게 알아보자. 호스트 장치에서의 하위단의 호스트 인터페이스인 디바이스 드라이버 인터페이스, 호스트와 컨트롤러 사이에서 사용된 플로우 컨트롤에 대하여 설명할 것이다. 호스트 인터페이스 명령들의 예와 해당 명령들 각각에 대한 인자들의 예, 그리고 각각의 명령과 관계되는 이벤트들에 대해서 자세하게 파헤쳐 본다.

여기에서 다룰 호스트 인터페이스는 블루투스 저에너지의 인터페이스 뿐만 아니라 BR/EDR/AMP의 호스트 인터페이스도 포함할 예정이다. 일반적으로 블루투스 저에너지 디바이스들은 이들 BR/EDR/AMP와도 호환이 되도록 설계되며, 실제로도 그렇게 사용되기 때문이다.

## 1 호스트 인터페이스의 기본 구조

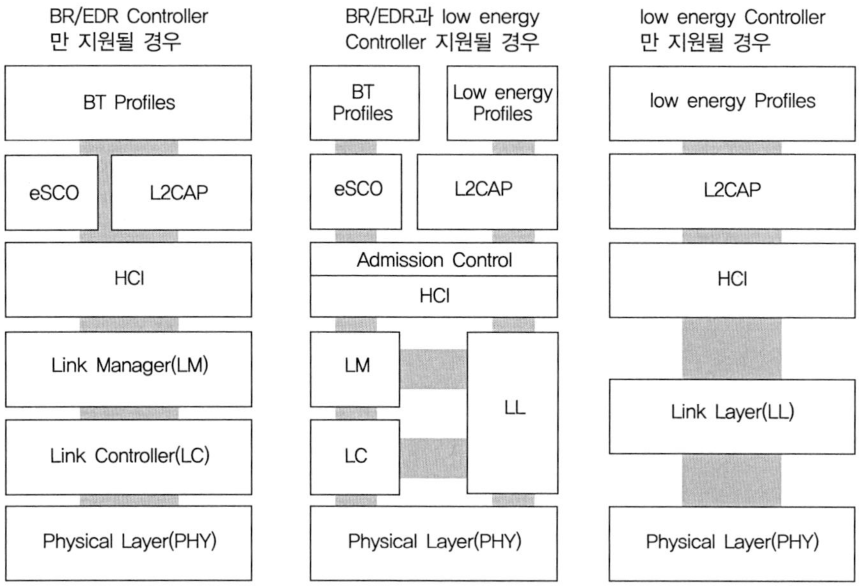


[그림 10 블루투스 호스트 인터페이스 구조]

호스트 시스템의 호스트 인터페이스 드라이버와 컨트롤러의 호스트 인터페이스 펌웨어 사이에는 많은 계층들이 존재한다. 이 중간 계층들(Host controller Transport Layer)은 전달되는 데이터에 대한 상세한 정보없이도 전달하는 능력을 갖는다. 그림에서, 한 개의 싱글 호스트는 한 개의 블루투스 장치 안에 한 개 또는 그 이상의 AMP 컨트롤러들과 선택적으로 LE가 포함된 한 개의 BR/EDR 컨트롤러를 운용한다.

만약 컨트롤러가 블루투스 저에너지만을 지원할 수 있다면, 이에 해당하는 컨트롤러는 호스트 인터페이스의 기능별 인터페이스에서 일부분만을 수행할 것이다. 위의 그림에서 한 개의 컨트롤러는 그 컨트롤러가 오직 블루투스 BR/EDR을 수행하는지, 오직 블루투스 LE만을 수행하는지, 또는 블루투스 BR/EDR과 LE 둘 다를 수행하는지에 상관없이 사용될 수 있는 것인지를 보여준다. 바꾸어 말하면 해당 컨트롤러의 설계 및 용도에 따라서 BR이든, EDR이든 또는 LE든간에 구현이 가능하다.

블루투스 BR/EDR과 LE를 지원하는 하나의 컨트롤러는 한 개의 공유된 명령어 버퍼와 플로우 컨트롤을 사용한다. 데이터 버퍼들은 BR/EDR과 LE사이에서 공유될 수도 있고 또는 BR/EDR과 LE를 위해 구분된 데이터 버퍼들이 사용될 수도 있다. 한개의 컨트롤러의 구성은 호스트 인터페이스의 구성에 따라서 결정된다.

블루투스 저에너지만을 지원하는 컨트롤러에서는 지원해야 하는 호스트 인터페이스 명령들과 이벤트들의 양이 줄어든다. 그리고 대부분의 스펙이 기존의 LE를 지원하지 않는 블루투스의 스펙과 같으므로 호스트 인터페이스 명령어들과 이벤트들 중 일부는 재사용될 수 있다.

호스트 인터페이스가 수행되었을 때, 블루투스 저에너지를 지원하는 컨트롤러를 위한 명령별 지원 조건은 아래 표와 같다.

[표 5 블루투스 저에너지를 위한 명령별 요구 조건]

| 명령어 | LE 기능 요구 조건 |
|---|---|
| Reset Command | 강제사항 |
| Set Event Mask Command | 강제사항 |
| LE Set Event Mask Command | 강제사항 |
| Read Buffer Size Command | C5 |
| LE Read Buffer Size Command | 강제사항 |
| LE Read Local Supported Features Command | 강제사항 |
| LE Write Local Used Features Command | 강제사항 |
| LE Write Random Address Command | C1 |
| LE Write Advertising Parameters Command | C1 |
| LE Read Advertising Channel TX Power Command | C1 |
| LE Write Advertising Data Command | C1 |
| LE Write Scan Response Data Command | C3 |
| LE Write Advertise Enable Command | C1 |
| LE Write Scan Parameters Command | C2 |
| LE Write Scan Enable Command | C2 |
| LE Create Connection Command | C3 |
| LE Create Connection Cancel Command | C3 |
| LE Read White List Size Command | 강제사항 |
| LE Clear White List Command | 강제사항 |
| LE Add Device To White List Command | 강제사항 |
| LE Remove Device From White List Command | 강제사항 |
| LE Connection Update Command | C3 |
| LE Set Host Channel Classification Command | C3 |
| LE Read Channel Classification Command | C3 |
| LE Read Remote Used Features Command | C3 |

| 명령어 | LE 기능 요구 조건 |
|---|---|
| LE Encrypt Command | C4 |
| LE Rand Command | C4 |
| LE Start Encryption Command | C4 |
| LE Long Term Key Requested Reply Command | C4 |
| LE Receiver Test Command | C2 |
| LE Transmitter Test Command | C1 |
| LE Test End Command | 강제사항 |
| LE Connection Complete Event | C3 |
| LE Advertising Report Event | C2 |
| LE Connection Update Complete Event | C3 |
| LE Read Remote Used Features Complete Event | C3 |
| LE Long Term Key Requested Event | C3 |
| Command Complete Event | 강제사항 |
| Command Status Event | 강제사항 |
| Encryption Change Event | C4 |
| Encryption Key Refresh Complete Event | C4 |
| Hardware Error Event | 조건에 따라 |
| Read BD_ADDR Command | 강제사항 |
| Flush Command | C3 |
| Flush Occurred Event | C3 |
| Disconnect Command | C3 |
| Disconnection Complete Event | C3 |
| Number Of Completed Packets Event | C3 |
| Read Local Version Information Command | 강제사항 |
| Read Local Supported Commands Command | 강제사항 |
| Read Local Supported Features Command | 강제사항 |
| Read RSSI Command | 조건에 따라 |
| Host Buffer Size Command | 조건에 따라 |
| Set Controller To Host Flow Control Command | 조건에 따라 |
| Host Number Of Complete Packets Command | 조건에 따라 |
| Data Buffer Overflow Event | 조건에 따라 |
| Read Transmit Power Level Command | C3 |

C1: LE 기능(LL Transmitter)이 지원된다면 해당 명령은 강제사항, 지원 안된다면 선택사항
C2: LE 기능(LL Receiver)이 지원된다면 해당 명령은 강제사항, 지원 안된다면 선택사항
C3: LE 기능(LL Transmitter and LL Receiver)이 지원된다면 해당 명령은 강제사항, 지원 안된다면 선택사항
C4: LE 기능(LL Encryption)이 지원된다면 해당 명령은 강제사항, 지원 안된다면 선택사항
C5: BR/EDR이 지원된다면 해당 명령은 강제사항, 지원 안된다면 선택사항

## 2 호스트 인터페이스를 통한 기본 동작

응답이 없는 원격장치(Connection Handle을 사용하는)의 AC 데이터 때문에 컨트롤러의 데이터 버퍼들이 오버플로우되는 것을 막기 위해서 호스트에서 컨트롤러 방향으로의 플로우 컨트롤이 사용된다. 호스트는 해당 컨트롤러의 데이터 버퍼들을 관리한다. BR/EDR 컨트롤러를 위해서는 패킷 단위의 플로우 컨트롤이 기본으로 사용된다. AMP 컨트롤러에 대해서는 ACL traffic 때문에 데이터 블록 단위의 데이터 플로우 컨트롤이 기본으로 사용된다. LE 컨트롤러를 위해서는 패킷 단위의 플로우 컨트롤이 기본으로 사용된다. 컨트롤러에서 호스트 방향으로 전달되는 데이터의 플로우 컨트롤은 BR/EDR 또는 LE 컨트롤러에서 사용된다.

초기화 과정에서, 패킷 단위의 플로우 컨트롤 매커니즘이 활성화 되었을 때, LE를 지원하는 호스트는 해당 LE Read Buffer Size라는 명령을 보낸다. 이 명령에 의해 반환되는 인자로부터 호스트에서 해당 컨트롤러로 보내지는 LE 데이터를 전송하기 위해 사용되는 호스트 인터페이스 LE(header를 제외한) 데이터 패킷들의 최대 크기가 결정된다.

또 하나의 반환 인자가 있는데 이것은 해당 컨트롤러가 그것의 버퍼들 안에 전송하기 위해 담겨져 있는 호스트 인터페이스 LE 패킷의 전체 개수를 알려준다. 만약에 LE를 지원하는 BR/EDR 컨트롤러가 zero 호스트 인터페이스 LE 패킷으로 응답한다면, 그 때 해당 호스트는 모든 BR/EDR과 LE데이터를 Read Buffer Size 명령을 이용해서 확인한 호스트 인터페이스 ACL 데이터 패킷들을 사용해서 보낼 것이다.

BR/EDR 컨트롤러는 초기화 과정에서, 패킷 단위의 플로우 컨트롤 매커니즘이 활성화 되면 해당 호스트는 Read Buffer Size 명령을 발생시킨다. 이 명령 두 개의 반환 인자가 호스트에서 컨트롤러로 보내지는 동위상의 데이터 패킷(headst를 제외한)들과 HCL ACL의 최대 크기를 결정한다. 또한 추가로 두개의 인자가 더 있는데, 해당 인자들이  컨트롤러가 그것의 버퍼들 내에서 전송되기 위해 대기하고 있는HCL ACL과 동기화된 데이터 패킷들의 총 개수를 명시한다.

다른 장치와의 연결이 적어도 한 개만 있으면, 또는 BR/EDR 컨트롤러가 local loopback mode에 있으면, 해당 컨트롤러는 호스트로부터 오는 데이터의 플로우 컨트롤을 위해 정확한 패킷 이벤트의 개수를 파악해서 이용한다. 이때 사용된 이벤트는 연결 기록의 목록, 대응되는 호스트 인터페이스 패킷의 개수목록을 포함한다. 여기서 호스트 인터페이스 데이터 패킷은 동작 완료된(전송됐거나, flushed, looped back) HCL ACL 데이터 패킷과 호스트 인터페이스 LE 데이터 패킷 둘 다를 포함한다.

해당 event의 응답된 정보를 기반으로, 그리고 해당 컨트롤러에 저장할 수 있는 호스트 인터페이스 ACL, LE 그리고 동기화된 데이터 패킷의 전체 수를 가르키는 Read Buffer Size와(또는) LE Read Buffer Size 명령들의 응답 페러미터들을 기반으로 임의의 연결을 위해서 다음에 보내져야 할 호스트 인터페이스 데이터 패킷을 결정한다.

호스트 인터페이스 데이터 패킷 하나가 보내지는 순간마다, 해당 호스트는 해당 컨트롤러에서 대응되는 링크 타입(ACL, LE, SCO or eSCO)의 남는 버퍼 공간이 한 개의 호스트 인터페이스 데이터 패킷만큼 감소된다.

해당 호스트에 의해 완료된 각각의 패킷 이벤트는 이전에 완료된 패킷 이벤트가 해당 호스트로 전달된 이후 각각의 연결 처리를 위해 어느 정도의 호스트 인터페이스 데이터 패킷이 완료(transmitted or flushed)되었는지에 대하여 정보를 제공한다. 그때 실제로 현재의 버퍼 사용상태를 계산할 수 있다.

해당 컨트롤러가 한 개 또는 그 이상의 호스트 인터페이스 데이터 패킷을 완료할 때마다 그것이 마침내 모든 펜딩(pending)된 호스트 인터페이스 데이터 패킷이 완료될 때까지, 그것은 한 개의 완료된 패킷 이벤트를 보낼 것이다. 이 이벤트가 보내지는 주기는 제조업체가 정하기에 따른다.

만약에 동기화 플로우 컨트롤이 사용되지 않는다면, 완료된 패킷 단위의 이벤트의 개수는 동기화 연결 처리할 때 보고되지 않을 것이다(Read Synchronous Flow Control Enable 명령어로 확인하고, Synchronous Flow Control Enable 명령어를 사용한다).

각각의 개별적 처리를 위해서 해당 데이터는 호스트에서 생성된 목적에 맞게 호스트 인터페이스 데이터 패킷의 형식으로 해당 컨트롤러에 보내져야 한다. 해당 컨트롤러 또한 호스트로부터 받은 데이터를 호스트로부터 받을 때와 같은 목적으로, 주어진 handle을 위해서 에어상으로 보내야 한다.

다른 장치로부터 에어상으로 연결요청된 처리를 위해 받은 데이터는 그것을 받았을 때와 같은 목적을 유지하고, 호스트 인터페이스 데이터 패킷으로써 호스트에 보내져야 한다. 이것은 스케쥴링이 각각의 핸들을 기초로 개별적으로 결정된다는 것을 의미한다. 각각의 개별적 핸들에서 데이터의 규칙은 그것이 생성되었을 때의 규칙에서 변하지 않아야 한다.

한 개의 LE 컨트롤러에서 호스트 인터페이스 LE 데이터의 패킷 사이즈는 27 octet 또는 그 이상이 될 것이다. 그리고 27octet 또는 그 이하의 사이즈인 호스트 인터페이스 LE 데이터 패킷들에서는 분열이 발생한다. Data-block-based 데이터 플로우 컨트롤은 호스트 인터페이스 LE 데이터 패킷들에서 사용되지 않을 것이다.
일부 장치들에서는 BR/EDR 또는 LE 컨트롤러에서 해당 호스트의 방향으로 플로우 컨트롤을 필요로 할 수 있다. "Host Controller To Host Flow Control" set을 위한 명령은 그 방향대로의 플로우 컨트롤을 on/off하기 위해 사용될 수 있다.

## 3 호스트 인터페이스 명령어

초기화 진행 중, 호스트는 컨트롤러에서 호스트로 보낼 수 있는 호스트 인터페이스 ACL과 동위상의 데이터 패킷들의 최대 사이즈를 컨트롤러에게 알려주기 위해서 HostBuffer Size 명령어를 사용한다. 또한 그 명령어는 해당 컨트롤러에게 호스트의 데이터 버퍼들에 저장 될 수 있는 동위상 데이터와 ACL의 전체 수를 알리기 위한 두개의 추가 명령어 페러미터를 포함한다.

호스트는 이미 설명 했던, 컨트롤러가 완료된 패킷 이벤트의 수를 사용하는 방법과 정확히 똑같은 방법으로 완료된 패킷 명령어의 호스트 수를 사용한다.
완료된 패킷 명령어의 호스트 수는 플로우 컨트롤이 사용되지 않는 경우를 위해 특별한 명령어이고 그것은 연결이 있거나 local loopback mode에 있는 경우 언제든지 보내질 수 있다. 해당 명령어는 또한 그 명령이 완료된 이후에 아무런 이벤트가 없다. 이것이 양방향에서 정확하게 같은 플로우 컨트롤이 될 수 있도록 해주고 일반 명령어의 흐름에 방해받지 않도록 해준다.

호스트가 연결해제 완료, 물리적 링크 해제 완료 또는 논리 링크 해제 완료 이벤트를 받았을 때, 그 호스트는 리턴 핸들을 위해 컨트롤러에 보내진 모든 알려지지 않은 호스트 인터페이스 데이터 패킷들이 활성화되었다고 가정하고, 대응하는 데이터 버퍼들이 자유로워진다고 가정한다. BR/EDR 컨트롤러 또는 LE 컨트롤러는 이것에 대해 완료된 패킷 이벤트의 수를 통해 호스트에 알릴 필요가 없고 AMP 컨트롤러가 이것에 대해 완료된 데이터 블럭 이벤트의 수를 통해 호스트에게 알릴 필요도 없다.

만약, 컨트롤러에서 호스트로의 방향으로 플로우 컨트롤이 활성화 되었다면 컨트롤러는 컨트롤러가 연결 해제 완료 이벤트를 보낸 후에, 호스트가 연결해제 완료 이벤트를  받았을 때 전송된 핸들을 위해 그것의 데이터 버퍼들을 활성화 시킬 것이라고 가정할 것이다. 호스트는 BR/EDR 컨트롤러 또는 LE 컨트롤러에게 완료된 패킷 명령어의 호스트 수를 통해 이와 같은 사실을 알릴 필요가 없다.

호스트 인터페이스는 컨트롤러를 이용하기 위한 접속 방법으로 동일한 형태의 명령어 방법을 사용한다. 해당 호스트 인터페이스 연결 명령어들은 또 다른 블루투스 장치들에 연결하는 링크 계층을 제어하기 위한 능력을 호스트에게 제공한다. BR/EDR 컨트롤러를 위해서 이 명령어들은 일반적으로 링크 매니저(Link Manager)를 포함한다. LMP 명령어들은 원격 블루투스장치들의 LMP 명령어들과 교체하기 위해서 또는 LE 컨트롤러를 위해서 이 명령어들은 일반적으로 링크 계층(Link Layer, LL)을 포함한다. 호스트 인터페이스 정책 명령어들은 원격과 지역적인 LM 또는 LL의 행동에 영향력을 주기 위해서 사용된다. 이러한 정책 명령어들은 호스트에게 어떻게 LM 또는 LL이 피코넷(piconet)을 관리하는지에 대한 방법을 제공한다.

컨트롤러와 Baseband 명령들, 정보를 갖춘 그리고 상태를 알려주는 명령어들은 컨트롤러에 있는 수많은 레지스터들에게 호스트의 접속을 제공한다. 호스트 인터페이스 명령어들은 이에 대한 완료를 위해서 각기 다른 시간이 걸린다. 그러므로 명령어들의 결과들은 하나의 이벤트의 형식에 포함되어 있는 호스트에게 보고된다. 예를들어, 대부분의 호스트 인터페이스 명령어들에 대해서 컨트롤러는 하나의 명령이 완료되었을 때, 명령 완료 이벤트를 생성할 것이다. 이 이벤트는 완료된 호스트 인터페이스 명령을 위해서 반환 인자들을 포함한다. 호스트가 호스트 인터페이스-전송단에서 에러들을 검출하도록 호스트를 활성화 하기 위해서는 호스트의 명령어와 컨트롤러의 응답 사이에 타임아웃을 둔다. 최대 응답 타임 아웃은 사용된 호스트 인터페이스-전송단에 강하게 의존하기 때문에 이 타이머를 위해서는 1s 간격의 시간차를 사용하는 것을 추천한다.

연결 핸들(Connection Handle)은 호스트와 LE 컨트롤러 사이의 논리적 채널들을 구분하기 위해서 사용한다. 연결 핸들은 새로운 논리적 연결이 생성될 때 Connection Complete event를 사용해서 LE 컨트롤러에 의해 할당된다.

하나의 LE 컨트롤러에 브로드캐스트 연결 핸들(Broadcast Connection Handles)은 없다. 연결 핸들은 ACL point-to-point 데이터를 위해서만 사용된다.

호스트 컨트롤러 전송 계층은 호스트 인터페이스 스펙정보의 투명한 교환을 제공한다. 이러한 전달 매커니즘은 해당 호스트에서 호스트 인터페이스 명령어들, ACL 데이터, 그리고 동기화된 데이터를 BR/EDR 컨트롤러에게 보낼 수 있는 능력, 그리고 호스트 인터페이스 명령어와 ACL 데이터를 LE 컨트롤러 또는 AMP 컨트롤러에게 보낼 수 있는 능력을 제공한다. 또한 이러한 전달 매커니즘은 호스트에게 호스트 인터페이스 이벤트, ACL 데이터와 동기화 데이터를 BR/EDR 컨트롤러로부터 받을 수 있는 능력, 그리고 호스트 인터페이스 이벤트와 ACL 데이터를 LE 컨트롤러 또는 AMP 컨트롤러로부터 받을 수 있는 능력을 제공한다. 호스트 컨트롤러 전송 계층은 호스트 인터페이스-스펙 정보의 투명한 교환을 제공하기 때문에 호스트 인터페이스 스펙은 - 명령어들간의 형식, 이벤트, 그리고 호스트와 컨트롤러들과의 데이터 교환을 정의한다.

호스트 인터페이스 ACL 데이터 패킷은 호스트와 컨트롤러 사이의 데이터 교환을 위해 사용된다. 두 가지 타입의 호스트 인터페이스 ACL 데이터 패킷이 있다(자동으로 활성화 되는 타입과 자동으로 활성화 되지 않는 타입). 자동으로 활성화 되는 호스트 인터페이스 데이터 패킷은 자동 활성화 타이머의 세팅에 의해서 활성화 된다.

자동으로 활성화 되지 않는 호스트 인터페이스 데이터 패킷은 자동 활성화 타이머에 의해 동작하지 않고 자동으로 활성화 되지도 않는다. 저에너지 논리링크의 모든 패킷들은 자동 플러시 타이머에 의해 영향을 받지 않는다. 데이터 패킷 또는 세크먼트를 BR/EDR 컨트롤러에게 전달하기 위해 연결 핸들이 사용된다.

논리 링크 핸들 데이터 패킷은 AMP 컨트롤러에게 전달되기 위해 사용된다. 수신부에서는, 핸들의 LSB 8이 물리적 연결 핸들이고 MSB 4는 지정되어 있다(이것은 특정 AMP 컨트롤러들의 경우 수신부에서의 논리적 연결을 제공할 수 없기 때문이고 해당 호스트는 그것을 요구하지 않는다).

[표 6 Packet Boundary 플래그]

| 값 | 인자 설명 |
|---|---|
| 00 | Higher Layer Message의 첫 번째 비자동 활성화 패킷(비자동화 활성화 L2CAP PDU의 시작)<br>AMP 컨트롤러와 사용되지 않음<br>컨트롤러에서 호스트로의 LE 컨트롤러에서 사용되지 않음 |
| 01 | Higher Layer Message의 지속되는 단편 패킷<br>AMP 컨트롤러와 사용되지 않음 |
| 10 | Higher Layer Message의 첫 번째 자동 활성화 패킷(자동화 활성화 L2CAP PDU의 시작)<br>AMP 컨트롤러와 사용되지 않음<br>호스트에서 컨트롤러로의 LE 컨트롤러에서 사용되지 않음 |
| 11 | 완료된 L2CAP PDU. 자동 활성화<br>AMP 컨트롤러와 사용됨<br>LE 컨트롤러에서는 사용되지 않음 |

범위: 0x000-0XEFF (0XF00 - 0XFFF Reserved for future use)

컨트롤러에 의해 사용되는 호스트 인터페이스 이벤트 패킷은 이벤트들이 발생했음을 알리기 위해서 존재한다. 호스트는 호스트 인터페이스 이벤트 패킷 헤더를 제외한 데이터의 최대 255octets까지 포함한 호스트 인터페이스 이벤트 패킷들을 받을 수 있어야 한다. LE 컨트롤러는 컨트롤러에서 호스트로 특정 LE 이벤트들을 전송하기 위해 서브-이벤트(sub-event) 코드들을 사용한다. 그 서브-이벤트 코드는 항상 이벤트인자들의 첫 번째 octets에 위치한다.

[표 7 명령어 지원]

| Octet | Bit | Command Supported |
|---|---|---|
| 25 | 0 | LE Set Event Mask |
| | 1 | LE Read Buffer Size |
| | 2 | LE Read Local Supported Features |
| | 3 | LE Write Local Used Features |
| | 4 | LE Write Random Address |
| | 5 | LE Write Advertising Parameters |
| | 6 | LE Read Advertising Channel TX Power |
| | 7 | LE Write Advertising Data |

| Octet | Bit | Command Supported |
|---|---|---|
| 26 | 0 | LE Write Scan Response Data |
| | 1 | LE Write Advertising Enable |
| | 2 | LE Write Scan Parameters |
| | 3 | LE Write Scan Enable |
| | 4 | LE Create Connection |
| | 5 | LE Create Connection Cancel |
| | 6 | LE Read White List Size |
| | 7 | LE Clear White List |
| 27 | 0 | LE Add Device To White List |
| | 1 | LE Remove Device To White List |
| | 2 | LE Connection Update |
| | 3 | LE Set Host Channel Classification |
| | 4 | LE Read Channel Classification |
| | 5 | LE Read Remote Used Features |
| | 6 | LE Encrypt |
| | 7 | LE Rand |
| 28 | 0 | LE Start Encryption |
| | 1 | LE Long Term Key Requested Reply |
| | 2 | LE Receiver Test |
| | 3 | LE Transmitter Test |
| | 4 | LE Test End |
| | 5 | Reserved |
| | 6 | Reserved |
| | 7 | Reserved |

링크 제어(Link Control) 명령어들은 컨트롤러가 다른 블루투스 장치들에 연결하는 것을 허용한다. 어떤 링크 제어 명령어들은 오직 BR/EDR 컨트롤러와 사용된다. 반면에 다른 링크 제어 명령어들은 오직 AMP 컨트롤러와 사용된다. BR/EDR 컨트롤러에서 링트 제어 명령어들이 사용될 때, 링크 매니저는 어떻게 블루투스 피코넷과 스캐터넷을 세우고 지속할 것인지를 조절한다. 이 명령들은 LM이 블루투스 원격 장치들과의 링크 계층 연결을 만들거나 수정하도록 지시하고, 범위 내에 있는 다른 블루투스장치들의 검색을 수행하며, 다른 LMP 명령어들도 수행한다. AMP 컨트

롤러에서는 링크 제어 명령어들이 물리적, 논리적 연결의 생성, 수정, 또는 중단을 위해 사용된다. LE 컨트롤러에서는 링크 제어 명령어들이 물리적 연결을 끊기 위해서 사용된다. 해당 링크 제어 명령어들을 위해서 OGF(Opcode Group Field)가 0x01로서 정의된다.

컨트롤러와 baseband 명령어들은 블루투스 하드웨어의 다양한 기능들을 활성화시키고 조절한다. 이러한 인자들은 BR/EDR 컨트롤러, AMP 컨트롤러의 PAL, 그리고 LE 컨트롤러의 링크 계층에 속해 있는 컨트롤러, 링크 매니저 그리고 baseband의 기능들과 블루투스장치들의 제어를 제공한다. 호스트 장치는 컨트롤러의 동작을 수정하기 위해서 이 명령어들을 사용할 수 있다. 해당 호스트 인터페이스 제어와 baseband 명령어들을 위해서 OGF는 0x03으로 정의된다.

## 4 주요 명령어와 인자

Set_Event_Mask 명령은 호스트를 고려할 때 호스트 인터페이스에 의해서 어떤 이벤트들이 생성되어야 하는지 제어하기 위해서 사용된다. 만약 Event_Mask에서 해당 비트가 1로 설정된다면 그 비트와 관련된 이벤트가 활성화 될 것이다. 해당 호스트는 블루투스 장치들에 의해 발생하는 각각의 이벤트를 처리해야 한다. LE 컨트롤러의 경우, 이 Event_Mask에서 오직 한 개의 비트가 LE Meta Event 코드로부터 모든 LE 이벤트들을 끄거나 켠다.

[표 8 Event_Mask 테이블]

| 값 | 인자 설명 |
| --- | --- |
| 0x2000000000000000 | LE Meta-Event is supported |
| 0Xc000000000000000 | Reserved for future use |

Reset 명령은 LE 컨트롤러의 링크 레이어를 리셋시킨다. 만약에 컨트롤러가 BR/EDR과 LE 둘다를 지원한다면, 그때는 Reset 명령이 링크 매니저, Baseband 그리고 링크 레이어를 리셋할 것이다. Reset이 완료된 후에는 현재 진행 중인 상태는 없어지고, 컨트롤러는 standby mode로 들어가며, 컨트롤러는 자동적으로 인자들의

기본 값들을 스펙에 정의된 기본 값들로 전환할 것이다.

Flush 명령어는 특정 연결 핸들을 위해 컨트롤러에 현재 펜딩(pending)되어 있는 모든 데이터를 버리기 위해 사용된다. 이 명령은, LE 컨트롤러에서 사용될 때, 링크 계층이 데이터 전송을 얼마나 오랫동안 막고 있어야 하는지를 제어하기 위해 보다 높은 수준의 소프트웨어를 허용할 것이다. Flush 명령은 오직 ACL 연결만을 위해서 사용된다. 특정 flush 타이머가 완료된 후에 현재 전송되고 있는 자동 활성화 L2CAP 패킷을 자동적으로 활성화 하기 위해서는 추가로 자동 flush 타이머들도 사용할 수 있다.

Read_Buffer_Size 명령은 호스트에서 컨트롤러로 보내지는 동기화 데이터 패킷들의 데이터 점유율의 최대 크기를 읽기 위해서 사용된다. 호스트는 이 크기에 따라서 호스트에서 컨트롤러로 전송되는 데이터를 나눌 것이다. 그래서 호스트 인터페이스 데이터 패킷들은 이 크기까지의 데이터를 포함할 것이다. 또한 Read_Buffer_Size 명령은 컨트롤러의 데이터 버퍼들에 저장할 수 있는 호스트 인터페이스 ACL과 동기화 데이터 패킷들의 전체 숫자를 반환한다. BR/EDR 그리고 LE를 지원하는 장치에서 Read_Buffer_Size에 의해서 반환되는 버퍼들은 만약 LE Read Buffer Size 명령이 어떤 버퍼들도 반환하지 못할 경우에만 LE 데이터를 붙잡아 놓기 위해서 사용할 수 있다. 만약 컨트롤러가 LE만 지원할 경우, 이 명령은 지원되지 않는다.

LE 컨트롤러 명령들은 어떻게 링크 계층이 피코넷(piconet)을 관리하고 연결을 제어할지에 대한 방법들뿐만 아니라, 블루투스 하드웨어의 다양한 가능성에 대한 활성화와 제어를 제공한다.

아래는 LE에서 사용하는 이벤트 및 명령어에 대해서 정리한 것이다.

[표 9 LE Set Event Mask 명령어]

| 명령어 | OCF | 명령 인자 | 반환 인자 |
|---|---|---|---|
| HCI_LE_Set_Event_Mask | 0x0001 | LE_Event_Mask | Status |

HCI_LE_Set_Event_Mask 명령은 호스트를 위해 호스트 인터페이스에 의해 어떤 LE 이벤트들이 생성되는지 제어하기 위해서 사용된다. 만약 LE_Event_Mask의 비트가 1로 설정될 경우, 그 비트와 관계되는 이벤트는 활성화 될 것이다. 호스트는 블루투스 장치에 의해 발생하는 각 이벤트를 분배해야 한다. 해당 event mask는 호

스트에게 얼마나 많은 인터럽트가 발생할 것인지를 제어하게 된다. 생성되는 LE 이벤트들을 위해서 Event_Mask에서 관계된 비트(LE Meta-Event)가 설정된다. 만약 그 비트가 설정되지 않으면, LE_Event_Mask가 어떻게 설정되었는지와는 상관없이 어떤 LE 이벤트들도 생성되지 않을 것이다.

Size: 8 Octets

| 값 | 인자 설명 |
|---|---|
| 0x0000000000000000 | No LE events specified |
| 0x0000000000000001 | LE Connection Complete Event |
| 0x0000000000000002 | LE Advertising Report Event |
| 0x0000000000000004 | LE Connection Update Complete Event |
| 0x0000000000000008 | LE Read Remote Used Features Complete Event |
| 0x0000000000000010 | LE Long Term Key Request Event |
| 0x000000000000001F | Default |
| 0Xffffffffffffffe0 | Reserved for future use |

Return parameters: Size 1 Octet

| 값 | 인자 설명 |
|---|---|
| 0x00 | LE_Set_Event_Mask 명령 성공 |
| 0x01-0xFF | LE_Set_Event_Mask 실패 |

Event 생성: LE_Set_Event_Mask 명령이 완료됐을 때, 명령 완료 이벤트가 생성된다.

[표 10 LE Read Buffer Size 명령어]

| 명령어 | OCF | 명령 인자 | 반환 인자 |
|---|---|---|---|
| HCI_LE_Read_Buffer_Size | 0x0002 | | Status,<br>HC_LE_Data_Packet_Length,<br>HC_Total_Num_LE_Data_Packets |

LE_Read_Buffer_Size 명령은 호스트에서 컨트롤러로 보내지는 호스트 인터페이스 LE 데이터 패킷들의 최대 데이터 점유 크기를 읽기 위해 사용된다. 호스트는 호스트에서 컨트롤러로 전송될 데이터를 이 사이즈에 따라서 나눈다. 그래서 호스트 인터페이스 데이터 패킷들은 이 사이즈까지의 데이터를 포함할 것이다. LE_Read_Buffer_Size 명령은 컨트롤러의 데이터 버퍼들에 저장될 수 있는 호스트 인터페이스 LE 데이터 패킷들의 전체 숫자를 반환한다. LE_Read_Buffer_Size 명령은 호스

트에 의해 LE를 지원하는 컨트롤러에게 어떤 데이터를 보내기 전에 발생되어야만 한다.

만약 컨트롤러가 zero 길이의 값을 반환한다면, 호스트는 Read_Buffer_Size 명령을 사용해야만 한다. HC_LE_Data_Packet_Length는 L2CAP의 크기를 결정하기 위해서 사용된다. HC_Total_Num_LE_Data_Packets는 컨트롤러의 버퍼들에 저장될 수 있는 호스트 인터페이스 ACL 데이터 패킷들의 전체 개수를 알려준다.

반환 인자: size: 1Octet

| 값 | 인자 설명 |
|---|---|
| 0x00 | LE_Read_Buffer_Size command 성공 |
| 0x01-0xFF | LE_Read_Buffer_Size command 실패 |

HC_LE_Data_Packet_Length: Size: 2 Octets

| 값 | 인자 설명 |
|---|---|
| 0x00 | No dedicated LE Buffer – use Read_Buffer_Size |
| 0x0001-0xFFFF | 컨트롤러가 받아들일 수 있는 각 호스트 인터페이스 ACL 데이터 패킷의 데이터의 최대 크기(octets) |

HC_Total_Num_LE_Data_Packets: Size: 1 Octet

| 값 | 인자 설명 |
|---|---|
| 0x00 | No dedicated LE_Buffer – use Read_Buffer_Size |
| 0x01-0xFF | 컨트롤러의 데이터 b버퍼들에 저장될 수 있는 호스트 인터페이스 ACL 데이터 패킷들의 개수 |

이벤트생성: LE_Read_Buffer_Size 명령이 완료되었을 때, 명령완료 event가 생성될 것이다.

[표 11 LE_Read_Local_Supported_Features 명령어]

| 명령어 | OCF | 명령 인자 | 반환 인자 |
|---|---|---|---|
| HCI_LE_Read_Local_Supported_Features | 0x0003 | | Status, LE_Features |

이 명령은 컨트롤러에서 지원되는 LE 기능들의 기본 목록을 요청한다.
이 명령은 LE 기능들의 목록을 반환할 것이다.

Command parameters: None
Return parameters: Size: 1 Octet

| 값 | 인자 설명 |
|---|---|
| 0x00 | LE_Read_Local_Supported_Features 명령 성공 |
| 0x01-0xFF | LE_Read_Local_Supported_Features 실패 |

LE_Features : Size: 8 Octet

| 값 | 인자 설명 |
|---|---|
| 0xXXXXXXXXXXXXXXXX | LE 기능들의 목록 bit mask |

이벤트 생성: LE_Read_Local_Supported_Features 명령이 완료되었을 때, 명령완료 이벤트 생성됨

[표 12 LE_Write_Local_Used_Features 명령어]

| 명령어 | OCF | 명령 인자 | 반환 인자 |
|---|---|---|---|
| HCI_LE_Write_Local_Used_Features | 0x0004 | LE_Features | Status, |

이 명령은 호스트가 컨트롤러에게 요청한 현재 사용되고 있는 LE 기능들의 목록을 쓰기 위해서 사용된다.

명령 인자들:
LE Features: Size: 8 Octets

| 값 | 인자 설명 |
|---|---|
| 0xXXXXXXXXXXXXXXXX | 사용된 LE 기능들의 목록 bit mask |

Return parameters:

Status: Size: 1 Octet

| 값 | 인자 설명 |
| --- | --- |
| 0x00 | LE_Write_Local_Used_Features 명령 성공 |
| 0x01-0xFF | LE_Write_Local_Used_Features 실패 |

Event 생성:

LE_Write_Local_Used_Features 명령이 완료됐을 때, 명령 완료 이벤트 생성됨

[표 13 LE Write Advertising Parameters 명령어]

| 명령어 | OCF | 명령 인자 | 반환 인자 |
| --- | --- | --- | --- |
| HCI_LE_Write_Advertising_Parameters | 0x0006 | Advertising_Interval_Min, Advertising_Interval_Max, Advertising_Type, Own_Address_Type, Direct_Address_Type, Direct_Address, Advertising_Channel_Map, Advertising_Filter_Policy | Status |

HCI_LE_Write_Advertising_Parameters는 애드버타이즈될 인자들을 쓰기 위해서 사용된다. Advertising_Interval_Min값의 크기는 Advertising_Interval_Max보다 작다. 컨트롤러가 다른 활동을 하기 위해서 주어지는 가장 좋은 애드버타이즈 기간을 결정하기 위해서는 Advertising_Interval_Min와 Advertising_Interval_Max가 서로 같은 값을 가지면 안된다.

# Part III

BLUETOOTH LOW ENERGY WIRELESS TECHNOLOGY

# 블루투스 저에너지

## 1 블루투스 저에너지 컨트롤러

블루투스 저에너지 디바이스는 기존의 블루투스 디바이스와 마찬가지로 2.4GHz 무허가 ISM(Industrial, Scientific and Medical) 대역 내에서 사용된다. ISM 대역은 산업, 과학 및 의료 분야에서 사용 허가를 받지 않고 자유롭게 사용할 수 있다. 그러므로 블루투스 저에너지 스펙은 한국 내의 KCC(Korea Communication Commission) 표준 규격 무선설비규칙인 2008-116호를 따른다. 이는 해당된 국가에 따라 조금씩 다를 수 있으므로 ISM 대역에 대해서는 표준화를 통하여 쉽게 사용할 수 있도록 정의되어 있다. 유럽의 경우 ETSI(European Telecommunication Stadards Institute)에서 제정한 EN 300 328, EN 301 489, ETS 300-826과 북미의 FCC(Federal Communication Commission)의 RSS-210 및 RSS139가 이에 대한 규정을 제시하였다.

### 1.1 물리 계층 규격

#### 1.1.1 주파수 대역과 채널 배열

위에서도 언급했듯이 LE 블루투스 System은 2.4GHz ISM Band에서 동작한다. 이는 2400 – 2483.5MHz 대역이며, 중심 주파수는 2402 + k * 2MHz로 동작하며, k = 0…39 사이에서 정의된다. 모두 40개의 채널을 사용한다.

### 1.1.2 트랜스미터 특성

블루투스 저에너지 디바이스의 트랜스미터 특성은 안테나 커넥터의 파워 레벨에 의해 결정되는데, 만약 커넥터가 없는 경우는 0dBi로 가정한다. 그러나, 이런 파워 레벨의 정확한 값을 만들어내는 것은 쉽지 않기 때문에 저에너지 RF 테스트 시에는 임시로 안테나 커넥터를 이용한다. 트랜스미터의 출력 파워 레벨은 아래와 같이 제한을 둔다. 그러나 이런 레벨은 해당 디바이스의 전력소모를 줄이거나 다른 디바이스와의 간섭을 피하기 위한 목적으로 조정되기도 한다.

[표 14 전송 파워]

| 최소 출력 파워 | 최대 출력 파워 |
|---|---|
| 0.01 mW (-20dBm) | 10mW(+10dBm) |

### 1.1.3 모듈레이션 특성

블루투스 저에너지 디바이스는 Gaussian Frequency Shift Keying(GFSK)를 사용한다. 83.5MHz 대역은 1MHz 간격 채널 단위로 분할되어 최대 가용 채널 대역폭을 얻기 위해 1초당 1Ms/s의 신호율을 갖는다. GFSK Modulation에서 이는 1Mb/s와 같다. 블루투스 저에너지 규격에서 최소 주파수 편의(deviation)는 185kHz로 되어 있다. 심볼 타이밍 정확도(Symbol Timing Accuracy)는 ±50ppm이어야 한다.

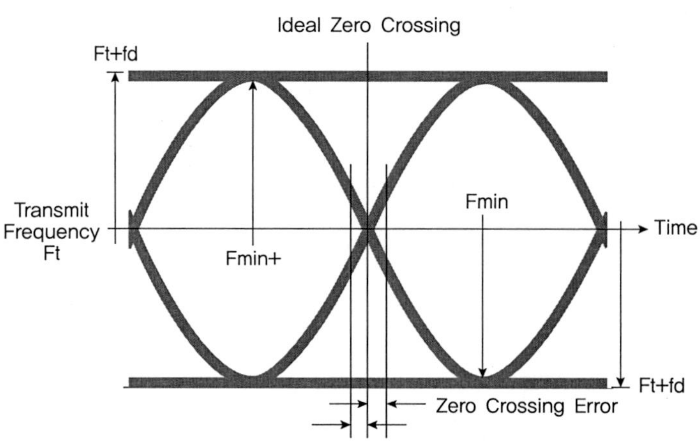


[그림 11 GFSK 페러미터 정의]

그림과 같이 전송시 최소 주파수 편의는 F min = min { |F min+| , F min- }와 같다. Zero Crossing Error는 ideal symbol 주기와 측정한 crossing time간의 시간차를 나타낸다. 이 Zero Crossing Error는 한 심볼주기의 ±1/8 보다 작다.

FCC규정 15.247에서는 스펙트럼 확산방식을 사용하지 않는 direct sequence systems에서 트랜스미터 스팩트럼의 최소 6dB 대역폭은 적어도 100kHz 해상도 대역폭에서 500kHz이어야 한다고 정하고 있다.

■ In-band 의사 방출(Spurious Emission)

이웃한 채널 파워는 캐리어로부터 적어도 2MHz대 채널을 명시한다. 이 이웃한 채널 파워는 1MHz 채널 내에 합의 값으로 정의한다. 스펙트럼 측정은 100kHz 해상도 대역폭과 평균 탐지기도 함께 수행된다. 디바이스는 중심 주파수 M과 이웃 채널 파워인 1MHz 주파수 N으로 측정한다. 트랜스미터는 테스트를 통해서 페이로드(payload)내의 의사(pseudo) 랜덤 데이터 패턴을 송신한다.

[표 15 전송 스펙트럼 마스크]

| 주파수 오프셋 | 방출 파워 |
|---|---|
| 2 MHz (\|M-N\| = 2) | -20dBm |
| 3 MHz 또는 그 이상 (\|M-N\| ≥ 3) | -30dBm |

예외사항으로는 1MHz 폭 세개에 이르는 밴드와 1MHz 정수배의 중심주파수를 허락한다. 이 예외사항은 -20dBm이거나 작은 절대값을 갖는다.

■ Out-of-band 의사 방출(Spurious Emission)

이를 측정하기 위한 디바이스 제조업체는 각 국가가 요구하는 ISM out-of-band의 요구사항을 확인하여야 한다.

### 1.1.4 주파수 허용범위

패킷의 송수신 중에 중심 주파수 편의는 초기 주파수 offset 및 drift를 포함하여 ±150kHz를 초과하지 아니한다. 어떤 패킷 송수신 중에도 주파수 drift의 경우 50 kHz보다 작아야 하며, 그 drift rate는 400Hz/μs보다 작아야 한다.

[표 16 패킷내의 최대 허용 주파수]

| 페러미터 | Frequency Drift |
|---|---|
| Maximum drift | ±150kHz |
| Maximum drift rate | 400Hz/μs |

### 1.1.5 리시버 특성

여기에서 참조(Reference) 감도(Sensitivity) 레벨은 -70dBm이다. 패킷 에러율은 BER(Bit Error Rate)에 의해서 정의된다.

■ 실제 감도 레벨

실제적인 감도 레벨은 리시버의 입력 레벨이 BER 0.1%를 도달해야 한다. 초기 주파수 offset, 주파수 drift, 심볼 rate, 주파수 편의 등과 같은 페러미터 변화와 함께 공급전원 및 온도의 극한 상태에서 측정할 때, 리시버의 실제적인 감도 레벨은 트랜스미터의 스펙에 부합하도록 -70dBm보다 작거나 같아야 한다.

■ 간섭 성능

간섭 성능(Interference Performance)은 참조 감도 레벨의 3dB보다 큰 값으로 측정되어져야 한다. 만약 간섭 시그널의 주파수가 2400 – 2483.5MHz가 아닌 그 외부의 것이라면 Out-of-band blocking 스펙을 적용해야 한다. 1MHz의 해상도로 측정하며, 희망하는 시그널이나 간섭 시그널은 모두 아래의 스펙을 따라야 한다.

[표 17 참조 시그널 정의]

| |
|---|
| Modulation = GFSK<br>Modulation Index = 0.5±1%<br>BT = 0.5±1%<br>Bit rate = 1 Mbps±1 ppm<br>주파수 정확도는 ±1 ppm보다 좋아야 한다.<br>원하는 시그널 Modulation 데이터 = PRBS9 *<br>간섭 시그널 Modulation 데이터 = PRBS15 * |

* Pseudo Random Bit Sequence : PRBS는 완전한 무작위 랜덤 비트열은 아니지만, 의사적으로 랜덤하게 만들어진 패턴을 갖는 비트열을 말한다. 디지털 회선에 대한 비트 에러율의 평가 등을 위해 의도적으로 만들어진다.

아래에 나타낸 간섭성능에서와 같이 모든 간섭 시그널의 BER은 ≤ 0.1%이어야 한다.

[표 18 간섭 성능]

| 간섭 주파수 | 비율 |
|---|---|
| Co-채널 interference, $C/I_{co\text{-}채널}$ | 21dB |
| Adjacent (1 MHz) interference, $C/I_{1MHz}$ | 15dB |
| Adjacent (2 MHz) interference, $C/I_{2MHz}$ | -17dB |
| Adjacent (≥3 MHz) interference, $C/I_{\geq 3MHz}$ | -27dB |
| Image interference*, $C/I_{Image}$ | -9dB |
| Adjacent (1 MHz) interference to in-band image frequency, $C/I_{Image\pm 1MHz}$ | -15dB |

* : In-band image frequency, image frequency가 ≠ n*1 MHz이면, image reference frequency는 n*1 MHz에 가깝다고 정의한다.

위 테이블에서 만약 이웃한 두 개의 채널 스펙이 같은 채널이라면 좀 더 유연하게 적용할 수 있다.

■ Out-of-Band Blocking

Out-of-Band Blocking은 2400 – 2483.5MHz를 벗어난 간섭 시그널에 대해서 적용한다. Out-of-Band를 막기 위해서는 참조 감도 레벨의 3dB 이상에서 측정되어야 한다. 간섭 시그널은 연속적인 wave 시그널이어야 한다. 희망하는 시그널은 아래표와 같이 제공되어야 하며, 이때 중심 주파수(Center frequency)는 2440MHz이고, BER은 0.1%보다 작거나 같아야 한다. 아래는 Out-of-Blocking의 요구사항을 나타낸다.

[표 19 Out-of-band 제거 요구사항]

| 간섭 시그널 주파수 | 간섭 시그널 파워 레벨 | 측정 해상도 |
|---|---|---|
| 30MHz – 2000MHz | -30dBm | 10MHz |
| 2003 – 2399MHz | -35dBm | 3MHz |
| 2484 – 2997MHz | -35dBm | 3MHz |
| 3000MHz – 12.75GHz | -30dBm | 25MHz |

■ 인터모듈레이션 특성

BER ≤ 1%인 실제 감도 수행(performance)을 위해서는 다음의 조건을 만족시켜야 한다.

- 희망하는 시그널 $f_0$는 참조 감도 레벨의 6dB 이상의 파워 레벨을 가진 주파수여야 한다.
- Static sine wave $f_1$은 -50dBm의 파워 레벨을 만족시켜야 한다.
- 간섭 시그널 $f_2$는 -50dBm의 파워 레벨을 가져야 한다.

위의 $f_0$, $f_1$과 $f_2$는 n이 3, 4 또는 5일 때, $f_0 = 2 * f_1 - f_2$ 그리고 $|f_2 - f_1| = n * 1$에서 선택할 수 있다.

■ 최대 사용 레벨

리시버의 최대 사용 레벨은 -10dBm보다 클 수 있으며, 이 때 BER은 -10dBm 입력 파워에서 0.1%보다 작거나 같아야 한다.

## 1.2 링크 계층(Link Layer) 규격

### 1.2.1 링크 계층

#### 1.2.1.1 링크 계층의 상태

링크 계층은 5개의 상태로 동작하며, 연결된 상태에서는 마스터와 슬레이브, 이 둘 중 하나의 역할을 갖는다. 아래와 같이 Standby, Advertising, Scanning, Initiating, Connecting과 같은 5개의 상태로 표시된다.

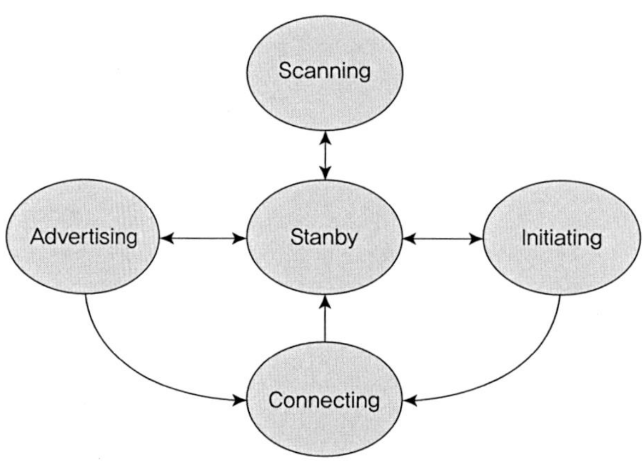


[그림 12 링크 계층의 스테이트 다이어그램]

링크 계층은 특정 디바이스의 상태가 위의 5가지 상태 중 한 가지의 상태를 가지고 동작하는 스테이트 머신(state machine)이다. 위의 상태나 마스터, 슬레이브의 조합은 제한하도록 설계되어 있다.

■ Standby State

Standby 상태는 디바이스가 활동하지 않는 상태를 나타낸다. 그러므로 이 상태는 상기의 어떤 상태로 전이가 가능하다.

■ Advertising State

애드버타이징(Advertusing) 상태에 있는 디바이스는 애드버타이저(Advertiser)라고 한다. 이 상태에서는 Standby 상태로 전이가 가능하다.

■ Scanning State

Scanning 상태는 애드버타이징하는 디바이스들을 찾는 과정을 의미한다. 이 상태의 디바이스를 Scanner라고 하며, Standby 상태로 전이할 수 있다.

■ Initiating State

이 상태의 디바이스를 Initiator라고 부르며, 다른 디바이스와의 연결을 위한 초기화하는 과정을 의미하며, Standby 상태로 전이가 가능하다.

■ Connection State

Initiating 및 Advertising 상태에서 진입이 가능한 상태로, 연결상태에 있는 디바이스는 마스터역할 및 슬레이브역할 중 한가지를 수행하게 된다. 만약 디바이스가 Initiating 상태에서 연결상태로 전이될 경우에는 마스터역할을 수행하며, 반대로 애드버타이징 상태에서 연결상태로 전이될 경우, 슬레이브 역할을 수행하게 된다.

■ 마스터 역할

슬레이브 역할을 하는 디바이스와 통신하며, 송신(Transmissions)의 타이밍(Timings)을 정의하는 역할을 담당한다.

■ 슬레이브 역할

마스터 역할을 담당하는 디바이스와 통신한다.

위의 각각의 상태에서 디바이스가 어느 특정 상태에 존재할 때, 링크 계층에서는 아래와 같은 제한을 두고 있다. 이러한 제한들은 스테이트 머신(State Machine)에서 발생할 수 있는 디바이스간 통신의 문제점을 해결하고 시스템의 안정성을 확보할 수 있다. 링크 계층의 Connection 상태에서는 마스터역할과 슬레이브역할 중 한 가지만을 수행할 수 있다. 링크 계층의 Connection 상태에서 디바이스가 슬레이브 역할을 수행할 경우, 오직 하나의 디바이스와만 연결이 가능하다.

링크 계층의 Connection 상태에서 디바이스가 마스터 역할로 동작할 경우, 마스터는 동시에 여러 디바이스들과 연결이 가능하다. 링크 계층이 이미 슬레이브 모드에서 연결되어 동작할 경우, 링크 계층은 Initiating 상태로의 전이는 불가하다.

링크 계층이 이미 Connection이나 Initiating 상태로 동작하고 있다면, 링크 계층은 슬레이브 모드로 연결진입이 가능한 Advertising 상태로의 진입이 불가능하다.

이런 일련의 상태에 대한 제한사항은 아래 테이블에 자세히 정리되어 있다.

[표 20 링크 계층 상태 조합도]

| 상태 | | Advertising | Scanning | Initiating | Connection | |
|---|---|---|---|---|---|---|
| | | | | | 마스터 | 슬레이브 |
| Advertising | | X | O | O | O | O |
| Scanning | | O | X | O | O | O |
| Initiating | | O | O | X | O | X |
| Connection | 마스터 | O | O | O | O | X |
| | 슬레이브 | O | O | X | X | X |

### 1.2.2 비트 오더링(Bit Ordering)

링크 계층 스펙(Specification)의 패킷(Packet) 및 프로토콜 데이터 유닛(Protocol Data Unit) 내의 필드에 대하여 정의할 때에는 Little Endian(바이트 열에서 가장 작은 값이 먼저 저장되는 순서) 방식을 사용한다. 이를 위해서 아래의 규칙을 적용한다.

최하위 비트(Least Signification Bit) b0
LSB는 첫 번째 비트(Bit)를 공간으로 보낸다.

PDU(Protocol Data Unit)의 헤더필드(Header Field)와 같은 링크 계층에 정의된 데이터 필드는 LSB를 우선으로 전송한다. 예를 들면, 3비트 페러미터 X = 3은 아래와 같이 전송한다.

$$b_0\, b_1\, b_2 = 110$$

'1'이 최초 전송되고, 그 다음 '1'이 전송되고, 그 다음 마지막으로 '0'이 전송된다.

### 1.2.3 디바이스 어드레스

블루투스 디바이스들은 자신만의 어드레스를 가지고 있다. 다시 말하면, 자신들만의 이름을 가지고 있다. 디바이스 어드레스는 public address와 random address가 있다. Public address와 random address는 48비트의 길이를 갖는다. 디바이스는 적어도 하나 이상의 디바이스 address를 갖는다. Public address는 IEEE Registration Authority에서 구입이 가능하다. Public address는 아래의 두 가지 필드로 나눌 수 있다.

LSB MSB

| company_assigned<br>24 비트 | company_id<br>24 비트 |
|---|---|

[그림 13 Public 디바이스 어드레스]

또한, random 디바이스 address는 아래의 두 가지 필드를 포함한다.

LSB MSB

| Hash<br>24 비트 | random<br>24 비트 |
|---|---|

[그림 14 임의(random) 디바이스 어드레스]

### 1.2.4 물리 채널

ISM 밴드는 40RF 채널로 나누어진다. 이 채널들은 애드버타이징, 데이터채널의 두가지 LE 물리 채널로 나누어진다. 애드버타이징 채널은 디바이스를 찾고 연결을 초기화하기 위해 3개의 RF 채널을 사용한다. 그리고 데이터 채널은 연결된 디바이스들의 통신을 위해 37개의 RF 채널에 사용된다. 이런 채널들은 각각의 유일한 채널 인덱스(index)를 가지고 있다.

링크 계층은 FDMA(Frequency Division Multiple Access)와 TDMA(Time Division Multiple Access) 모두 사용한다. 두 개의 디바이스간 통신을 위해서 동일한 물리 채널을 이용한다. 이를 위해서 이들 디바이스의 트랜시버는 같은 시간에 같은 RF

채널을 맞추어야 한다. 그러나, 이들이 가진 RF 채널은 제한적으로 주어진다. 많은 블루투스 디바이스들은 일시적으로 같은 공간과 같은 지역에서 독립적으로 동작할 수 있으며, 독립적인 두 대의 블루투스 디바이스에서 같은 RF 채널을 사용할 확률이 높다. 이 경우 물리적인 채널 충돌이 얼마든지 발생할 수 있다. 이런 원치 않는 두 대간의 블루투스 디바이스들의 채널충돌을 최소화하기 위해서는 물리 채널 앞에 Access Address라는 일종의 상호작용을 위한 코드를 삽입한다. 물론 이 Access Address는 물리 채널에 종속되며, 모든 전송된 패킷에는 항상 이 코드가 존재한다.

링크 계층은 주어진 시간에 단지 하나의 물리 채널을 사용할 수 있다. 그러므로 이 링크 계층에서 다양한 동시 작업을 위해서 채널들사이에 시간분할 멀티플랙싱(Time-division multiplexing)을 사용한다.

물리계층의 규격에서와 같이 블루투스 저에너지는 아래와 같은 채널 배열을 가지고 있다. 모두 40개의 RF 채널을 가지고 있으며 2 MHz의 채널간격으로 배열된다.

애드버타이징 채널은 브로드캐스트 데이터를 사용하며, 아래 표와 같이 3개의 고정된 채널을 갖는다. 또한 데이터 채널은 애플리케이션 데이터를 전송하기 위해서 사용되며, AFH(Adaptively Frequency Hoping)을 사용한다. 데이터 채널은 모두 37개의 동적인 채널로 정의된다.

[표 21 애드버타이징 채널과 데이터 채널]

| RF 채널 | RF 중심주파수 | 채널 타입 | 데이터 채널 인덱스 | 애드버타이징 채널 인덱스 |
|---|---|---|---|---|
| 0 | 2402 MHz | 애드버타이징 채널 | | 37 |
| 1 | 2404 MHz | 데이터 채널 | 0 | |
| 2 | 2406 MHz | 데이터 채널 | 1 | |
| 3 | 2408 MHz | 데이터 채널 | 2 | |
| 4 | 2410 MHz | 데이터 채널 | 3 | |
| … | … | 데이터 채널 | … | |
| 11 | 2424 MHz | 데이터 채널 | 10 | |
| 12 | 2426 MHz | 애드버타이징 채널 | 11 | 38 |
| 13 | 2428 MHz | 데이터 채널 | 12 | |
| 14 | 2430 MHz | 데이터 채널 | 13 | |

| RF 채널 | RF 중심주파수 | 채널 타입 | 데이터 채널 인덱스 | 애드버타이징 채널 인덱스 |
|---|---|---|---|---|
| 15 | 2432 MHz | 데이터 채널 | 14 | |
| 16 | 2434 MHz | 데이터 채널 | 15 | |
| … | … | 데이터 채널 | … | |
| 21 | 2448 MHz | 데이터 채널 | 20 | |
| 22 | 2450 MHz | 데이터 채널 | 21 | |
| 23 | 2452 MHz | 데이터 채널 | 22 | |
| 24 | 2454 MHz | 데이터 채널 | 23 | |
| 25 | 2456 MHz | 데이터 채널 | 24 | |
| 26 | 2458 MHz | 데이터 채널 | 25 | |
| … | … | 데이터 채널 | … | |
| 36 | 2474 MHz | 데이터 채널 | 34 | |
| 37 | 2476 MHz | 데이터 채널 | 35 | |
| 38 | 2478 MHz | 데이터 채널 | 36 | |
| 39 | 2480 MHz | 애드버타이징 채널 | | 39 |

## 1.2.5 에어 인터페이스 패킷(Air Interface Packets)

### 1.2.5.1 패킷 구조

링크 계층은 애드버타이징 채널 패킷과 데이터 채널 패킷 모두 하나의 패킷 구조로 구성되어 있다. 애드버타이징 채널 패킷은 PDU(Packet Data Unit)로 정의된다. 패킷구조는 아래와 같이 정의되며, 패킷은 아래와 같이 4개의 필드인 Preamble, Access address, PDU, CRC로 구성된다.

LSB MSB

| Preamble<br>1 octet | Access Address<br>4 octets | PDU<br>2 to 39 octets | CRC<br>3 octets |
|---|---|---|---|

[그림 15 링크 계층 패킷 구조]

Preamble 8비트이며 access address는 32비트의 사이즈를 갖는다. PDU는 2에서 최대 39까지의 octet(1octet = 8비트)으로 정의된다. 또한 CRC는 24비트를 차지한다.

전송 시 preamble이 첫 번째로 전송되며, 그 다음 Access address, PDU, CRC순으로 전송된다. 아래처럼 가장 작은 패킷과 가장 긴 패킷을 정의할 수 있다. 가장 작은 패킷은 80비트를, 가장 긴 패킷은 376비트의 길이를 갖는다.

LSB MSB

| Preamble<br>1 octet | Access Address<br>4 octets | PDU<br>2 octets | CRC<br>3 octets |
|---|---|---|---|

[그림 16 가장 작은 패킷, 10octets = 80비트]

LSB MSB

| Preamble<br>1 octet | Access Address<br>4 octets | PDU<br>39 octets | CRC<br>3 octets |
|---|---|---|---|

[그림 17 가장 긴 패킷 구조, 47octets = 376비트]

## ■ Preamble

모든 링크 계층 패킷은 8비트의 '10101010' 또는 '01010101'과 같은 preamble을 갖는다. 이런 preamble 코드는 리시버에서 주파수 동기(frequency synchronization), 심볼 타이밍 평가(symbol timing estimation) 그리고 자동게인제어(Automatic Gain Control training)를 수행하는데 사용된다. 예를 들면, 애드버타이징 채널 패킷은 '01010101'과 같은 preamble 코드를 가질 수 있다. 또한 데이터 채널 패킷이 갖는 preamble은 '10101010' 또는 '01010101'과 같이 사용될 수 있으며, 이는 access address의 LSB에 따라서 달라질 수 있다. 만약 access address의 LSB가 '1'일 경우, preamble은 '10101010'이 되며, 반대의 경우에 '01010101'이 될 수도 있다.

## ■ Access Address

애드버타이징 채널 패킷의 예로 '01101011011111011001000101110001'(0x8E89BED6)와 같이 나타낼 수 있다. 데이터 채널 패킷의 access address는 두 디바이스 간의 링크계층 연결시에 유일한 값이어야 한다. Access Address는 연결 요청상태의 Initiation State에 있는 디바이스에 의해 생성되는 pseudo-random 32비트의 값이다. Access Address는 현재 활성화된 상태에 존재하는 링크 계층의 연결때마다 다른 값이어야 한다.

Initiator는 access address가 아래의 조건을 만족시켜야 한다.

- Access Address가 '0' 또는 '1'로 6번 이상 지속되지 않아야 한다.
- 애드버타이징 채널 패킷의 access address가 아니어야 한다.
- 애드버타이징 채널 패킷의 access address의 단지 한 비트만 달라서는 안 된다.
- 모든 4octet이 같아서는 안 된다.
- 24번 이상 전이되어서는 안 된다.
- Most significant 6비트 안에 적어도 두번 이상 전이가 있어야 한다.

■ PDU

PDU는 헤더(Header)와 페이로드로 구성된다. 애드버타이징 채널 패킷 PDU와 데이터 채널 패킷 PDU에 대해서는 다음 절에서 자세하게 설명한다.

■ CRC

모든 링크 계층 패킷의 마지막에는 24비트의 CRC 코드를 넣는다. 이는 PDU를 기반으로 해서 계산된다.

### 1.2.5.2 예약 사용(Reserved for Future Use)

RFU는 미래의 특정 시점에 사용할 수 있도록 미리 사용을 제한하고 비워둔 것을 나타낸다. 전송시 '0'으로 채워서 보내며 수신측에서는 이를 무시할 수 있다.

### 1.2.5.3 애드버타이징 채널 PDU

애드버타이징 채널 PDU는 16비트 헤더와 변경이 가능한 페이로드로 구성된다. 아래는 16비트 헤더필드를 갖는 애드버타이징 채널 PDU를 나타낸다.

LSB MSB

| Header<br>16 비트 | Payload<br>헤더의 길이필드에 따라서 다르다. |
|---|---|

[그림 18 애드버타이징 PDU]

아래 그림에서 헤더에서 타입은 애드버타이징 채널 PDU의 패킷 타입을 나타낸다. 플래그(Flags) 필드는 패킷 타입의 상세한 정보를 담고 있다. 길이 필드는 페이로드의 길이를 나타낸다.

| LSB | | | MSB |
|---|---|---|---|
| 타입(Type)<br>4비트 | 플래그(Flags)<br>4비트 | 길이(Length)<br>6비트 | RFU<br>2비트 |

[그림 19 애드버타이징 채널 PDU 헤더]

[표 22 애트러바티징 채널 PDU 헤더의 타입 인코딩]

| 타입 ($b_3$ $b_2$ $b_1$ $b_0$) | 패킷 이름 |
|---|---|
| 0000 | ADV_IND |
| 0001 | ADV_DIRECT_IND |
| 0010 | ADV_NONCOMM_IND |
| 0011 | SCAN_REQ |
| 0100 | SCAN_RSP |
| 0101 | CONNECT_REQ |
| 0110 | ADV_DISCOVER_IND |
| 0111 ~ 1111 | 예약됨 |

■ 애드버타이징 패킷

애드버타이징 패킷은 아래와 같이 구분할 수 있다.

- ADV_IND: Connectable undirected 애드버타이징 이벤트
- ADV_DIRECT_IND: Connectable directed 애드버타이징 이벤트
- ADV_NONCONN_IND: Non-connectable undirected 애드버타이징 이벤트
- ADV_DISCOVER_IND: discoverable undirected 애드버타이징 이벤트

위에 정의된 패킷은 링크 계층에서 사용되며, 모두 애드버타이징 상태에서 사용된다.

■ Scanning 패킷

아래는 Scanning 패킷을 나타낸다.

- SCAN_REQ: Scanning 상태에서 사용
- SCAN_RSP: 애드버타이징 상태에서 사용

■ Initiating 패킷

아래는 Scanning 패킷을 나타낸다.

- CONNECT_REQ: Initiating 상태에서 사용

애드버타이징 채널 패킷의 PDU를 정리하면 아래와 같다.

[표 23 애드버타이징 채널 PDU패킷의 종류]

<table>
<tr><th rowspan="3">PDU 명</th><th colspan="6">헤더(Header)</th><th colspan="3" rowspan="3">Payload</th></tr>
<tr><th rowspan="2">Type Field</th><th colspan="3" rowspan="2">Flags Field</th><th colspan="2" rowspan="2">Length Field</th></tr>
<tr></tr>
<tr><td>ADV_IND</td><td>0x0</td><td>RFU<br>(2비트)</td><td>TxAdd<br>(1비트)</td><td>RFU<br>(1비트)</td><td>Length<br>(6비트)</td><td>RFU<br>(2비트)</td><td>AdvA<br>(6 octet)</td><td colspan="2">Adv데이터<br>(0-31 octet)</td></tr>
<tr><td>ADV_DIRECT_IND</td><td>0x1</td><td>RFU<br>(2비트)</td><td>TxAdd<br>(1비트)</td><td>RxAdd<br>(1비트)</td><td>Length<br>(6비트)<br>0x0C</td><td>RFU<br>(2비트)</td><td>AdvA<br>(6 octet)</td><td colspan="2">InitA<br>(6 octet)</td></tr>
<tr><td>ADV_NONCONN_IND</td><td>0x2</td><td>RFU<br>(2비트)</td><td>TxAdd<br>(1비트)</td><td>RFU<br>(1비트)</td><td>Length<br>(6비트)</td><td>RFU<br>(2비트)</td><td>AdvA<br>(6 octet)</td><td colspan="2">Adv데이터<br>(0-31 octet)</td></tr>
<tr><td>ADV_DISCOVER_IND</td><td>0x6</td><td>RFU<br>(2비트)</td><td>TxAdd<br>(1비트)</td><td>RFU<br>(1비트)</td><td>Length<br>(6비트)</td><td>RFU<br>(2비트)</td><td>AdvA<br>(6 octet)</td><td colspan="2">Adv데이터<br>(0-31 octet)</td></tr>
<tr><td>SCAN_REQ</td><td>0x3</td><td>RFU<br>(2비트)</td><td>TxAdd<br>(1비트)</td><td>RxAdd<br>(1비트)</td><td>Length<br>(6비트)<br>0x0C</td><td>RFU<br>(2비트)</td><td>ScanA<br>(6 octet)</td><td colspan="2">AdvA<br>(6 octet)</td></tr>
<tr><td>SCAN_RSP</td><td>0x4</td><td>RFU<br>(2비트)</td><td>TxAdd<br>(1비트)</td><td>RFU<br>(1비트)</td><td>Length<br>(6비트)</td><td>RFU<br>(2비트)</td><td>AdvA<br>(6 octet)</td><td colspan="2">ScanRsp데이터<br>(6 octet)</td></tr>
<tr><td>CONNECT_REQ</td><td>0x5</td><td>RFU<br>(2비트)</td><td>TxAdd<br>(1비트)</td><td>RxAdd<br>(1비트)</td><td>Length<br>(6비트)<br>0x22</td><td>RFU<br>(2비트)</td><td>InitA<br>(6 octet)</td><td>AdvA<br>(6 octet)</td><td>LL데이터<br>(22 octet)</td></tr>
</table>

위에서 정의된 ADV_IND 패킷의 플래그(Flags Field)에 정의된 TxAdd는 AdvA안의 애드버타이저의 어드레스(address)가 public인지 random인지 나타낸다. Public인 경우 'TxAdd = 0'으로 나타내며, random인 경우 'TxAdd = 1'로 표시하면 된다. Adv 데이터 필드는 애드버타이저의 호스트로부터의 데이터를 담고 있다.

ADV_DIRECT_IND 패킷에서 RxAdd는 InitA의 initiator의 address가 public인지 random인지 나타낸다. Adv 데이터 필드는 애드버타이저 호스트로부터의 데이터를 담고 있다. Length 필드의 '0x0C'는 payload의 길이를 나타낸다. 이 패킷은 호스트 데이터는 포함하지 않는다.

SCAN_REQ PDU에서 TxAdd가 '0'일 경우 ScanA 필드 안의 스캐너의 address가 public임을 뜻하고, TxAdd가 '1'일 경우 random을 의미한다. 또한 'RxAdd = 0'은 AdvA 필드의 애드버타이저의 address가 public임을 알려주고, 'RxAdd = 1'은 random임을 나타낸다. Length 필드의 '0x0C'는 payload의 길이를 나타낸다. Payload 필드는 ScanA와 AdvA로 구성된다.

SCAN_RSP PDU에서 ScanRsp데이터 필드는 애드버타이저의 호스트로부터의 특정 데이터를 담고 있다.

Initiating 패킷인 CONNECT_REQ 필드들 중에서 TxAdd 필드는 InitA필드 안의 initiator의 address가 public(TxAdd = 0)인지 random(TxAdd = 1)인지 표시한다. 또한 RxAdd 필드는 AdvA 필드 안의 애드버타이저의 디바이스 어드레스가 public (RxAdd = 0)인지 random(RxAdd = 1)인지 나타낸다. Length 필드의 '0x22'는 34 octet인 payload의 길이를 의미한다.

아래는 CONNECT_REQ PDU의 payload필드내의 LL(Link Layer) 데이터 필드를 나타낸다.

| AA (4 octet) | CRCInit (3 octet) | Win Size (1 octet) | WinOffset (2 octet) | Interval (2 octet) | Latency (2 octet) | Timeout (2 octet) | ChM (5 octet) | Hop (5 비트) | SCA (3비트) |
|---|---|---|---|---|---|---|---|---|---|

[그림 20 LL데이터 필드의 구조]

위와 같이 LL데이터 필드는 10개의 필드로 구성된다.

- AA: 링크 계층 연결시 access address를 포함한다.
- CRCInit: 링크 계층 연결을 위한 CRC 계산을 위한 초기값을 나타낸다. 이는 링크 계층에 의해 결정되는 pseudo-random 값이다.
- WinSize: transmitWindow 사이즈 / 1.25ms, 1.25ms 당 보내는 Window 사이즈를 나타낸다. WinSize 필드는 1에서 8까지의 값을 가질 수 있다. 이 부분에 대해서는 나중에 다시 알아보도록 한다.
- WinOffset: transmitWindowOffset / 1.25ms, 1.25ms 당 보내는 Window Offset 값을 나타낸다. WinOffset의 값은 0 ~ (Interval – 1) 이다.
- Interval: connInterval / 1.25ms, Interval 필드는 0에서 3200까지의 범위를 갖는다. connInterval 값은 connSupervisionTimeout보다 작아야 한다.

- Latency: connSlaveLatency 값을 나타낸다. Latency 필드는 0에서 ((connSupervisionTimeout / connInterval) -1)까지의 값을 갖는다. 또한 Latency 필드의 값은 500보다 작아야 한다.
- Timeout: connSupervisionTimeout / 10ms, Timeout 필드 범위는 0에서 3200까지이다.
- ChM: 데이터 채널의 사용상태에 대한 정보를 나타낸다. LSB는 데이터 채널 인덱스 '0'에서 '36'까지의 비트 포지션을 갖는다. '0' 값을 갖는 비트는 채널을 사용하지않는 'unused' 상태를 나타내며, '1'을 갖는 비트는 채널을 사용하고 있는 상태의 'Used'를 의미한다. 채널 37, 38, 39 포지션의 비트는 RFU(Reserved for Future Use) 이다.
- Hop: 데이터 채널 선택 알고리즘에서 hopIncrement를 나타낸다. 5 ~ 16까지의 pseudo-random 값을 갖는다.
- SCA: masterSCA, 마스터의 sleep clock 정확도(Accuracy)를 위해서 사용되어지는 필드이다. SCA 필드의 값은 아래와 같다.

| SCA(Sleep Clock Accuracy) | masterSCA |
|---|---|
| 0 | 251 ppm ~ 500 ppm |
| 1 | 151 ppm ~ 250 ppm |
| 2 | 101 ppm ~ 150 ppm |
| 3 | 76 ppm ~ 100 ppm |
| 4 | 51 ppm ~ 75 ppm |
| 5 | 31 ppm ~ 50 ppm |
| 6 | 21 ppm ~ 30 ppm |
| 7 | 0 ppm ~ 20 ppm |

[그림 21 Sleep Clock Accuracy Encoding]

### 1.2.5.4 데이터 채널 PDU

데이터 채널 PDU는 16비트의 헤더와 가변의 payload 사이즈를 가지며, 부가적으로 MIC(Message Integrity Check) 필드를 포함한다.

| LSB | | MSB |
|---|---|---|
| Header<br>16비트 | Payload | MIC<br>32 비트 |

[그림 22 데이터 채널 PDU]

데이터 채널 PDU의 헤더는 아래와 같다.

| Header | | | | | | |
|---|---|---|---|---|---|---|
| LLID<br>(2 비트) | NESN<br>(1 비트) | SN<br>(1 비트) | MD<br>(1 비트) | RFU<br>(3 비트) | Length<br>(5 비트) | RFU<br>(3 비트) |

[그림 23 데이터 채널 PDU 헤더]

암호화되지 않은 링크 계층 연결이나 또는 암호화된 링크 계층 연결에서 데이터 채널 PDU의 payload 사이즈가 '0'일 경우, MIC 필드는 포함하지 않는다. 그러나 암호화된 링크 계층 연결 상태에서 데이터 채널 PDU의 payload 사이즈가 '0'이 아닌 경우의 MIC 필드는 계산된 값을 넣는다. 이에 대한 자세한 사항은 링크 계층 보안 부분에서 다시 다루기로 한다.

헤더의 정보에 대해서 알아보자. 헤더는 5개의 필드로 구성된다. 아래는 헤더의 각 필드 정보에 대해서 설명한 것이다.

[표 24 데이터 채널 PDU 헤더 필드]

| 필드명 | 설명 |
|---|---|
| LLID | 어떤 패킷의 형태인지 정의하는 비트<br>0x00 = 예약됨<br>0x01 = LL 데이터 패킷, 비어 있는 패킷이나 L2CAP 메시지의 연속된 패킷의 일부분을 나타낸다.<br>0x02 = LL 데이터 패킷, L2CAP 패킷의 연속된 일부가 아닌 메시지의 시작을 나타낸다.<br>0x03 = LL 제어 패킷 |
| NESN | 다음에 연속될 패킷 번호(Next Excepted Sequence Number) |
| SN | 연속 번호(Sequence Number) |
| MD | 데이터가 더 있는 경우에 셋팅할 수 있는 비트(More 데이터) |
| Length | Payload와 MIC의 사이즈를 나타낸다. |

LLID 데이터 패킷은 L2CAP쪽으로 보내기 위한 데이터 채널 PDU다. 이 경우에 LLID 필드는 '0x01' 또는 '0x02'가 된다. 헤더 안에 LLID 필드의 값이 '0x01'이고 Length 필드가 '0x00'인 LL 데이터 패킷은 비어있는 패킷으로 정의할 수 있다. 이 빈 패킷을 마스터의 링크 계층은 슬레이브에게 보낸다. 이를 받은 슬레이브는 빈 데이터 채널 PDU를 다시 마스터에게 송신한다.

■ LL Control PDU( Link Layer Control PDU)

LL Control PDU는 링크 계층 연결을 제어하기 위해서 사용되는 데이터 채널 PDU이다. 이를 위해 LLID 비트는 '0x03' 값을 갖는다.

모든 LL Control PDU는 LLID 비트에 '0x03'을 셋팅하게 되는데, 이들 PDU는 Length 필드가 0x00으로 셋팅될 수 없다. 이는 곧 사이즈가 고정되어 있다는 뜻이다.

만약, LL Control PDU가 사용되지 않거나 지원하지 않는 PDU를 받았을 때, 링크 계층은 LL_UNKNOWN_RSP PDU로 응답하여 지원하지 않거나 사용하지 않는다고 셋팅한다. 또한 유효하지 않은 Opcode(invalid Opcode)를 가진 패킷을 받았을 경우에도 LL_UNKNOWN_RSP PDU로 응답하여 지원하지 않거나 사용하지 않는 것으로 셋팅한다. Payload 필드에서 Opcode는 각각의 LL Control 패킷을 구분하는 일종의 아이디 역할을 한다.

아래 표는 링크 계층 제어 패킷 PDU를 나타낸다. 아래의 PDU에서 헤더 정보는 위에서 언급했듯이 16비트 단위의 7개의 필드를 가진 것으로 정의되며, 모든 제어 PDU는 동일한 헤더를 갖는다.

[표 25 LL control PDU 종류]

<table>
<tr><th rowspan="2">제어 PDU 명</th><th rowspan="2">헤더</th><th colspan="13">payload</th></tr>
<tr><th>Opcode<br>(1 octet)</th><th colspan="12">CtrData (0–30 octet)</th></tr>
<tr><td>LL_CONNECTION<br>_UPDATE_REQ</td><td>(16비트)</td><td>0x00</td><td colspan="2">WinSize<br>(1 octet)</td><td colspan="2">WinOffset<br>(2 octet)</td><td colspan="2">Interval<br>(2 octet)</td><td colspan="2">Latency<br>(2 octet)</td><td colspan="2">Timeout<br>(2 octet)</td><td colspan="2">Instant<br>(2 octet)</td></tr>
<tr><td>LL_CHANNEL<br>_MAP_REQ</td><td>(16비트)</td><td>0x01</td><td colspan="6">ChM<br>(5 octet)</td><td colspan="6">Instant<br>(2 octet)</td></tr>
<tr><td>LL_TERMINATE<br>_IND</td><td>(16비트)</td><td>0x02</td><td colspan="12">Error Code<br>(1 octet)</td></tr>
<tr><td>LL_ENC_REQ</td><td>(16비트)</td><td>0x03</td><td colspan="3">Rand<br>(8 octet)</td><td colspan="3">EDIV<br>(2 octet)</td><td colspan="3">SKDm<br>(8 octet)</td><td colspan="3">IVm<br>(4 octet)</td></tr>
</table>

| 제어 PDU 명 | 헤더 | payload | | | |
|---|---|---|---|---|---|
| | | Opcode (1 octet) | CtrData (0–30 octet) | | |
| LL_ENC_RSP | (16비트) | 0x04 | SKDs (8 octet) | IVs (4 octet) | |
| LL_START _ENC_REQ | (16비트) | 0x05 | CtrData 필드를 가지고 있지 않음 | | |
| LL_START _ENC_RSP | (16비트) | 0x06 | CtrData 필드를 가지고 있지 않음 | | |
| LL_UNKNOWN _RSP | (16비트) | 0x07 | UnknownType (1 octet) | | |
| LL_FEATURE _REQ | (16비트) | 0x08 | FeatureSet (8 octet) | | |
| LL_FEATURE _RSP | (16비트) | 0x09 | FeatureSet (8 octet) | | |
| LL_PAUSE _ENC_REQ | (16비트) | 0x0A | CtrData 필드를 가지고 있지 않음 | | |
| LL_PAUSE _ENC_RSP | (16비트) | 0x0B | CtrData 필드를 가지고 있지 않음 | | |
| LL_VERSION _IND | (16비트) | 0x0C | LLVersNr (1 octet) | CompId (2 octet) | SubVersNr (2 octet) |
| Reserved for Future Use | (16비트) | 0x0D - 0xFF | Reserved for Future Use | | |

위 패킷에 속한 특정 필드에 대해서 알아보도록 하자. LL_CONNECTION_UPDATE_REQ은 6개의 필드로 구성되어 있다. WinSize 필드는 transmitWindowSize 값을 셋팅한다. 여기에서 transmitWindowSize = WinSize * 1.25ms이다. WinSize의 범위는 1에서 8까지로 정의된다. WinSize는 링크 계층에 의해 결정된다. WinOffset 필드는 transmitWindowSize Offset 값을 의미한다. transmitWindowSize Offset = WinOffset * 1.2ms이다. WinOffset 값의 범위는 0에서 Interval 필드의 값까지이다. Interval 필드는 connInterval 값을 나타낸다. connInterval = Interval * 1.2ms이다. 이 Interval 필드값의 범위는 0에서 3200까지이다. 여기에서 connInterval의 값은 connSupervisionTimeout의 값보다 작아야 한다. Latency 필드는 connSlaveLatency 값을 의미한다. connSlaveLatency = Latency이다. 그리고 Latency 필드의 범위는 0에서 ((connSupervisionTimeout / connInterval) - 1)까지이다. 하지만 Latency 필드의 값은 500보다 작아야 한다. Timeout 필드는 connSupervisionTimeout 값으로 나타낸

다. connSupervisionTimeout = Timeout * 10ms로 표현되며, Timeout 필드값의 범위는 10에서 3200까지이다. Instant 필드는 connInstant 값으로 표시된다. 이 범위는 1에서 32767 연결 이벤트이다.

LL_CHANNEL_MAP_REQ PDU는 ChM과 Instant 필드로 구성되어 있는데, ChM 필드는 채널 Map을 의미하며, 사용 또는 미사용 데이터 채널에 대해서 알려주는 역할을 한다. 모든 채널은 데이터 채널 인덱스에 비트 포지션으로 대표된다. LSB는 데이터 채널 인덱스 0을 나타내며, 비트 포지션 36은 데이터 채널 인덱스 36을 나타낸다. 비트 값 '0'은 사용하지 않음을 표시하며, '1'은 채널이 사용되고 있음을 나타낸다. 비트 포지션 37, 38 그리고 39는 Reserved for Future Use로 사용된다.

LL_TERMINATE_IND PDU는 연결 중 왜 연결이 끊겼는지 알려준다. 포함하고 있는 CtrData 필드의 ErrCode는 이에 대한 원인을 나타내준다. LL_ENC_REQ PDU는 암호화에 관련된 패킷이다. 이 패킷의 CtrData 필드 안에는 네 개의 필드로 구성되어 있는데, Rand 필드는 호스트에 의해서 제공된 random number가 포함된다. EDIV(Encrypted Diversifier) 필드는 암호화된 복합자를 포함한다. SKDm 필드는 마스터의 세션 키(session key) 식별자(identifier)의 비율을 의미하며, IVm 필드는 마스터의 초기 벡터(vector) 비율을 나타낸다.

LL_ENC_RSP PDU는 LL_ENC_REQ에 대한 응답에 대해서 사용한다. SKDs 필드는 슬레이브의 세션키 식별자 비율을, IVs 필드는 슬레이브의 초기 벡터의 비율을 나타낸다.

LL_START_REQ와 LL_START_RSP PDU는 암호화 시작에 대한 부분을 위한 것이다. 이 두 패킷은 CtrData가 필요없다.

LL_UNKNOWN_RSP는 사용되지 않는 PDU나 식별이 불가능한 Opcode를 가진 패킷에 대해서 사용되어지는 패킷으로 UnknowType 필드는 받은 LL 제어 패킷의 Opcode를 포함하게 된다.

LL_FEATURE_REQ와 LL_FEATURE_RSP PDU는 각각 마스터의 링크 계층 특징을, 슬레이브 링크 계층의 특성값을 포함한다.

LL_PAUSE_ENC_REQ와 LL_PAUSE_ENC_RSP PDU는 링크 계층에 의해서 암호화를 중지하는 요청과 응답에 대한 내용을 포함한다.

LL_VERSION_IND PDU는 CtrData 필드 안에 세 개의 필드로 구성된다. LLVersNr 필드는 블루투스 컨트롤러의 스펙버전을 나타내며, CompId 필드는 블루투스 컨트롤러를 만든 제조사의 회사 식별자를 포함한다. SubVersNr 필드는 블루투스 컨트롤러의 구현에 필요한 revision 또는 이를 식별하기 위한 유일한 값들을 포함한다.

### 1.2.6 비트 스트림 프로세싱(Bit Stream Processing)

블루투스 디바이스는 Bit stream 프로세싱 스킴을 이용한다. 아래는 링크 계층 패킷의 PDU 상에서 일어나는 프로세스를 보여준다.

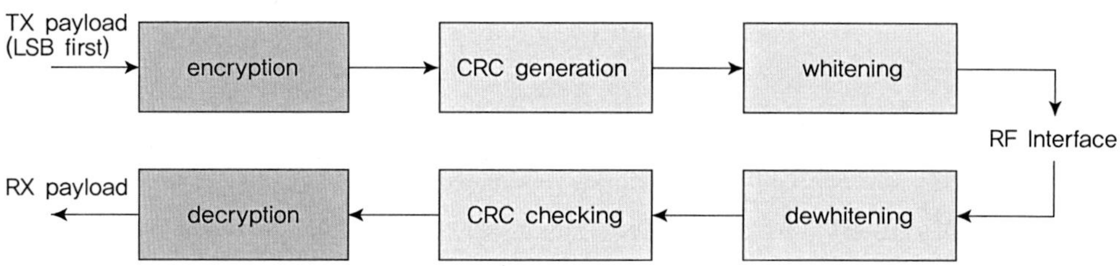


[그림 24 페이로드 비트 프로세스]

#### 1.2.6.1 에러 검사(Error Checking)

패킷의 에러 체크는 패킷이 가지고 있는 Access Address를 사용한다. 만약 패킷이 포함한 Access Address가 유효하다면, 그 다음으로 CRC를 체크하게 된다. 패킷 수신시에 Access Address를 제일 먼저 확인한다. 이는 Access Address가 올바르지 않은 경우엔 전송을 거절하는데 이는 악의의 코드 전송이나 알려지지 않은 디바이스로부터 침투를 막을 수 있다. Access Address가 유효한 경우, 다음을 CRC 체크를 진행한다. 이때 CRC 체크 결과가 틀리면, 이 패킷을 거절한다.

■ CRC 생성

CRC는 모든 링크 계층 패킷 안의 PDU 필드 안에서 계산된다. 만약 PDU가 암호화 되었다면, CRC는 PDU 암호화 후에 이를 계산한다. CRC polynomial은 24비트 CRC이다. PDU 안의 모든 비트들은 LSB(Least Significant Bit)순으로부터 전송되는 프로세스를 따른다. CRC 24비트 polynomial은 $X^{24} + X^{10} + X^{9} + X^{6} + X^{4} + X^{3} + X + 1$ 이다. 모든 데이터 채널 PDU에서 시프트 레지스터는 CONNECT_REQ PDU는 링

크 계층 연결이나 통신을 위해서 CRC 초기화를 진행한다. 그리고 시프트 레지스터는 모든 애드버타이징 채널 PDU 또는 RF test 패킷(블루투스 Low Energy RF PHY Test Specification)을 위해 0x555555로 셋팅한다. 포지션 0은 LSB이며, 포지션 23은 초기값의 MSB로 셋팅한다. CRC는 MSB를 첫 번째로 전송한다. 결국 순서는 포지션 23에서부터 포지션 0쪽으로 진행한다.

아래 그림은 CRC generation을 위한 linear feedback 시프트 레지스터이다.

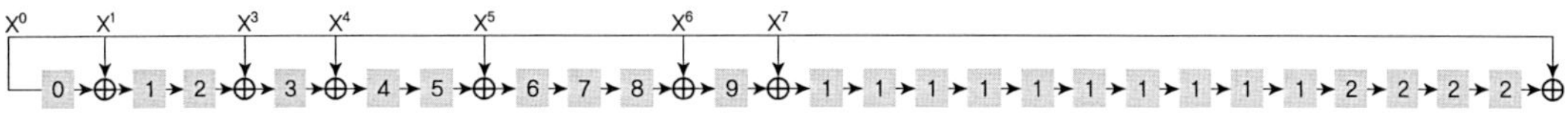


[그림 25 LFSR circuit generating the CRC]

### 1.2.6.2 데이터 화이트닝(Whitening)

데이터 화이트닝은 '0'이나 '1'의 연속적인 데이터를 피하기 위해서 사용한다. 예를 들면, bit stream 내의 '0000000' 또는 '1111111'와 같은 연속적인 데이터를 피할 수 있도록 한다. 이 데이터 화이트닝은 모든 링크 계층 패킷의 PDU와 CRC 필드에 적용되며 트랜스미터 내에서 error check 계산 후에 수행된다. 역 화이트닝은 리시버단에서 error check 계산이 이루어진 후에 계산된다.

Whitener나 de-whitener는 같은 방법으로 정의되는데, polynomial $X^7 + X^4 + X^1$를 가진 7비트 리니어 피드백 시프트 레지스터(LFSR)를 사용한다. 화이트닝 또는 역 화이트닝을 하기 전에 시프트 레지스터는 채널 인덱스로부터 아래와 같이 전송되어진 패킷에서 추론된 연속적인 값으로 초기화 한다.

- Position 0은 1로 셋팅한다.
- Position 1에서 6은 전송이나 수신시에 사용되어지는 채널 인덱스로 셋팅한다. MSB position 0에서부터 LSB position 6로 셋팅한다. 만약 채널 인덱스가 23이라면, position은 아래와 같이 셋팅할 수 있다.

Position 0 = 1
Position 1 = 0
Position 2 = 1
Position 3 = 0
Position 4 = 1

Position 5 = 1
Position 6 = 1

아래 그림은 데이터 화이트닝을 생성하기 위한 LFSR(Linear Feedback Shift Register)의 예를 나타낸 것이다.

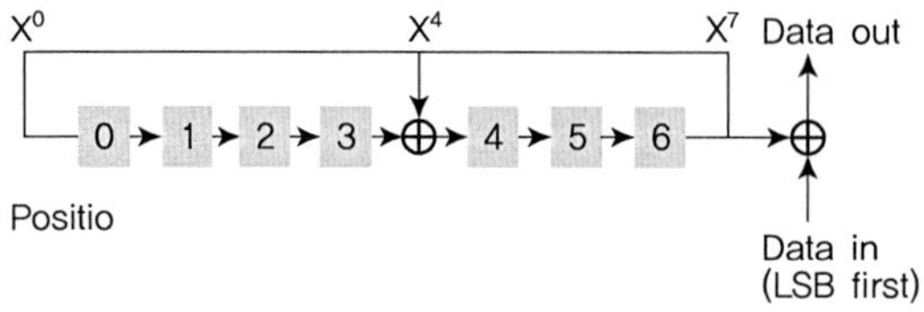


[그림 26 LFSR circuit to generate 데이터 화이트닝]

## 1.2.7 에어 인터페이스 프로토콜(Air Interface Protocol)

에어인터페이스 프로토콜은 다중 access 스킴, 디바이스 검색 그리고 링크 계층 연결 방법으로 구성된다.

### 1.2.7.1 인터 프레임 스페이스(Inter Frame Space)

패킷을 수신하고 난 후 같은 채널 인덱스에 다시 패킷을 전송할 때, 트랜시버는 특정 패킷을 수신 후부터 보낼 때까지 시간 간격이 존재한다. 이 연속되는 두 패킷 간의 시간 간격을 인터 프레임 스페이스라고 한다. 이 인터 프레임 스페이스는 직전 패킷의 끝부터 다음에 오는 패킷의 시작까지의 시간 간격으로 정의된다. 이것은 T_IFS라고 명명하고, 150μs로 정의한다.

### 1.2.7.2 타이밍 요구사항

링크 계층은 Active Clock Accuracy와 Sleep Clock Accuracy 두 가지의 가능한 클락을 사용한다. 연결이나 애드버타이징 이벤트의 링크 계층상태에서는 active clock accuracy를 사용하고, 그렇치 않을 경우 sleep clock accuracy를 사용한다.

■ Active Clock Accuracy

Active clock accuracy를 사용할 때, 패킷 전송 시 평균 타이밍은 최적의 이상적인 타이밍 대비 50ppm보다 빠른 드리프트가 일어나서는 안 된다. 모든 순간의 타이밍은 평균 타이밍으로부터 2μs를 벗어나서는 안 된다. 결과적으로 이전 패킷이 끝난 후 150ppm ± 2μs 안에 다음 패킷의 전송이 시작되어야 한다.

■ Sleep Clock Accuracy

애드버타이징 이벤트와 연결 이벤트의 타이밍은 ±500ppm보다 작거나 같은 드리프트로 sleep clock accuracy를 정의한다. 앵커(Anchor) 포인트의 순간 타이밍은 평균 타이밍으로부터 16 μs 이상 벗어나지 않아야 한다.

### 1.2.7.3 링크 계층 디바이스 필터링

링크 계층은 이웃한 디바이스의 디바이스 어드레스에 기반하여 디바이스 필터링을 수행한다. 링크 계층 디바이스 필터링은 응답하는 디바이스의 수를 최소화하기 위해서 사용한다. Non-connectable 애드버타이징을 제외한 링크 계층 디바이스 필터링을 지원한다. 필터링 정책은 애드버타이징 State, Scanning State, Initiating State을 위해서 서로 독립적으로 동작한다. 링크 계층과 애드버타이징 State상태에 있을 때 애드버타이징 필터 정책이 사용되고 Scanning State에서는 Scanning 필터 정책을 적용한다. 또한 Initiating State에서는 Initiating 필터 정책을 사용한다. 만약 링크 계층에서 애드버타이징 state, scanning state 또는 Initiating state를 지원하지 않는다면, 이에 대응하는 필터 정책은 지원할 필요가 없다.

■ 화이트 리스트(White List)

링크 계층과 디바이스 필터링을 사용하는 디바이스 세트를 화이트 리스트라 부른다. 화이트 리스트는 링크 계층 디바이스 필터링을 사용하는 화이트 리스트 레코드를 포함한다. 화이트 리스트 레코드는 디바이스 어드레스와 디바이스 어드레스 타입(public 또는 random)을 포함한다. 모든 링크 계층 디바이스 필터링을 지원하는 링크 계층은 적어도 하나의 화이트 리스트 레코드를 저장할 수 있도록 지원한다. 리셋으로 화이트 리스트를 모두 지워서 비울 수 있다.

화이트 리스트는 호스트(Host)에 의해서 설정이 가능하고 링크 계층에 의해 애드버타이저, scanners 또는 initiators를 필터링하기 위해서 사용된다. 호스트는 요청에 따라 링크 계층를 설정할 수 있는데, 이때 호스트를 깨우지 않고 설정할 수 있다. 모든 디바이스 필터 정책은 같은 화이트 리스트를 사용한다.

■ 애드버타이징 필터 정책

애드버타이징 필터 정책은 애드버타이저의 링크 계층과 스캔 또는 연결 요청을 어떻게 진행할지에 대해서 결정한다. 링크 계층과 Connectable directed 애드버타이징 상태일 때, 애드버타이징 필터 정책은 무시된다. 그렇지 않은 경우, 링크 계층은 호스트에 의한 아래의 애드버타이징 필터링 정책을 따른다.

- 링크 계층은 화이트 리스트 내의 디바이스로부터만 스캔하고 연결하는 요청을 진행한다.
- 링크 계층은 모든 디바이스로부터 스캔과 연결요청을 처리한다. 이 경우엔 리셋 후 디폴트인 경우에 해당한다.
- 링크 계층은 모든 디바이스로부터 스캔요청을 처리한다. 그러나 연결요청은 화이트 리스트에 있는 디바이스에 대해서만 가능하다.
- 링크 계층은 모든 디바이스로부터 연결요청을 처리한다. 그러나 화이트 리스트 내의 디바이스만 스캔요청을 처리한다. 단지 한순간에 하나의 애드버타이징 필터 정책만 지원할 수 있다.

■ 스캔 필터 정책

스캔 필터 정책은 스캐너의 링크 계층과 어떻게 애드버타이징 패킷을 처리하는지에 대해서 결정한다. 링크 계층은 호스트에 의한 아래의 스캐너 필터링 정책을 따른다.

■ Initiator 필터 정책

Initiator 필터 정책은 Initiator의 링크 계층과 어떻게 애드버타이징 패킷을 처리하는지에 대해서 결정한다. 링크 계층은 호스트에 의한 아래의 initiator 필터링 정책을 따른다.

#### 1.2.7.4 비연결상태(Non-Connected States)

■ Standby 상태

링크 계층은 기본적으로 Standby State로 존재한다. 이 상태에서는 패킷의 전송이나 수신이 불가능하다. 링크 계층은 이 Standby State 상태에서 애드버타이징 State나 Scanning State또는 Initiating State로 진입할 수 있다.

■ 애드버타이징 상태

링크 계층은 호스트에 의해 애드버타이징 State로 진입할 수 있다. 애드버타이징

State로 진입하면 링크 계층은 애드버타이징 이벤트에 맞게 애드버타이징 패킷을 전송한다.

각각의 애드버타이징 이벤트는 하나 이상의 애드버타이징 패킷으로 구성되며, 애드버타이징 채널 인덱스를 기반으로 전송된다. 애드버타이징 이벤트는 아래 경우 중 한 가지에 해당한다.

- Connectable undirected 이벤트
- Connectable directed 이벤트
- Non-connectable undirected 이벤트
- Discoverable undirected 이벤트

이런 애드버타이징 이벤트 타입를 위해서 애드버타이징 채널 PDU 패킷 타입을 사용한다. 첫 번째 애드버타이징 이벤트는 가장 낮은 애드버타이징 채널 인덱스를 가진 애드버타이징 채널에서 전송한다.

애드버타이징 이벤트 타입은 회신하는 패킷을 결정한다. 표 26은 이에 대해서 정리한 것이다.

[표 26 애드버타이징 이벤트 타입 및 가능한 회신 패킷들]

| 애드버타이징 이벤트 타입 | 애드버타이징 이벤트 타입 | 가능한 회신 패킷들 | |
|---|---|---|---|
| | | SCAN_REQ | CONNECT_REQ |
| Connectable Undirected 이벤트 | ADV_IND | YES | YES |
| Connectable Directed 이벤트 | ADV_DIRECT_IND | NO | YES* |
| Non-connectable Undriected 이벤트 | ADV_NONCONN_IND | NO | NO |
| Discovery Undirected 이벤트 | ADV_DISCOVER_IND | YES | NO |

* Initiator가 응답가능하다.

만약 애드버타이저가 명확하지 않은 무시할 수 있는 애드버타이징 이벤트 패킷을 받았을 때, 또는 패킷의 내용이 없거나 받은 패킷을 무시할 경우 애드버타이저는 다음 사용된 애드버타이징 채널 인덱스로 패킷을 전송하거나 애드버타이징 이벤트를 종결한다.

**애드버타이징 채널 선택** 애드버타이징 이벤트는 3가지의 미리 정의한 채널을 사용한다. 애드버타이징 채널 인덱스의 상태는 'used' 또는 'unused'로 표시된다. 링크 계층은 호스트에 의한 특정한 애드버타이징 채널을 사용한다. 사용된 애드버타이징 채널 인덱스는 애드버타이징 상태로 진입했을 때, 효과를 나타낸다.

**애드버타이징 인터벌** 모든 undirected 애드버타이징 이벤트에서 연속되는 애드버타이징 이벤트사이의 시간(T_advevent)은 아래와 같이 계산할 수 있다.

T_advevent = advInterval + advDelay

advInterval는 0.625ms의 배수로 20ms에서 1024s까지의 범위에 해당한다. 만약 애드버타이징 이벤트 타입이 discoverable undirected 타입이거나 Non-connectable undirected 이벤트 타입이라면 advInterval은 100ms보다 작을 수 없다. 만약 애드버타이징 이벤트 타입이 Connectable undirected 이벤트 타입이라면 advInterval은 20 ms 또는 그 보다 클 수 있다. advDelay는 링크 계층에 의해서 애드버타이징 이벤트를 위해서 pseudo-random 값을 가지며, 0 ms에서 10 ms 범위를 갖는다.

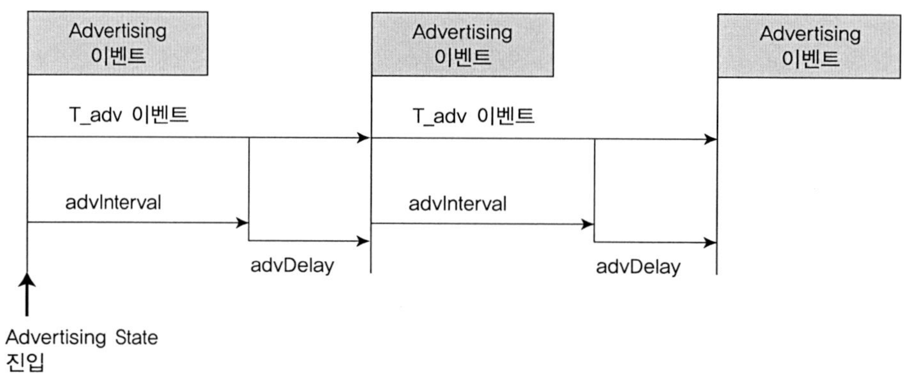


[그림 27 advDelay에 따른 애드버타이징 이벤트 진행도]

**Connectable undirected 이벤트 타입** Connectable undirected 애드버타이징 이벤트 타입은 스캔요청 또는 연결요청에 대한 응답을 위해 scanner나 initiator에 의해 사용될 수 있다. Scanner는 스캔요청 패킷(SCAN_REQ)을 애드버타이저에 대한 부가적인 정보를 요청하기 위해서 보낸다. 또한 Inititor는 연결요청 패킷(CONNECT_REQ)을 연결상태에 진입하기 위해서 링크 계층에게 보낸다.

링크 계층은 같은 애드버타이징 채널 인덱스 상에서 스캐너나 initiotor로부터 요청을 받게 된다. 만약 애드버타이저가 애드버타이징 필터 정책에 의한 스캐너로부터 특정 디바이스 어드레스를 포함한 SCAN_REQ 패킷을 받으면, 같은 채널 인덱스를 통해서 SCAN_RSP로 응답할 것이다. SCAN_REQ 패킷으로부터의 응답을 받은 후 전송이 가능하게 되는데, 그러나 만약 애드버타이징 필터 정책에 반하는 SCAN_ REQ 패킷이 진행되면 애드버타이저는 다음 또는 이전에 사용된 애드버타이징 채널 인덱스로 이동해서 또다른 ADV_IND 패킷을 전송하거나 애드버타이징 이벤트를 종료한다.

만약 애드버타이저가 디바이스 어드레스를 포함하는 애드버타이징 필터 정책에 의해 허용된 initiator로부터 CONNECT_REQ 패킷을 받으면, 링크 계층 애드버타이징 상태를 종료하고 슬레이브 역할에서 연결 상태로 정의된 후 전환된다. 만약 금지된 애드버타이징 필터링 정책에 따른 CONNECT_REQ 패킷을 받았다면, 애드버타이저는 다음 사용 가능한 애드버타이징 채널 인덱스에 다른 ADV_IND 패킷을 보내거나, 또는 애드버타이징 이벤트를 닫는다. 애드버타이징 이벤트에서 두 연속된 ADV_IND 패킷 사이의 시간은 10ms보다 작거나 같아야 한다. 애드버타이징 상태는 애드버타이징 인터벌 내에 끝내야 한다.

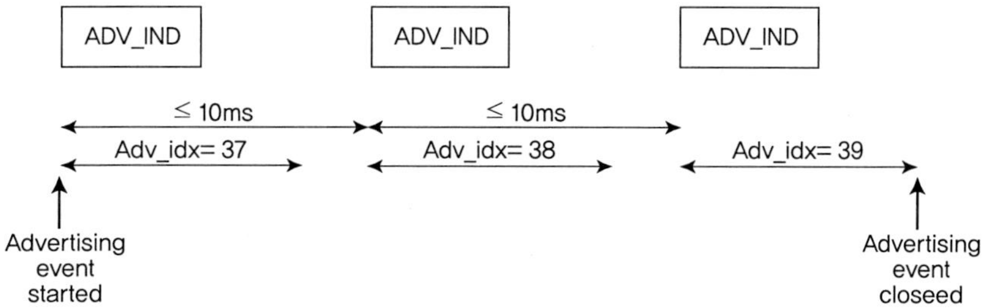


[그림 28 애드버타이징 패킷을 가진 Connectable undirected 이벤트]

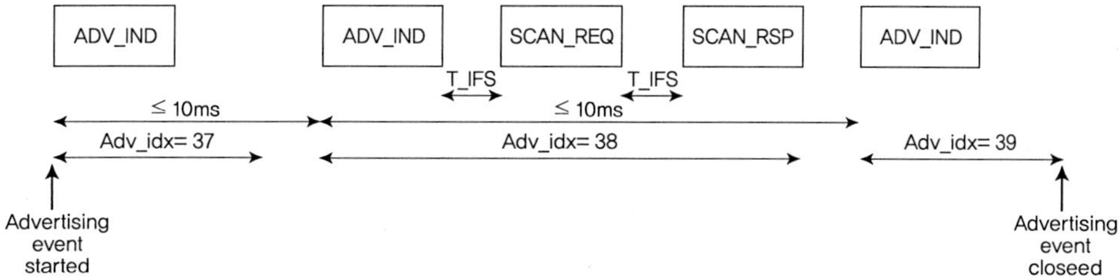


[그림 29 애드버타이징 이벤트 중간 단계의 SCAN_REQ와 SCAN_RSP 패킷을 가진 Connectable undirected 애드버타이징 이벤트]

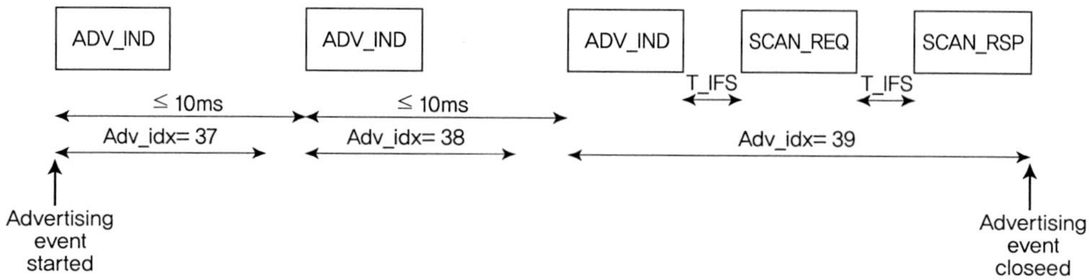


[그림 30 애드버타이징 이벤트 끝단계의 SCAN_REQ와 SCAN_RSP 패킷을 가진 Connectable undirected 애드버타이징 이벤트]

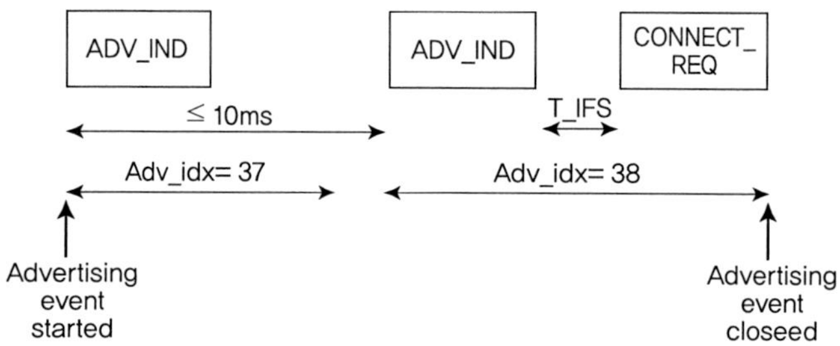


[그림 31 CONNECT_REQ 패킷을 받았을 때의 Connectable undirected 애드버타이징 이벤트]

**Connectable directed 이벤트 타입** Connectable directed 애드버타이징 이벤트 타입이 사용되어질 때, 링크 계층에 의해 directed 애드버타이징 indication(ADV_DIRET_IND) 패킷을 전송한다. Connectable directed 애드버타이징 이벤트 타입을 사용할 경우에 initiator는 연결요청을 위해 CONNECT_REQ 패킷을 보내어 링크 계층과 연결상태에 진입하도록 요청한다. ADV_DIRECT_IND 패킷은 initiator와 애드버타이저 자신의 어드레스를 가지고 있다. 이때 어드레스를 가진 initiator만이 CONNECT_REQ 패킷을 애드버타이저에 전송함으로써 애드버타이저와 링크 계층의 연결을 초기화할 수 있다. 애드버타이저가 ADV_DIRECT_IND 패킷을 전송한 후, 애드버타이저는 같은 애드버타이징 채널 인덱스를 통해서 CONNECT_REQ을 기다리게 된다. 이때 SCAN_REQ 패킷의 수신은 무시된다. 만약 애드버타이저가 디바이스의 어드레스를 포함한 CONNECT_REQ 패킷을 받고 initiator의 디바이스 어드레스가 ADV_DIRECT_IND 패킷을 포함하면, 링크 계층은 슬레이브 역할에서 애드버타이징 상태를 빠져나와 연결 상태로 전이한다. 그렇치 않으면, 애드버타이저는 또다른 ADV_DIRECT_IND 패킷을 보내기 위해서 다음 사용한 애드버타이징 채널 인덱스로 이동하거나 애드버타이징 이벤트를 종료한다.

같은 애드버타이징 채널 인덱스상에서 연속된 ADV_DIRECT_IND 패킷들의 시간 간격은 3.75ms보다 작거나 같다. 링크 계층은 애드버타이징 상태에 진입 후 1.28s 이내에 빠져 나온다.

아래는 CONNECT_REQ 패킷 없이 두번의 애드버타이징 이벤트에서 연속된 5번의 ADV_DIRECT_IND을 나타낸다. Connectable directed 애드버타이징은 빠른 링크 계층 연결 설정이 필수적인 경우를 위해서 디자인되었다.

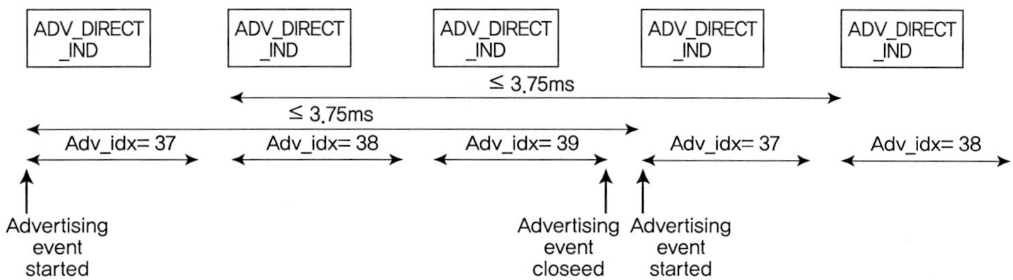


[그림 32 Connectable directed 애드버타이징 이벤트 타입 패킷]

**Discovery undirected 이벤트 타입** Discovery undirected 이벤트 타입이 사용될 때, 링크 계층에 의해 discoverable 애드버타이징 indication 패킷(ADV_DISCOVER_ IND)이 전송된다. Discoverable undirected 이벤트 타입은 스캐너가 애드버타이저에 대해서 부가적인 정보를 요청할 수 있는 SCAN_REQ 패킷에 대해서 응답할 수 있도록 한다. 링크 계층은 스캐너로부터의 요청을 위해서 같은 애드버타이징 채널 index로 응답한다. 만약 애드버타이저가 애드버타이징 필터 정책을 준수하는 스캐너로부터 그것의 디바이스 어드레스를 포함한 SCAN_REQ 패킷을 받았을 때, 같은 애드버타이징 채널 인덱스상에서 SCAN_RSP로 응답한다. SCAN_RSP가 보내진 후 또는 애드버타이징 필터 정책에 맞지 않는 SCAN_REQ 패킷일 경우, 애드버타이저는 다음에 사용된 애드버타이징 채널 인덱스로 또다른 ADV_DISCOVER_IND 패킷을 보내거나 애드버타이징 이벤트를 종료한다. 두 개의 연속된 ADV_DISCOVERIND 패킷사이의 시간 간격은 애드버타이징 이벤트 안에서 1.0ms보다 작거나 같아야 한다.

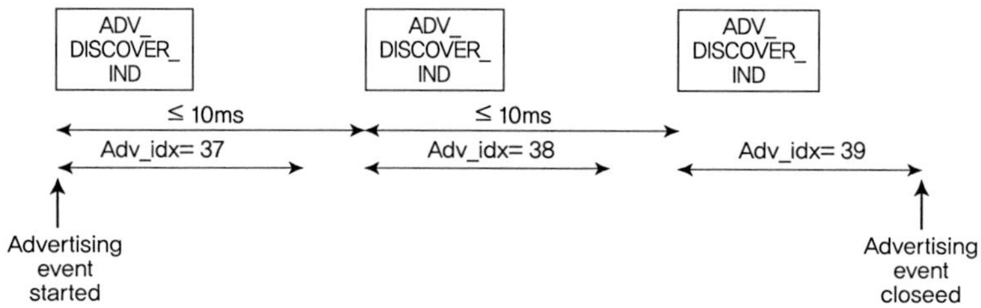


[그림 33 애드버타이징 패킷을 가진 Discoverable undirected 애드버타이징 이벤트]

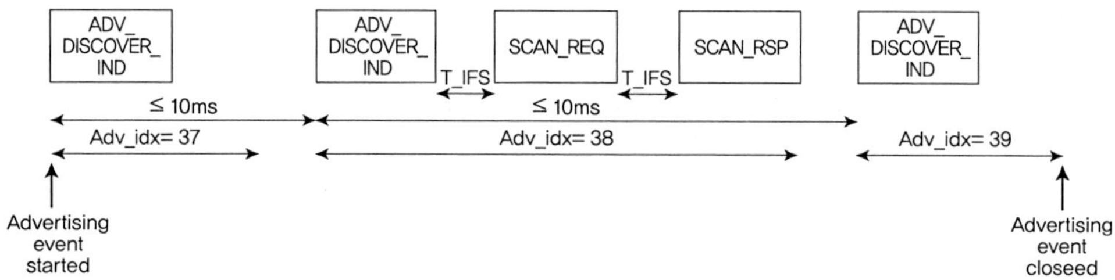


[그림 34 애드버타이징 이벤트 중의 SCAN_REQ와 SCAN_RSP를 가진 discoverable undirected 애드버타이징 이벤트]

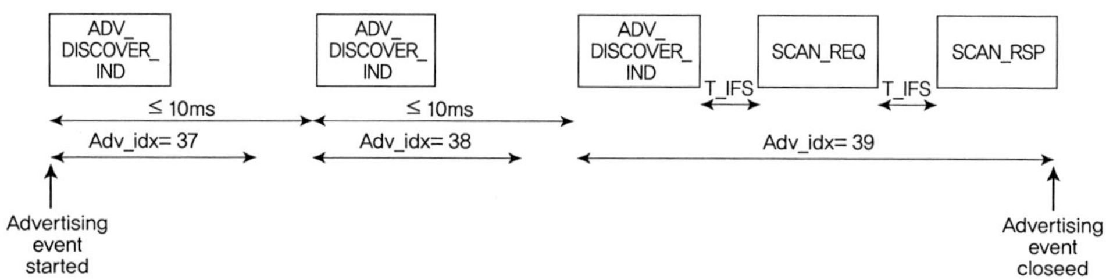


[그림 35 애드버타이징 이벤트 마지막에서의 SCAN_REQ와 SCAN_RSP를 가진 discoverable undirected 애드버타이징 이벤트]

**Non-connectable undirected 이벤트 타입** Non-connectable undirected 이벤트 타입이 사용될 때, 링크 계층에 의해 Non-connectable 애드버타이징 알림(ADV_NONCONN_IND) 패킷이 전송된다. Non-connectable undirected 이벤트 타입은 스캐너가 애드버타이저로부터 ADV_ NONCONN_IND 패킷에 포함된 정보를 수신할 수 있게 한다. 애드버타이저는 ADV_NONCONN_IND 패킷이 전송된 이후, 다음 애드버타이징 채널 인덱스로 이동하거나 애드버타이징 이벤트를 종료한다. 이때 링크 계층은 어떤 패킷도 수신하지 않는다. 따라서 스캐너나 initiator로부터 어떤 요청도 받을 수 없다. 애드버타아징 이벤트 내의 연속되는 ADV_NONCONN_IND 패킷사이의 시간 인터벌은 10ms보다 작거나 같다. 아래 그림은 Non-connectable undirected 애드버타이징 이벤트를 나타낸다.

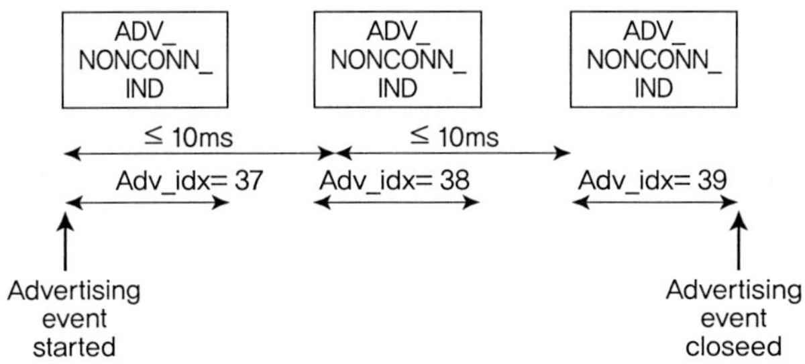


[그림 36 Non-connectable undirected 애드버타이징 이벤트]

■ Scanning State

링크 계층은 호스트에 의해서 Scanning state로 진입한다. 스캐닝 상태일 때, 링크 계층은 애드버타이징 채널 인덱스상에서 대기하고 있다. 호스트에 의한 스캐닝은 패시브 스캐닝과 active 스캐닝 두 가지가 있다. 스캐닝을 수행할 때, 정확한 타이밍이나 애드버타이징 채널 인덱스선택 규칙은 존재하지 않는다. 스캐닝이 일어나는 동안 링크 계층은 scanWindow의 시간 동안 애드버타이징 채널 인덱스를 통해서 기다리게 된다. 스캔 간격인 scanInterval은 두 연속된 스캔 윈도우의 시간 간격으로 정의된다. 링크 계층은 호스트에 의해서 관리되는 매 scanInterval마다 완벽한 scanWindow를 위해서 준비하고 있어야 하며, 각 scanwindow마다 링크 계층은 다른 애드버타이징 채널 인덱스를 스캔해야 한다. 링크 계층은 모든 애드버타이징 채널 인덱스를 이용해야 한다. scanWindow와 scanInterval 페러미터는 10.24s보다 작거나 같으며 scanWindow는 scanInterval보다 같거나 작아야 한다. 만약 scan-Window와 scanInterval 페러미터가 호스트에 의해서 같은 값으로 셋팅된다면 링크 계층은 스캔을 지속적으로 수행해야 한다. 스캔 필터 정책은 스캐닝 중에 애드버타이징 패킷을 받을 때 적용해야 한다. 애드버타이저로부터의 링크 계층의 디바이스 어드레스를 포함한 각 중복되지 않는 ADV_DIRECT_IND 패킷을 위해서 링크 계층은 호스트에게 애드버타이징 리포팅한다.

애드버타이저로부터 각각의 중복되지 않는 ADV_IND, ADV_DISCOVER_IND, ADV_NONCONN_IND 또는 SCAN_RSP 패킷을 위해서 링크 계층은 호스트에게 애드버타이징 리포팅한다.

위의 애드버타이징 리포팅은 애드버타이저의 디바이스 주소와 데이터 또는 존재하는 스캔 응답에 대한 정보를 포함한다. 호스트에게 보내진 복제된 애드버타이징 리포트는 필요로 하지 않는다. 복제된 애드버타이징 리포트는 링크 계층이 Scanning State에 존재하는 동안 같은 디바이스 어드레스를 위한 것이다. 그리고 애드버타이징 데이터는 애드버타이징 리포트를 복제할 때, 애드버타이징 데이터와 스캔 응답 데이터는 중요한 고려 대상이 아니다.

**패시브 스캐닝** 패시브 스캐닝 상태에서 링크 계층은 단지 패킷 수신만 가능하고 패킷을 보낼 수는 없다.

**액티브 스캐닝** 액티브 스캐닝일 경우, 링크 계층은 애드버타이징 패킷을 보낼 수 있으며 애드버타이징 패킷의 타입에 따라서는 애드버타이저에게 부가적인 정보를 요청하기도 한다. 링크 계층은 SCAN_REQ 패킷을 ADV_DIRECT_IND 또는 ADV_NONCONN_IND 이벤트를 받은 애드버타이저에게 보내지 않는다. 링크 계층은 적어도 하나의 SCAN_REQ 패킷을 애드버타이저에게 보내게 되는데, 이때는 ADV_IND 또는 ADV_DISCOVER_IND 패킷을 받은 특정 애드버타이저가 scanning state에 진입한다. 링크 계층은 ADV_IND나 ADV_DISCOVER_IND 패킷을 받음으로써 애드버타이저에게 SCAN_RSP 패킷을 받을 때까지 SCAN_REQ를 지속적으로 보낸다. 스캐너는 다중의 스캐너로부터 SCAN_REQ 패킷의 충돌을 최소화하기 위해서 보안적인 프로세스를 진행한다. 이 보안적인 프로세스는 SCAN_RSP 패킷의 충돌이 발생하면, backoffCount와 upperLimit 두개의 페러미터를 사용하여 SCAN_REQ패킷의 전송 수를 제한한다. 스캐닝 상태에 진입할 때, upperLimit과 backoffCount는 '1'로 셋팅한다. 스캐너 필터 정책에 의한 수신된 각 ADV_IND 패킷 또는 ADV_DISCOVER_IND 패킷과 SCAN_REQ 패킷은 backoffCount 값이 '0'이 될 때까지 '1'씩 감소하면서 송신하게 된다. SCAN_REQ 패킷은 backoff Count가 '0'일 때 보내진다. SCAN_REQ 패킷을 보낸 후, 링크 계층은 애드버타이저로부터 SCAN_RSP를 받는다. 만약 SCAN_RSP 패킷을 애드버타이저로부터 받지 못했다면 실패한 경우이고, 그렇치 않다면 성공을 의미한다. 한 번에 두 번의 연속된 실패로 이어질 경우, upperLimit는 그 값이 256에 이를 때까지 두배로 증가할 것이다. 연속으로 두번을 성공하면, upperLimit는 그 값이 성공 후 '1'에 이르기 까지 2등분되며, SCAN_RSP 패킷 수신에 실패할 경우 링크 계층은 backoffCount 값을 1

에서 upperLimit사이의 새로운 pseudo-random 정수값으로 셋팅한다. 위의 [그림 29 애드버타이징 이벤트 중간단계의 SCAN_REQ와 SCAN_RSP 패킷을 가진 Connectable undirected 애드버타이징 이벤트]는 모든 애드버타이징 채널 인덱스에서 SCAN_REQ 패킷을 받고 SCAN_RSP 패킷이 보내지는 과정을 나타내었다.

■ Initiating State

링크 계층은 호스트에 의해서 Initiating 상태에 진입하게 된다. Initiatiing 상태에서 링크 계층은 애드버타이징 채널 인덱스상에서 상대와의 통신이 가능하다. 이를 위해서 엄격하게 정의된 타이밍이나 애드버타이징 채널 인덱스에 대한 선택 규칙은 없다. Initiating 상태에서 링크 계층은 애드버타이징 채널 인덱스를 이용하여 scanWindow의 시간동안 대기한다. 스캔 간격인 scanInterval은 연속된 두 scan Window의 시작부터 끝까지 측정된 간격을 의미한다. 링크 계층은 스케쥴링이 충돌되지 않는 한, 호스트에 의해서 매 scanInterval마다 scanWindow가 종료될 때까지 대기한다. 각 scanwindow에서 링크 계층은 다른 애드버타이징 채널 인덱스에 대해서도 동일하게 대기한다. 링크 계층은 모든 애드버타이징 채널 인덱스를 이용한다.

scanWindow와 scanInterval 변수는 10.24s보다 작거나 같다. scanWindow는 scanInterval보다 작거나 같아야 한다. 만약 scanWindow와 scanInterval 변수가 호스트에 의해 같은 값으로 셋팅되면, 링크 계층은 대기상태로 존재한다. 만약, initiator 필터 정책에 따르는 ADV_IND 패킷을 수신했을 때, initiator는 CONNECT_REQ 패킷을 애드버타이저에게 보낸다. 만약 링크 계층의 디바이스 어드레스를 가지고 있는 ADV_DIRECT_IND 패킷을 받으면, initiator는 CONNECT_REQ 패킷을 애드버타이저에게 보낸다. 그렇치 않으면 이를 무시해 버린다. CONNECT_REQ 패킷을 보낸 후 링크 계층은 Initiator 상태를 빠져나가면서 마스터 역할을 하는 연결상태로 변경된다.

### 1.2.7.5 연결 상태(Connection State)

링크 계층은 initiator가 CONNECT_REQ 패킷을 애드버타이저에게 보내거나 애드버타이저가 CONENCT_REQ를 initiator로부터 받았을 때, 연결 상태로 진입한다. 연결 상태로 진입 후 연결 생성이 되는데, 이 때의 연결은 완전한 연결이 아니고 단지 데이터 채널 패킷을 근접한 디바이스에서 받았음을 의미한다. 이 경우에 연결 생성과 연결 설정의 차이점은 링크 계층 연결 관리 타임아웃값을 사용하느냐 사용하지 않느냐 하는 것이다. 이에 대해서는 다음 부분에서 설명한다.

두 개의 디바이스가 연결되었을 때, 두 디바이스는 다른 역할을 수행한다. 링크 계층에서 마스터 역할을 하는 디바이스를 마스터라고 부른다. 또한 슬레이브 역할을 하는 디바이스를 슬레이브라고 말한다. 연결 이벤트는 마스터와 슬레이브 사이에 동기화 과정이라고 생각하면 될 것이다.

■ 연결 이벤트

연결상태의 링크 계층은 연결 이벤트 내의 데이터 채널 PDU를 전송한다. 마스터와 슬레이브는 각 연결 이벤트를 위해서 데이터 채널 인덱스를 결정한다. 연결 이벤트에서 모든 패킷을 송수신하기 위해서는 같은 데이터 채널 인덱스를 사용해야 한다. 각 연결 이벤트는 적어도 하나의 마스터에 의해서 보내지는 패킷을 포함해야 한다. 연결 이벤트 상태에 있는 동안, 마스터와 슬레이브는 패킷을 받고 보내는 작업을 수행한다. 연결 이벤트는 두 디바이스가 연속적으로 패킷을 송신하는 동안 열려있다. 슬레이브는 유효하지 않는 연속적인 CRC 매치가 아닐 경우를 제외하고, 마스터에 의해서 유효한 CRC 매치로 판명되면, 항상 패킷을 송신한다. 만약 슬레이브로부터 유효한 CRC 매치로 판명되면 마스터는 패킷을 전송하게 된다. 만약 CRC 매치가 유효하지 않는다 하더라도, 헤더의 Length 필드는 올바르다고 가정한다. 연결 이벤트는 다른 디바이스에 의해서도 종료될 수 있다. 이에 대해서는 향후 다시 알아보기로 하자.

연결 이벤트의 타이밍은 두 개의 페러미터에 의해서 결정되는데, 연결 이벤트 간격인 connInterval과 슬레이브 대기시간인 connSlaveLatency로 정의된다. 연결 이벤트의 시작을 앵커(anchor) 포인트라 부른다. 마스터의 시작은 앵커포인트로 시작해서 데이터 채널 PDU를 슬레이브에게 보낸다. 연결 이벤트의 시작은 connInterval의 규칙적인 간격으로 나뉘어져 있으며, 겹쳐지지 않는다. 마스터는 다음 연결 이벤트의 앵커 포인트가 오기 전 적어도 T_IFS에 가깝게 확보한다. 슬레이브는 앵커포인트에서 마스터가 전송한 패킷을 받기 위해 대기한다. connInterval은 1.25ms의 배수로 7.5ms에서 4.0s까지의 범위를 갖는다. connInterval은 호스트에 의해서 주어지는 범위로부터 CONNECT_REQ 패킷의 Initiator의 링크 계층에 의해서 셋팅된다.

슬레이브 서브레이팅은 슬레이브가 연결 이벤트의 수를 줄이기 위해 사용한다. connSlaveLatency 페러미터는 슬레이브 디바이스가 마스터를 위해 대기할 필요없는 연속된 연결 이벤트의 수를 정의한다. connSlaveLatency 값은 관리 타임아웃에 기인해서는 안 된다. connSlaveLatency 값은 '0'에서 (connSupervision Timeout / connInteral)–1)까지 범위를 가질 수 있다. connSlaveLatency는 500보다 작아야 한다. connSlaveLatency 값이 '0'으로 셋팅되었을 때, 슬레이브 디바이스는 매 앵커 포인트를 디바이스로부터 기다리게 된다. 마스터와 슬레이브는 링크 계층 연결을 위해서 16비트 연결 이벤트 카운터(connEventCounter)를 가지며 마스터에 의해 보내지는 첫 번째 연결 이벤트 내에 '0'으로 셋팅되어 전송된다. 마스터에 의해서 새로운 연결 이벤트가 이루어질 때 '1'씩 증가하게 된다. connEventCounter는 0x0000에서 0xFFFF 값을 갖는다. 이 카운터는 링크 계층 제어 프로시져의 동기를 위해서 사용되며, 슬레이브는 모든 연결 이벤트를 위해서 connEventCounter 값을 증가시킨다.

■ 관리 타임아웃(Supervision Timeout)

디바이스의 이동으로 RF 수준의 통신 가능한 범위를 벗어나거나 심각한 간섭이나 파워 문제 등 다양한 이유로 연결에 장애를 일으키는 경우에 마스터와 슬레이브의 연결 상태를 모니터링 하는 것은 매우 중요한 일이다. 연결 링크의 끊김 등의 문제점을 발견하기 위해 마스터와 슬레이브는 링크 계층의 연결 관리 타이머인 $T_{LLconSupervision}$를 이용한다. 유효한 패킷을 받았을 때, 타이머는 리셋된다.

만약 링크 계층 연결 관리 타이머가 연결되기 전, 6 * connInterval에 이르면 연결은 이루어지지 않았다고 판단하게 된다. 이는 연결 실패에 따른 빠른 연결 종료를 가능하게 한다. 연결 관리 타임아웃(connSupervisionTimeout)은 연결이 끊기기 전에 두개의 수신된 데이터 패킷 PDU사이의 최대 시간으로 정의된다. connSupervision-Timeout은 100ms에서 32.0s의 범위 내에서 10ms의 배수 단위이며, 이것은 (1 + connSlaveLatency) * connInterval보다 그 값이 크다. 만약 연결이 이루어지고 난 후 연결상태에서 타이머가 connSuperTimeout에 이르면, 연결은 끊어질 것이다. 연결이 끊어지면 링크 계층은 더 이상 패킷을 전송하지 않는다. 링크 계층이 연결 상태에서 Standby 상태로 전이한다. 이는 호스트가 연결이 끊겼음을 나타낸다.

■ 연결 이벤트 전송 윈도우

마스터의 다중 연결이나 다른 상황에서의 효율적인 연결 이벤트를 위해 마스터는 스케쥴링을 선택한 시간의 첫 번째 연결 이벤트의 앵커 포인트를 유연한 방법으로 스케쥴링한다. 효율적으로 여러 개를 연결하거나 관련되어 있을 수 있는 다른 활동에 대한 연결의 이벤트를 스케쥴할 수 있도록 마스터는 선택한 특정 시간에 처음 연결 이벤트 앵커 지점을 스케쥴하는데 유연성을 가져야 한다. CONNECT_ REQ 패킷은 마스터와 슬레이브의 연결 상태에서 마스터가 언제 앵커 포인트를 셋팅하는 첫 번째 패킷을 보낼수 있는지, 슬레이브는 언제 이를 수신할 지에 대한 페러미터를 포함한다.

CONNECT_REQ 패킷은 전송 윈도우를 결정하기 위해 세 개의 페러미터를 사용한다. 전송 윈도우는 CONNECT_REQ 패킷이 끝나고 난 후 transmitWindowOffset + 1.25ms에서 시작한다. 그리고 transmitWindow사이즈 페러미터는 전송 윈도우의 사이즈를 정의한다. connInterval은 최대 오프셋과 전송 widnow의 사이즈를 계산하는데 사용한다. transmitWindowOffset과 transmitWindow사이즈는 링크 계층에 의해서 결정된다. transmitWindowOffset은 0ms에서 conInterval까지의 범위 내에서 1.25ms의 배수이며, transWindow사이즈는 1.25ms에서 10ms와 (connInterval - 1.25ms) 범위에서 1.25ms의 배수로 정의한다.

위에서 보면 알 수 있듯이 첫 번째 패킷은 애드버타이징 채널에서 CONNECT_ REQ 패킷이 전송이 끝난 후 1.25ms + transmitWindowOffset보다 빠를 수 없으며, 1.25ms + transWindowOffest + transmitWindowSize 보다 늦을 수 없다.

### ■ 마스터 연결 설정

Initiator가 마스터로 연결된 상태에서 링크 계층에게 CONNECT_REQ 패킷을 전송한 후, 마스터는 링크 계층 연결 관리 타이머인 $T_{LLconnSupervision}$를 리셋한다. 링크 계층은 연결이 생성된 호스트에게 이를 알린다. 첫 번째 연결 이벤트는 데이터 채널 인덱스에 사용된다. 마스터는 위에서 정의한 전송 window안에 첫 번째 패킷을 전송한다. 그리고 마스터의 첫 번째 패킷이 그 뒤의 전송 윈도우를 확장할수 있도록 한다. 마스터에 의해서 연결 상태의 첫 번째 패킷은 첫 번째 연결 이벤트를 위한 앵커 포인트를 결정한다. 이는 향후 발생하는 모든 연결 이벤트의 타이밍에 관련된다. 두 번째 연결 이벤트 앵커 포인트는 첫 번째 연결 앵커 포인트 후의 connInterval이다. 아래 두개의 그림은 LL 연결 셋업 프로시져 타이밍을 보여준다.

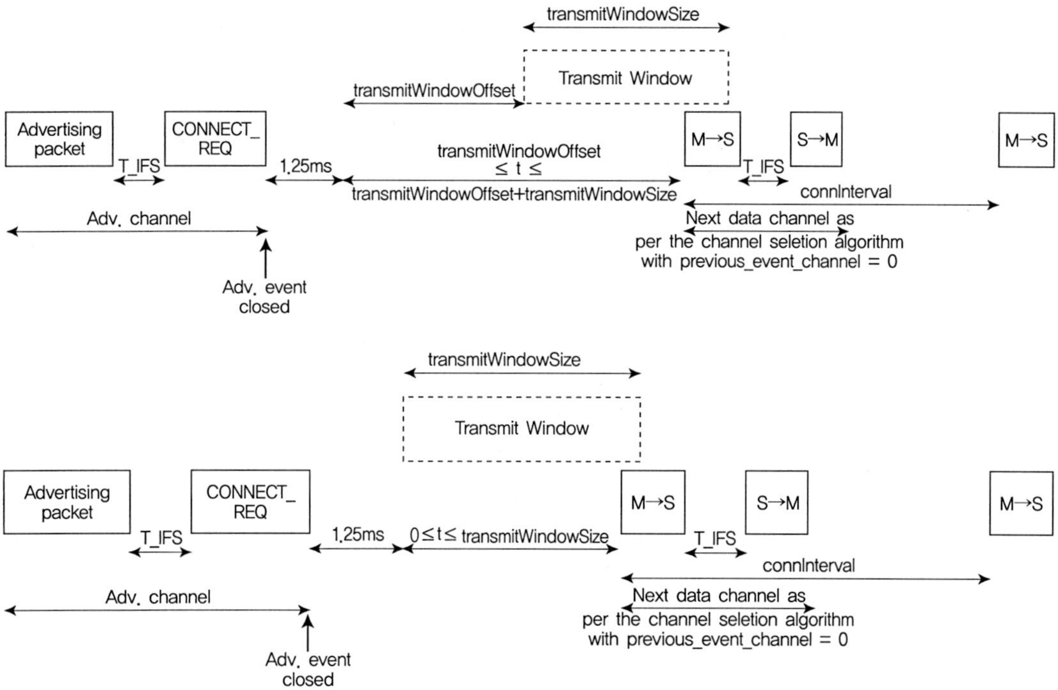


[그림 37 LL 연결 설정 을 위한 마스터의 transmitWindowOffset 셋팅, non-zero 셋팅(위), zero 셋팅(아래)]

### ■ 슬레이브 연결 설정

애드버타이저가 CONNECT_REQ 패킷을 받은 후, 링크 계층은 슬레이브 상태의 연결 상태로 진입한다. 슬레이브는 링크 계층 관리 타이머인 $T_{LLconnSupervision}$를 리셋한다. 링크 계층은 호스트에게 연결이 생성되었음을 알린다. 첫 번째 연결 이벤트는 데이터 채널 인덱스를 이용한다. 슬레이브는 송신 윈도우 내에서 첫 번째 패킷을 기다린다. 이것은 마스터의 첫 번째 패킷은 송신 윈도우 이후를 확장할 수 있음을 허용하고, 따라서 슬레이브는 이에 대해 패킷에 대한 수신을 취해야 한다. 슬레이브에 의한 연결 상태에서 첫 번째 패킷을 수신했을 때, 유효한 CRC 매치에 관계없이, 첫 번째 연결 이벤트를 위해서 앵커 포인트를 결정하며 이후 연결 이벤트의 모든 타이밍을 결정한다.

만약 송신 윈도우 안에서 패킷이 수신되지 않았다면, 슬레이브는 연속된 송신 윈도우 내에서 재수신을 시도할 것이다. 연속된 송신 윈도우는 이전 송신 윈도우의 시작 후에 같은 transmitWindow 사이즈와 함께 connInterval을 시작한다. 데이터 채널 인덱스는 다음 데이터 채널 인덱스이며, connEventCount는 '1'씩 증가한다.

아래 그림에 슬레이브의 프로시져를 예로 들었다. 슬레이브가 마스터의 첫 번째 패킷 수신을 실패하고 두 번째 패킷으로부터 앵커 포인트 타이밍을 확보하는 상황을 보여준다. 이때 connEventCount = 1이다.

슬레이브는 매 연결 이벤트마다 NESN이 '1'로 셋팅될 때까지 마스터의 패킷 내에서 작용한다.

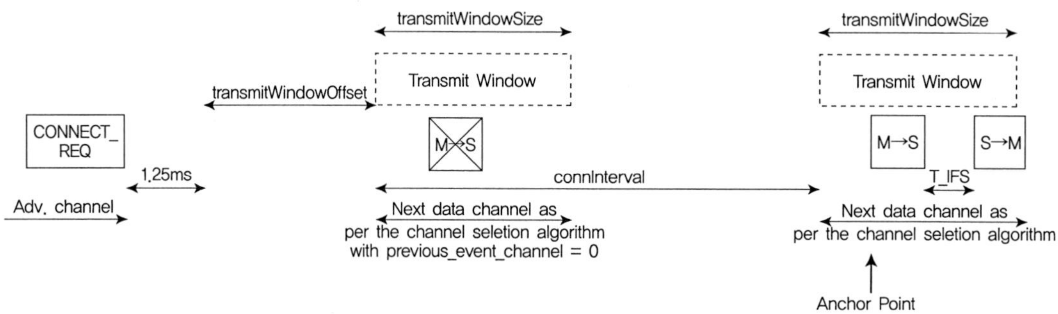


[그림 38 두 번째 LL 연결 이벤트내의 슬레이브를 종료하는 LL 연결 설정]

## ■ 연결 종료 이벤트

데이터 채널 PDU 안의 헤더의 MD 비트는 디바이스가 더 보낼 데이터를 가지고 있음을 나타낸다. 만약 패킷내의 MD 비트에 셋팅되어 있지 않으면 슬레이브는 패킷을 송신하여 연결 이벤트를 종료한다. 또한 만약 어느 한쪽 또는 양쪽 디바이스의 MD 비트가 셋팅되어 있다면, 마스터는 연결 이벤트를 지속적으로 유지하고 또다른 패킷을 송신한다. 그리고 슬레이브는 그 패킷을 송신 후 대기한다. 만약 마스터에 의해 슬레이브로부터 패킷이 수신되지 않는다면, 마스터는 연결 이벤트를 종료한다. 만약 슬레이브에 의해 마스터로부터 패킷이 수신되지 않으면, 슬레이브는 연결 이벤트를 종료한다. 연결 이벤트에서 유효하지 않은 CRC 매치를 가진 두 개의 연속된 패킷을 받으면 연결 이벤트는 종료된다.

아래표는 MD 비트를 정리한 것이다.

[표 27 연결 설정을 종료하는 MD 비트 설정]

| | | 마스터 | |
|---|---|---|---|
| | | MD = 0 | MD = 1 |
| 슬레이브 | MD = 0 | 마스터는 또다른 패킷을 보내고 연결 이벤트를 종료한다. 슬레이브는 패킷 전송 후 더이상 대기하지 않는다. | 마스터는 연결 이벤트를 지속하며 슬레이브는 패킷 전송 후에 대기한다. |
| | MD = 1 | 마스터는 연결을 지속한다. 슬레이브는 패킷 전송 후 대기한다. | 마스터는 연결 이벤트를 지속하며, 슬레이브는 패킷 전송 후 대기한다. |

■ 윈도우 와이드닝(Window Widening)

슬립 클락(sleep clock)에 따른 부정확으로 인해 마스터 앵커 포인트의 정확한 타이밍은 확실하지 않다. 따라서 슬레이브는 마스터를 위해서 연결 이벤트마다 새로이 마스터의 앵커 포인트에 싱크를 맞추어야 한다. 만약 슬레이브가 CRC 매치에 관계없이 마스터로부터 패킷을 수신하면, 슬레이브는 그것의 앵커 포인트를 업데이트 한다. 슬레이브는 마스터가 연결 이벤트의 첫 번째 패킷(slaveExpectedAnchor-Point)을 보낼 때 시간을 계산하고 연결 페러미터로 송신 윈도우를 업데이트할 경우 이를 계산한다. 슬레이브는 CONNECT_REQ 패킷으로부터 마스터 sleep clock accuracy(masterSCA)를 사용한다. 이와 함께 슬레이브의 sleep clock accuracy (slaveSCA)와 그 시간을 계산하기 위해 마스터로부터 받은 마지막 연결 이벤트의 앵커 포인트(timeSinceLastAnchor)도 함께 사용한다. 패킷 송신을 위한 대기 시간 확대를 윈도우 와이드닝이라고 부른다. 클락 정밀도가 ppm으로 주어진다고 가정하면, 이 윈도우 와이드닝은 아래와 같이 계산된다.

windowWidening = ((masterSCA + slaveSCA) / 1000000) + timeSInceLastAnchor

연결 셋업이나 연결 페러미터 업데이트 동안, 슬레이브는 마스터의 앵커 포인트를 위한 윈도우를 전송하기 시작 전, 그리고 마스터의 앵커 포인터를 위한 transmitWindow의 끝난 후 windowWidening까지 이를 위해서 대기한다. 각 서브시퀀스 연결 이벤트 동안, 슬레이브는 slaveExpectedANchorPoint의 시작 전과 마스터의 앵커 포인트를 위해 slaveExceptedAnchorPoint 후 windowWindening까지 대기해야 한다. windowWidening은 ((connInterval/w)–150us)보다 작다. 만약 windowWidening이 ((connInterval/w) – 150us)에 다다르면 연결은 끊긴다.

■ 데이터 채널 인덱스 선택

**채널 분류** 마스터의 링크 계층은 데이터 채널을 사용된 채널과 미사용된 채널로 분류한다. 이를 채널 맵이라고 한다. 최소 채널 사용수는 2이다. 호스트는 채널에 대한 분류 정보를 링크 계층에게 제공하며 링크 계층은 호스트에 의해서 제공된 정보를 사용한다. 슬레이브는 CONNECT_REQ 패킷 내에서 마스터로부터 채널 맵을 받는다. 만약 마스터가 이 채널 맵을 변경하면, 슬레이브에게 이를 알려준다.

**채널 선택** 채널 선택 알고리즘은 두 개의 단계로 구성된다. 사용한 채널 인덱스로부터 맵핑된 채널 인덱스와 그렇지 않은 채널 인덱스의 계산은 아래와 같다. unmappedChannel과 lastUnmappedChannel은 두 연속된 연결 이벤트의 맵핑되지 않은 채널 인덱스이다. unmappedChannel은 현재 연결 이벤트를 위한 맵핑되지 않은 채널 인덱스이다. 그리고 lastUnmappedChannel은 이전의 연결 이벤트의 맵핑되지 않은 채널 인덱스를 의미한다. lastUnmappedChannel은 첫 번째 연결 이벤트의 연결에서 '0'으로 셋팅된다. 연결 이벤트의 시작 시에 unmappedChannel은 아래의 알고리즘에 의해서 계산된다.

unmappedChannel = (lastUnmappedChannel + hopIncrement) mod 37

연결 이벤트가 종료될 때, lastUnmappedChannel은 unmappedChannel 값으로 셋팅된다. 만약, unmappedChannel이 채널 맵의 사용된 채널이라면, 채널 선택 알고리즘은 연결 이벤트를 위해서 데이터 채널 인덱스로 unmappedChannel을 사용한다. 그렇치 않고 unmappedChannel이 사용되지 않은 채널이라면, unmappedChannel은 아래의 알고리즘에 따라서 사용된 채널 중 하나를 다시 맵핑한다.

remappingIndex = ummappedChannel mod numUsedChannel

여기서 numUsedChannels는 채널 맵 안의 사용된 채널의 수를 나타낸다. 재맵핑 테이블은 '0'부터 인덱싱되며, 오름차순으로 사용된 모든 채널을 포함한다. remappingIndex는 재맵핑 테이블에서 연결 이벤트를 위한 데이터 채널 인덱스를 선택하기 위해서 사용된다. 아래 그림은 전체적인 프로세스를 보여준다.

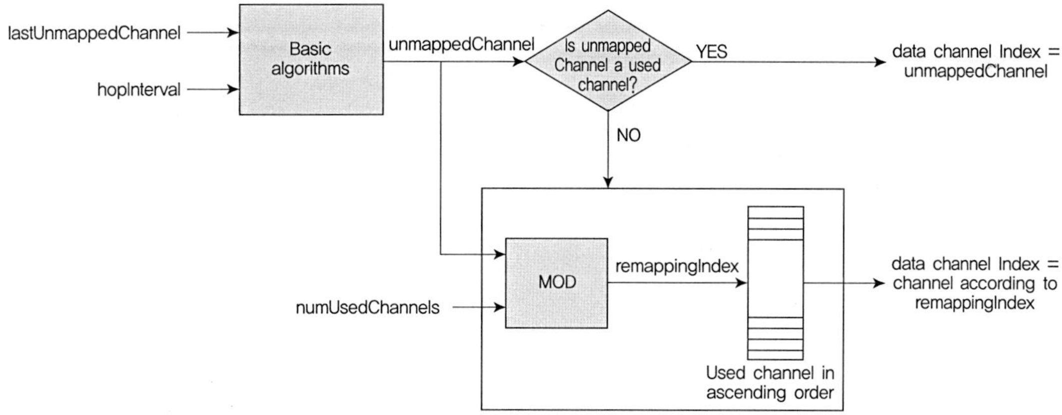


[그림 39 채널 선택 알고리즘 블록 다이어그램]

■ 승인과 플로우 컨트롤(Acknowledgement and Flow Control)

링크 계층 승인과 흐름제어 스킴은 모든 링크 계층 연결에 사용된다. 매 링크 계층의 연결을 위해서 한 비트 단위의 transmitSeqNum과 nextExpectedSeqNum 두 개의 페러미터를 사용한다. transmitSeqNum은 링크 계층에 의해서 확인 패킷의 용도로 사용된다. nextExpectedSeqNum은 마지막 데이터 채널 PDU 송신에 대한 재송신이나 마지막 데이터 채널 PDU 송신의 확인을 위해서 사용된다. transmitSeqNum과 nextExpectedSeqNum은 연결 상태 진입시 '0'으로 셋팅된다. 새로운 데이터 채널 PDU는 링크 계층에 의해서 처음으로 보내진 데이터 채널 PDU이다. 마지막 데이터 채널 PDU는 링크 계층에 의해서 다시 보내진 데이터 채널 PDU이다.

각각의 새로 보내진 데이터 채널 PDU에서 헤더의 SN 비트는 transSeqNum으로 셋팅된다. 만약 데이터 채널 PDU가 다시 보내지면, SN 비트는 바뀌지 않는다.

데이터 채널 PDU 수신 시, SN 비트는 nextExpectedSeqNum과 비교한다. 만약 비트 셋팅 값이 다르다면, 데이터 채널 PDU를 재전송한다. 그리고 nextExpected-SeqNum은 바뀌지 않는다. 그렇치 않고 만약 비트값이 같다면, 새로운 데이터 채널 PDU를 의미한다. nextExpectedSeqNum은 '1'씩 증가한다.

데이터 채널 PDU를 받을 때, 만약 데이터 채널 PDU의 NESN 비트가 transmit-SeqNum과 같다면, 마지막으로 송신한 데이터 채널 PDU는 승인되지 않고 마지막으로 보낸 데이터 채널 PDU를 승인한다. transmitSeqNum은 '1'씩 증가하며, 새로운 데이터 채널 PDU가 보내질 것이다.

아래 그림은 이에 대한 프로세스를 나타낸다.

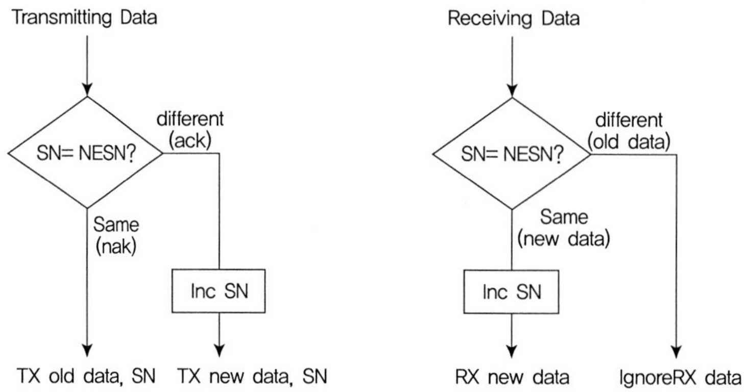


[그림 40 SN, NESN 플로우 다이어그램]

만약 유효하지 않은 CRC 매치를 가진 데이터 채널 PDU를 받으면, nextExpected-SeqNum은 바뀌지 않을 것이다. 이 의미는 데이터 채널 PDU를 재 송신하기 위해 기존의 데이터 채널 PDU는 승인되지 않는다는 것을 뜻한다. 데이터 채널 PDU가 거절되면, 이웃한 디바이스의 nextExpectedSeqNum는 신뢰할 수 없게 된다. 그렇게 되면 마지막으로 보내진 데이터 채널 PDU는 유효하지 않게 되므로 재전송이 필요하다. 링크 계층은 수신 버퍼의 용량 부족 등 또는 다른 이유로 nextExpeted-SeqNum을 업데이트하지 않는다. 이것은 이웃한 디바이스가 다음에 데이터 채널 PDU를 재송신하는 원인으로 작용한다. 그러므로 플로우 컨트롤이 가능하다.

SN, MD와 NESN 비트는 CRC 체크를 통과한 수신된 모든 데이터 채널 PDU에 사용된다. 데이터 채널 PDU 페이로드는 이전에 받은 데이터 채널 PDU의 SN 값이 같다면 수신된 데이터 채널 PDU를 무시한다.

### 1.2.7.6 특징 지원(Feature Support)

컨트롤러에서 호스트로 정보를 보낼 때, 이 feature비트 '0'은 링크 계층이 이 컨트롤러를 지원하지 않음을 의미한다. 반대로 비트 '1'은 링크 계층이 이 컨트롤러를 지원함을 뜻한다. 컨트롤러가 이웃한 컨트롤러에게 정보를 전달할 때, 비트 '0'은 링크 계층 feature가 그 컨트롤러에 의해서 사용되지 않음을 나타내고, 비트 '1'은 링크 계층 feature가 그 컨트롤러에서 사용됨을 나타낸다.

각 링크 계층 feature를 위한 포지션을 아래의 표에 나타내었다.

[표 28 FeatureSet 필드의 비트 맵핑]

| 비트 포지션 | 링크 계층 feature | 컨트롤러로부터 호스트로 유효성 | 호스트에서 컨트롤러로 유효성 | 컨트롤러에서 컨트롤러로의 유효성 |
|---|---|---|---|---|
| 0 | LE 인크립션 | Y | Y | Y |
| 1 - 63 | 예약됨 | | | |

## 1.2.8 링크 계층 컨트롤

링크 계층 컨트롤 프로토콜(Link Layer Control Protocol, LLCP)은 두 링크 계층 사이에서 연결 오퍼레이션에 관련해서 협상과 제어 역할을 수행한다. 이는 인크립션의 시작과 중지 및 다른 링크 프로시저에 대한 연결 제어를 위한 프로시져를 포함한다. 프로시져는 앞으로 언급할 상세한 타임아웃 규칙을 갖는다. 종료 프로시져는 어떤 다른 링크 계층 제어 프로시져가 현재 활성되어 있더라도, 어느 때든지 초기화 될 수 있다. 모든 다른 링크 계층 제어 프로시져를 위해서 단지 하나의 링크 계층 제어 프로시져만이 연결시 링크 계층 내에서 초기화 된다.

링크 계층 제어 PDU와 링크 계층 데이터 PDU들의 우선순위는 명확하게 구현되어야 한다. 예를 들면, 호스트는 펜딩(pending)된 데이터의 링크가 종료되었을 때, 정확하게 호스트에게 보내졌을 것이라고 가정할 수 없기 때문이다.

### 1.2.8.1 링크 계층 제어 프로시져

#### 1.2.8.1.1 연결 업데이트 프로시져

연결을 위한 링크 계층 페러미터(connInterval, connSlaveLatency, connSupervision-Timeout)는 연결 상태에 진입 후에 업데이트된다. 마스터는 LL_CONNECTION_UPDATE PDU를 송신함으로써 연결 페러미터를 업데이트할 수 있다. 슬레이브는 이 PDU를 보낼 수 없다. 슬레이브는 L2CAP LE 시그널링 채널을 이용하여 연결 페러미터 변경을 요청할 수 있다. 마스터의 링크 계층은 호스트에 의해 주어진 간격 범위($connInterval_{min}$, $connInterval_{max}$)를 통해서 connInterval을 결정할 수 있다. 링크 계층은 호스트에게 선택된 간격 값을 지시한다. LL_CONNECTION_UPDATE_REQ의 인스턴트 필드는 페러미터가 업데이트되었을 때 connEventCount를 나타낸다. 마스터는 슬레이브가 인스턴드 발생 전 대기 중인 최소 6개의 연결 이벤트를 사용할 수 있다.

연결 간격은 $connInterval_{OLD}$라는 인스턴트 전에 사용된다. 연결 간격은 LL_CONNECTION_REQ 패킷 내에 포함되며 $connInterval_{NEW}$인 인스턴트에 사용된다. 연결 슬레이브 latency는 $connSlaveLatency_{OLD}$라는 인스턴트 전에 사용된다. 연결 슬레이브 latency는 LL_CONNECTION_UPDATE_REQ 패킷 안에 포함되며, connSlaveLatencyNEW라는 인스턴트 후에 사용된다. 연결 관리 타임아웃은 $connSupervisionTimeout_{OLD}$라는 인스턴트 전에 사용된다. 연결 관리 타임아웃은 LL_CONNECTION_UPDATE_REQ PDU 안에 포함되며, $connSupervisionTimeout_{NEW}$라는 인스턴트 후에 사용된다.

예를들면, 이전의 연결 이벤트와 현재의 연결 이벤트 사이의 간격은 $connInterval_{OLD}$가 된다. 그리고 현재 연결 이벤트와 그 다음의 연결 이벤트 사이의 간격은 $connInterval_{NEW}$가 된다. 슬레이브가(instant – connEventCount) 65536 모듈로(modulo)가 32767보다 작을 때의 LL_CONNECTION_UPDATE_REQ PDU를 받았을 때, 인스턴트는 connEventCount와 같지 않다. 슬레이브는 마스터가 LL_CONNECTION_UPDATE_REQ 패킷 또는 conEventCount가 인스턴스가 동일한 것에 대해서 승인할 때까지, 모든 연결 이벤트에 대해서 대기한다. 슬레이브는 또한 connEventCount가 인스턴트와 같을 때, 연결 이벤트에 대해서 이를 받기 위해 대기한다. 슬레이브(인스턴트 – connEventCount)가 65536, 모듈로(modulo)가 32767보다 클 때의 LL_CONNECTION_UPDATE_REQ를 받았을 때(과거의 인스턴트), 슬레이브의 링크 계층은 연결 손실을 고려해야 한다. 링크 계층은 연결 상태를 빠져나오고 standby 상태로 전이한 후 호스트에게 이를 알린다. connEventCount와 받은 인스턴트 필드 사이의 비교는 connEventCount필드가 겹쳐질 때 이 상황을 처리하기 위한 모듈로 65535 math를 이용하여 수행한다(0에서 65535까지). 마스터는 연결 페러미터를 가진 첫 번째로 전송된 패킷의 타이밍이 결정될 때 앵커 포인트를 조정한다. 위에서 설명한 전송 윈도우가 사용된다. 전송 윈도우는 인스턴트 전에 연결 이벤트의 앵커 포인트 후 $connInterval_{OLD}$ + transmitWIndowOffset에서 시작한다. TransmitWindowOffset은 0ms에서 $connInterval_{NEW}$의 범위 내에서 1.25ms의 배수가 된다. TransmitWindow 사이즈는 0ms에서 10ms보다 작고 ($connInterval_{NEW}$ – 1.25ms)인 범위 내에서 1.25ms의 배수가 된다. 마스터는 전송 윈도우 안에서 첫 번째 패킷을 전송하기 시작한다. 마스터의 첫 번째 패킷은 향후 전송 윈도우를 확장할 수 있다. 첫 번째 패킷은 연결 이벤트를 위한 새로운 앵커 포인트를 결정한 마스터에 의해서 인스턴트에 보낸다. 첫 번째 연결 이벤트 후 다음 연결 이벤트 앵커 포인트는 그 인스턴트에서 연결 이벤트 앵커 포인트 후 $connInterval_{NEW}$가 된다.

아래 그림은 연결 업데이트 프로시저를 보여준다.

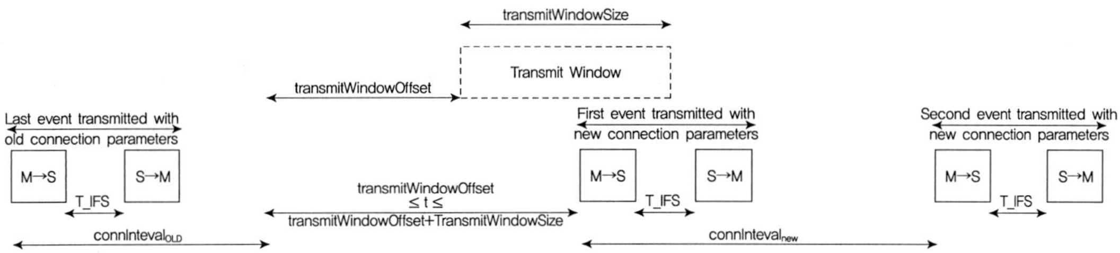


[그림 41 연결 이벤트 타이밍]

송신 윈도우의 시작에서 링크 계층은 $T_{LLconnSupervision}$을 리셋한다. 만약 마스터의 링크 계층이 호스트의 요청없이 자체적으로 LL_CONNECTION_UPDATE_REQ를 전송하면, Latency와 타임아웃 페러미터는 바뀌지 않고 LL_CONNECTION_UPDATE_REQ 또는 CONNECT_REQ PDU와 같은 값을 유지한다.

링크 계층은 만약 3개의 연결 페러미터값에 변경이 생기면 호스트에게 이를 알려준다. 만약 연결 페러미터가 변경된 부분이 없다면, 호스트는 이에 아무런 변화를 일으키지 않는다. 이를 앵커 포인트 이동이라 한다. 프로시저는 인스턴트가 지나고 새로운 연결 이벤트 페러미터가 적용되었을 때 완료된다.

#### 1.2.8.1.2 채널 맵 업데이트 프로시저

채널 맵의 링크 계층 페러미터는 연결 상태에 진입 후 업데이트 된다. 마스터는 LL_CHANNEL_MAP_REQ PDU를 통해서 채널 맵을 업데이트할 수 있지만, 슬레이브는 이 패킷을 전송하지 않는다. LL_CHANNEL_MAP_REQ의 채널 $Map_{NEW}$가 적용될 때, instant 필드는 connEventCount를 나타낸다. 마스터는 슬레이브가 인스턴트 발생 전 리스팅해야 할 최소 6개의 연결 이벤트를 제공해야 한다.

채널 맵은 채널 $Map_{OLD}$라는 인스턴트 전 필드에 위치한다. 채널 맵은 LL_CHANNEL_MAP_REQ 패킷을 포함하는데 채널 $MAP_{NEW}$라는 인스턴트 다음에 사용한다.

슬레이브(instant – connEventCount)가 65536, 모듈로(modulo)가 32767보다 작을 때의 LL_CONNECTION_UPDATE_REQ를 수신했을 때, 슬레이브는 마스터가 LL_CHANNEL_MAP_REQ 패킷 또는 connEventCount가 인스턴트와 동일하다는 승인을 받았다고 확인할 때까지 모든 연결 이벤트를 대기한다. 슬레이브(instant – connEventCount)가 65536, 모듈로(modulo)가 32767보다 같거나 클 때의 LL_CONNECTION_UPDATE_REQ를 수신했을 때(지난 인스턴트), 슬레이브의 링크 계층은 연결 손실을 고려한 후 이를 호스트에게 알린다. connEventCount와 받은 인스턴트 필드 사이의 비교는 connEventCount 필드가 겹쳐지게 될 때 이 상황을 처리하기 위해 모듈로 65535math를 이용해서 수행한다(0에서 65535까지). connEventCount가 인스턴트 필드값과 동일할 때, 채널 $MAP_{NEW}$는 현재의 채널 Map을 나타낸다. lastUnmapped 채널은 리셋되지 않는다. unmapped 채널은 미사용된 채널이다. 채널 $MAP_{NEW}$은 재맵핑될 때 사용된다.

예를 들어서 설명하면 아래와 같다.
연결 설정에서:

- 초기 채널 Map: 0x1FFFFFFFFF (즉, 모든 채널 사용 가능)
- 초기 hopInterval: 10 (decimal)

LL_CHANNEL_MAP_REQ:

- Instant: 100 (decimal). 연결 초기부터 연결 이벤트 카운트가 없다고 가정
- 채널 $Map_{NEW}$: 0x1FFFFFF7FF(즉, 채널 11을 제외한 모든 채널 사용가능)

채널 사용:

- connEventCount 99 → 데이터 채널 인덱스 1 (채널 $Map_{OLD}$)
- connEventCount 100 → 데이터 채널 인덱스 12 (ramapped from 11)(채널 $Map_{NEW}$)
- connEventCount 101 → 데이터 채널 인덱스 21 (채널 $Map_{NEW}$)

프로시져는 인스턴트가 지나가고 새로운 채널 맵이 적용되었을 때 완료된다.

#### 1.2.8.1.3 인크립션 프로시져

호스트로부터 요청을 받은 링크 계층은 연결 상태 진입 후 패킷을 인크립션한다. 만약 연결을 암호화하지 않으면 링크 계층은 단지 인크립션 시작 프로시져만 수행

하게 된다. 그러나, 연결이 암호화 된다면 링크 계층은 암호화 시작 프로시져에 따르는 암호화 정지 프로시져를 처음으로 사용하게 된다.

**인크립션 시작 프로시져** 암호화를 하기 위해서 IV, SKD 두 개의 페러미터가 교환되어야 한다. 마스터와 슬레이브 두 파트 모두에서 구성된다. 그리고 LL_ENC_REQ와 LL_ENC_RSP PDU를 통해서 교환된다. 이 교환 후에 호스트는 Long Term Key의 링크 계층에게 이를 알린다. 암호화는 3 way handshake에 의해서 시작되며, LL_START_ENC_REQ와 LL_START_ENC_RSP PDU를 통해서 가능하다.

암호화를 시작하기 위해 마스터의 링크 계층은 마스터 부분의 세션 키 diversifier (SKDm)와 초기화 벡터(IVm)를 생성한다. 마스터의 링크 계층은 현재의 데이터 채널 PDU의 전송을 마무리하고 컨트롤러의 큐에 있는 부가적인 데이터 채널 PDU들을 종결한다. 이와 같은 데이터 채널 PDU들이 승인되면, 마스터의 링크 계층은 빈 패킷 또는 컨트롤 패킷을 송신한다. 마스터의 링크 계층은 LL_ENC_REQ를 보내는데, 이때 Rand와 EDIV 필드는 호스트에 의해서 제공된다. 슬레이브의 링크 계층이 LL_ENC_REQ를 받으면 슬레이브 부분의 세션 키 diversifier(SKDs)와 초기 벡터 (IVs)를 생성한다. 그리고 Rand와 EDIV 필드를 호스트에게 알려준다. 슬레이브의 링크 계층은 컨트롤러 큐내의 현재 데이터 채널 PDU의 전송과 추가적인 데이터 채널 PDU에 대한 전송을 마무리한다. 데이터 채널 PDU에 대한 ack 후에 슬레이브의 링크 계층은 빈 PDU 또는 LL 제어 PDU에 대한 전송을 허락한다. 이렇게 되면 슬레이브의 링크 계층은 LL_ENC_RSP PDU를 전송한다.

각 링크 계층은 초기 벡터 부분과 세션 키 diversifier 부분을 아래와 같은 방법으로 결합한다.

$$SKD = SKDm \parallel SKDs$$

$$IV = IVm \parallel IVs$$

SKDm는 SKDs와 연결된다. SKDm의 least significant octet은 SKD의 least significant octet이 된다. SKDs의 most significant octet은 SKD의 most significant가 된다. IVm은 IVs와 연결된다. IVm의 least significant octet은 IV의 least significant octet이 된다. IVs의 most significant octet은 IV의 most significant가 된다.

Long Term Key는 호스트에 의해 마스터와 슬레이브의 링크 계층으로 제공된다. 이에 따라 아래의 세 가지 중 하나의 활동이 이루어진다.

- 만약 암호화 중지 프로시져 후에 본 프로시져가 수행된다면, 호스트는 Long Term Key를 제공하지 않는다. 이 경우 슬레이브는 "PIN or Key Missing" 에러 코드와 함께 프로시져를 종료한다.
- 만약 호스트가 Long Term Key를 제공하지 않으면, 슬레이브는 "PIN or Key Missing" 에러 코드와 함께 LL_REJECT_IND를 송신한다. LL_REJECT_IND를 받으면 링크 계층은 호스트에게 이를 알린다. 링크 계층은 이제 LL 데이터 PDU와 LL 제어 PDU를 송신할 수 있다. 이들 패킷은 암호화되지 않는다. 이 프로시져는 마스터가 슬레이브로부터 LL_REJECT_IND를 받으면 종료된다. 또한 이 프로시져는 슬레이브 내에서 마스터로부터 LL_REJECT_IND를 받았다고 확인되면 종료된다.
- 만약 호스트가 Long Term Key를 제공하면, 슬레이브의 링크 계층은 마스터의 LL_ENC_RES PDU와 함께 LL_ENC_REQ PDU에 대해서 응답한다. 링크 계층은 또한 LTK를 키로 하고 SKD를 텍스트 입력으로 한 인크립션 엔진을 이용하여 sessionKey를 계산한다.

sessionKey는 모든 암호화된 패킷의 암호화 엔진을 위해 키처럼 사용된다. sessionKey가 계산된 후, 슬레이브의 링크 계층은 LL_START_ENC_REQ를 송신한다. 이 PDU는 암호화 되지 않은 채로 송신되며, 링크 계층은 응답시 암호화 된 PDU로 셋팅한다. 슬레이브의 링크 계층이 LL_START_ENC_RSP를 받을 때 LL_START_ENC_RSP를 송신한다. 이 PDU는 암호화 되어서 전송된다.

마스터의 링크 계층이 LL_START_ENC_RSP PDU를 받으면, 연결이 인크립션된다. 또한 링크 계층은 이제부터 LL 데이터 PDU와 LL 제어 PDU를 보낼 수 있다. 링크 계층은 연결이 암호화 되었음을 호스트에게 알려준다.

이 프로시져는 슬레이브로부터 LL_START_ENC_RSP를 마스터가 받을 때, 마스터내에서 완료된다. 또한 이 프로시져는 마스터로부터 LL_START_ENC_RSP를 슬레이브가 받으면 슬레이브 내에서 종료된다.

**인크립션 중지 프로시져** 새로운 암호화 키를 가능하게 하기 위해 링크의 종료없이 사용한다. 암호화는 disable하고 나서 다시 enable해야 한다. 이 정지 동안, 데이터 PDU는 보호된 데이터만을 전송하고 암호화 되지 않은 데이터를 전송하지 않는다. 마스터의 링크 계층은 현재의 데이터 채널 PDU의 전송으로 마무리 된다. 그리고 컨트롤러의 큐에 있는 부가적인 데이터 채널 PDU의 전송으로 끝을 맺는다. 이들 데이터 채널 PDU가 확인되면, 마스터의 링크 계층은 빈 PDU 또는 LL 컨트롤 PDU를 송신한다. 마스터의 링크 계층은 LL_PAUSE_ENC_REQ를 송신한다. 슬레이브의 링크 계층이 LL_PAUSE_ENC_REQ를 받으면, 현재의 데이터 채널 PDU의 송신으로 마무리 한다. 그리고 컨트롤러의 큐에 존재하는 부가적인 데이터 채널 PDU를 전송함으로써 종료한다. 이들 데이터 채널 PDU들이 확인되면, 슬레이브의 링크 계층은 단지 빈 PDU 또는 LL 컨트롤 PDU를 허락한다. 슬레이브의 링크 계층은 LL_PAUSE_ENC_RSP를 보낸다. 이 패킷이 암호화 되면 링크 계층의 암호화 되지 않은 패킷을 셋업한다. 마스터의 링크 계층이 LL_PAUSE_ENC_RSP를 받으면, 송신을 셋업하고 암호화 되지 않은 데이터를 받게 된다. 그런 다음 LL_PAUSE_ENC_RSP를 슬레이브에게 암호화 하지 않고 송신한다. 슬레이브의 링크 계층이 LL_PAUSE_ENC_RSP를 받으면, 이 패킷은 암호화 되어서 전송된다. 이후, 링크 계층은 암호화 되지 않은 데이터를 받을 준비를 한다.

마스터의 링크 계층이 LL_PAUSE_ENC_RSP를 받으면, 송신을 준비하고 암호화 되지 않은 데이터를 받는다. 그리고 LL_PAUSE_ENC_RSP를 슬레이브에게 암호화 되지 않은 상태로 전송한다. 슬레이브의 링크 계층이 LL_PAUSE_ENC_RSP를 받으면 역시 암호화 되지 않은 상태로 전송한다. 암호화 시작 프로시져는 새로운 세션 키를 이용하여 다시 암호화를 사용할 수 있도록 한다.

#### 1.2.8.1.4 특징 교환 프로시져

현재 사용되는 feature set(featureSet)을 위해 링크 계층 페러미터는 연결 상태에 진입 후 변경된다. 마스터는 LL_FEATURE_REQ PDU를 가지고 이 프로시져를 초기화 한다. 그리고 슬레이브는 LL_FESTURE_RSP로 응답한다. 그러나 슬레이브는 이 프로시져를 초기화할 수 없다. featureSet 정보는 캐쉬(cached)된다. 만약 이 정보가 이 디바이스를 위해 캐쉬되었다면, 링크 계층은 매 연결마다 이 정보를 요청하지 않는다. 즉, 한 번 캐쉬된 정보를 사용한다. 이 디바이스를 위해서 캐쉬된 정보는 믿을 만한 정보가 아니다. 그러므로 만약 현재 지원하지 않는 feature 사용이 시도되면, 구현 시에 LL_UNKNOWN_RSP를 받아들이도록 해야 한다.

$featureSet_M$은 호스트에 의해 셋팅되는 마스터의 링크 계층의 특징에 따른 능력을 의미한다. 마스터의 링크 계층이 LL_FEATURE_REQ를 전송할 때, FeatureSet 필드는 $featureSet_M$으로 셋팅된다. $featureSet_S$는 호스트에 의해 셋팅되는 슬레이브의 링

크 계층의 특징에 따른 능력을 뜻한다. $featureSet_{USED}$는 $featureSet_M$과 $featureSet_S$의 논리합의 값이다. 슬레이브의 링크 계층이 LL_FEATURE_RSP를 보낼 때, FeatureSet 필드는 $featureSet_{USED}$를 셋팅한다. 마스터의 링크 계층은 LL_FEATURE_REQ를 보낸다. 이는 호스트의 요청 또는 자동으로 보내지게 된다.

슬레이브의 링크 계층이 LL_FEATURE_REQ를 받으면, 슬레이브는 LL_FEATURE_RSP로 응답한다. 슬레이브의 링크 계층은 $featureSet_{USED}$를 나타내는 프로시져만을 사용한다. 마스터의 링크 계층은 LL_FEATURE_RSP를 받으면 마스터의 링크 계층은 $featureSet_{USED}$에 표시된 프로시져만을 사용한다.

아래 그림은 특징 교환을 나타낸다.

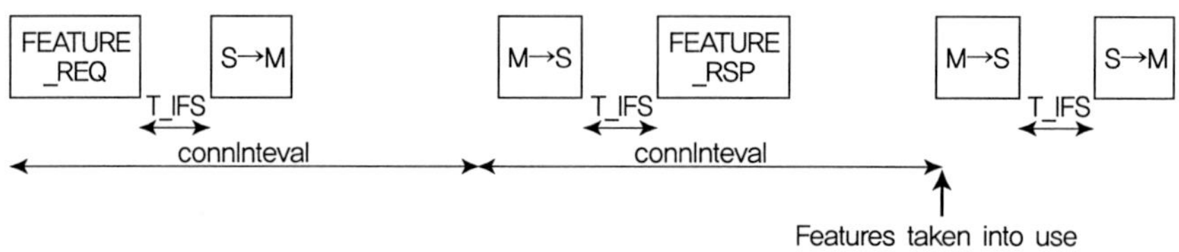


[그림 42 Feature 교환 프로시져]

이 프로시져는 마스터가 슬레이브로부터 LL_FEATURE_RSP를 받았을 때, 정상적인 처리를 수행하고 마무리한다.

### 1.2.8.1.5 버전 교체

버젼 정보를 위한 링크 계층의 페러미터 정보(companyID, subVerNum, linkLayer)는 연결 상태에 진입한 후 서로 교환하게 된다. 마스터 또는 슬레이브의 링크 계층은 LL_VERSION_IND를 보냄으로써 이 프로시져를 시작할 수 있다. 이 프로시져는 호스트에 의해서 요청될 때 진행하게 된다. 또한 링크 계층에 의해서 자동으로 시작된다. 링크 계층은 연결이 되어 있는 동안 LL_VERSION_IND 패킷의 최대 전송을 위해 큐에 넣어둔다. 만약 링크 계층이 LL_VERSION_IND를 받거나 LL_VERSION_IND를 아직 보내지 않았다면, 링크 계층은 이웃한 디바이스에 LL_VERSION_IND를 전송한다. 만약 링크 계층이 LL_VERSION_IND를 받거나 또는 이미 LL_VERSION_IND를 보냈다면, 링크 계층은 또다른 LL_VERSION_IND를 이웃한 디바이스에게 전송하지 않는다.

#### 1.2.8.1.6 종료 프로시져

이 프로시져는 연결 상태에 있는 동안 임의의 연결 종료를 위해 사용된다. 임의의 종료는 호스트가 링크 계층에게 연결 종료를 요청할 때 발생하는데 마스터나 슬레이브는 LL_TERMINATE_IND를 전송함으로써 이 프로시져를 초기화할 수 있다. 프로시져의 종료는 프로시져 타임아웃 후나 링크 관리 타임아웃 후와 같이 연결을 잃었을 당시의 이벤트 내에서는 사용되지 않는다. 링크 계층을 초기화 하기 위해 LL_TERMINATE_IND PDU의 ack를 받을 때까지 보낸다. ack를 받은 후, 링크 계층은 연결 상태를 빠져나오고 standby 상태로 진입한다. 그러므로 이 프로시져는 ack를 받고나서야 완벽하게 완료된다.

#### 1.2.8.2 프로시져 응답 타임아웃

이 섹션은 모든 링크 계층 제어 프로세서에 적용되는 타임 아웃 규칙에 관한 것이다. 응답없는 링크 계층 제어 프로시져를 탐지하기 위해서 마스터나 슬레이브는 응답 타임아웃 타이머($T_{PRT}$)를 사용한다. 프로시져의 초기화 때, 이 프로시져는 응답 타임아웃 타이머를 리셋하고 시작한다. 각 LL 제어 PDU는 전송을 위해서 프로시져 응답 타임아웃 타이머 리셋 후 큐에 들어간다. 이 프로시져가 완료되면 이 프로시져는 응답 타임아웃 타이머를 멈춘다. 만약 프로시져 타임 아웃 타이머가 40s에 이르면, 연결이 끊어지게 된다. 링크 계층은 연결 상태를 벗어나 standby 상태로 진입하고 호스트는 이에 대한 연결 끊김에 대해서 알려준다.

## 1.3 블루투스 저에너지 링크 계층 보안

### 1.3.1 인크립션

링크 계층은 IETF RFC 3610에 따라 CCM(Ciper Block Chaining-Message Authentication) 알고리즘을 이용한다. 이 알고리즘의 자세한 내용은 NIST Special Publication 800-38C에서 확인할 수 있다.

CCM은 M, L 두 개의 페러미터를 갖는다. 링크 계층은 아래와 같이 이들을 정의한다.

M = 4 ; MIC( Message Intergrity Check), 4 octet
L = 2 ; Length 필드, 2 octet

CCM은 인크립션이 시작될 때마다 새로운 임시의 키를 요청한다. CCM은 또한 주어진 임시 키에 의한 데이터 채널 PDU를 위해 유일한 한시적인 값을 요청한다. 이는 링크 계층 내에서 13octet 값을 갖는다. AES-128 비트 블럭 cyper는 NIST Publication FIPS-197에 정의되어 있는 CCM을 사용한다. 링크 계층 연결은 암호화 또는 암호화 되지 않은 경우이다. 사이즈가 '0'이 아닌 페이로드를 가진 모든 데이터 채널 PDU의 암호화 연결은 암호화 되면 인증된다. 인증은 페이로드에 MIC 필드를 더함으로써 수행된다. MIC는 데이터 채널 PDU의 페이로드필드와 헤더의 첫 번째 octet의 NESN, SN, MD를 마스킹하여 제로를 만들고 계산한다. 인크립션은 데이터 채널 PDU의 페이로드 필드와 MIC에 적용된다. 사이즈가 '0'이 아닌 페이로드를 가진 새로운 데이터 채널 PDU는 링크 계층에 의해서 호스트에 보내지기 전에 복호화와 인증이 진행된다. 인증은 링크 계층 승인 스킴과는 관계가 없다. 인증은 링크 계층에 의해서 패킷이 승인되기 전에 수행하지는 않는다.

인증 과정 중 문제가 발견되면 연결은 끊어진다. 링크 계층은 이 연결에서 어떠한 패킷도 보내거나 받지 않는다. 링크 계층은 이 경우에 연결 상태를 빠져나와 standby 모드로 전이한다. 호스트는 인증 과정의 실패로 인해 연결이 끊겼음을 알린다. 상대방 디바이스의 링크 계층은 관리 타임아웃 프로시져를 통해서 연결이 끊겼음을 감지한다.

## 1.3.2 CCM

이 장에서는 CCM(Cipher Block Chaining-Message Authentication) 알고리즘에 대해서 알아본다. CCM 알고리즘은 페이로드와 CCM이 추가적으로 포맷된 counter-mode 블록(block)과 인크립션 블록등의 페러미터를 요구한다. CCM은 패킷마다 유일한 값을 제공한다. Counter-mode 블록은 MIC를 계산하는데 사용된다. 인크립션 블록은 데이터 채널 PDU의 MIC와 페이로드를 인크립션하기 위해 사용되어지는 키스트림이다.

### 1.3.2.1 CCM Nonce

CCM nonce는 30비트의 packetCounter, 1비트의 direction비트 그리고 8octet IV로 구성된다. 13-octet nonce의 포맷은 아래과 같다.

[표 29 CCM nonce 포맷]

| Octet | 필드 | 사이즈(octet) | 값 | 설명 |
|---|---|---|---|---|
| 0 | Nonce0 | 1 | 변수 | packetCounter의 Octet0(LSO) |
| 1 | Nonce1 | 1 | 변수 | packetCounter의 Octet1 |
| 2 | Nonce2 | 1 | 변수 | packetCounter의 Octet2 |
| 3 | Nonce3 | 1 | 변수 | packetCounter의 Octet3 |
| 4 | Nonce4 | 1 | 변수 | 비트 6 – 비트 0: Octet4(packetCounter의 7 most significant 비트, 비트 6 most significant 비트)<br>비트 7: directionBit |
| 5 | Nonce5 | 1 | 변수 | IV의 Octet0(LSO) |
| 6 | Nonce6 | 1 | 변수 | IV의 Octet1 |
| 7 | Nonce7 | 1 | 변수 | IV의 Octet2 |
| 8 | Nonce8 | 1 | 변수 | IV의 Octet3 |
| 9 | Nonce9 | 1 | 변수 | IV의 Octet4 |
| 10 | Nonce10 | 1 | 변수 | IV의 Octet5 |
| 11 | Nonce11 | 1 | 변수 | IV의 Octet6 |
| 12 | Nonce12 | 1 | 변수 | IV의 Octet7(MSO) |

링크 계층은 각 연결의 역할당 하나의 패킷카운터를 유지한다. 각 연결에서 패킷카운터는 인크립션 시작 프로시져가 동작하는 동안 인크립션된 첫 번째 데이터 채널 PDU를 위해 '0'으로 초기화 된다. packetCounter는 인크립션된 새로운 데이터 채널 PDU마다 '1'씩 증가한다. packetCounter의 값은 작아지거나 재전송되지 않는다. directionBit는 슬레이브에 의해 보내지는 데이터 채널 PDU를 '0'으로 초기화 하고 마스터에 의해서 데이터 채널 PDU를 '1'로 초기화 한다. IV는 연결시의 슬레이브와 마스터를 위한 공통사항을 나타낸다. 인크립션이 시작되고 재 시작될 때마다 새로운 8 octet IV 통신하는 디바이스의 쌍으로 이용된다.

### 1.3.2.2 Counter Mode Blocks

MIC를 계산하기 위해서 다중 카운터 모드 블록(multiple counter mode blocks)은 CCM 규격에 따라 생성된다. $B_0 - B_n$. 아래 테이블은 $B_0$의 블럭의 포맷을 나타낸다.

[표 30 블록 $B_0$ 포맷]

| 오프셋(octet) | 필드 | 사이즈(octet) | 값 | 설명 |
|---|---|---|---|---|
| 0 | Flags | 1 | 0x49 | CCM 스펙 |
| 1 | Nonce | 13 | 변수 | 위에서 설명한 변수들, Nonce0은 offset 1, Nonce12는 offset 13을 나타낸다. |
| 14 | MSO(length) | 1 | 0x00 | 페이로드의 길이의 Most Significant Octet |
| 15 | LSO(length) | 1 | 변수 | 페이로드의 길이의 Least Significant Octet |

아래는 $B_1$ 의 테이블 포맷을 나타낸다. 부가적인 인증 데이터의 인증에 관련된 부분이며, 부가적인 B 블럭은 payload의 인증을 위해 필요할 때 생성된다.

[표 31 블록 $B_1$ 포맷]

| 오프셋(octet) | 필드 | 사이즈(octet) | 값 | 설명 |
|---|---|---|---|---|
| 0 | MSO(AAD_Length) | 1 | 0x00 | 추가 인증 데이터의 MSO length |
| 1 | LSO(AAD_Length) | 1 | 0x01 | 추가 인증 데이터의 LSO length |
| 2 | AAD | 1 | 변수 | '0'으로 마스크된 NESN, SN, MD비트를 갖는 데이터 채널 PDU 헤더의 첫 번째 octet |
| 3 | Padding | 13 | 0 | 패킷부분이 아니며 전송되지 않는 블럭을 패딩하기 위한 용도로 사용됨 |

### 1.3.2.3 인크립션 블록

CCM 알고리즘은 데이터 채널 PDU 페이로드와 MIC 인크립션에 사용되는 키스트림을 생성하기 위해서 $A_x$ 블럭을 사용한다. 블럭 $A_0$은 항상 MIC를 암호화하고 복호화한다. 블럭 $A_2$는 항상 MIC를 필요에 따라 페이로드의 나머지에 대해 암호화하고 복호화한다.

[표 32 인크립션 블록]

| 오프셋(octet) | 필드 | 사이즈(octet) | 값 | 설명 |
|---|---|---|---|---|
| 0 | Flags | 1 | 0x01 | CCM 스펙 |
| 1 | Nonce | 13 | 변수 | Nonce0은 offset 1, Nonce12는 offset 13을 나타낸다. |
| 14 | MSO(i) | 1 | 변수 | '0'으로 마스크된 NESN, countet i의 MSO |
| 15 | LSO(i) | 1 | 변수 | Countet i의 LSO |

# 2 블루투스 저에너지 호스트

블루투스 저에너지 호스트는 컨트롤러와 함께 블루투스 저에너지 제품을 동작시키는 핵심 부품이다. 호스트는 호스트 인터페이스를 통해 컨트롤러와 연결된다.

## 2.1 논리 링크 제어와 적합 프로토콜(L2CAP, Logical Link Control and Adaptation Protocol)

블루투스 논리 링크 제어와 적합 프로토콜은 상위 레벨 프로토콜 멀티플렉싱과 패킷 세그멘테이션 그리고 재조합에 관련된 일을 한다. 이런 역할은 서비스 정보를 상위 계층으로 전달하는 기능을 한다. 이제 이 L2CAP에 대해서 알아보자.

자세한 내용 대신 전체를 볼 수 있도록 이해가 쉬운 방향으로 패킷에 대한 포맷과 L2CAP의 동작하는 과정이나 상위 계층과의 관계에 대해서 이해하면 될 것이다.

### 2.1.1 L2CAP 특징

L2CAP은 프로토콜/채널 멀티플렉싱, 분할과 재조합(segmentation and reassembly, SAR), 채널 플로우 컨트롤 그리고 에러 컨트롤 등과 같은 기능을 수행한다.

L2CAP은 아래의 컨트롤러 상위 계층에 위치한다.

- BR/EDR/AMP 컨트롤러
- BR/EDR/LE/MP 컨트롤러
- LE 컨트롤러(블루투스 저에너지에만 해당됨)

L2CAP은 상위 계층 프로토콜과 연결된다.

- Quality of Service

L2CAP 연결 설정 프로세스는 두 개의 블루투스 디바이스 사이에서 QoS에 관련된 정보의 교환을 허용한다. 각 L2CAP은 프로토콜을 이용하여 리소스를 모니터링한다.

아래 그림은 L2CAP의 블럭도를 나타낸다. 컨트롤러를 통해서 들어오는 패킷들은 상위 계층인 L2CAP 계층으로 PDU를 올려준다. 이를 받은 L2CAP은 그 고유의 역할을 수행하게 되는데, 채널 매니저는 이때 채널을 할당하고 릴리즈하는 역할을 수행한다. L2CAP 계층에서는 플로우 컨트롤과 재전송 인캡슐레이션, 스케쥴링, 그리고 분할과 재조합의 과정을 거쳐서 다시 상위 계층으로 이들 데이터를 올려주는 핵심적인 역할을 한다.

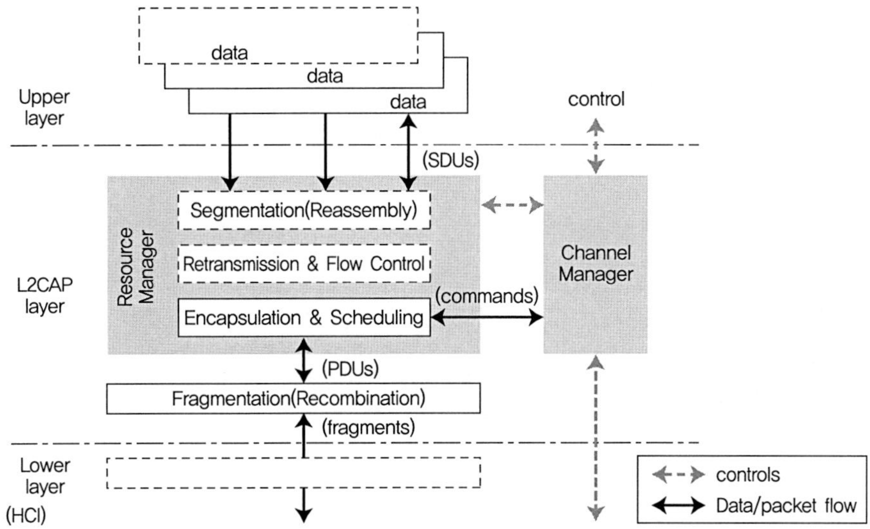


[그림 43 L2CAP 블럭 구조도]

이에 대한 각각의 특징적인 내용을 알아보자.

**프로토콜과 채널 멀티플렉싱** L2CAP은 각각의 컨트롤러 위에서 멀티플렉싱을 지원한다. L2CAP 채널은 하나의 컨트롤러상에서 동작된다. 데이터 전송을 위해 논리 채널 멀티플렉싱은 같은 프로토콜을 사용하는 하나 이상의 상위 계층이 존재하기 때문에 다중 상위 계층에 대한 식별이 필요하다.

**세그멘테이션과 재조합** 위의 그림에서와 같이 리소스 매니저에 의해서 이들 frame은 서비스를 제공받게 된다. 전송 frame은 각 L2CAP상에서 동작하는 애플리케이션에 의해서 제어된다. 많은 멀티플렉싱된 애플리케이션은 L2CAP이 제어권을 갖게 되면 더 좋은 효율을 발휘하게 된다. L2CAP 패킷 사이즈를 제어하면 메모리와 버퍼 관리가 쉬어지며, 재전송에 관련된 에러를 정정할 수 있으므로 더 효율적인 전송이 가능하다. 또한, L2CAP PDU가 깨졌거나 손실이 있을 경우, 애플리케이션의 데이터 유닛보다 덜 깨지거나 손실된다.

**플로우 컨트롤/에러 제어 및 재전송** 컨트롤러는 에러 컨트롤과 플로우 컨트롤을 제공한다. HCI에서 전송되는 에어 상에 존재하는 데이터의 플로우 컨트롤이 가능하다. 데이터 스트림은 같은 컨트롤러 내에서 동작할 경우, 각각의 플로우 컨트롤이 필요하다. 윈도우를 기반으로 한 플로우 컨트롤 제어 스킴을 제공함으로써 이에 대한 제어가 가능하다. L2CAP 채널은 하나의 컨트롤러로부터 오는 데이터는 손실될 수 있다. L2CAP은 에러 체크와 L2CAP PDU의 재전송을 제공한다. L2CAP내에서의 에러 체크는 컨트롤러가 받아들인 잘못된 패킷에 기인한 에러를 체크한다. L2CAP 에러 체킹과 재전송은 컨트롤러에 의해서 잘못 올라온 패킷의 손실을 보호하기도 한다.

**재조합과 분할** 특정 컨트롤러들은 제한적인 전송 능력을 가지고 있다. 그리고 L2CAP 세그멘테이션에 의한 다른 사이즈의 생성이 요구된다. 그러므로 L2CAP 아래의 계층에서는 좀 더 심화된 분할과 재조합이 필요하게 된다. 이때는 각 계층에서 소화할 수 있게 이에 맞는 분할 및 재조합을 해야 한다. 그러므로 L2CAP PDU의 전송 중 다양한 다른 레벨의 분할와 재조합이 이루어진다.

### 2.1.2 L2CAP에 필요한 몇가지 가정

L2CAP 프로토콜은 아래와 같이 디자인되었다고 가정할 수 있다.

- 컨트롤러는 비록 개별 패킷 고장 또는 복제가 있더라도 데이터 패킷을 순차적으로 전달한다. BR/EDR 또는 BR/EDR/LE 컨트롤러에서 두 디바이스 사이에 하나 이상의 ACL-U 로지컬 링크는 존재하지 않으며, LE 컨트롤러 역시 하나 이상의 LE-U 논리 링크를 갖지 않는다.
- 컨트롤러는 full-duplex 통신 채널을 제공해야 한다.
- L2CAP 계층은 패킷의 분할, 에러 탐지, 재전송 등을 컨트롤러를 기본으로 하여 신뢰할만한 채널을 제공해야 한다. 타임아웃이 발생하거나 성공적인 전송 확인이 될 때까지 재전송하고 이를 확인한다. BR/EDR/LE 내의 브로드캐스트 패킷의 사용은 컨트롤러내에서 신뢰하지 못하는 면도 있지만 모든 브로드캐스트의 첫 번째 L2CAP 패킷의 세그먼트는 같은 시퀀스 비트로 시작한다.

### 2.1.3 채널 식별자

채널 식별자, CID(Channel Identifier)는 디바이스에서 논리 채널 엔드포인트(endpoint)를 나타내는 이름이다. 이 채널 식별자는 고정 채널로서 정의되는데 이에 대해서 아래의 표에 정리했다.

[표 33 채널 식별자 이름]

| 채널식별자 | 설명 | 채널 특성 | 논리링크 지원 |
|---|---|---|---|
| 0x0000 | Null identifier | Not allowed | |
| 0x0001 | L2CAP Signaling channel | - | ACL-U |
| 0x0002 | Connectionless channel | - | ACL-U |
| 0x0003 | AMP Manager Protocol | - | ACL-U |
| 0x0004 | Attribute Protocol | 애트리뷰트 프로토콜 참조 | ACL-U, LE-U |
| 0x0005 | Low Energy L2CAP Signaling channel | - | LE-U |
| 0x0006 | Security Manager Protocol | 보안 매니저 참조 | LE-U |
| 0x00047-0x003E | Reserved | 예약 | |
| 0x003F | AMP Test Manager | - | ACL-U |
| 0x0040-0xFFFF | Dynamically allocated | - | ACL-U, AMP-U |

각 고정 채널의 특성은 채널에 따라서 각각 정의된다. 고정 채널 특성은 MTU 사이즈, 보안 등 페러미터를 포함한다. 위의 표에서와 같이, 고정 채널은 논리 링크 상에서 상세하게 명시된다. 이 채널 식별자들은 각 특성별로 정의되어 있으며, 예약된 부분도 존재한다. 블루투스 저에너지에서 논리링크를 지원 부분은 LE로 시작하는 채널 식별자이다(표에서).

### 2.1.4 디바이스 및 계층간 통신

채널 식별자는 각 채널의 엔트포인트를 나타낸다. 브로드캐스트 전송이 사용될 때, 연결이 없는 채널은 단방향으로 데이터의 흐름을 나타낸다. 특별한 목적으로 사용하는 채널 식별자가 있는데 이 채널은 연결 지향 데이터 채널을 설정하기 위해 사용되며, ACL-U 논리 링크상에서 비접속 채널의 특성을 검색하고, 이를 위한 협상 결과에 따라서 변경이 발생하기도 한다. L2CAP 시그널링 채널과 모든 고정된 지원 채널은 ACL-U 논리 링크가 두 디바이스간에서 설립될 때 사용이 가능하다. 채널 식별자 0x0002는 연결이 없는 비접속 데이터 트래픽에 사용된다. 이 비접속 데이터 트래픽은 즉시 ACL-U 논리 링크를 보낸다.

L2CAP의 구현은 일반적으로 아래 그림의 구조를 따른다. L2CAP은 하위 계층 프로토콜과 상위 계층 프로토콜사이에서 데이터를 전송하는 역할을 한다. L2CAP의 구

현은 하위 계층으로부터 특정 이벤트 타입을 받아들일 수 있게 준비해야 하며 상위 계층에 이 이벤트를 생성해야 한다.

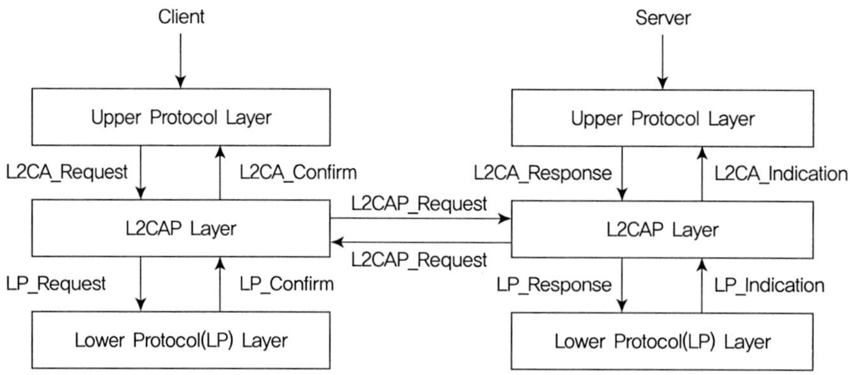


[그림 44 L2CAP 트랜잭션 모델]

### 2.1.5 L2CAP 동작 모드

L2CAP은 각기 다른 채널 사용을 위해서 다섯 가지의 다른 모드로 동작한다.

- 기본 L2CAP 모드
- 플로우 컨트롤 모드
- 재전송 모드
- 향상된 재전송 모드
- 스트리밍 모드

이 모드들은 각기 다른 프로시져를 이용해야 가능하다. 기본 L2CAP 모드는 디폴트 모드이다. 플로우 컨트롤 모드와 재전송 모드는 향상된 재전송 모드와 스트리밍 모드가 아닐 때, L2CAP 간 통신하기 위해서 사용된다. 플로우 컨트롤 모드에서는 재전송이 발생하지 않는다. 그러나 손실된 PDU에 대해서는 손실에 대한 레포팅을 할 수 있다. 재전송 모드에서는 타이머가 사용되는데, 이는 상대에게 전송된 PDU의 재전송이 필요할 경우에 이를 보증하기 위한 방법이다. 향상된 재전송 모드는 재전송 모드와 비슷하지만 POLL 비트를 갖는다.

### 2.1.6 데이터 패킷 포맷

L2CAP의 데이터 패킷 포맷은 크게 세 가지로 나뉘어진다. L2CAP은 패킷으로 구

성되어 있으며 채널에 기반한 통신 모델이다. 채널은 리모트 디바이스내의 L2CAP 엔터티 사이의 데이터 플로우로 표현된다. 이제 세 가지의 데이터 패킷 포맷에 대해서 알아보자.

**연결기반 채널의 기본 L2CAP 모드** 아래는 연결 기반 채널의 기본 L2CAP 모드에서의 포맷 구조이다. 이를 가리켜 B-frame(Basic information frame)이라고 말한다. Length 필드는 2octet으로 16비트 크기를 갖는다. Channel ID 역시 같은 사이즈를 갖는다. Information payload는 65535octet의 크기를 갖는다. 이 length 필드는 수신이 끝난 후 L2CAP 패킷의 통합과 같은 재조합에 사용된다. Channel ID는 패킷의 목적 채널의 엔드포인트를 나타낸다. Information payload는 상위 계층 프로토콜로부터의 패킷(outgoing packet)을 포함하거나 상위 계층 프로토콜에게 패킷을 전달할 때 사용한다.

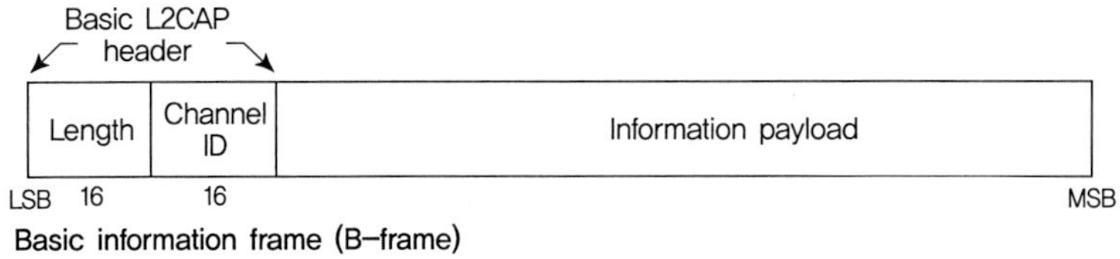


[그림 45 연결기반 채널의 기본 L2CAP PDU 포맷]

**비접속 데이터 채널의 기본 L2CAP 모드** 비접속 데이터 채널의 패킷은 G-frame (Group frame)이라고 부른다. Length 필드는 2octet으로 information payload의 사이즈를 의미하며 PSM(Protocol/Service Multiplexer) 필드를 더한 것이다. Channel ID는 동일한 2octet으로 비접속 트래픽을 위해 0x0002로 예약되어 있다. Information payload는 페이로드 정보를 포함하는데 모든 슬레이브에게 전달될 정보들이 포함된다. 이 information payload의 사이즈는 PSM 필드사이즈가 늘어나면(최대 2octet) 상대적으로 줄어들게 된다.

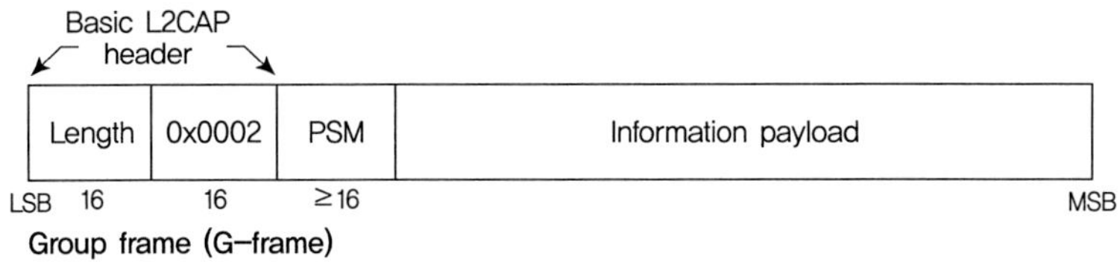


[그림 46 비접속 채널상에서의 L2CAP PDU 포맷]

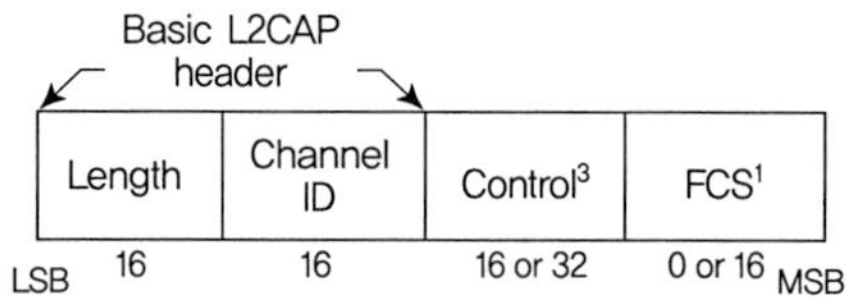


Supervisory frame (S–frame)

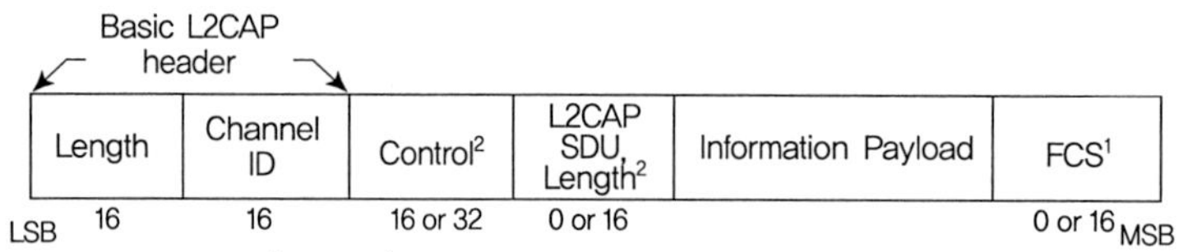


Information frame (I–frame)

FCS는 부가적인 필드이며, L2CAP SDU 프레임 내에 SAR = '01'이다. Standard와 Enhanced Control은 16비트이며 Extended Control은 32비트이다.

[그림 47 플로우 컨트롤과 재전송 모드내의 L2CAP PDU 포맷]

**연결기반 채널의 재전송/플로우컨트롤/스트리밍 모드** 재전송, 플로우 컨트롤 및 스트리밍을 위해서는 목적에 맞는 PDU 포맷이 필요하다. i-frame(information frame)은 정보 전달을 위해서 사용되며, S-frame(supervisory frame)은 i-frame의 재전송 요청이나 확인 메시지를 위해서 사용한다. FCS(Frame Check Sequence)는 부가적으로 사용된다. length 필드는 2octet의 사이즈를 갖는다. Channel ID는 2octet을, Control 필드는 2~4octet 사이즈를 갖는다. 이 필드는 frame의 타입을 나타낸다. 이 control 필드는 세가지의 서로 다른 포맷을 제공한다. standard control 필드, enhanced control 필드, extended control 필드가 그것이다.

### 2.1.7 시그널링 패킷 포맷

디바이스간 두개의 L2CAP 엔터티사이에서 주고 받는 시그널링 명령어에 대해서 알아보자. 모든 시그널링 명령어는 시그널링 채널을 통해서 보내진다. 이 시그널링 채널은 LE-U 논리 링크에서 0x0005를 사용한다. 시그널링 채널은 하위 계층 논리 전송단에서 셋업된다. 최소의 시그널링 MTU 사이즈는 LE-U일 경우 23octet이다. 시그널링 채널상의 L2CAP PDU 포맷은 아래 그림과 같다.

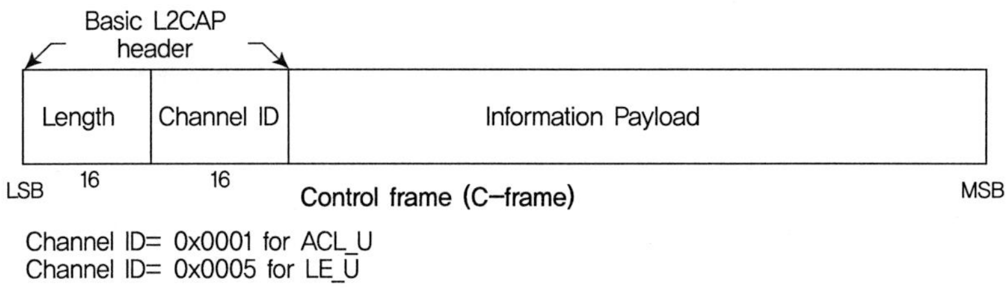


[그림 48 시그널링 채널상의 L2CAP PDU 포맷]

아래 그림은 모든 시그널링 명령어의 일반 포맷을 보여준다. Code 필드는 1octet 이며 명령어의 타입을 나타낸다. 이 명령어 필드에 정의되어 있지 않은 타입이 선언되면 command reject 패킷을 응답으로 보낸다. Identifier 필드는 1octet 사이즈를 가지고 있으며 요청에 대한 응답을 매칭하기 위한 용도로 사용된다. 두 디바이스 사이에서 성공적인 명령을 위해서는 요청에 따르는 응답이 정확하게 맞아야 한다.

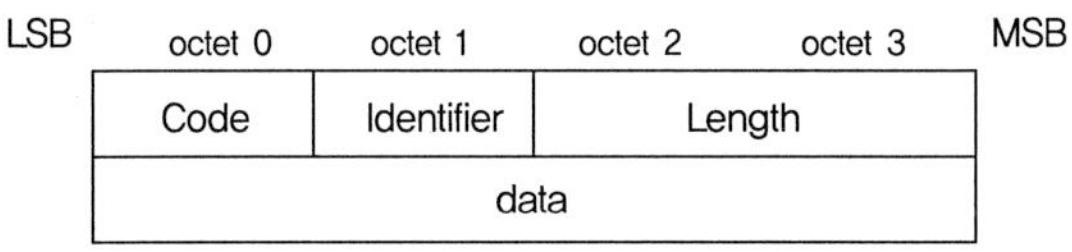


[그림 49 명령어 포맷]

아래는 이들 명령어들을 정리한 것이다. 위의 명령어 포맷에서 code 필드에 각 명령어들을 맵핑한다.

[표 34 시그널링 명령어 코드]

| 코드 | 설명 | CID |
|---|---|---|
| 0x00 | 예약 | 상관없음 |
| 0x01 | Command Reject | 0x0001 또는 0x0005 |
| 0x02 | Connection Request | 0x0001 |
| 0x03 | Connection Response | 0x0001 |
| 0x04 | Configure Request | 0x0001 |
| 0x05 | Configure Response | 0x0001 |
| 0x06 | Disconnection Request | 0x0001 |
| 0x07 | Disconnection Response | 0x0001 |
| 0x08 | Echo Request | 0x0001 |
| 0x09 | Echo Response | 0x0001 |

| 코드 | 설명 | CID |
|---|---|---|
| 0x0A | Information Request | 0x0001 |
| 0x0B | Information Response | 0x0001 |
| 0x0C | Create Channel Request | 0x0001 |
| 0x0D | Create Channel Response | 0x0001 |
| 0x0E | Move Channel Request | 0x0001 |
| 0x0F | Move Channel Response | 0x0001 |
| 0x10 | Move Channel Confirmation | 0x0001 |
| 0x11 | Move Channel Confirmation Response | 0x0001 |
| 0x12 | Connection Parameter Update Request | 0x0005 |
| 0x13 | Connection Parameter Update Response | 0x0006 |

이들 명령에 대한 내용은 스펙에 자세하게 설명되어 있으니, 이를 참조하기 바란다.

### 2.1.8 페러미터 설정 옵션들

이 옵션은 페러미터를 통해서 설정을 확장하기 위한 수단으로 사용한다. 아래의 포맷처럼 설정 옵션 포맷이 별도로 존재한다.

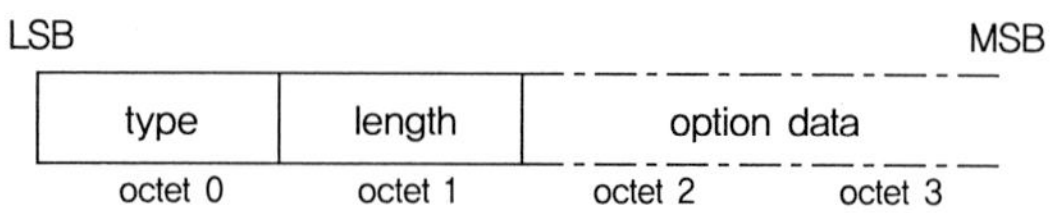


[그림 50 설정 옵션 포맷]

이 설정 옵션에서 type 필드는 설정되는 페러미터를 정의한다. 이 타입의 MSB는 옵션이 인지되었는지에 대해서 결정한다. '0'인 경우 꼭 인지되어야 한다. 만약 이 옵션이 인지되지 않았다면 설정에 대한 요청을 거절하게 된다. '1'인 경우 옵션이 인지되지 않았다면 이를 스킵하고 프로세싱을 계속하게 된다. Length 필드는 옵션 데이터내의 octet수를 정의한다. 그러므로 옵션 데이터가 없다면 이 필드는 '0'의 값을 갖게 된다. Option data 필드는 옵션 타입에 따라서 다르게 구성된다.

이들 옵션 설정에 대한 종류에 대해서 몇가지 예를 들어보면, MTU(Maxim Transmission Unit), Flush Timeout Option, QoS, Retransmission and Flow Contril option, Extended Flow Specification Option, FCS(Frame Check Sequence) Option, Extended Flow Specification Option, Extended Window Size Option 등이 있다.

### 2.1.9 L2CAP의 일반적인 프로시져들

L2CAP이 하는 일에 대한 전반적인 흐름을 이해하기 위해서는 어떤 프로시져들이 동작하고 어떤 역할을 하는지 알아야 한다. 본 장에서는 이들 프로시져들에 대해서 알아본다. 이들 프로시져들은 설정 프로세스, 전송을 위한 유저 데이터의 프로세싱 핸들링 등이 포함된다.

#### 2.1.9.1 L2CAP 설정 프로세스

설정은 두 가지 프로세스로 구성되는데 표준 프로세스와 lockstep 프로세스가 그것이다. Lockstep 프로세스는 L2CAP 엔터티가 extended flow 스펙 옵션을 지원할 때 사용된다. 그렇치 않은 경우엔 표준 프로세스를 따른다. 이들 두 프로세스를 위한 채널 페러미터 설정은 양방향으로 독립적으로 진행되며 병렬적으로 진행된다. 각 설정 페러미터는 한 방향으로 이루어진다. 설정 페러미터가 기본값이 아닌 값을 의미할 경우, 해당 디바이스는 이 설정 요청을 받아들인다. 만약 디바이스가 설정 페러미터 값의 셋팅이 필요하다면, 리모트 디바이스는 이를 수락할 것이다. 그 다음, 리모트 디바이스로부터 보내지는 설정 페러미터를 포함한 설정 요청을 기다려야 한다. Lockstep 프로세스는 채널 페러미터가 Extended Flow Specification 옵션을 포함할 때 사용한다. 이 프로세스는 두 가지 단계로 나누어진다. 첫 번째 단계는 각 L2CAP 엔터티가 그것의 상대 L2CAP으로부터 디폴트가 아닌 Extended Flow Specification 옵션을 받고 그런 다음 Extended Flow Specification의 쌍을 그것의 로컬 컨트롤러에게 준다. 두 번째 단계는 각 L2CAP 엔터티는 그것의 로컬 컨트롤러로부터 상대 L2CAP 엔터티에게 이에 대한 결과를 알린다. Lockstep과 표준 프로세스는 초기 요청 설정 패스와 응답 설정 패스에 요약된다. 재설정은 양쪽 방향에 의해서 두 단계로 구성되는데 이는 위와 비슷한 단계로 이루어진다. 재설정 세션동안 채널상의 모든 데이터 트래픽은 서스펜딩(suspending) 상태로 존재한다. 만약 L2CAP 엔터티가 응답을 기다리는 동안 설정 요청을 받게된다면, 설정 응답을 막지 않는다. 이는 이에 대해서 막아버리게 되면 설정 프로세스가 데드락에 빠질 수 있기 때문이다.

그럼 이제 표준 설정 프로세스의 과정을 상세하게 알아보도록 하자.

1) 로컬 디바이스는 리모트 디바이스에게 설정 요청 패킷을 이용하여 페러미터를 받을 것을 알린다.

2) 리모트 디바이스는 이에 응답하고 페러미터의 값에 따라서 해당 요청에 대한 동의 여부를 결정하는데 이때, 설정 응답을 사용한다.
3) 로컬 그리고 리모트 디바이스는 위의 단계를 모든 페러미터가 도착할 때까지 반복적으로 수행한다.

이 설정을 끝내기 전, 채널 페러미터의 설정에 대해서 얼마나 많은 시간이 소요될지는 구현시에 결정하게 되는데 120s를 넘어서지 않는 한도에서 결정하게 된다.

설정 페러미터의 타입은 협상이 가능한 타입과 협상이 필요없거나 불가능한 두 가지 타입으로 나뉜다. 협상가능한 페러미터들은 설정에 대한 요구를 수신할 수 있는 리모트 디바이스에서 받아들이고 변경이 가능한 페러미터 설정요구에 대한 응답으로 보낸다. 반면 협상이 필요없는 페러미터는 단지 정보전달적인 측면이거나 설정 요청을 수신할 수 없는 경우에 긍정적인 설정 응답 내에서 값을 조정하여 제공할 수 있다. MTU는 협상이 불가하며, 만약 값이 제안된 값보다 작은 값이라면 거절할 수 있다.

아래 규칙은 요청 패스내에 페러미터 협상을 위한 것이다.

1) L2CAP 엔터티는 적어도 한개의 설정 요청 초기화 패킷 또는 재설정 패킷을 전송한다. 만약 모든 값이 기본값이거나 이미 동의한 값이라면 설정 요청 패킷은 송신시 아무런 옵션없이 보낸다.
2) L2CAP 엔터티가 리모트 디바이스로부터 긍적적인 응답을 받으면, 모든 설정 페러미터는 디폴트 값에 따라 설정 요청 내에 포함된다. 그리고 이전에 동의된 값은 리모트 디바이스에 의해서 받아들여진 것처럼 설정 요청 내에 값을 포함한다.
3) L2CAP 엔터티가 부정적인 응답을 받고 새로운 설정 요청을 보내는 경우에는 모든 옵션을 포함한다. 이 모든 옵션에 명시적으로 부정적인 설정응답을 받을 만한 옵션은 빼고 같은 값을 가진 이전의 설정 요청을 보낸다.
4) 협상 가능한 옵션은 리모트 디바이스에 의해서 부정적인 설정 응답을 포함하지 않는다. 이렇게 함으로써 긍정적인 응답을 유도하는 것이다.

아래 규칙은 응답내의 페러미터 협상을 위한 규칙이다.

1) 긍정적인 응답은 모든 명확하게 수신된 설정 요청 내에 포함된 설정 페러미터의 값을 받아들인다. 그리고 디폴트와 이전에 동의한 값은 명시적으로 제공하지 않는다.

2) L2CAP 엔터티는 받아들일 수 없는 협상 페러미터 값을 거절하기 위해서 부정의 응답을 보낸다. 그것은 명시적으로 수신된 설정 요청 또는 이전에 받아들여진 또는 디폴트값 내에 제공된다.
3) 모든 거절된 협상 옵션은 같은 방법으로 부정의 설정 응답을 받는다.
4) 부정 응답내에 협상할만한 값이 포함되지 않으면 이는 긍정의 응답을 받는다.

### 2.1.9.2 분할과 재조합

여기에서 분할이란 L2CAP에서 하위 계층으로 전달하기 위해 작은 사이즈로 PDU를 분할시키는 과정을 말한다. 재조합은 거꾸로 하위 계층에서 L2CAP쪽으로 분할된 PDU를 다시 조합하는 프로세스를 일컸는다. 아래 그림은 이들 분할과 재조합에 대해 자세한 플로우를 소개한다. 하지만 LE가 아닌 BR/EDR에 대한 내용이므로 전체적인 그림만 참조하면 될 것이다.

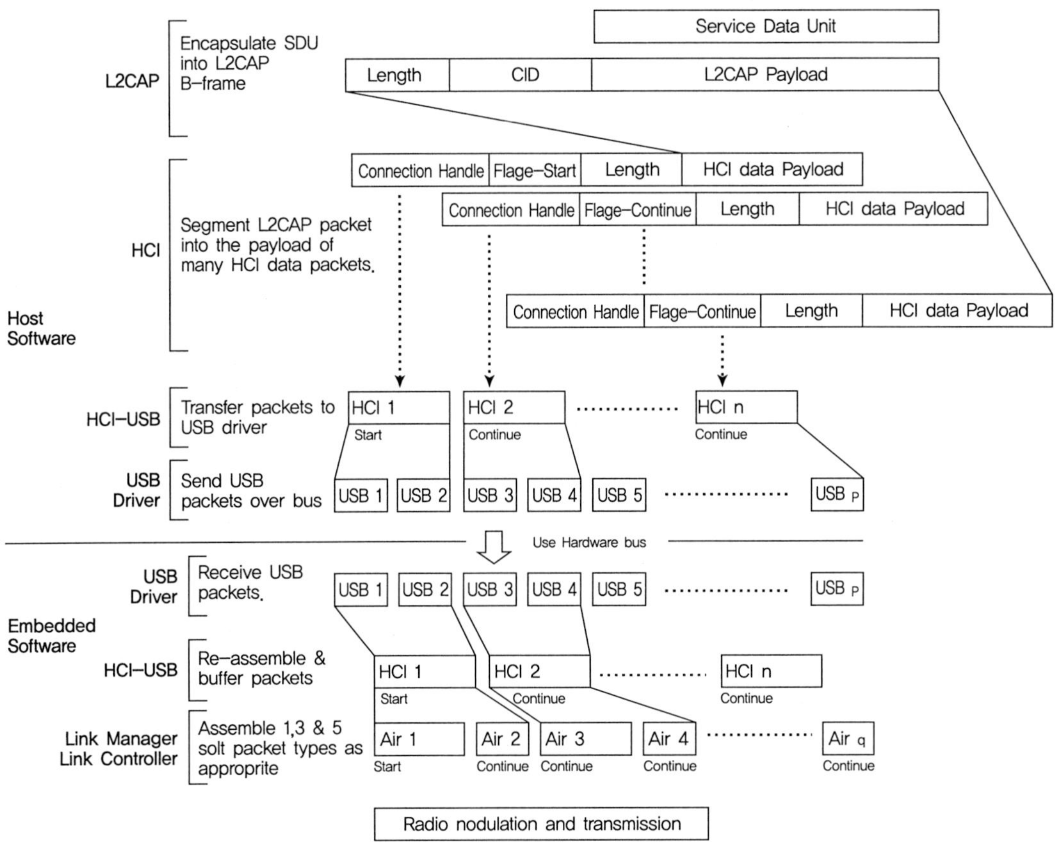


[그림 51 BR/EDR 컨트롤러의 분할과 조합의 예, USB HCI 경우]

### 2.1.9.3 SDU 인캡슐레이션

모든 SDU는 L2CAP PDU 내에 인캡슐레이션 된다. 기본 L2CAP 모드에서 SDU는 최소 L2CAP 프로토콜 요소들과 함께 인캡슐레이션된다. 이 결과의 타입을 B-frame(Basic information frame)이라고 부른다. 분할과 재조합(reassembly) 오퍼레이션은 향상된 재전송 모드, 스트리밍 모드, 재전송 모드 그리고 플로우 컨트롤 모드에서 사용된다. SDU는 몇 개의 작은 단편화로 나누어진다. 이를 SDU 세그먼트라고 부른다. 각 세그먼트는 L2CAP 프로토콜에 의해 인캡슐레이션되며 L2CAP PDU가 된다. 이를 I-frame(Information Frame)이라 호칭한다. SDU 세그먼트의 최대 사이즈는 최대 PDU 페이로드 사이즈(MPS)에 의해서 결정된다. MPS 페러미터는 상위 계층의 인터페이스의 구현에 따라서 결정된다.

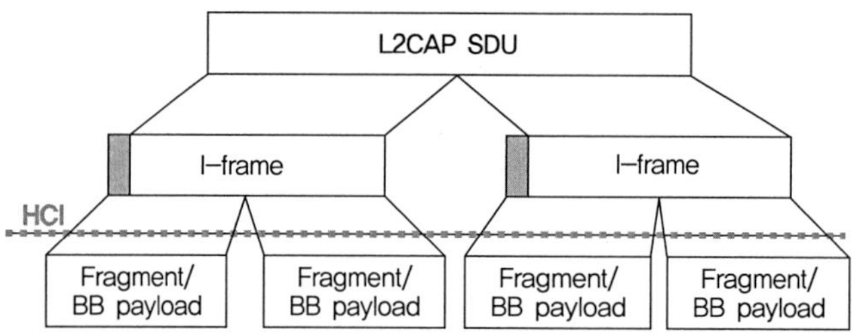


[그림 52 SDU의 단편화와 분할, BR/EDR]

### 2.1.9.4 동작 충돌에 대한 해결

서로 다른 두 디바이스가 같은 코드를 가진 요청 패킷을 보내서 같은 오퍼레이션을 요청하는 경우 충돌 문제가 발생한다. 어떤 오퍼레이션은 충돌 해결을 요구하기도 한다. 이 경우 어떤 디바이스가 해당 요청에 대하여 포기해야 하는지 알아야 한다. 아래의 알고리즘은 두 디바이스 중 어떤 디바이스의 요청을 포기해야 하는지를 결정한다.

1) i=0으로 셋팅한다(BD_ADDR의 least significant octet).
2) 두 디바이스의 BD_ADDR의 octet[i] 비교한다. 만약 두 octet이 같지 않다면 4)번째 단계로 간다.
3) i를 1 증가시킨다. 그리고 2)번째 단계로 간다.
4) 더 큰 BD_ADDR octet을 가진 디바이스는 다른 디바이스로부터 요청을 거절한다.

### 2.1.10 플로우 컨트롤과 재전송

패킷에 대한 신뢰성을 증대시키기 위해서는 플로우 컨트롤이나 재전송시킴을 필요로 한다. 잘못된 패킷 및 기타 오버플로우 등의 상황에서 이들을 컨트롤해야 하며, 잘못된 데이터에 대해서 재전송이 필요하다. 향상된 재전송 모드, 스트리밍 모드, 플로우 컨트롤 모드 또는 재전송 모드를 사용할 때 사용되는 스킴에 대해서 알아보자. 이런 프로시져들은 information frame과 SDU 분할과 재조합에 대한 핸들링 그리고 에러 프레임 검색에 대한 일들을 한다. 재전송 모드나 향상된 재전송 모드는 리시버로부터의 요청에서 에러에 대해서 결함을 극복하기 위한 방법으로 사용된다.

채널 상에서 향상된 재전송 모드, 스트리밍 모드, 플로우 컨트롤 모드, 재전송 모드 설정을 시도하기 전에 제안되는 모드를 지원하기 위해서는 extended feature supported라는 정보 타입(0x0002)을 위한 정보검색이 실행되어야 한다. 만약 정보검색이 성공적이지 못하거나 extended feature mask 비트가 원하는 모드로 셋팅되어 있지 않는다면, 이 사용하고자 하는 모드는 설정 요청에 실패한다.

이들 향상된 재전송 모드, 스트리밍 모드, 플로우 컨트롤 모드, 재전송 모드에는 두가지의 frame 포맷이 정의된다. I-frame은 B-frame 대신 유저 정보를 전송하기 위해서 사용되며, S-frame은 이들에 대한 감독/감시를 위해서 사용된다.

I-frame(Information frame)은 연속적인 번호를 갖는 frame이며 해당 정보필드를 포함한다. I-frame은 또한 RR(Receiver Ready) frame의 기능을 포함한다. S-frame (Supervisory frame)은 I-frame의 전송을 제어하기 위해서 사용된다. 재전송 모드, 플로우 컨트롤 모드를 위해서 S-frame은 RR(Receiver Ready)과 REJ(Reject) 두 가지 포맷을 S-frame 내에 갖는다.

이들 모드에서 사용되는 변수들을 정리해보면 아래와 같다.

[표 35 송수신시에 사용되는 여러 변수들]

| | |
|---|---|
| TxSeq | 새로운 I-frame이 전송될 때, 보내지는 연속되는 번호 |
| NextTxSeq | 새로운 다음 I-frame이 전송될 때, 보내지는 연속되는 번호 |
| ExpectedAckSeq | 수신하는 디바이스에 의해서 기대되는 다음 I-frame의 연속되는 번호 |
| ReqSeq | TxReq = ReqSeq를 가진 I-frame의 전송 요청에 대한 연속번호 |
| ExpectedTxSeq | 다음 I-frame내의 TxSeq의 기대되는 값 |
| BufferSeq | 분할된 I-frame이 버퍼에 저장될 때, 새로운 I-frame 전송에 따른 버퍼 오버플로우를 일어나지 않게 하기 위한 번호 |

이들 모든 변수의 범위는 0에서 63까지이다.

### 2.1.11 L2CAP 스테이트 머신(State Machine)

L2CAP 연결기반 채널 스테이트 머신에 대해서 알아보자. 스테이트 머신은 상태 및 이벤트 상태 전이, 이벤트에 대한 응답으로 해야 할 행위들에 대한 정의를 한다. 이는 양방향으로 채널 식별자를 통해서 이루어지며, 시그널링 채널이나 단방향 채널로 이루어지지는 않는다. 물리적으로 연결된 컨트롤러는 호스트와 통신하기 위해 HCI를 통한다. 이 스테이트 머신은 모든 HCI 이벤트를 핸들링한다. 그러므로 이에 대한 정의 및 이해는 블루투스 저에너지 무선 기술을 이해하는데 많은 도움이 될 것이다.

아래 그림은 L2CAP에서 이루어지는 이벤트 및 실제 행위에 대한 내용을 기술한 것이다.

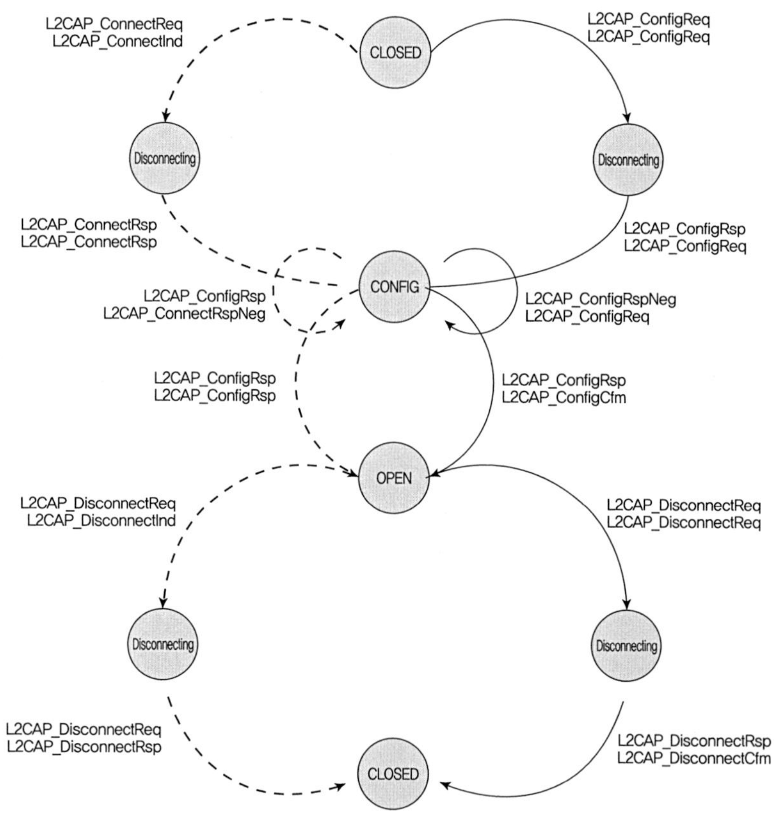


[그림 53 L2CAP 스테이트 머신의 예]

## 2.2 보안 매니저 규격

### 2.2.1 개요

블루투스 저에너지 프로토콜에서 Security Manager(SM)은 무선 라디오 통신 환경에서 식별과 암호화를 위해 키 분배 방식을 사용한다. 즉, 각 디바이스는 분배할 키를 생성하여 관리하며, 그 외의 다른 디바이스들은 해당 키의 생성에 관여하지 않는다. 키의 보안 능력은 분배하는 디바이스 내의 알고리즘의 성능에 좌우된다.

보안구조(security architecture)는 응답 디바이스(responding device)의 메모리나 처리능력의 요구사항이 주도 디바이스(initiating device)의 그것보다 낮은 경우에 맞게 설계되었다.

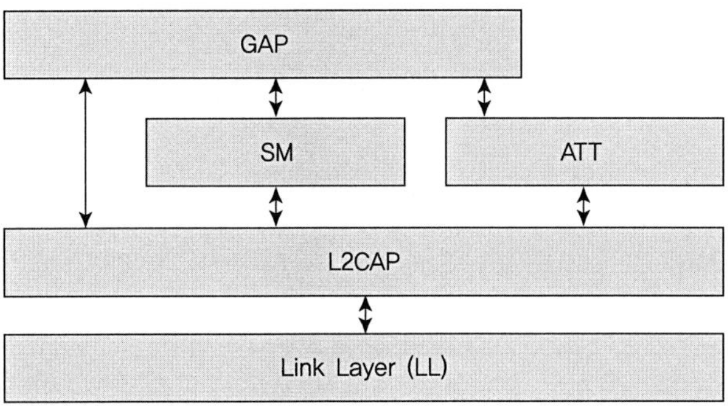


[그림 54 보안 매니저 관계 구조]

페어링(pairing)은 링크를 암호화(encrypt)하기 위한 키를 개설하는데 사용된다. 페어링은 세 단계(phase)의 과정으로 진행된다. 처음의 두 단계는 항상 사용되며, 선택적으로 그 이후의 transport specific key distribution 단계로 이어질 수도 있다.

- Phase 1: Pairing Feature Exchange
- Phase 2: Short Term Key(STK) Generation
- Phase 3: Transport Specific Key Distribution

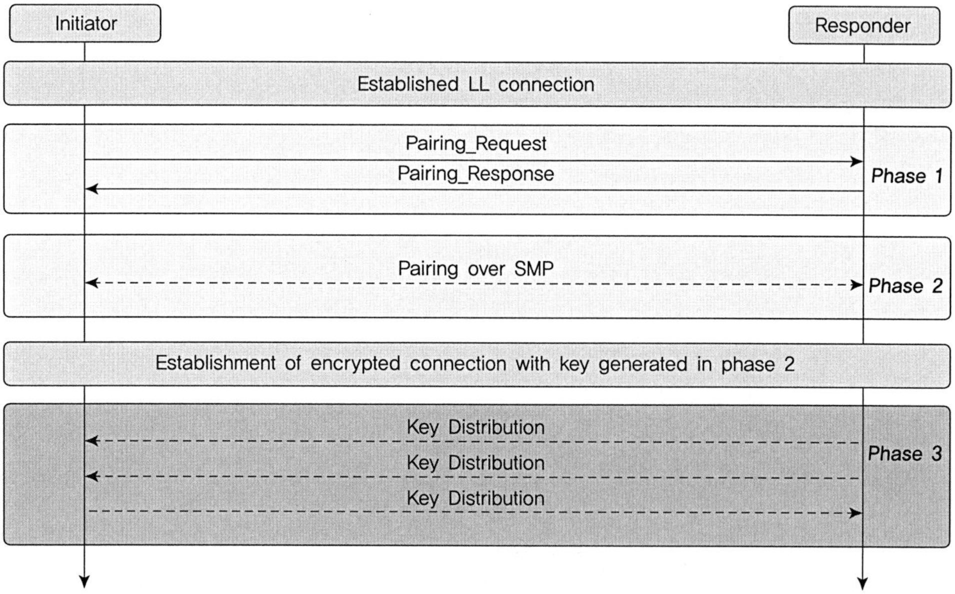


[그림 55 블루투스 저에너지 페어링 단계]

**Phase 1** Pairing Feature Exchange 에서 디바이스들은 Phase 2에서 사용될 메소드(method)를 결정하기 위해 IO capability를 서로 교환해야 한다. 해당 메소드들은 다음과 같다:

- Just Works
- Passkey Entry
- Out of Band(OOB)

Phase 3는 transport specific key를 분배하는데 사용되는데, 예를 들면 Long Term Key(LTK)와 Encrypted Diversifier(EDIV) 값들이다. Phase 1과 Phase 3는 Phase 2에서 사용되는 메소드에 상관없이 동일하다.

Phase 3는 Phase 2에서 생성된 STK를 이용해서 암호화 된 링크에 대해 작업을 수행한다. Phase 1과 Phase 2는 해당 링크의 암호화 여부와 상관없이 동작한다.

## 2.2.2 암호화 툴박스

랜덤 어드레싱(random addressing), 페어링, 그리고 다른 명령들을 지원하기 위해 SM은 암호화 함수(cryptographic function) 툴박스(toolbox)를 제공한다. 다음은 암호화 함수들을 정의한 것이다.

- *ah*는 랜덤 주소 생성과 레졸루션(resolution)에 쓰이는 24비트 해쉬를 만드는데 사용된다.
- *c1*은 페어링 과정 중 쓰이는 컨펌(confirm) 값을 생성하는데 사용된다.
- *s1*은 페어링 과정 중에 STK를 생성하는데 사용된다.

위의 암호화 함수들의 빌딩 블럭(building block)은 보안 함수 *e* 이다.

### 2.2.2.1 보안 함수(Security function) *e*

보안 함수 *e*는 AES-128 비트 블록 사이퍼(cyper)를 사용하여 128비트 키와 128비트 플레인텍스트(plaintext) 데이터에서 128비트의 암호화 데이터를 생성한다.

$$Encrypted\ data = e(key,\ plaintext\ data)$$

키의 최상위 octet(most significant octet)은 key[0]이고, 플레인텍스트 데이터의 최상위 octet은 in[0]이며, 암호화 데이터의 최상위 octet은 out[0]이다. 보안 함수 *e*는 호스트에 구현될 수도 있고, 또는 HCI_LE_Encrypt 명령을 사용하여 구현될 수도 있다.

### 2.2.2.2 랜덤 주소 해쉬 함수(Random Address Hash function) *ah*

랜덤 주소 해쉬 함수 *ah*는 랜덤 주소 생성(LE GAP에 정의)에 사용되는 해쉬 값을 만드는데 사용된다.

랜덤 주소 해쉬 함수 ah의 입력은 다음과 같다:

- *k* : 128비트
- *r* : 24비트
- *padding* : 104비트

*r*은 padding과 연계하여 *r`*을 생성한다. *r`*은 보안 함수 *e*의 입력인자인 128비트 플레인텍스트 데이터로 사용된다.

$$r` = padding \mid\mid r$$

r의 최하위 octet은 r`의 최하위 octet이 되고, padding의 최상위 octet은 r`의 최상

위 octet이 된다.

예를 들어 24비트인 r의 값이 0x123456이면, r`은 0x00000000000000000000000000123456이다.

랜덤 주소 함수 *ah*의 출력은 다음과 같다:

$$ah(k,r) = e(k, r`)\ mod\ 2^{24}$$

보안 함수 *e*의 출력값은 최상위 24비트만 취해져서 *ah*의 결과값으로 사용된다.

#### 2.2.2.3 컨펌 값 생성 함수(Confirm value gereation function) c1

페어링 과정 동안 컨펌 값은 바뀐다. 컨펌 값 생성 함수 c1은 컨펌 값을 생성하는데 사용된다.

컨펌 값 생성 함수 c1의 입력값은 다음과 같다:

- *k* : 128비트
- *r* : 24비트
- *a*: 48비트
- *padding* : 16비트

r은 a 및 padding과 연계하여 r`을 생성한다. *r*`은 보안 함수 *e*의 입력인자인 128비트 플레인텍스트 데이터로 사용된다.

$$r` = padding\ ||a||\ r$$

r의 최하위 octet은 r`의 최하위 octet이 되고, padding의 최상위 octet은 r`의 최상위 octet이 된다.

예를 들면 64비트 r의 값이 0x123456789ABCDEF0이고 *a*가 0xA1A2A3A4A5A6라면, *r'*은 0x0000A1A2A3A4A5A6123456789ABCDEF0이 된다.

컨펌 값 생성 함수 c1의 출력은 다음과 같다:

$$c1(k, r, a) = e(k, r`)$$

보안함수 e의 출력값 128비트는 컨펌 값 생성 함수 c1의 결과값으로 사용된다.

#### 2.2.2.4 키 생성 함수(Key generation function) *s1*

키 생성 함수 s1은 페어링 과정 중에 STK를 생성하는데 사용된다. 키 생성 함수 s1의 입력은 다음과 같다:

- *k* : 128비트
- *r1* : 64비트
- *r2*: 64비트

*r1* 은 *r2*와 연계하여 r`을 생성한다. *r*`은 보안 함수 *e*의 입력인자인 128비트 플레인 텍스트 데이터로 사용된다.

$$r` = r1 \| r2$$

r2의 최하위 octet은 r`의 최하위 octet이 되고, r1의 최상위 octet은 r`의 최상위 octet이 된다.

예를 들어 24비트인 r1의 값이 0x1122334455667788이고 r2의 값이 0x99AABB CCDDEEFF00이면, r`은 0x112233445566778899AABBCCDDEEFF00이 된다.

키 생성 함수 *s1*의 출력값은 다음과 같다:

$$s1\ (k, r1, r2) = e\ (k, r')$$

보안 함수 *e*의 출력값 128비트는 키 생성 함수 s1의 결과값으로 사용된다.

### 2.2.3 페어링 메소드

페어링이 시작되면 Pairing Feautre Exchange가 주도 디바이스(initiating device)에서 시작된다. 만약 응답 디바이스(responding device)가 페어링을 지원하지 않거나 페어링이 동작하지 못할 경우, 응답 디바이스는 "Pairing Not Supported" 오류 코드를 페어링 실패 메시지를 이용하여 전송한다. 페어링이 정상적으로 동작하는 경우에는 Pairing Response 메시지를 전송한다.

Pairing Feautre Exchange 단계에서는 IO capability, OOB 인증 데이터 가용성, 인증 요구, 키 사이즈 요구사항, 그리고 분배할 송신 상세 키 정보가 교환된다. IO capability, OOB 인증 데이터 가용성, 인증 요구는 Phase 2에서 STK 생성 방식을 결정하는데 사용된다.

모든 페어링 메소드들은 다음 2개의 키를 생성하고 사용한다:

- Temporary Key (TK) :128비트 임시키이며, STK를 생성하는 페어링 과정에 사용된다.
- Short Term Key (STK) : 128비트 임시키이며, 페어링 이후의 연결을 암호화 하는데 사용된다.

인증 요구사항은 GAP에서 설정된다. 인증 요구사항은 bonding과 man-in-the-middle protection(MITM) 요구사항을 포함한다. 주도 디바이스는 응답 디바이스에게 보낼 키의 정보와 응답 디바이스가 주도 디바이스에게 보낼 키의 정보를 응답 디바이스에게 전송한다. 응답 디바이스는 주도 디바이스가 보낼 키의 정보와 응답 디바이스가 보낼 키의 정보를 주도 디바이스에 회신한다.

#### 2.2.3.1 보안 애트리뷰트

SM에서 제공되는 보안 애트리뷰트는 다음의 항목과 같이 나눌 수 있다:

- Authenticated MITM protection
- Unauthenticated no MITM protection
- 보안 요구사항 없음

Authenticated MITM protection은 passkey entry Pairing method 또는 out of band pairing method를 통하여 취득할 수 있다. Authenticated MITM protection이 생성되었는지를 확인하기 위해서는 선택된 Authenticated Requirements 옵션에 MITM protection이 지정되어 있어야 한다. Unauthenticated no MITM protection은 MITM 공격에 대해 보호를 지원하지 않는다.

어떤 페어링 메소드도 예측 가능하거나 쉽게 개설된 TK값이 사용되는 페어링 과정 도중의 수동적 도청에 대한 보호를 제공하지 않는다. 만약 페어링 정보가 도청 없이 분배되었다면, 모든 페어링 메소드들은 기밀성을 갖는다.

주도 디바이스는 보안 데이터베이스에 분배된 키들에 대한 보안 애트리뷰트 정보를 기록 및 관리해야 한다. 응답 디바이스는 보안 데이터베이스에 분배된 키들에 대한 키 사이즈와 보안 애트리뷰트를 기록 및 관리할 수 있다. 키 생성 메소드의 종류와 협의된 키 사이즈에 따라 응답 디바이스는 주도 디바이스에 맞도록 키의 길이를 줄여야 할 때도 있다.

### 2.2.3.2 입출력 능력 (IO Capabilities)

디바이스의 IO 능력은 해당 디바이스의 입력 및 출력 능력을 포함한다. 입력과 출력 능력은 아래 표에 나타내었다.

[표 36 사용자 입력 능력]

| 능력 | 의미 |
|---|---|
| No input | 디바이스는 Yes/No를 명시할 능력을 갖추지 않았다. |
| Yes/No | 디바이스는 Yes/No 명시를 위한 두 개의 버튼 또는 이에 상응하는 다른 표현 수단을 갖추었다(하단의 노트 참조). |
| keyboard | 디바이스는 '0'에서 '9'까지의 숫자를 입력할 수 있는 숫자패드를 갖추었다. 디바이스는 또한 Yes/No 명시를 위한 두 개의 버튼 또는 이에 상응하는 다른 표현 수단을 갖추었다. |

노트: 'yes'는 일정한 시간 이상 동안 버튼을 누름으로써 표현될 수 있다. 그 외의 경우는 'no'로 인식 됨.

[표 37 사용자 출력 능력]

| 능력 | 의미 |
|---|---|
| No output | 디바이스는 6자리 숫자를 표현할 능력을 갖추지 않았다. |
| Numeric output | 디바이스는 6자리 숫자를 표현할 능력을 갖추었다. |

Pairing feature exchange 과정에서 사용되는 디바이스의 입력 및 출력 능력들은 각각의 IO Capability에 매핑이 된다. 매핑은 아래 표에 정의되었다.

[표 38 I/O Capabilities Mapping]

| 능력<br>로컬 입력 능력 | 출력 없음 | 숫자 출력 |
|---|---|---|
| No output | NoInputNoOutput | DisplayOnly |
| Yes/No | NoinputNoOutput | DiplayYesNo |
| Keyboard | KeyboardOnly | KeyboardDisplay |

### 2.2.3.3 OOB 인증 데이터

Out of band 방식은 페어링 과정 중에 사용되는 방식으로 디바이스 간의 통신에 사용할 수 있다.

만약 양쪽 디바이스 모두 out of band 인증 데이터를 갖는다면, 디바이스를 인증하는데 OOB 데이터를 사용해야 한다. 디바이스가 OOB데이터를 가진 경우, OOB 데이터 플래그를 설정해야 한다.

### 2.2.3.4 암호화 키 사이즈

각 디바이스는 암호화 키의 최대 및 최소 크기를 octet 단위로 정의하는 페러미터를 갖는다. 암호화 키의 최대 및 최소 길이 페러미터는 7octet(56비트)에서 16octet (128비트) 사이의 값이다. 이 값은 프로파일이나 디바이스 애플리케이션에 정의된다. 주도 디바이스와 응답 디바이스의 최대 암호화 키 길이 페러미터 값 중 작은 값이 암호화 키 사이즈로 사용된다.

주도 디바이스와 응답 디바이스 모두 결정된 암호화 키 사이즈가 각 디바이스에서 설정된 최소 키 사이즈 페러미터 값보다 작지 않은지 확인한다. 만약 작다면, 해당 디바이스는 "Encryption Key 사이즈" 코드를 갖는 Pairing Failed 명령을 전송한다. 최소 암호화 키 길이 요구가 있는 서비스 사용시 확인을 위해 암호화 키 사이즈는 저장해 놓는다. 만약 키의 암호화 키 사이즈가 16octet(128비트)보다 작다면, 생성된 키에 적절한 MSB를 마스킹하여 허용되는 키 사이즈를 갖는 키를 제공한다. 마스킹은 키를 생성한 후 분배(LTK의 경우), 사용 또는 저장 전에 수행한다.

예를 들면 만약 128비트 암호화 키가 0x123456789ABCDEF0123456789ABCDEF0이고 이 키를 7octet(56비트)으로 축소시킬 경우, 최종 키 값은 0x0000000000000000003456789ABCDEF0이 된다.

### 2.2.3.5 페어링 알고리즘(Pairing Algorithms)

Phase 1에서 교환되는 정보는 Phase 2에서 사용될 STK 생성 메소드를 결정하는데 사용된다. 페어링은 각 디바이스가 임시키(TK)를 생성함으로써 수행된다. TK를 생성하는 메소드는 2.2.3.5.1에 기술된 알고리즘을 통해 결정되는 페어링 메소드에 따라 달라진다. 만약 Just Works가 사용된다면 TK는 2.2.3.5.1에 정의한 대로 생성된다. 만약 Passkey Entry가 사용된다면 TK는 2.2.3.5.3의 방식으로 생성된다. 만약 Out Of Band가 사용된다면, TK는 2.2.3.5.4의 방식대로 생성된다. TK값은 STK와 암호화 링크를 생성하기 위한 인증 메커니즘에 사용된다.

#### 2.2.3.5.1 STK 생성 메소드 선정

만약 양쪽의 디바이스 모두 out of band authentication 데이터를 갖는다면, Authentication Requirements Flag는 페어링 메소드 선택시 무시되고, Out of Band 페어링 메소드가 사용된다. 만약 양쪽 디바이스가 모두 Authentication Requirements Flag에서 MITM 옵션을 설정하지 않았다면, IO capability는 무시되고 Just Works 모델이 사용된다. 그 외의 경우에는 디바이스의 IO capailibty에 따라 아래표에서와 같이 페어링 메소드가 결정된다.

[표 39 STK 생성 메소드와 IO Capability 매핑]

| Initiator<br>Responder | DisplayOnly | DisplayYesNo | KeyboardOnly | NoInputNoOutput | KeyboardDisplay |
|---|---|---|---|---|---|
| DisplayOnly | Just Works<br><br>Unauthenticated | Just Works<br><br>Unauthenticated | Passkey Entry: responder displays, Initiator inputs<br><br>Authenticated | Just Works<br><br>Unauthenticated | Passkey Entry: responder displays, Initiator inputs<br><br>Authenticated |
| DisplayYesNo | Just Works<br><br>Unauthenticated | Just Works<br><br>Unauthenticated | Passkey Entry: responder displays, Initiator iputs<br><br>Authenticated | Just Works<br><br>Unauthenticated | Passkey Entry: responder displays, Initiator iputs<br><br>Authenticated |
| KeyboardOnly | Passkey Entry: Initiator displays, responder inputs<br><br>Authenticated | Passkey Entry: Initiator displays, responder inputs<br><br>Authenticated | Passkey Entry: Initiator and responder inputs<br><br>Authenticated | Just Works<br><br>Unauthenticated | Passkey Entry: Initiator displays, responder inputs<br><br>Authenticated |
| NoInputNoOutput | Just Works<br><br>Unauthenticated | Just Works<br><br>Unauthenticated | Just Works<br><br>Unauthenticated | Just Works<br><br>Unauthenticated | Just Works<br><br>Unauthenticated |
| KeyboardDisplay | Passkey Entry: Initiator displays, responder inputs<br><br>Authenticated | Passkey Entry: Initiator displays, responder inputs<br><br>Authenticated | Passkey Entry: Initiator displays, responder inputs<br><br>Authenticated | Just Works<br><br>Unauthenticated | Passkey Entry: Initiator displays, responder inputs<br><br>Authenticated |

만약 양쪽 디바이스 모두 Authentication Requirement의 MITM protection not required 옵션을 설정했다면, IO 능력은 고려되지 않으며 대신 Just Works 모델이

사용될 것이다. 생성된 키는 Authenticated MITM Protection 키 또는 Unauthenticated no MITM Protection 키가 될 것이다. 만약 out of band 인증 메소드가 사용된다면, 키는 Authenticated MITM Protection으로 여겨질 것이다. 그러나 정확한 보안 능력은 out of band 정보를 전송하는 메소드에 따라 결정된다. IO 능력과 인증 또는 비인증 키와의 매핑도 위의 표에 정의되었다. 만약 선택된 STK 생성 메소드가 STK에 적절한 보안 애트리뷰트를 제공하지 못할 경우, 해당 디바이스는 “Authentication Requirements” 에러 코드를 갖는 Pairing Failed 명령을 전송한다.

#### 2.2.3.5.2 Just Works

Just Works STK 생성 메소드는 페어링 과정 중에 도청이나 중간 공격에 대한 보호를 제공하지 못한다. 만약 공격이 페어링 과정에서 발생하지 않는다면, 암호화를 통하여 이후의 연결에 대한 신뢰성을 확보할 수 있다. 양쪽의 디바이스 모두 2.2.3.5.5에 정의된 인증 메커니즘에 사용되는 TK값을 ‘0’으로 설정한다.

#### 2.2.3.5.3 Passkey Entry

Passkey Entry STK 생성 메소드는 양쪽 디바이스 사이에서 사용자가 out of band로 보내는 6자리 숫자를 사용한다. 임으로 생성되는 6자리 숫자의 passkey는 대략적으로 20비트 길이를 갖는다.

만약 디바이스의 IO 능력이 DisplayOnly이거나 디바이스가 passkey를 화면출력(display)한다면, 이 디바이스는 000,000에서 999,999 범위의 passkey를 화면에 출력한다. 화면출력시에는 0을 포함한 6개의 숫자가 모두 출력되어야 한다. 상대쪽 디바이스는 사용자가 000,000에서 999,999 범위의 값을 입력할 수 있어야 한다. 만약 UI상에서의 passkey 입력이 실패하거나 취소된 경우, 해당 디바이스는 “Passkey Entry Failed” 코드를 갖는 Pairing Failed 명령을 전송한다. 예를 들면, 만약 사용자가 입력한 passkey가 ‘019655’이면, TK는 0x00000000000000000000000000004CC7가 된다.

Passkey Entry 메소드는 액티브한 “Man-In-The-Middle(MITM)” 공격에 취약한데, 이러한 공격은 이 메소드의 동작마다 0.000001의 확률로 성공을 한다. Passkey Entry STK 생성 메소드는 페어링 과정 중의 도청에 대해 매우 제한된 보호기능만을 제공한다. 이는 STK의 보안성에 영향을 주는 가장 큰 인자인 TK 값의 범위가 매우 제한적이기 때문이다. 만약 공격자가 페어링 과정 중에 공격하지 않는다면, 이후의 연결은 암호화 되기 때문에 신뢰성과 인증성이 보장된다. TK값은 2.2.3.5.5에 정의된 인증 메커니즘에 사용된다.

#### 2.2.3.5.4 Out of Band

Out of band 메커니즘은 디바이스 찾기에 도움이 되기 위한 정보 전송에 사용될 수 있다. 예를 들면 디바이스 주소와 페어링 과정에 사용되는 128비트 TK값이 그것이다. 만약 OOB 통신이 MITM 공격에 저항력이 있다면, 관련 메소드도 역시 MITM 공격에 저항력을 갖는다. 또한, OOB 메소드에서 인증 페러미터의 크기는 사용자가 편리하게 읽거나 타이핑하는데 제한 받을 필요가 없다. 그 이유는 OOB 메소드는 Passkey Entry나 Just Works 메소드보다 보안성이 뛰어나기 때문이다. 그러나 양쪽 디바이스 모두 일치되는 OOB 인터페이스를 사용해야 한다. 액티브 MITM 공격의 성공확률이 0.000001 또는 그 이하인 경우에만 MITM 방어가 보장된다.

#### 2.2.3.5.5 페어링 확정, STK 생성 및 암호화

주도 디바이스는 64비트의 임의의 숫자를 생성한다(Mrand). 주도 디바이스는 입력 페러미터 k를 TK로, r을 Mrand로, 그리고 a를 응답 디바이스의 주소로 설정한 confirm 값 생성 함수 c1(2.2.2.3 참조)을 이용하여 128비트의 결정값(Mconfirm)을 다음과 같이 계산한다:

Mconfirm = c1(TK, Mrand, 응답 디바이스 주소)

응답 디바이스의 주소는 연결 개설동안 사용되는 디바이스 주소이다.

응답 디바이스는 64비트 임의 값을 생성한다(Srand). 응답 디바이스는 입력 페러미터 k를 TK로, r을 Srand로, 그리고 a를 주도 디바이스의 주소로 설정한 결정값 생성 함수 c1을 이용하여 128비트의 결정값(Sconfirm)을 다음과 같이 계산한다:

Sconfirm=c1(TK, Srand, 주도 디바이스 주소)

주도 디바이스는 Mconfirm을 응답 디바이스에 전송한다. 응답 디바이스는 Mconfirm을 수신 후, Sconfirm을 주도 디바이스에 보낸다. 주도 디바이스는 Sconfirm을 수신 후, Mrand를 응답 디바이스에 보낸다. 응답 디바이스는 수신한 Mrand 값과 자신의 디바이스 어드레스를 이용하여 Mconfirm 값을 다시 계산함으로써, 주도 디바이스로부터 수신한 Mconfirm 값을 검증한다.

만약 응답 디바이스가 계산한 Mconfirm 값이 주도 디바이스로부터 수신한 Mconfirm 값과 다르다면, 페어링 과정은 중단되고 응답 디바이스는 "Confirm Value Failed" 코드를 갖는 Pairing Failed 명령을 전송한다. 만약 계산한 Mconfirm 값이 일치한다면, 응답 디바이스는 주도 디바이스에게 Srand를 전송한다. 주도 디바이스는 수신한 Srand 값과 자신의 디바이스 어드레스를 이용하여 Sconfirm 값을 다시 계산해봄으로써, 응답 디바이스로부터 수신한 Sconfirm을 검증한다.

만약 주도 디바이스가 계산한 Sconfirm 값이 주도 디바이스로부터 수신한 Sconfirm값과 다르다면, 페어링 과정은 중단되고 주도 디바이스는 "Confirm Value Failed" 코드를 갖는 Pairing Failed 명령을 전송한다. 만약 계산한 Sconfirm 값이 일치한다면, 주도 디바이스는 STK를 생성하고 컨트롤러가 암호화를 활성화하도록 한다.

STK는 2.2.2.4절에 정의된 키 생성 함수 *s1*을 이용하여 생성한다. 이때의 입력 페러미터로 k에는 TK, r1에는 Srand, 그리고 r2에는 Mrand를 설정한다.

$$STK = s1(TK\ ,\ Srand,\ Mrand)$$

만약 암호화 키의 크기가 128비트 보다 작으면, 2.2.3.4절에 설명되었듯이 STK는 해당 키 크기에 맞도록 마스크된다. 주도 디바이스는 생성된 STK를 사용하여 링크의 암호화를 활성화 시킨다. 만약 암호화가 이미 활성화되어 있다면 암호화 정지 과정을 수행한다(2.2.4.4.1절 참조).

### 2.2.4 블루투스 저에너지에서의 보안

보안은 마스터 역할을 하는 디바이스(주도 디바이스)에서 SM에 의해 시작된다. 슬레이브 역할을 하는 디바이스는 응답 디바이스가 된다. 슬레이브 디바이스(응답 디바이스)는 마스터 디바이스에게 페어링 과정 또는 다른 보안 과정을 시작해줄 것을 요청할 수 있다.

슬레이브는 키 분배 단계에서 마스터에게 전송하는데 이는 다음과 같은 목적이 있다: 1) 재연결이 암호화 됨, 2) 슬레이브의 임의의 어드레스를 해독할 수 있음 3) 마스터 디바이스가 슬레이브로부터 받은 서명화된 데이터를 검증할 수 있음

마스터는 마스터/슬레이브 역할이 뒤바뀌는 경우에 연결을 다시 맺을 때 링크가 암호화 될 수 있게 하거나, 마스터의 임의의 어드레스를 판독하기 위해서, 또는 슬

레이브 디바이스가 마스터로부터 받은 서명화된 데이터를 검증할 수 있도록 슬레이브에게 키를 제공할 수 있다.

#### 2.2.4.1 키와 키값 정의

LE security는 암호화, 서명화, 그리고 임의의 어드레스화를 위하여 다음의 키들과 값을 사용한다.

1) Identity Resolving Key(IRK)는 128비트 길이의 키이며, 임의의 어드레스를 생성하고 해독하는데 사용된다.
2) Signature Resolving Key(SRK)는 128비트 길이의 키이며, 데이터에 서명을 하고 서명을 검증하는데 사용된다.
3) Long Term Key(LTK)는 128비트 길이의 키이며, 암호화된 연결을 위한 contributory session 키를 생성하는데 사용된다.
4) Encrypted Diversifier(EDIV)는 16비트의 값이며, LTK를 식별하는데 사용된다. 고유한 LTK가 분배될 때마다 새로운 EDIV가 생성된다.
5) Random Number(Rand)는 64비트의 값이며 LTK를 식별하는데 사용된다. 고유한 LTK가 분배될 때마다 새로운 Rand가 생성된다.

#### 2.2.4.2 키의 생성

LTK, STK 또는 IRK를 최대 길이 128비트까지 갖도록 생성할 수 있는 어떠한 메소드들도 사용될 수 있는데, 이러한 생성 메소드는 슬레이브 디바이스 외부에서는 확인할 수 없다. 마스터 디바이스에 분배된 정보 또는 슬레이브 디바이스의 밖에서 볼수 있는 정보만을 이용하여 키를 생성하면 안된다.

##### 2.2.4.2.1 IRK 생성

Identity Resolving Key(IRK)는 임의의 어드레스 개설에 사용된다. 슬레이브로부터 IRK를 받은 마스터는 슬레이브의 임의의 어드레스를 해독할 수 있게 된다. 마스터로부터 IRK를 수신한 슬레이브는 마스터의 임의의 디바이스 어드레스를 해독할 수 있게 된다.

IRK는 할당되거나 생성시 디바이스에서 랜덤으로 생성되거나 또는 다른 메소드가 사용될 수 있다. 암호화 키 사이즈는 IRK에 적용되지 않으므로, 분배 전에 크기를 재조정할 필요가 없다.

#### 2.2.4.2.2 SRK 생성

Signature Resolving Key(SRK)는 데이터에 서명하는데 사용된다. SRK를 수신한 디바이스는 송신 디바이스에서 생성한 서명을 검증할 수 있게 된다. SRK는 할당되거나 제조시 디바이스에서 랜덤으로 생성되거나 또는 다른 메소드가 사용될 수 있다. 암호화 키 사이즈는 SRK에 적용되지 않으므로, 분배 전에 크기를 재조정할 필요가 없다.

#### 2.2.4.2.3 LTK, EDIV 그리고 Rand의 생성

링크 계층 연결 상태에서의 암호화를 지원하는 슬레이브 디바이스는 LTK, EDIV, 그리고 Rand를 생성할 수 있다. EDIV와 Rand는 슬레이브 디바이스가 이전에 페어링했던 마스터 디바이스와 암호화된 연결을 시작하기 위해 이전에 공유한 LTK를 개설하는데 사용된다. 생성된 LTK의 크기는 협의된 암호화 키보다 클수 없으며, 만약 더 클 경우 재조정한다. LTK, EDIV 그리고 Rand의 값은 이 키들이 분배될 때 새로 생성된다. 마스터가 암호화를 요청했을 때 올바른 LTK값이 사용되도록 슬레이브 디바이스는 EDIV, Rand 그리고 LTK간의 매핑 정보를 security 데이터베이스에 저장한다. LTK 생성 메소드에 따라 저장해야 할 정보가 추가될 수도 있다(예: 분배되는 LTK의 크기 등).

마스터 디바이스는 EDIV, Rand 그리고 LTK를 슬레이브 디바이스에 분배하는데 이 키들은 마스터/슬레이브의 역할이 바뀌었을 때 재연결 암호화에 사용된다.

### 2.2.4.3 키 분배

슬레이브는 다음의 키들을 마스터에게 분배한다.

- LTK, EDIV, 그리고 Rand
- IRK
- SRK

마스터 디바이스는 슬레이브에게 다음의 키를 분배한다.

- LTK, EDIV, 그리고 Rand
- IRK
- SRK

분배되는 키들의 보안애트리뷰트는 키분배에 사용되는 STK의 보안애트리뷰트와 같이 설정된다. 예를들면, STK의 보안애트리뷰트가 Unauthenticated no MITM Protection이라면, 분배되는 키들도 같은 보안 애트리뷰트를 갖게 된다. 링크는 키가 분배되기 전에 Phase 2에서 생성된 STK를 이용하여 암호화 또는 재암호화 된다. 분배된 EDIV와 Rand 값은 암호화된 세션 설정 중에 마스터 디바이스에서 슬레이브 디바이스로 텍스트 상태로 전송된다.

Identity Address Information 명령을 통해 수신된 BD_ADDR은 해당 페어링 동안 분배된 BD_ADDR과 LTK를 사용하여 다시 개설된 연결에 유효하게 여겨진다. 이 과정이 성공하면 BD_ADDR과 분배된 키들은 보안 데이터베이스 내에서 해당 디바이스와 연계된다.

키 분배 단계가 끝나면 슬레이브에 의해 분배된 LTK, EDIV 그리고 Rand 값을 사용하기 위하여 디바이스는 암호화된 세션 개설을 요청할 수 있다. 그렇지 않으면, 추가적인 보안 기능을 제공하지 못한다. 만약 공격자가 분배된 LTK 값을 취득하였으면, 분배된 값들을 사용하기 위한 암호화 세션 개설은 해당 공격자에 의한 공격을 방어하지 못한다.

### 2.2.4.4 암호화 세션 개설

암호화 세션 개설 도중 마스터 디바이스는 페어링 동안 슬레이브가 분배한 16비트의 Encrypted Diversifier 값(EDIV)과 64비트의 Random number(Rand)를 슬레이브 디바이스에 전송한다. 마스터의 호스트는 암호화된 세션을 개설할 때 사용하기 위하여 링크 계층에 Long Term Key를 제공한다. 슬레이브의 호스트는 암호화된 링크 개설에 사용하기 위하여 EDIV와 Rand를 수신하고 링크 계층에 Long Term Key를 제공한다.

#### 2.2.4.4.1 STK를 이용한 암호화 설정

페어링 단계 3에서 LTK와 다른 키들을 분배하기 위하여 암호화된 세션이 개설될 필요가 있다. 암호화된 세션은 Phase 2에서 생성된 STK(링크 계층에 제공된 Long Term 키)를 이용하여 개설된다. EDIV와 Rand는 0으로 설정된다.

만약 링크가 이미 암호화 되었으면, Phase 2에서 생성된 STK(링크 계층에 제공된 Long Term 키)를 이용하여 암호화 일시중단 프로시저가 수행된다. EDIV와 Rand

값은 0으로 설정된다.

#### 2.2.4.4.2 LTK를 이용한 암호화 설정

마스터 디바이스는 암호화 세션을 개설하기 위하여 슬레이브 디바이스로부터 분배받은 보안정보(LTK, EDIV, 그리고 Rand)가 필요하다. 마스터는 슬레이브 디바이스에서 분배된 LTK와 EDIV, 그리고 Rand 값을 이용하여 암호화 세션을 구동시킨다. 만약 링크가 이미 암호화 되어 있다면, 슬레이브 디바이스에 의해 분배된 LTK, EDIV, 그리고 Rand 값을 사용하여 암호화 일시중단 프로시져가 수행된다. 만약 EDIV와 Rand를 이용하여 LTK를 개설할 수 없다면, 슬레이브는 링크 암호화 요청을 거부하고, 상황에 따라서는 링크 연결을 끊을 수도 있다. EDIV와 Rand 값은 슬레이브 디바이스에서 Long Term 키로 사용되는 LTK를 개설하는데 사용된다.

보안 정보가 저장되었을 때, 만약 원격 디바이스가 해당 보안 정보를 삭제했다면, 이후의 보안 설정은 실패한다. 아래표는 암호화 설정 실패시, 보안 애트리뷰트의 종류와 Bonding의 수행 여부에 따른 후속 행동들을 나타내고 있다.

[표 40 보안 설정 실패 후의 후속 대책]

| 보안 애트리뷰트 | 디바이스 결합 | 암호화 활성화 실패 이후 취해야 할 행동 |
|---|---|---|
| Unauthenticated MITM Protection | No | 해당 디바이스의 보안정책에 따라 결정된다.<br>**옵션 1: 자동으로 페어링을 구동함**<br>**옵션 2: 사용자에게 페어링이 정상인지 통보문의**<br>옵션 1이 권장된다. |
| Unauthenticated MITM protection | Yes | 사용자에게 보안 실패를 통보한다. |
| Authenticated MITM protection | No | 해당 디바이스의 보안정책에 따라 결정된다.<br>**옵션 1: 자동으로 페어링을 구동함**<br>**옵션 2: 사용자에게 페어링이 정상인지 통보문의**<br>옵션 2가 권장된다. |
| Authenticated MITM protection | yes | 사용자에게 보안 실패를 통보한다. |

### 2.2.4.5 서명 알고리즘

블루투스 저에너지 디바이스는 서명화된 데이터를 암호화 세션 개설없이도 상대 디바이스에 전송할 수 있다. 데이터는 SRK를 이용하여 서명화되어 있어야 한다. 서명 검증 작업을 수행하기 위해 디바이스는 서명을 한 디바이스로부터 SRK를 미리 수신해야 한다.

서명 알고리즘의 입력 값은 다음과 같다:

- *m* : 가변길이
- *k* : 128비트
- *SignCounter* : 32비트

서명은 block cipher인 AES-128을 이용한 NIST Special Publication 800-38B (http://csrc.nist.gov/publications/PubsSps.html)에 정의된 알고리즘을 이용하여 수행되어야 한다. 이 알고리즘의 설명은 IETF RFC 4493(http://www.ietf.org/rfc/rfc4493.txt)에서 찾을 수 있다. NISP SP 800-38B는 다음과 같이 메시지 인증 코드(MAC) 생성 함수를 정의한다:

$$MAC = CMAC(K, M, Tlen)$$

MAC (Tlen)의 길이는 64비트이다. 서명 생성에 사용되는 키(k)는 SRK로 설정된다. CMAC에 의해 서명될 메시지(M)는 서명될 가변길이 메시지(m)와 32비트 카운터 값(SignCounter)을 최하위비트 우선으로 하여 덧붙인 값이다.

$$M = \text{데이터} \parallel \text{SignCounter}$$

예를 들면, 만약 서명될 데이터가 7octet의 '3456789ABCDEF1'이고 *SignCounter*는 67653874 (0x040850F2)라면, M은 '3456789ABCDEF1F2500804'가 된다.

*SignCounter*는 SRK가 생성될 때 0으로 초기화 되며, 주어진 SRK로 메시지가 서명될 때마다 증가한다. CMAC 함수의 64비트 길이의 결과값은 서명 알고리즘의 결과로 사용된다. 서명을 검증하기 위해 디바이스는 수신한 메시지와 *SignCounter*를 이용해서 MAC을 계산하고, 그 값을 수신한 MAC과 비교한다. 두 값이 일치하면 서명 검증은 성공한다.

검증을 수행하는 디바이스는 마지막 *SignCounter*를 보안 데이터베이스에 저장하고, 이후에 수신된 *SignCounter*값들과 비교함으로써 replay 공격에 대비해야 한다. 만약 수신된 *SignCounter*이 저장된 값보다 크면, 메시지는 이전 디바이스에서 읽혀지지 않은 것이고 *SignCounter*는 갱신될 수 있다.

### 2.2.4.6 슬레이브 주도의 보안

슬레이브 디바이스는 Security Request 명령을 마스터에 전송함으로써 보안을 요청할 수 있다. Security Request 명령을 수신한 경우 마스터 디바이스는 링크를 암호화 시키고 페어링 프로시져를 구동시키거나, 해당 보안 요청을 거부할 수 있다.

슬레이브는 페어링 프로시져 또는 암호화 프로시져가 진행 중인 경우에는 Security Request 명령을 보내서는 안 된다. Security Request 명령은 요구하는 보안 애트리뷰트를 포함한다. 슬레이브의 IO 능력이 Passkey Entry 관련 모델이 사용되는 것을 허용하거나, 또는 out of band 인증 데이터가 가능한 경우에만 'MITM protection 요구'의 보안 애트리뷰트가 설정될 수 있다. 마스터가 슬레이브로부터 Pairing Response를 수신하지 않고 Pairing Request를 송신했거나, 또는 마스터가 암호화 모드 설정을 구동시킨 경우 마스터는 슬레이브의 Security Request를 무시한다. 슬레이브의 Security Request 명령을 수신했을 때, 만약 페어링이나 암호화 모드를 지원하지 않거나 구동시킬 수 없다면, 마스터는 "Pairing Not Supported" 코드의 Pairing Failed 명령을 회신한다.

Security Request를 수신한 후 마스터는 암호화를 활성화 하기 위해 요청된 보안 정보의 보유 유무를 먼저 확인해야 한다. 만약 해당 정보를 찾을 수 없거나 해당 정보가 요구된 보안 애트리뷰트에 부합하지 못한다면, 마스터는 페어링 과정을 구동시켜야 한다. 페어링이 성공하면, 마스터의 보안 데이터베이스는 페어링 과정 중에 분배된 키와 보안 애트리뷰트로 갱신된다. 만약 마스터가 암호화 활성화를 위한 요청된 보안 정보를 보유하고 있었고, 해당 정보가 요구되는 보안 애트리뷰트에 부합한다면, 마스터는 LTK를 이용하여 암호화를 수행한다.

아래 그림은 마스터가 Security Request를 수신하였을 때 취해야 하는 행동과 결정을 요약하고 있다. 슬레이브는 Security Request 명령 전송 후 마스터로부터 받은 Pairing Request 명령이, 요청한 보안 애트리뷰트에 맞는 Authentication Requirements를 포함하는지 확인한다. 만약 슬레이브가 'Just Works' 보안 요청을 요청한 이후에 암호화 프로시져 요청을 수신한 경우, 슬레이브는 보안 정보가 충분한 보안 애트리뷰트를 갖는지 확인한다.

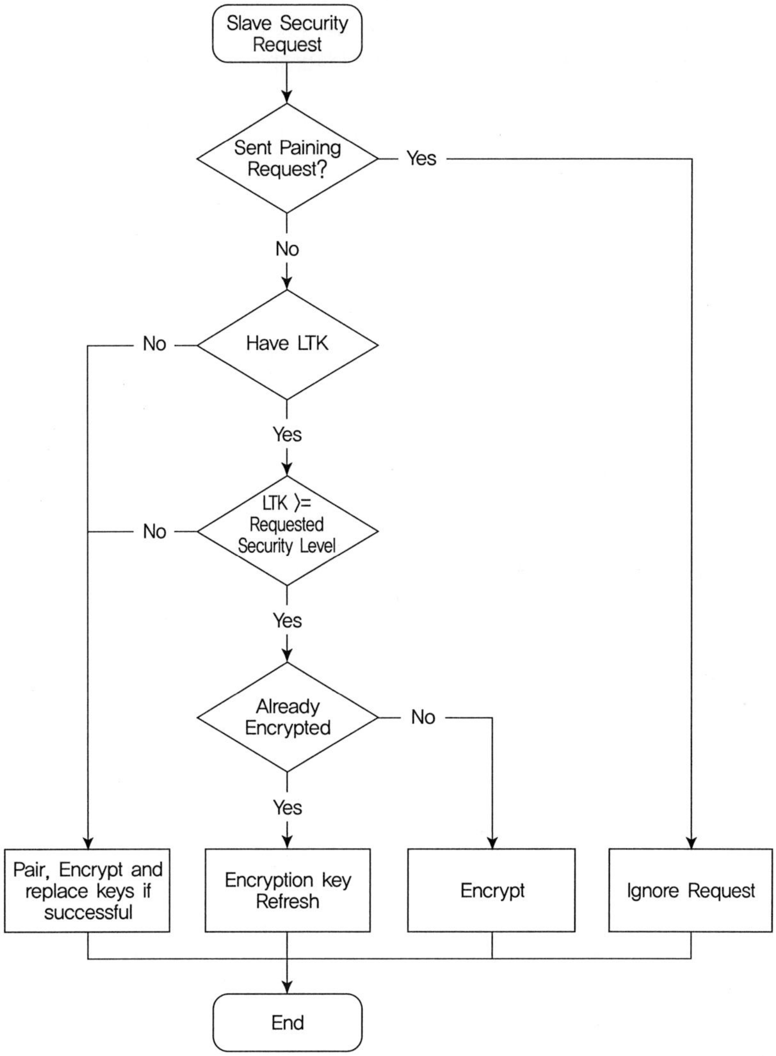


[그림 56 Security Request 수신 후의 행동들]

## 2.2.5 보안 매니저 규격(Security Manager Specification)

### 2.2.5.1 명령 형식

Security Manager Protocol(SMP)는 특정 키 분배의 페어링(Pairing)과 전송에 사용된다. 모든 SMP 명령은 L2CAP 단에서 전송되며, 전송은 기본 L2CAP 모드에서 CID 0x0006 고정채널을 이용한다. SMP는 23octet의 고정된 L2CAP MTU 크기를 갖는다. L2CAP 프레임당 한 개의 SMP 명령만 전송될 수 있다. Security Manager 채널을 위한 설정 페러미터들은 아래 표에 나타내었다.

[표 41 Securty Manager 채널 Configuration 페러미터]

| 페러미터 | 값 |
|---|---|
| MTU | 23 |
| Flush Timeout | 0xFFFF (무한대) |
| QoS | Best Effort |
| Mode | Basic Mode |

SMP 명령은 아래 그림과 같은 형식을 갖는다.

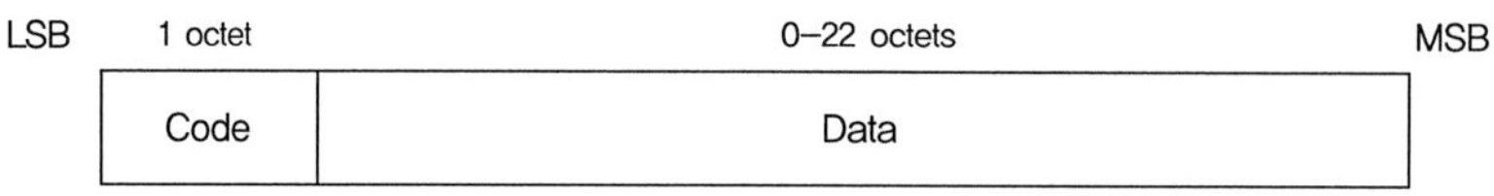


[그림 57 SMP 명령 형식]

각 필드들에 대한 설명은 다음과 같다.

**Code (1 octect)** Code 필드는 1octet 크기이며, 명령의 종류를 식별하는데 사용된다. 유효하지 않은 Code 필드를 갖는 패킷을 수신한 경우에는 무시한다. 아래 표는 code의 종류를 나타내고 있다. 모든 code들은 left-most 위치에서 최상위 비트로 나타내어진다.

[표 42 SMP 명령 코드]

| Code | 의미 |
|---|---|
| 0x00 | 예약됨 |
| 0x01 | 페어링 요청 |
| 0x02 | 페어링 응답 |
| 0x03 | 페어링 확정 |
| 0x04 | 페어링 랜덤(Random) |
| 0x05 | 페어링 실패 |
| 0x06 | 암호화 정보 |

| Code | 의미 |
|---|---|
| 0x07 | 마스터 식별 |
| 0x08 | 식별 정보 |
| 0x09 | 식별 주소 정보 |
| 0x0A | 서명 정보 |
| 0x0B | 보안 요청 |
| 0x0C-0xFF | 예약됨 |

**데이터 (0 또는 그 이상의 octets)** 데이터 필드는 가변적인 길이를 갖는다. 데이터 필드의 형식은 Code 필드의 값에 의해 결정된다.

### 2.2.5.2 SMP 응답의 Timeout

SMP명령을 실은 L2CAP PDU 패킷을 수신한 후 유효한 응답 PDU를 실은 L2CAP 명령을 전송하는데까지 걸리는 시간은 SMP 응답제한시간(30s) 보다 작아야 한다. SMP 응답 Timeout은 응답을 요구하는 SMP PDU가 전송 큐에 쌓일 때마다 재시작한다.

### 2.2.5.3 페어링 방법

Phase 1 : Pairing Feature Exchange와 Phase 2 : STK Generatione을 수행하기 위한 SMP PDU를 다음과 같이 정의한다.

#### 2.2.5.3.1 페어링 요청

Initiater는 페어링 요청을 대상이 되는 디바이스에 전송함으로써 Phase 1 : Pairing Feature Exchange를 시작한다. 페어링 요청 명령은 아래 그림에 정의되어 있다.

LSB | octet 0 | octet 1 | octet 2 | octet 3 | MSB

| octet 0 | octet 1 | octet 2 | octet 3 |
|---|---|---|---|
| Code = 0x01 | IO Capability | OOB data flag | AuthReq |
| Maximum Encryption Key Size | Key Distribution | | |

[그림 58 Pairing Request Packet]

각 데이터 필드는 다음과 같다

- **IO Capability (1 octet)** IO Capability 교환에 사용되는 값들은 아래 표에 나타내었다.

[표 43 IO Capability 값]

| Code | 의미 |
|---|---|
| 0x00 | DisplayOnly |
| 0x01 | DisplayYesNo |
| 0x02 | KeyboardOnly |
| 0x03 | NoInputNoOutput |
| 0x04 | KeyboardDisplay |
| 0x05-0xFF | 예약됨 |

- **OOB 데이터 flag(1 octet)** 아래 표는 OOB 인증 데이터 가능 여부를 나타내는데 사용되는 값들을 표시하고 있다.

[표 44 OOB 데이터 present값]

| Code | 의미 |
|---|---|
| 0x00 | OOB 인증 데이터가 존재하지 않음 |
| 0x01 | 원격 디바이스로 부터의 OOB 인증데이터가 존재함 |
| 0x02-0xFF | 예약됨 |

- **AuthReq(1 octet)** AuthReq 필드는 1비트 길이이며, STK와 GAP bonding 정보를 대한 요청된 보안 애트리뷰트를 명시한다.

그림은 authentication requirement 비트 필드를 나타낸다.

LSB MSB

| Bonding_Flags (2 bits) | MITM (1 bits) | Reserved (5 bits) |
|---|---|---|

[그림 59 Authentication Requirements 플래그]

Bonding-Flag 필드는 2비트 필드이며, 요청한 디바이스에서 요구하는 bonding의 타입을 명시한다 .

[표 45 Bonding 플래그]

| Bonding_Flags $b_1b_0$ | Bonding Type |
|---|---|
| 00 | No Bonding |
| 01 | General Bonding |
| 10 | 전용 Bonding |
| 11 | 예약됨 |

MITM은 1비트 플래그이며, 디바이스가 MITM 보호를 요청할 경우 1로 설정되며, 그 외의 경우에는 0으로 설정된다. 디바이스는 STK를 위한 Authenticated 보안 애트리뷰트를 요청하기 위하여 MITM 플래그를 1로 설정한다. 예약된 5비트 필드는 0으로 설정하며 수신시 무시한다.

- **최대 암호화 키 사이즈(1 octet)** 이 값은 디바이스가 지원할 수 있는 최대 암호화 키의 크기를 octet 단위로 나타낸다.
- **키 분배(1 octet)** 키 분배 필드는 Phase 3: Transport Specific Key Distribution 동안 분배되거나 사용되도록 주도 디바이스가 요구하는 키를 나타낸다.

### 2.2.5.3.2 페어링 응답

이 명령은 응답 디바이스가 페어링 요청명령을 주도 디바이스로부터 받은 후 Phase 1 : Pairing Feature Exchange를 완료하기 위해 사용된다. 만약 응답 디바이스가 페어링을 허용하지 않거나 지원하지 않는 경우에는, Pairing Failed를 회신한다. 페어링 응답 명령은 아래 그림에 정의되어 있다.

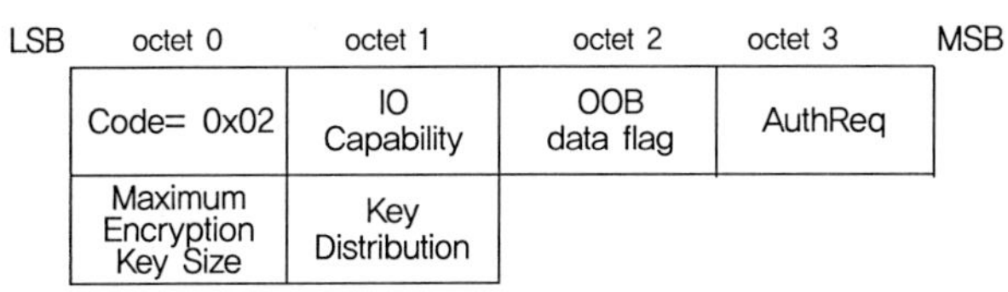


[그림 60 Pairing Response 패킷]

각 데이터 필드들은 다음과 같다.

- **IO Capability(1 octet)** [표 43 IO Capability 값]는 IO capability를 교환할 때 사용되는 값들을 나타낸다.

- **OOB 데이터 플래그(1 octet)** [표 44 OOB 데이터 present값]은 OOB 인증 데이터 가능여부를 나타내는데 사용되는 값들을 표시하고 있다.
- **AuthReq(1 octet)** AuthReq 필드는 1비트 길이이며, STK 및 GAP bonding 정보에 대하여 요구된 보안 애트리뷰트를 명시한다.

[그림 59 Authentication Requirements 플래그]는 authentication requirement 비트 필드를 나타낸다.

Bonding_Flags 필드는 응답 디바이스에서 요청하는 bonding의 타입을 명시하며, 2비트 길이다.

MITM 필드는 디바이스가 MITM protection을 요청하는 경우 1로, 그렇지 않은 경우에는 0으로 설정되며, 1비트 길이이다. 디바이스는 STK를 위한 인증 보안 애트리뷰트(Authenticated security property)를 요청할 때 MITM 플래그를 1로 설정한다.

예약된 5비트 필드는 0으로 설정되며 수신시 무시된다.

- **최대 암호화 키 사이즈(1 octet)** 디바이스가 지원할 수 있는 최대의 암호화 키 사이즈를 정의한다. 최대 사이즈는 7에서 16octet사이에 위치해야 한다.
- **키 분배(1 octet)** 키 분배(key distribution) 필드는 Transport Specific Key Distribution 단계에서 분배되고 사용될 키들을 명시한다. 이 필드의 형식과 사용법은 2.2.5.4.1장에 정의되었다.

### 2.2.5.3.3 페어링 확정(Confirm)

STK Generation을 시작하기 위한 Pairing Feature Exchange에 사용된다. 페어링 결정 명령은 아래 그림에 나타내었다. 이 명령은 양쪽 디바이스 모드에서 사용되며, 상대편 디바이스에 확정값을 보내는데 사용된다. 주도(initiating) 디바이스는 페어링 확정 명령을 응답 디바이스에 보냄으로써 STK Generation을 시작한다. 만약 주도 디바이스가 페어링을 중단하고 싶으면, 페어링 실패 명령을 대신 전송하면 된다. 응답 디바이스는 페어링 확정 명령을 주도 디바이스에서 받은 후, 페어링 확정 명령을 주도 디바이스에 보낸다.

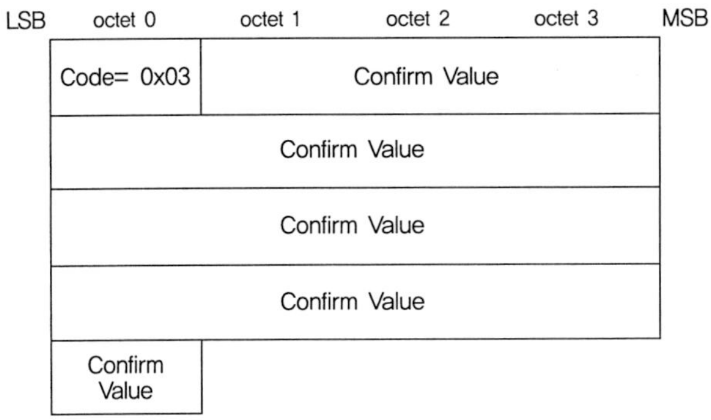


[그림 61 페어링 확정 패킷]

데이터 필드는 다음과 같다.

- 확정 값(16 octet)

주도 디바이스는 Mconfirm을 보내고, 응답 디바이스는 Sconfirm을 보낸다.

#### 2.2.5.3.4 페어링 랜덤

이 명령은 주도 및 응답 디바이스가 페어링 확정값을 계산할 때 사용되는 랜덤 번호를 보낼 때 사용된다. 페어링 랜덤 명령은 아래 그림에 나타내었다. 주도 디바이스는 응답 디바이스로부터 페어링 확정 명령을 수신한 후 페어링 랜덤 명령을 전송한다. 응답 디바이스는 주도 디바이스로부터 페어링 확정 명령을 받은 후, 디바이스 내에서 계산된 확정값이 수신된 확정값과 같은 경우 페어링 랜덤 명령을 전송한다. 만약 계산된 확정값이 다른 경우, 응답 디바이스는 페어링 실패 명령을 전송한다.

주도 디바이스는 응답 디바이스로부터 수신된 확정값이 디바이스 내에서 계산된 값과 같은 경우 생성한 STK를 이용하여 링크를 암호화 시킨다. 링크의 성공적인 암호화 또는 재암호화는 응답 디바이스에게 STK 생성이 성공적으로 완료되었다는 신호가 된다. 만약, 계산된 확정값이 수신된 값과 다를 경우, 주도 디바이스는 페어링 실패 명령을 전송한다.

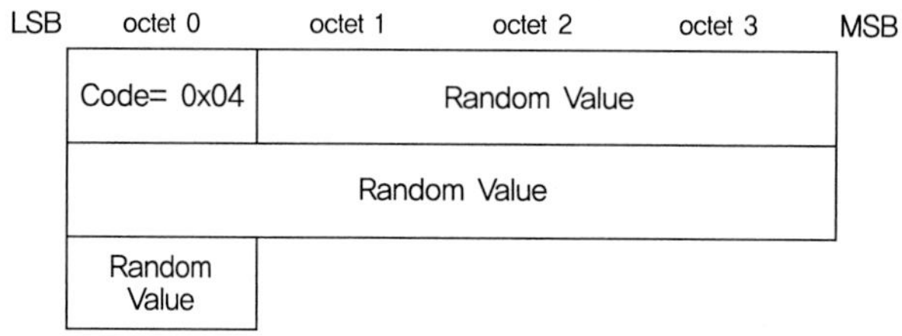


[그림 62 페어링 랜덤 패킷]

데이터 필드는 다음과 같다.

- 랜덤 값(8 octets)

주도 디바이스는 Mrand를 전송하고, 응답 디바이스는 Srand를 전송한다.

#### 2.2.5.3.5 페어링 실패

이 명령은 페어링이 실패했을 경우 페어링 과정이 멈췄고 이를 위한 통신이 더 이상 이루어지지 않음을 알리는 데 사용된다. 페어링 실패 명령은 아래 그림에 나타내었다. 이후 발생하는 어떠한 페어링 과정도 모두 Pairing Feature Exchange 단계에서 재시작해야 한다. 이 명령은 어떤 페어링 과정에서도 전송될 수 있으며, 주도 및 응답 디바이스에 상관없이 상대편 디바이스로부터 수신된 메시지에 대한 응답으로 전송할 수 있다.

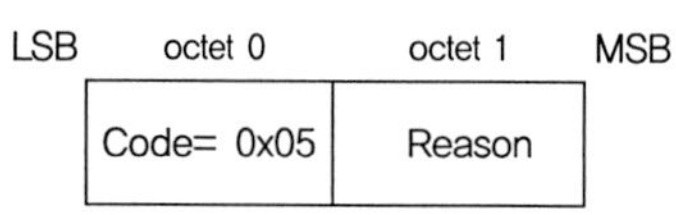


[그림 63 페어링 실패 패킷]

데이터 필드는 다음과 같다.

- 원인(1 octet)

원인 필드는 페어링이 실패한 이유를 명시한다. 각 코드들은 아래에 나타내었다.

[표 46 페어링 실패 원인 코드]

| 값 | 이름 | 설명 |
|---|---|---|
| 0x00 | 예약됨 | 예약됨 |
| 0x01 | Passkey Entry Failed | 사용자 입력 실패(예: 사용자의 명령 취소) |
| 0x02 | OOB Not Available | OOB 데이터가 가용하지 않음 |
| 0x03 | Authentication Requirements | 디바이스의 IO capability 문제로 인증 요구가 충족되지 못하여 페어링 과정이 수행될 수 없음 |
| 0x04 | Confirm Value Failed | 수신된 확정값이 계산된 값과 같지 않음 |
| 0x05 | Pairing Not Supported | 본 디바이스에서는 페어링이 지원되지 않음 |
| 0x06 | Encryption Key 사이즈 | 암호화 키 크기가 이 디바이스에서 보안을 위해 요구하는 크기보다 작음 |
| 0x07 | Command Not Supported | 수신된 SMP명령은 이 디바이스에서 지원되지 않음 |
| 0x08 | Unspecified Reason | 알 수 없는 원인 |
| 0x09 | Repeated Attempts | 이전 페어링 요청 또는 보안 요청 명령이 발생한 이후 지정된 최소한의 시간이 지나지 않았음 |
| 0x0A-0xFF | 예약됨 | 예약됨 |

### 2.2.5.4 블루투스 저에너지에서의 보안

#### 2.2.5.4.1 키 분배

블루투스 저전력 디바이스는 마스터에서 슬레이브로 또는 슬레이브에서 마스터로 키를 분배할 수 있다. 다음의 키는 슬레이브에서 마스터로 분배될 수 있다.

- 암호화 정보(Encryption Information) 명령을 사용하는 LTK
- 마스터 식별(Master Identification) 명령을 이용하는 EDIV와 Rand
- 식별정보(Identity Information)를 이용하는 IRK
- 식별주소 정보 명령을 이용하는 public 디바이스 또는 static 임의 주소
- 서명정보(Siging Information)를 이용하는 SRK

마스터는 다음의 키를 슬레이브에게 분배할 수 있다.

- 암호화 정보(Encryption Information) 명령을 사용하는 LTK
- 마스터 식별(Master Identification) 명령을 이용하는 EDIV와 Rand
- 식별정보(Identity Information)를 이용하는 IRK

• 서명정보(Siging Information)를 이용하는 SRK

LE를 위한 페어링 요청과 페어링 응답명령에서의 키 분배 필드의 형식은 아래 그림에서 나타내었다.

LSB MSB

| SEncKey (1 bit) | SIdKey (1 bit) | SSign (1 bit) | MEncKey (1 bit) | MidKey (1 bit) | MSign (1 bit) | Reserved (2 bits) |
|---|---|---|---|---|---|---|

[그림 64 LE 키 분배 형식]

키 분배 필드는 다음과 같은 플래그를 갖는다.

- SEncKey는 1비트 길이의 필드이다. 값이 1인 경우 EDIV 다음으로 오는 Encryption Information 명령을 사용한 LTK와 마스터 식별 명령을 사용한 Rand를 슬레이브가 분배할 것을 명시한다.
- SIdKey는 1비트 길이이며, 값이 1인 경우 슬레이브가 식별정보 명령을 이용하여 IRK를 분배할 것을 명시한다.
- SSign은 1비트 길이이며, 값이 1인 경우 슬레이브가 서명정보 명령을 이용하여 SRK를 분배할 것을 명시한다.
- MEncKey는 1비트 길이이며, 값이 1인 경우 마스터가 식별정보 명령을 이용하여 EDIV와 Rand를 분배해야 함을 명시한다.
- MIdKey는 1비트 길이이며, 값이 1인 경우 마스터가 식별정보 명령을 이용하여 IRK를 분배할 것을 명시한다.
- MSign은 1비트 길이이며, 값이 1인 경우 마스터가 서명정보 명령을 이용하여 SRK를 분배할 것을 명시한다.
- 예약필드는 42비트이며, 0으로 설정되고 수신시 무시한다.

페어링 요청 명령에서의 키 분배필드는 어떤 키를 분배할지를 마스터가 요청하는데 사용된다. 슬레이브로부터의 페어링 응답 명령에서의 키 분배 필드는 Transport Specific Key Distribution 단계에서 어떠한 키들이 분배될지를 정의하는데 사용된다. 슬레이브는 마스터가 페어링 요청 명령에서 0으로 설정한 키분배 필드의 값을 페어링 응답명령에서 1로 재설정할 수 없다. 키는 다음과 같은 순서로 분배된다.

1. 슬레이브에 의한 LTK 분배
2. 슬레이브에 의한 EDIV와 Rand 분배
3. 슬레이브에 의한 IRK 분배
4. 슬레이브에 의한 BD_ADDR 분배
5. 슬레이브에 의한 SRK 분배
6. 마스터에 의한 LTK 분배
7. 마스터에 의한 EDIV와 Rand 분배
8. 마스터에 의한 IRK 분배
9. 마스터에 의한 BD_ADDR 분배
10. 마스터에 의한 SRK 분배

만약 키가 분배되고 있지 않으면, 이 키를 분배하는 명령은 전송되지 않는다. 만약 SEncKey, SIdKey, SSign, MEncKey, MIdKey, 그리고 MSign이 0으로 설정되었다면, 어떠한 키도 분배되지 않으며 링크는 생성된 STK를 이용하여 암호화 될 것이다.

#### 2.2.5.4.2 암호화(encryption) 정보

암호화 정보는 LTK를 분배하기 위하여 Transport Specific Key Distribution에서 사용한다. 여기서 LTK는 이후의 연결을 암호화 하는데 사용된다. 암호화 정보 명령은 아래 그림에 나타내었다. 암호화 정보명령은 연결이 생성된 STK를 이용하여 암호화 또는 재암호화 되었을 때에만 전송되어야 한다.

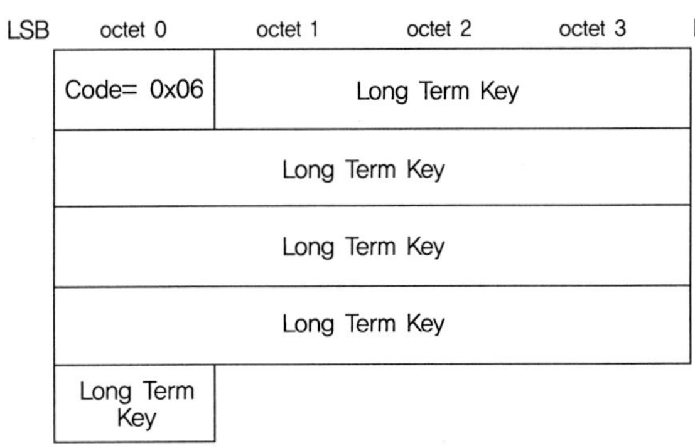


[그림 65 암호화 정보 패킷]

데이터 필드는 다음과 같다.

- Long Term Key (16 octets)  분배될 생성된 LTK값이다.

#### 2.2.5.5 마스터 식별 (Master Identification)

마스터 식별은 연결 암호화를 위하여 Transport Specific Key Distribution 단계에서 EDIV와 Rand를 분배할 때 사용된다. 마스터 식별 명령은 아래 그림에 나타내었다. 마스터 식별 명령은 연결이 생성된 STK를 이용하여 암호화 또는 재암호화 되었을 때에만 전송되어야 한다.

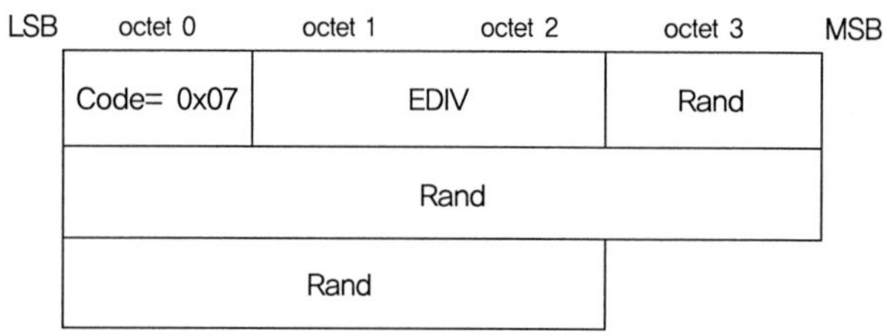


[그림 66 마스터 식별 패킷]

데이터 필드는 다음과 같다.

- EDIV(2 octets)  분배되는 EDIV값
- Rand(8 octets)  분배되는 64비트 Rand 값

##### 2.2.5.5.1 식별자(Identity) 정보

식별자 정보는 Transport Specific Key Distribution 단계에서 IRK와 공공 디바이스 어드레스(public device address)를 분배할 때 사용된다. 식별자 정보 명령은 생성된 STK를 이용해서 링크가 암호화 또는 재암호화 될 때에만 전송되어야 한다.

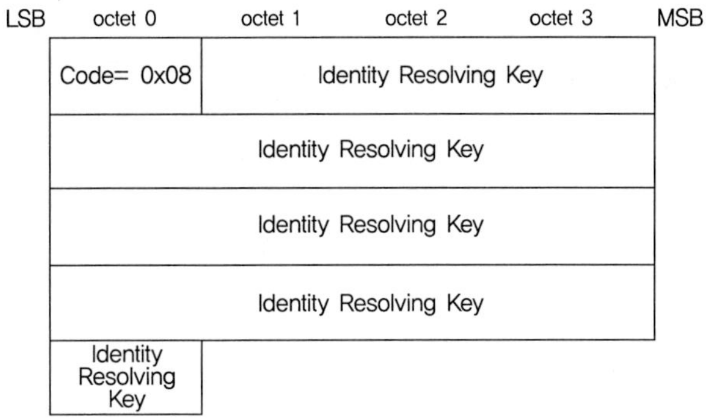


[그림 67 식별자 정보 패킷]

데이터 필드는 다음과 같다.

- **Identity Resolving Key(16 octets)** 분배되는 128비트의 IRK 값

#### 2.2.5.5.2 식별 주소 정보(Identity Address Information)

식별 주소 정보는 Transport Specific Key Distribution 단계에서 public 디바이스 주소나 static 임의 어드레스를 분배할 때 사용된다. 식별 주소 명령은 아래 그림에 나타내었다.

식별 주소 명령은 생성된 STK를 이용하여 링크가 암호화 또는 재암호화 되었을 때에만 전송될 수 있다.

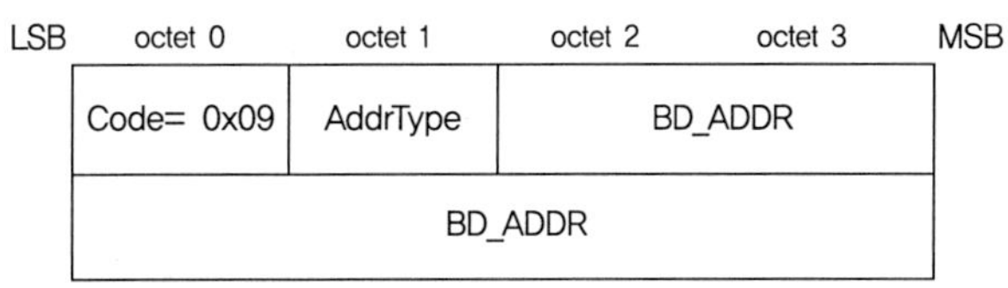


[그림 68 식별 주소 정보 패킷]

데이터 필드는 다음과 같다.

- **AddrType(1 octet)** 만약 BD_ADDR이 public 디바이스 주소라면, AddrType은 0x00으로 설정된다. 만약 BD_ADDR이 static 임의의 디바이스 주소라면 AddrType은 0x01로 설정된다.
- **BD_ADDR(6 octets)** 만약 분배하는 디바이스가 공공 디바이스 주소나 static 임

의의 디바이스 어드레스를 갖는다면, 이 디바이스는 이 필드를 자신의 public 디바이스 주소나 static 임의의 디바이스 주소로 설정한다. 그 외의 경우에는 0으로 채워넣는다.

#### 2.2.5.5.3 서명(Signing) 정보

서명정보는 Transport Specific Key Distribution 단계에서 SRK를 분배하는데 사용된다. 여기서 SRK는 디바이스가 데이터를 서명하는데 사용된다. 서명 정보명령은 아래 그림에 나타내었다.

| LSB | octet 0 | octet 1 | octet 2 | octet 3 | MSB |
|---|---|---|---|---|---|
| | Code= 0x0A | Signature Key | | | |
| | Signature Key | | | | |
| | Signature Key | | | | |
| | Signature Key | | | | |
| | Signature Key | | | | |

[그림 69 서명 정보 패킷]

데이터 필드는 다음과 같다.

- **Signature Key(16 octets)** 분배되는 128 비트의 SRK

#### 2.2.5.5.4 보안 요청(Security Request)

보안 요청 명령은 슬레이브가 마스터에게 요구하는 보안 애트리뷰트로 보안과정을 시작하도록 요청할 때 사용된다. 보안 요청 명령은 그림에 나타내었다.

| LSB | octet 0 | octet 1 | MSB |
|---|---|---|---|
| | Code= 0x0B | AuthReq | |

[그림 70 보안 요청 패킷]

데이터 필드는 다음과 같다.

- AuthReq(1 octets) STK와 GAP bonding 정보를 위하여 요청되는 보안 애트리뷰트를 명시하는 1비트 필드이다. 그림은 인증 요구사항 필드를 나타내었다.

Bonding_Flag 필드는 2비트 필드이며, 응답 디바이스에서 요청한 bonding의 타입을 명시한다. MITM 필드는 1비트 길이이며, 디바이스가 MITM 보호를 요청할 경우 1로, 그렇지 않은 경우 0으로 채워진다. 예약된 5비트는 0으로 채워지고 수신시 무시된다.

## 2.3 블루투스 저에너지 GAP

GAP(Generic Access Profile)은 링크 계층 상태에서 디바이스가 어떻게 동작하고 LE 디바이스 사이에서 통신하기 위해 Role 오퍼레이션 및 멀티 프로파일 오퍼레이션이 어떻게 일어나는지를 제어하는데 사용된다. 검색, 연결 생성 및 보안 프로시져에 대한 부분이 주로 사용된다. 사용자 인터페이스 측면에 대한 상태 요구사항, 주로 코딩 스킴이나 만족스러운 사용자 경험을 활성화하는데 요구되는 프로시져나 페러미터를 정의한다.

### 2.3.1 프로파일 소개

#### 2.3.1.1 프로파일 스택

GAP의 주요 목적은 LE 프로토콜 스택의 하위 계층의 사용에 대한 것이다. 이 프로파일은 상위의 계층(SM, GATT)을 참조하고 보안 프로시져에 대한 자세한 사항을 설명한다.

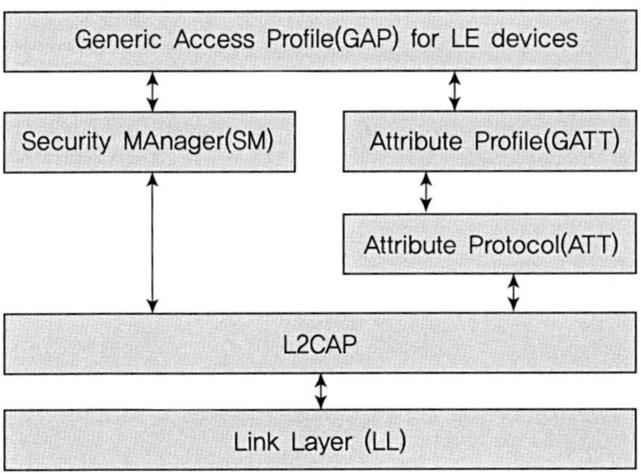


[그림 71 LE GAP 프로파일 스택]

### 2.3.1.2 프로시저의 역할

이 프로파일은 연결 링크에 포함된 두 개의 LE 디바이스에 대해서 참조한다. 아래는 그 정의를 나타낸다.

- A-Party는 링크 계층이 스캐닝 상태에 존재하는 스캐닝 디바이스이거나 Initiating 상태에 있는 initiator이다. 이것은 물리 링크나 이미 존재하는 링크의 전이에 대한 내용을 설정해야 한다.
- B-Party는 링크 계층이 애드버타이징 상태에 있는 디바이스의 애드버타이저이다.

Initiator(A-Party)는 연결의 마스터가 된다. 반면 애드버타이저(B-Party)는 연결 상태의 슬레이브가 된다. 이들은 모두 연결 상태에서의 링크 계층의 상태를 의미한다. GAP은 두 디바이스간의 프로시저를 다루는데, 검색(스캐닝, 애드버타이징), 연결하기(연결 설정) 그리고 서비스 검색(원격 프로파일과 프로토콜 지원)에 관련된 것들이다. 이 프로파일은 디바이스간 연결 설정된 연결 프로시저뿐 아니라 initiator의 연결 설정을 포함한다.

### 2.3.1.3 프로파일의 역할

GAP에는 네 개의 프로파일 역할이 정의된다. 브로드캐스터(Broadcaster), 옵저버(Observer), 페리퍼럴(Peripheral) 그리고 센트럴(Central)이 그것이다. 이 프로파일 역할들은 블루투스 저에너지에 준하는 디바이스 내에서의 기능과 링크 계층의 feature set의 최소한의 정의로 사용된다. 아래는 링크 계층 feature의 각 프로파일 역할의 필수 및 추가적인 기능에 대해서 나타낸다.

[표 47 프로파일 역할에 대한 설명]

| 링크 계층 기능 | 프로파일 역할 | | | |
|---|---|---|---|---|
| | 브로드캐스터 | 옵저버 | 페리퍼럴 | 센트럴 |
| 상태: | | | | |
| Standby | O | O | O | O |
| Advertising | M | X | M | X |
| Scanning | X | M | X | O |
| Initiating | X | X | NA | M |
| Connection 상태 | | | | |

| 링크 계층 기능 | 프로파일 역할 | | | |
|---|---|---|---|---|
| | 브로드캐스터 | 옵져버 | 페리퍼럴 | 센트럴 |
| 슬레이브 | X | X | M | NA |
| 마스터 | X | X | NA | M |
| 애트버타이징 이벤트 타입 | | | | |
| Connectable Undirected | X | X | M | NA |
| Connectable Direct | X | X | O | NA |
| Non-connectable Undirect | M | X | O | X |
| Discoverable Undirected | O | X | O | X |
| Scanning 타입 | | | | |
| Passive | X | M | X | C1 |
| Active | X | O | X | C1 |
| 링크 계층 프로시져 | | | | |
| Connection Update | X | X | M | M |
| Channel Map update | X | X | M | M |
| Encryption | X | X | O | O |
| Feature Exchange | X | X | M | M |
| Version Exchange | X | X | M | M |
| Termination | X | X | M | M |

*C1: Scanning 상태가 지원되면 패시브 또는 액티브 스캐닝은 강제사항이며 그렇치 않으면 부가 기능으로 정의한다.

브로드캐스터 프로파일 역할에서의 디바이스는 단지 애드버타이저와 데이터를 브로드캐스팅하기 위한 Non-connectable 애드버타이징 이벤트로만 사용된다. 이 디바이스는 브로드캐스터 디바이스로서 참조된다. 브로드캐스터는 리시버없이 구현된다. 옵져버 프로파일 역할을 하는 디바이스는 단지 브로드캐스터와 페리퍼럴 디비이스로부터 데이터를 획득하기 위해 스캐너로만 운용된다. 이 디바이스는 옵져버 디바이스로 참조되며, 옵져버는 송신기능없이 구현된다. 페리퍼럴 프로파일로 역할을 담당하는 디바이스는 링크 계층 연결 상태에서 슬레이브 역할을 수행하는 디바이스이다. 이 디바이스는 페리퍼럴 디바이스를 참조한다. 센트럴 프로파일 역할을 수행하는 디바이스는 링크 계층 연결 상태에서 마스터로서 역할을 한다. 이를 센트럴 디바이스라고 한다. 디바이스는 어떤 프로파일 역할을 동시에 수행할 수도 있다. 하나 이상의 프로파일 역할을 수행하는 동안 디바이스는 이미 위에서 언급했듯이 조합이 금지된 상태에서 링크 계층 상태로 조합할 수 없다.

### 2.3.1.4 링크 계층 상태와 조합

링크 계층의 상태는 해당하는 애플리케이션에 따라서 다르게 구현되고 이들에 대한 조합 역시 각기 다르게 구현된다.

### 2.3.1.5 유저 요구사항과 시나리오

사용자는 블루투스 저에너지 디바이스를 검색하기 위해 규칙에 따라서 사용할 수 있다. 두 디바이스가 공통의 어떤 애플리케이션을 공유하지 않더라도 사용자는 서비스 검색 프로시져를 얼마든지 이용할 수 있다. 블루투스 저에너지 디바이스에 대해서 이를 생산하는 제조사가 다르고, 다른 유저 인터페이스 레벨 또는 다른 명령 체계의 기존 프로시져를 실행하더라도 이들 디바이스를 검색하는 것은 가능하다.

### 2.3.1.6 GAP프로파일

이 프로파일 상태는 유저 인터페이스 레벨 상에서 페러미터나 프로시져를 사용하기 위해 이름, 값 그리고 코딩 스킴을 필요로 한다. GAP 프로파일은 서비스나 프로파일에 한정된 부분이 아닌 이 프로파일을 참조하는 다른 프로파일에 의해서 사용되는 일반적인 모드를 정의한다. 이렇게 되면 상위 계층의 프로파일이 GAP을 사용하는데 있어서 쉽게 이용이 가능하다. GAP프로파일은 id나 이름 그리고 검색이 가능한 블루투스 저에너지 디바이스의 기본적인 서비스를 찾기 위해서 사용하는 프로시져다. 이 프로파일은 블루투스 저에너지 블루투스 LE 디바이스들 간의 본드(bond, LE 보안과 identity 정보의 교환)를 생성하는 방법에 대한 프로시져를 정의한다. 그리고 다른 블루투스 저에너지 디바이스에 관한 보안정보와 신뢰의 관계에 연관되며 이런 정보를 저장한다. 이 프로파일은 연결을 수락하고 서비스를 요청할 수 있는 상태의 블루투스 저에너지 디바이스와의 연결을 만들기 위해 사용하는 프로시져를 정의한다. 또한 GAP은 보안 측면과 인증 수행 및 인크립션과 디바이스 프라이버시를 위한 feature를 갖는 프로시져를 정의한다.

블루투스 저에너지 디바이스는 GAP에 대해서 기본적으로 호환성을 가져야 한다. 다른 블루투스 저에너지 프로파일에 적합한 블루투스 저에너지 디바이스는 다른 프로파일에 명시된 것과 같이 범용 프로시져의 적용에 사용된다. 모든 수행능력은 정의된 방법내에서 이 프로파일을 위해서 필수적으로 지원해야 한다. 이는 추가 또는 조건적인 모든 것을 지칭한다. 블루투스 인증 프로그램에서 이 모든 것들을 검증하게 된다.

### 2.3.2 사용자 인터페이스

#### 2.3.2.1 유저 인터페이스 레벨

유저 인터페이스 레벨은 어디에 LE 디바이스의 사용자 이름, 값 및 블루투스 용어, 페러미터의 숫자로 표현하는가를 정의한다. GAP은 유저 인터페이스 레벨상에서 일반적인 특징을 설명하도록 설계되었다.

#### 2.3.2.2 블루투스 페러미터의 표현

##### 2.3.2.2.1 블루투스 디바이스 어드레스

블루투스 디바이스 어드레스는 블루투스 디바이스에서 사용하는 public 디바이스 주소다. 이는 이미 앞에서 언급한 바 있다. 블루투스 디바이스 어드레스는 UI 레벨에서 참조하게 되는데 'Bluetooth Device Address'로 사용하게 된다.

링크 계층 상의 public 디바이스 어드레스는 48비트로 표시된다. 만약 UI 레벨에서 public 디바이스 어드레스가 알려져 있다면, 블루투스 디바이스 어드레스는 12개의 헥사데시멀(hexadecimal, 16진법)값으로 표시되고 '000C3E3A4B69' 또는 '00:0C:3E:3A:4B:69'로 표시할 수 있다. 만약 블루투스 어드레스가 유저에게 표시된다면, MSB와 함께 왼쪽에서 오른쪽으로 시작하도록 디스플레이 될 것이다.

##### 2.3.2.2.2 랜덤 디바이스 어드레스

랜덤 디바이스 어드레스는 이미 앞에서 언급했듯이, LE 디바이스에 의해서 사용된다. 랜덤 디바이스 어드레스의 라이프 타임은 알려져 있지 않다. 랜덤 디바이스 어드레스는 UI 레벨에서 참조되지 않는다. 링크 계층 상의 랜덤 디바이스 어드레스는 48비트로 나타내며, 랜덤 디바이스 어드레스는 IEEE에 의해서 주어지지 않으며 또한 유일한 값이 아니다. 블루투스 시스템의 밖에서는 노출되지 않는다.

##### 2.3.2.2.3 블루투스 디바이스 별칭(User-friendly name)

유저에게 친근하게 표현하는 방법을 정의할 수 있도록 하였다. 기존의 헥사디시멀 값은 읽기에도 힘들고 표기에도 어려움이 있었으므로, 유저가 편리하게 쉽게 읽을 수 있게 캐릭터 스트링으로 표시할 수 있다. LE 디바이스 이름을 UI 레벨에서 참조했을 때, '블루투스 디바이스 이름'을 정의한다. LE 디바이스 이름은 248 캐릭터까지 가능하다. 만약 로컬 이름 애드버타이징 데이터(AD) 타입으로 정의되어지면, 이름은 완벽한 버전이거나 짤린 이름일 것이다. 완전한 이름은 디바이스 이름 애트리뷰트로부터 얻을 수 있다. LE 디바이스 이름은 UTF-8 포맷에 따라서 인코딩된다. 만약 캐릭터 스트링이 248 캐릭터보다 작다면 null로 끝날 것이다. 디바이스는 그것의 디스플레이 능력에 따라서 LE 디바이스 이름 끝 부분이 짤릴 수도 있다.

#### 2.3.2.2.4 블루투스 패스키(passkey)

패스키는 두 디바이스간의 인증 또는 서로간의 연결 신뢰를 위해 SM(Security Manager)에 의해 UI 상에서 유저가 입력하는 부분이다. UI 레벨에서 패스키가 참조되었을 때, 이 때 '블루투스 Passkey'라고 말한다. 패스키는 6 캐릭터를 가진 길이로 되어있고 각 캐릭터는 0x30에서 0x39까지의 범위의 값을 갖는다.

### 2.3.2.3 디바이스 모드와 프로시져(Modes and Prodedures)

#### 2.3.2.3.1 Non-discoverable 디바이스

유저에 의해서 설정된 디바이스가 다른 디바이스에 의해서 검색되지 않는 오퍼레이션의 상태를 나타낸다. Non-discoverable 디바이스가 UI 레벨에서 참조되었을 때, 'non-discoverable' 또는 'not visible'이라 명명한다. Non-discoverable로 셋팅된 디바이스는 검색된 디바이스 리스트에 존재하지 않는다.

#### 2.3.2.3.2 Limited Discoverable 디바이스

유저에 의해서 설정된 디바이스가 제한된 주기 시간 내에 검색 오퍼레이션을 수행하는 디바이스에 의해서 검색되는 상태를 의미한다. Limited discoverable 디바이스가 UI 레벨에서 참조되었을 때, 'discoverable' 또는 'visible'이라 명명한다. Limited discoverable로 셋팅된 디바이스는 검색된 디바이스 리스트에 블루투스 디바이스 이름이 존재해야 한다.

#### 2.3.2.3.3 Genaral Discoverable 디바이스

유저에 의해서 설정된 디바이스가 무한의 주기 시간 내에 또는 긴 기간 내에 검색 오퍼레이션을 수행하는 디바이스에 의해서 검색되는 상태를 의미한다. general discoverable 디바이스가 UI 레벨에서 참조되었을 때, 'discoverable' 또는 'visiable'이라 명명한다. Generable discoverable로 셋팅된 디바이스는 검색된 디바이스 리스트에 블루투스 디바이스 이름이 존재해야 한다.

#### 2.3.2.3.4 Non-connectable 디바이스

유저에 의해서 설정된 디바이스가 다른 디바이스와의 새로운 연결을 허용하지 않는 상태를 말한다. Non-Connectable 디바이스가 UI 레벨에서 참조되었을 때, 'non-connectable'이라 명명한다. 만약 어떤 디바이스가 존재한다 하더라도 어떠한 연결시도 없이는 연결이 불가능하다. 즉, 검색되지 않는 디바이스에 대해서 연결시도는 불가능한 것이다. 그러므로 Non-connectable 디바이스는 non-connectable로 UI 레벨에 표시되지 않는다.

#### 2.3.2.3.5 Connectable 디바이스

유저에 의해서 설정된 디바이스가 다른 디바이스와의 새로운 연결을 허용하는 상태를 말한다. Connectable 디바이스가 UI 레벨에서 참조되었을 때, 'allow-connection'이라 명명한다. 만약 어떤 디바이스가 어떠한 연결시도 없이 연결이 가능하다면, 리모트 디바이스가 결정하는 것은 불가능하다. 그러므로 Connectable 디바이스는 UI 레벨에 표시되지 않는다.

#### 2.3.2.3.6 Non-connectable 디바이스

유저에 의해서 설정된 디바이스가 디바이스 상에 저장할수 있는 결합을 금지한다. 결합 생성은 디바이스에 대해서 보안 프로시져와 인증의 초기화를 요구한다. 만약 보안이나 인증이 필요하다면, 디바이스 간의 연결은 디바이스안에 이들 결합 관계를 긴 시간동안 저장하게 된다. Non-connectable 디바이스가 UI 레벨에서 참조되었을 때, 'all trusted only device'라 명명한다. 어떠한 연결시도 또는 보안 또는 인증 프로시져의 초기화 없이는 non-connectable 하다면, 이는 리모트 디바이스가 확인하는 것은 불가능하다. 즉, non-connectable 디바이스는 non-Connectable로 UI 레벨에 표시되지 않는다.

#### 2.3.2.3.7 Connectable 디바이스

유저에 의해서 설정된 디바이스가 미래의 연결을 위해서 디바이스내에 결합 관계 정보를 저장하도록 수락하는 상태이다. 결합가능 디바이스가 UI 레벨에서 참조되었을 때, 'add device'라 명명한다. 어떠한 연결시도 또는 보안 또는 인증 프로시져의 초기화 없이 결합이 가능하다면, 이는 리모트 디바이스가 확인하는 것은 불가능하다. 즉, connectable 디바이스는 Connectable로 UI 레벨에 표시되지 않는다.

#### 2.3.2.3.8 디바이스 인증

프로시저는 연결 설정이 이루어지고 난 후에 리모트 디바이스의 어드레스에 대해서 확인이 이루어진다. 디바이스 인증이 UI 레벨에서 참조되었을 때, 'device authentication'이라 명명한다. 인증된 디바이스는 UI상에 'Trusted Device List'상에 나타난다.

#### 2.3.2.3.9 일반 검색

유저에 의해 프로시저는 discoverable 상태의 디바이스를 찾기 위해 초기화 된다. 디바이스가 제한된 discoverable 또는 general discoverable로 설정되어 검색되기를 기다리는 상태를 말한다.

General discovery는 UI 레벨에서 참조되었을 때, 'search'라 명명한다. 디바이스는 검색 오퍼레이션 동안 UI상에 이미 검색된 디바이스 이름을 사용하여 'Discovered Device List'와 같이 표시된다.

#### 2.3.2.3.10 제한된 검색

유저에 의해 프로시저는 제한된 시간 내에 discoverable 상태의 디바이스를 찾기 위해 초기화 된다. 디바이스가 제한된 discoverable로 설정되어 검색되기를 기다리는 상태를 말한다. Limited discovery는 UI 레벨에서 참조되었을 때, 'search'라 명명한다. 디바이스는 검색 오퍼레이션 동안 UI상에 이미 검색된 디바이스의 이름을 사용하여 'Discovered Device List'와 같이 표시된다. Limited discoverable 상태의 디바이스는 순간에 유저에게 이 모드에 대한 설정을 요구한 후, 이 디바이스는 다른 디바이스가 디스플레이될 때, 높은 우선순위를 가져야 한다.

#### 2.3.2.3.11 연결 설정

유저에 의해 프로시저는 리모트 디바이스에 연결 생성을 위해서 초기화 된다. 연결 설정은 UI 레벨에서 참조되었을 때, 'connect'라 명명한다. 유저가 연결 설정 프로시저를 시작할 때, UI는 프로시저가 현재 진행상태임을 표시한다.

## 2.4 오퍼레이셔널 모드와 프로시져

블루투스 저에너지 디바이스는 몇가지 다른 오퍼레이션을 동시에 수행할 수 있다. 어떤 오퍼레이션들은 특정 프로파일 역할에만 적용할 수 있다. 이 오퍼레이션에 대해서 알아보기로 하자.

- 브로드캐스팅
- 디바이스 검색
- 연결
- 결합(Bonding)
- 서비스 검색

위의 각 오퍼레이션은 서로 독립적으로 동작한다. 그러나 서로 통신하는 대부분의 디바이스를 위해서는 밀접하게 이들 모드나 프로시져간 결합이 필요하기도 하다. 본 장에서 일어나는 오퍼레이션의 프로시져들은 초기 디바이스에 의해서 실행된다. 오퍼레이션 모드는 디바이스 내에서 설정된다. 이들 모드와 프로시져는 직접적으로 유저의 행동이나 또는 직접적인 유저 행동없이 자동적으로 동작하는 경우, 모두에 해당될 수 있다. 아래 그림은 다양한 오퍼레이션 모드와 모드 간의 의존도를 나타낸다.

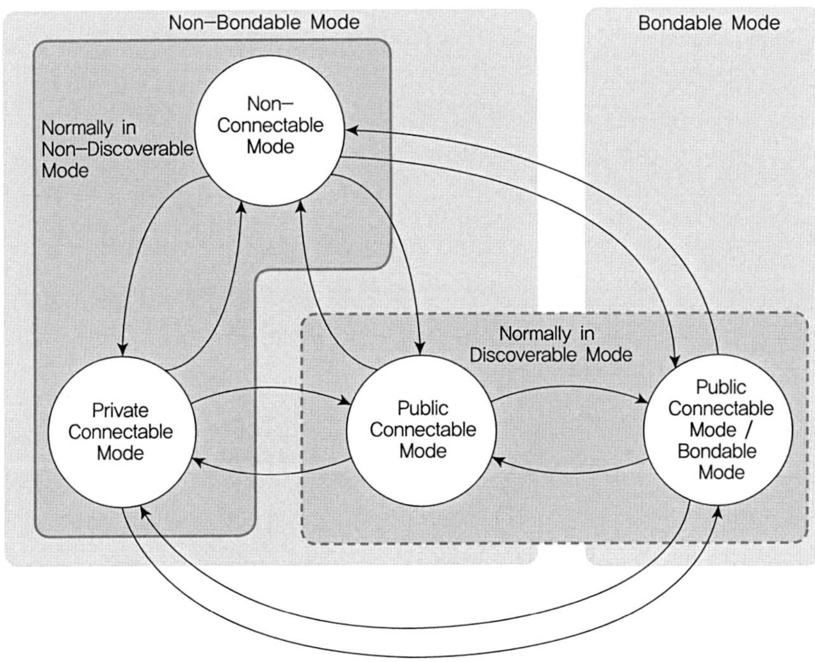


[그림 72 오퍼레이션 모드와 의존도]

오퍼레이션 모드는 비록 다른 모드에 영향을 주더라도 다른 것들과 독립적으로 설정할 수 있고, 또 동시에 발생하기도 한다. 예를 들면, non-discoverable 모드는 bonding mode와 독립적으로 수행된다. 그러나 non-discoverable은 대체로 non-discoverable 모드에 속한다. 즉, non-connectable 디바이스에 연결 시도를 하는 디바이스와 non-discoverable은 이전 검색 프로시져로부터의 디바이스에 관한 충분한 정보를 가지고 있어야 한다. 그리고 이전에 bonding 프로시져에서 특정 디바이스에 성공적으로 연결된 결과에 대해서 보안 정보가 이미 저장되어 있어야 가능하다.

### 2.4.1 브로드캐스팅

브로드캐스트와 옵져버 디바이스는 기본 커뮤니케이션 방법을 이용한다. 모든 커뮤니케이션은 애드버타이징 데이터를 이용하여 연결없이 수행이 가능하다.

#### 2.4.1.1 요구사항

아래는 브로드캐스팅시에 이를 위한 적합 사항에 대해서 정리한 것이다. 이 적합사항들은 구현시에 꼭 적용해서 해당 디바이스들간의 호환성을 높여야 한다.

[표 48 브로드캐스팅 요구사항]

| 브로드캐스팅 | 브로드캐스터 | 옵져버 | 페리퍼럴 | 센트럴 |
|---|---|---|---|---|
| 브로드캐스트 프로시져 | O | X | O | X |
| 옵져버 모드 | X | O | X | O |

#### 2.4.1.2 브로드캐스트 프로시져

브로드캐스트 프로시져는 단방향의 비접속(connectionless) 데이터를 옵져버나 센트럴 디바이스에게 보내기 위해 사용한다. 브로드캐스트 디바이스는 다른 디바이스로부터 통신하기 위해 특정 메시지나 패킷을 수신할 필요가 없다. 이들은 모두 단방향성을 지닌다. 브로드캐스트 프로시져가 수행될 때, 브로드캐스터 또는 페리퍼럴 디바이스는 브로드캐스팅 애드버타이징 데이터를 갖는 애드버타이징 이벤트를 사용한다. 모든 커뮤니케이션은 다른 디바이스로부터 승인이 없는, 신뢰할 수 없는, 브로드캐스팅 프로시져를 이용한다. Attribute AD 타입으로 부터의 플레인 데이터의 애드버타이징을 지원한다.

#### 2.4.1.3 옵져버 모드

옵져버나 센트럴 디바이스가 옵져버 모드에 있을 때, 이는 브로드캐스트 디바이스로부터의 애드버타이징 이벤트를 받기 위해 대기한다. 이들 애드버타이징 이벤트는 디바이스 사이에 연결 설정이 아직 이루어지지 않은 브로드캐스터로부터의 단방향으로만 통신한다. 옵져버 모드의 디바이스는 다른 디바이스로의 통신이 필요하지 않으며, 또한 송신하는 쪽의 디바이스의 승인 역시 필요하지 않다. 옵져버 모드에 있는 동안 옵져버나 세트럴 디바이스는 브로드캐스트 디바이스로부터의 애드버타이징 이벤트를 받기 위해 패시브 스캐닝을 사용한다. 브로드캐스팅의 사용 상황별 케이스는 주기적인 애드버타이징 이벤트를 보내는 것과 같다. 그리고 애드버타이징 이벤트내에 포함된 데이터는 동적이다. 이 경우 컨트롤러에 의해 수신되는 모든 애드버타이징 이벤트를 호스트가 수신하기 위해서 컨트롤러는 중단된 상태에서 이중의 필터링 능력을 발휘하게 된다.

### 2.4.2 디바이스 검색

디바이스 검색은 프로시져와 모드 두 개의 부분으로 나누어져 있다. 다른 디바이스를 검색하는 디바이스는 검색 프로시져의 하나를 수행한다. 검색을 타겟으로 하는 디바이스는 discoverable 모드에서 동작하게 된다. 모든 디바이스는 Non-discoverable 모드 또는 discoverable 모드로 존재한다. 디바이스가 옵져버 프로파일 역할로 동작한 경우 송신이 필요하지 않다. 항상 non-discoverable하다.

#### 2.4.2.1 요구사항

아래는 이들 디바이스에 대한 검색시에 적합한 사항들을 정리한 것이다.

[표 49 검색 적합 요구사항]

| 디바이스 검색 | 브로드캐스터 | 옵져버 | 페리퍼럴 | 센트럴 |
|---|---|---|---|---|
| Non-Discoverable 모드 | M | X | M | M |
| Discoverable 모드 | M | X | O | X |
| Limited Discoverable 모드 | C1 | X | C1 | X |
| General Discoverable 모드 | C1 | X | C1 | X |
| 디바이스 이름 | O | X | M | M |
| Limited Discoverable 프로시져 | X | O | X | C2 |

| 디바이스 검색 | 브로드캐스터 | 옵져버 | 페리퍼럴 | 센트럴 |
|---|---|---|---|---|
| General Discoverable 프로시져 | X | O | X | C2 |
| Name Discoverable 프로시져 | X | X | NA | O |
| Device and Name Discoverable 프로시져 | X | X | NA | O |

C1: 만약 discoverable 모드 상태에서 Limited Discoverable 모드 또는 Generabl Discoverable 모드라면 강제사항이며 그렇치 않으면 부가적 기능이다.

C2: General Discovery 또는 Limited Discovery 프로시져는 강제사항이며 그렇치 않으면 부가적으로 사용된다.

### 2.4.2.2 Non-discoverable 모드

Non-discoverable 모드에 있는 디바이스는 검색 프로시져를 수행하는 디바이스에 의해 검색되지 않는다. 옵져버나 센트럴 디바이스는 어떤 애드버타이징 이벤트도 송신하지 않는다. Non-Discoverable 모드에 있는 동안 페리퍼럴 또는 브로드캐스터 디바이스는 애드버타이징 이벤트 타입을 사용하지만, 애드버타이징 데이터는 LE General Discoverable Flag 또는 LE Limited Discoverable Flag를 포함하지 않는다.

### 2.4.2.3 Discoverable 모드

Discoverable 모드로 설정된 디바이스는 검색 프로시져로서 수행되는 디바이스에 의해서 검색된다. 센트럴이나 옵져버 디바이스는 검색 가능 모드를 사용하지 않는다. Discoverable 모드로 동작하는 동안, 페리퍼럴이나 브로드캐스터 디바이스는 Limited Discoverable 모드나 General Discoverable 모드 상태에 있게 된다.

### 2.4.2.4 Limited Discoverable 모드

Limited discoverable 모드로 설정된 디바이스는 제한된 시간동안 검색 가능하다. 그리고 검색 프로시져로 수행되는 디바이스에 의해서 검색된다. Limited Discoverable 모드는 유저가 그들의 디바이스 초기에 페어링하기 위해서 사용되며, 유저는 디바이스를 검색 가능하게 만들기 위해서 특정 행위를 수행한다. 센트럴이나 옵져버 디바이스는 Limited Discoverable 모드를 사용하지 않는다. Discoverable 모드로 동작하는 동안, 페리퍼럴이나 브로드캐스터 디바이스는 Limited Discoverable 모드나 General Discoverable 모드 상태에 있게 된다. 페리퍼럴 디바이스는 Non-connectable, Discoverable undirected 또는 Connectable undirected 애드버타이징 이벤트를 이용한다.

디바이스는 $T_{LE\_GAP}$(lim_adv_timeout)까지 Limited Discoverable 모드를 빠져나간다. Limited Discoverable 모드에 있는 디바이스는 AD 플래그 데이터 타입(limited discoverable 플래그 비트는 '1'로 셋팅됨)을 포함한 애드버타이징 데이터와 함께 애드버타이징 이벤트를 보낸다. General discoverable 플래그 비트는 디바이스가 Limited Discoverable 모드일 때, '0'으로 셋팅된다. 디바이스가 Limited Discoverable 모드에 있지 않을 때, Limited Discoverable 플래그 비트는 '0'으로 클리어 된다. 페리퍼럴과 브로드캐스터 디바이스는 public 또는 static 어드레스를 사용하여 애드버타이즈 한다. 만약 private 어드레스를 사용한다면, 디바이스는 Limited Discoverable 모드로 진입 전에 랜덤 디바이스 어드레스로 갱신한다.

아래는 사용성을 극대화 하기 위해서 Limited Discoverable 모드에서 애드버타이징에 포함되어야 할 부분에 대한 것이다.

- TX 파워 레벨
- 로컬 이름 AD 타입
- 서비스 AD 타입

대체적으로 자주 변하는 에드버타이징 데이터 내에 위치해야 하고 static 데이터는 스캔 응답 데이터 내에 위치 해야 한다. 만약 타겟 디바이스가 옵져버 디바이스라면 스캔 응답 데이터는 이들 디바이스에서 더이상 사용하지 않는다.

디바이스가 Limited Discoverable 모드에 있는 동안 디바이스는 최소 애드버타이징 인터벌 $T_{LE\_GAP}$(lim_disc_adv_int_min)과 최대 애드버타이징 인터벌 $T_{LE\_GAP}$(lim_disc_dv_int_max)를 사용해야 한다.

애드버타이징 인터벌은 전력소모(power conumption), 주파수 대역폭(bandwidth)과 검색 시간 사이에 트레이드오프(tradeoff)가 존재한다. 그러므로 애드버타이징 인터벌은 필요한 인터벌보다 작은 값으로 셋팅되어서는 안 된다. 짧은 애드버타이징 인터벌은 극적으로 전력 소모를 늘리고 디바이스가 필요 이상으로 자주 애드버타이징 이벤트를 전송해야 함으로 배터리 수명을 단축시킨다.

#### 2.4.2.5 General Discoverable 모드

General Discoverable 모드로 설정된 디바이스는 긴 주기 또는 무한 시간동안 디바이스에 의해 검색 프로시져를 통해서 검색 가능 상태를 수행된다. General

Discoverable 모드는 항상 검색 가능하고 유저가 조작하는 부분은 아니다. 센트럴과 옵저버 디바이스는 일반 검색 가능 모드를 이용하지 않는다. 브로드캐스터 디바이스는 Non-connectable 또는 Discoverable undirected 애드버타이징 이벤트를 사용한다. 페리퍼럴 디바이스는 non-connectable, discoverable undirected 또는 connectable undirected 애드버타이징 이벤트를 사용한다. 디바이스는 적어도 $T_{LE\_GAP}$(gen_disc_ adv_min)동안 General Discoverable 모드 내에 있게 된다. 디바이스는 만약 링크 계층이 연결 상태에 진입하면, $T_{LE\_GAP}$(gen_disc_adv_min) 전에 General Discoverable 모드를 빠져나온다. 디바이스가 General Discoverable 모드에 있는 동안 AD 플래그 데이터 타입을 포함하는 애드버타이징 데이터를 가진 애드버타이징 이벤트를 보낸다. 디바이스가 General Discoverable 모드에 있을 때, Limited Discoverable 플래그 비트는 '0'으로 셋팅된다. 그렇치 않고 General Discoverable 모드에 있지 않을 경우, General Discoverable 플래그 비트는 '0'으로 셋팅된다.

페리퍼럴과 브로드캐스터 디바이스는 public 또는 static 어드레스를 이용하여 애드버타이즈를 해야 한다. 만약 private 어드레스를 사용한다면, 디바이스는 General discoverable 모드로 진입 전에 랜덤 디바이스 어드레스로 갱신한다. 아래는 사용성을 극대화 하기 위해서 limited discoverable 모드에서 애드버타이징에 포함되어야 할 부분에 대한 것이다.

- TX 파워 레벨
- 로컬 이름 AD 타입
- 서비스 AD 타입

대체적으로 자주 변하는 에드버타이징 데이터 내에 위치해야 하고 static 데이터는 스캔 응답 데이터 내에 위치해야 한다. 만약 타겟 디바이스가 옵져버 디바이스라면 스캔 응답 데이터는 이들 디바이스에 더이상 사용하지 않는다.

디바이스가 Limited Discoverable 모드에 있는 동안 디바이스는 최소 애드버타이징 인터벌 $T_{LE\_GAP}$(lim_disc_adv_int_min)과 최대 애드버타이징 인터벌 $T_{LE\_GAP}$(lim_disc_adv_int_max)를 사용해야 한다.

애드버타이징 인터벌은 파워 소모(power conumption), 주파수 대역폭(bandwidth)과 검색 시간 사이의 트레이드오프(tradeoff)가 존재한다. 그러므로 애드버타이징 인터벌은 필요한 인터벌보다 작은 값으로 셋팅되어서는 안 된다. 짧은 애드버타이징 인터벌은 극적으로 전력 소모를 늘리고 디바이스가 필요이상으로 자주 애드버타이징 이벤트를 전송함으로 배터리 수명을 단축시킨다.

### 2.4.2.6 디바이스 이름

디바이스 이름은 위에서 언급한 포맷에 따라 유저 프렌들리 이름(별칭)이다. 디바이스 이름은 애드버타이징 데이터 내에서 그리고 디바이스 이름 애트리뷰트 내에서 서로 통신하는데 사용한다. 센트럴과 옵져버 디바이스는 디바이스 이름 정보를 사용하지 않는다. 브로드캐스터와 페리퍼럴 디바이스는 완전한 이름 또는 줄인 디바이스 이름과 같은 방식으로 그들의 애드버타이징 데이터 내에 디바이스 이름을 포함한다. 옵져버와 브로드캐스터 디바이스는 디바이스 이름 애트리뷰트를 지원하지 않는다. 페리퍼럴과 센트럴 디바이스는 디바이스 이름 애트리뷰트를 지원한다.

### 2.4.2.7 Limited Discovery 프로시져

Limited Discovery 프로시져는 디바이스 어드레스(랜덤 또는 public) 옵져버나 센트럴 디바이스를 제공하며, Limited Discoverable 모드에서 스캔 응답 데이터와 애드버타이징을 지원한다. Limited Discoverable 프로시져는 General Discoverable 모드에서도 역시 디바이스 검색이 가능하다.

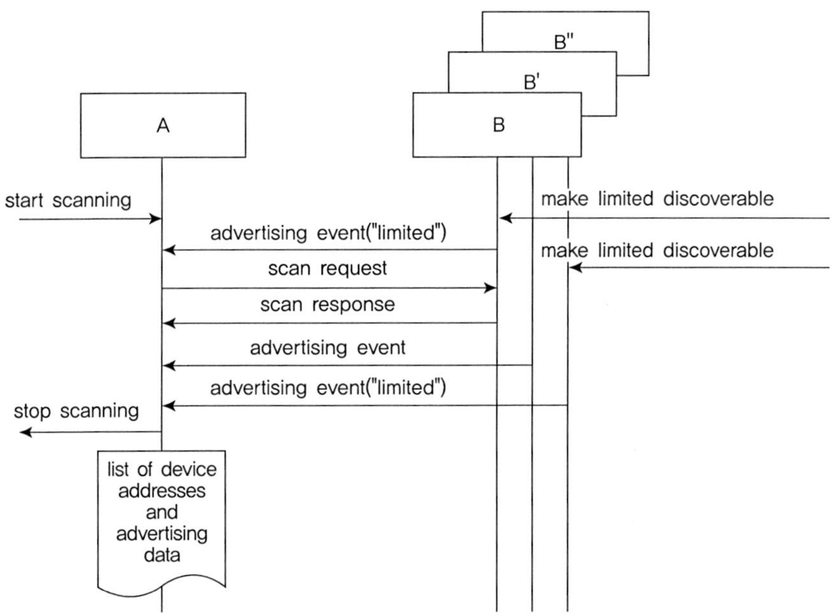


[그림 73 Limited Discovery 프로시져]

브로드캐스터 또는 페리퍼럴 디바이스는 Limited Discovery 프로시져를 지원하지 않는다. Limited Discovery 프로시져가 수행될 때, 디바이스는 애드버타이징 이벤트를 위해서 스캐닝을 시작한다. 디바이스가 충분한 응답들을 수집하지 않거나 Limited Discovery 프로시져를 조기에 끝내거나 유저가 이 프로시져를 취소하지 않는다면, $T_{LE\_GAP}$(lim_disc_scan) 또는 그 보다 긴 시간동안 지속해야 한다. 만약 디바이스가 액티브 스캐닝을 지원하면, 이를 사용하게 되고 그렇치 않다면 패시브 스캐닝을 사용한다. 디바이스는 애드버타이징 데이터내의 플래그 AD의 타입을 체크한다. 만약 플래그 AD 타입이 존재하지 않거나, LE Limited Discovery 플래그가 '0' 값을 갖는다면 애드버타이저는 무시된다. 디바이스는 $T_{LE\_GAP}$(lim_disc_scan_int)의 스캔 인터벌과 $T_{LE\_GAP}$(lim_disc_scan_wind)를 사용한다.

디바이스가 리모트 디바이스를 검색하기 위한 Limited Discovery 프로시져를 수행하기 위해 리모트 디바이스는 Limited Discoverable 모드로 오퍼레이팅 중이고 범위내에 있어야 한다.

#### 2.4.2.8 General Discovery 프로시져

General Discovery 프로시져는 디바이스 어드레스(랜덤 또는 public) 옵져버나 센트럴 디바이스를 제공하며, General Discovery 모드에서 스캔 응답 데이터와 애드버타이징을 지원한다. Limited discoverable 모드에 있는 디바이스는 General Discovery 프로시져를 통해서 검색이 가능하다.

브로드캐스터 또는 페리퍼럴 디바이스는 General Discovery 프로시져를 지원하지 않는다. General Discovery 프로시져가 수행될 때, 디바이스는 애드버타이징 이벤트를 위해서 스캐닝을 시작한다. 디바이스가 충분한 응답들을 수집하지 않거나 General Discovery 프로시져를 조기에 끝내거나 유저가 이 프로시져를 취소하지 않는다면, $T_{LE\_GAP}$(gen_disc_scan) 또는 그 보다 긴 시간동안 지속해야 한다

만약 디바이스가 액티브 스캐닝을 지원하면 이를 사용하게 되고, 그렇치 않다면 패시브 스캐닝을 사용한다. 디바이스는 애드버타이징 데이터 내의 플래그 AD의 타입을 체크한다. 만약 플래그 AD 타입이 존재하지 않거나 LE, Limited Discoverable 플래그가 '0' 값을 갖는다면 애드버타이저는 무시된다.

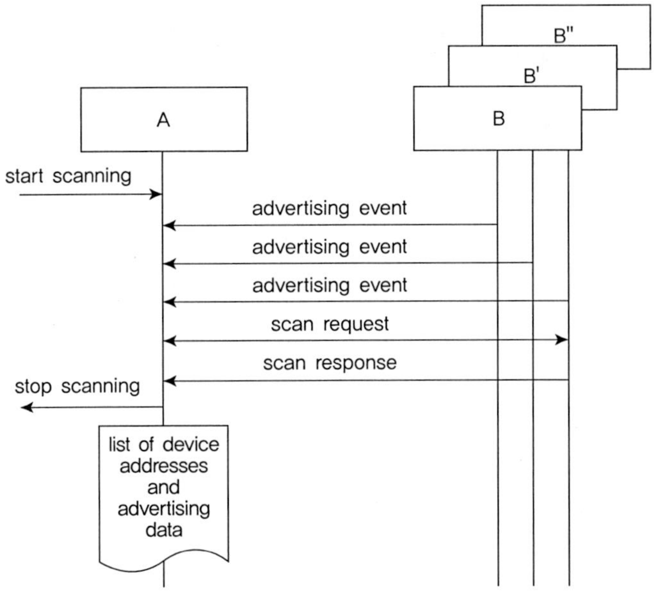


[그림 74 General Discovery 프로시저]

디바이스는 $T_{LE\_GAP}$(gen_disc_scan_int)의 스캔 인터벌과 $T_{LE\_GAP}$(gen_disc_scan_wind)를 사용한다. 디바이스가 리모트 디바이스를 검색하기 위한 General Discovery 프로시저를 수행하기 위해 리모트 디바이스는 limited discoverable 모드로 오퍼레이팅 중이며 범위 내에 있어야 한다. 링크 계층 애드버타이징 필터 정책은 General Discovery 프로시저를 수행하는 동안 사용되지 않는다.

### 2.4.2.9 디바이스 이름 검색 프로시저

디바이스 이름 검색 프로시저는 다른 리모트 디바이스의 블루투스 디바이스 이름을 제공한다.

■ 디바이스 이름 요청

디바이스 이름 요청 프로시저는 연결 가능한 디바이스로부터 블루투스 디바이스 이름을 검색하는데 이용한다.

■ 디바이스 이름 검색

디바이스 이름 검색 프로시저는 연결 가능한 디바이스로부터 블루투스 디바이스 이름을 검색하는데 이용한다.

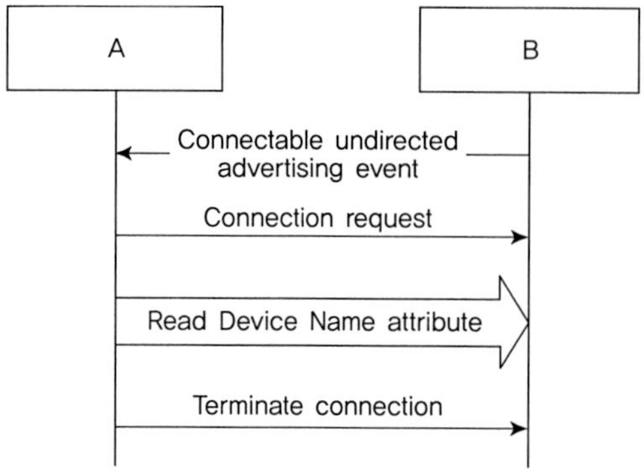


[그림 75 디바이스 이름 검색 프로시져 플로우]

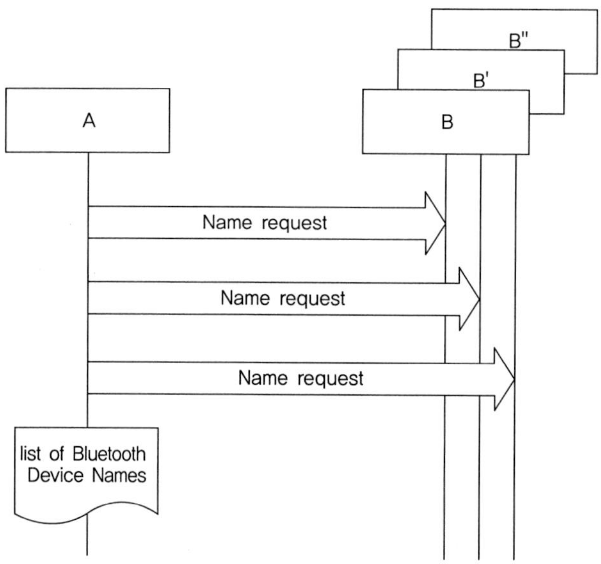


[그림 76 디바이스 이름 검색 프로시져]

브로드캐스터 또는 옵져버 디바이스는 이름 검색 또는 이름 요청 프로시져를 지원하지 않는다. 리모트 디바이스 이름은 검색 프로시져가 동작하는 동안 획득이 가능하다. 만약 이 프로시져 동안에 완전한 이름을 획득했다면, 이름 요청 프로시져는 부가적으로 수행된다. 디바이스 이름 요청 프로시져는 센트럴과 페리퍼럴 디바이스 사이의 연결을 요청한다. 센트럴 디바이스는 이름 요청 프로시져를 초기화하는 디바이스이며 페리퍼럴 디바이스와 연결 설정 프로시져를 초기화할 수 있다. 연결이 설정되었을 때, 센트럴 디바이스는 애트리뷰트 프로파일을 이용하여 페리퍼럴 상의 디바이스 이름 애트리뷰트를 읽는다. 연결이 설정되면 페리퍼럴 디바이스는 애트리뷰트 프로파일을 이용하여 센트럴 디바이스의 디바이스 이름 애트리뷰트를 읽는다.

### 2.4.2.10 일반 검색 프로시저

일반 검색 프로시저는 디바이스 어드레스(랜덤 또는 public) 옵저버나 센트럴 디바이스를 제공하며, 일반 검색 프로시저 모드에서 스캔 응답 데이터와 애드버타이징을 지원한다. Limited Discoverable 모드에 있는 디바이스는 일반 검색 프로시저를 통해서 검색이 가능하다.

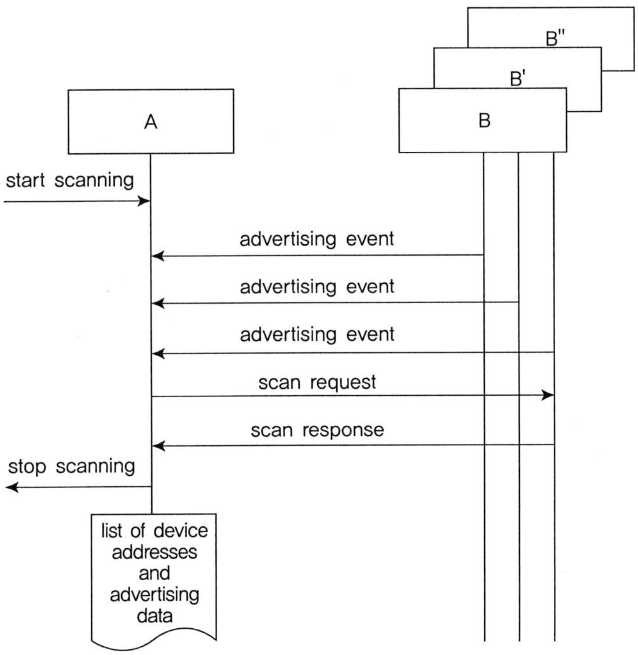


[그림 77 일반 검색 프로시저]

브로드캐스터 또는 페리퍼럴 디바이스는 일반 검색 프로시저를 지원하지 않는다. 일반 검색 프로시저가 수행될 때, 디바이스는 애드버타이징 이벤트를 위해서 스캐닝을 시작한다. 디바이스가 충분한 응답들을 수집하지 않거나 일반 검색 프로시저를 조기에 끝내거나 유저가 이 프로시저를 취소하지 않는다면, $T_{LE\_GAP}$(gen_disc_scan) 또는 그 보다 긴 시간동안 지속해야 한다. 만약 디바이스가 액티브 스캐닝을 지원하면, 이를 사용하게 되고 그렇치 않다면 패시브 스캐닝을 사용한다.

디바이스는 애드버타이징 데이터 내의 플래그 AD의 타입을 체크한다. 만약 플래그 AD 타입이 존재하지 않거나, LE Limited Discoverable 플래그가 '0' 값을 갖는다면 애드버타이저는 무시된다.

디바이스는 $T_{LE\_GAP}$(gen_disc_scan_int)의 스캔 인터벌과 $T_{LE\_GAP}$(gen_disc_scan_wind)를 사용한다. 디바이스가 리모트 디바이스를 검색하기 위한 일반 검색 프로시저를 수행하기 위해 리모트 디바이스는 limited discoverable 모드로 오퍼레이팅 중이며 범위내에 있어야 한다. 링크 계층 애드버타이징 필터 정책은 일반 검색 프로시저를 수행하는 동안 사용되지 않는다.

### 2.4.2.11 디바이스와 이름 검색 프로시저

디바이스와 이름 검색 프로시저는 디바이스 어드레스(랜덤, public), 애드버타이징 데이터와 Discoverable 디바이스의 스캔 응답 데이터를 제공한다. 디바이스와 이름 검색 프로시저가 동작하는 동안, Limited Discovery 또는 General Discovery 프로시저가 수행된다. 아래는 디바이스 검색 프로시저를 나타낸다.

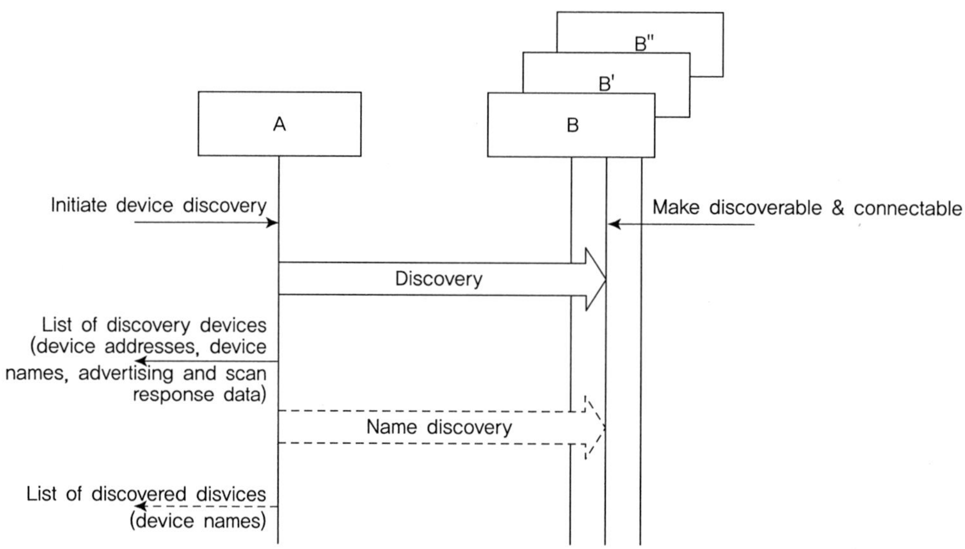


[그림 78 디바이스 검색 프로시저]

브로드캐스터, 옵저버 또는 페리퍼럴 디바이스는 디바이스와 이름 검색 프로시저를 지원하지 않는다. 센트럴 디바이스는 Limited Discovery 또는 General Discovery

프로시저를 수행한다. 만약 검색 프로시져 동안 완전한 디바이스 이름을 애드버타이징 또는 스캔 응답 데이터로부터 받지 못했다면, 센트럴 디바이스는 연결 가능한 페리퍼럴 디바이스를 향해서 이름 검색 프로시저를 수행한다.

## 2.4.3 연결(Connection)

### 2.4.3.1 요구사항

디바이스간 연결을 위해서는 복잡한 일들이 발생하는데 아래 표는 이를 정리한 것이다.

[표 50 연결 적합 요구사항]

| 연결 | 브로드캐스터 | 옵저버 | 페리퍼럴 | 센트럴 |
|---|---|---|---|---|
| Non-Connectable 모드 | M | X | M | O |
| Connectable 모드 | X | X | M | M |
| Connection 설정 프로시져 | X | X | O | M |
| Directed Connection 설정 프로시져 | X | X | O | NA |
| Connection Parameter Update 프로시져 | X | X | O | M |
| Update Channel 프로시져 | X | X | X | O |
| Terminate Connection 프로시져 | X | X | O | O |

### 2.4.3.2 Non-connectable 모드

Non-connectable은 다른 디바이스로부터 디바이스간의 연결을 만들고 또는 수락하는 것을 금지한다. 페리퍼럴 또는 브로드캐스터 디바이스가 non-connectable 모드에 있을 때, 아래의 내용들을 수행한다.

- 애드버타이즈가 아니다.
- 이것은 non-connectable 또는 discoverable undirected 애드버타이징 이벤트를 이용하여 애드버타이즈 한다.

센트럴 디바이스가 non-connectable에 있을 때에는 링크 계층 초기 상태로 진입하지 않으며 옵저버 디바이스는 non-connectable 모드를 사용하지 않는다.

### 2.4.3.3 Connectable 모드

Connectable 모드는 다른 디바이스로부터 디바이스간의 연결을 만들고 또는 이를 수락한다. 브로드캐스터와 옵저버 디바이스는 connectable 모드를 사용하지 않는다. 페리퍼럴 디바이스는 connectable 모드에 진입하기 전에 그것의 로컬에서 사용한 LE feature를 쓴다. 센트럴 디바이스는 링크 계층 initiator 상태에 디바이스 연결을 제어하기 위해서 링크 계층 initiator 필터 정책을 사용한다. 센트럴 디바이스는 directed link 설정 프로시져를 사용하는 페리퍼럴 디바이스로 낮은 연결 대기 시간을 구현하기 위해서 높은 duty cycle 스캔 페러미터를 사용할 수 있다. 이 설정은 매우 높은 전력소모와 영구적으로 파워서플라이를 가진 디바이스에서만 사용할 수 있다.

센트럴 디바이스는 $T_{LE\_GAP}$(conn_scan_int) 스캔 인터벌과 스캔 윈도우 $T_{LE\_GAP}$(conn_scan_wind)를 사용해야 한다. 높은 duty cycle 스캔 페러미터를 사용하는 센트럴 디바이스는 $T_{LE\_GAP}$(conn_high_scan_int) 스캔 인터벌과 $T_{LE\_GAP}$(conn_high_scan_int) 윈도우를 사용해야 한다. 만약 센트럴 디바이스가 페리퍼럴 디바이스에 재연결하면서 페리퍼럴 디바이스의 슬레이브 선순위 연결 페러미터 애트리뷰트를 저장하려고 한다면, 이 연결은 위의 페러미터들을 사용해야 한다.

만약 선택할 수 있는 연결 페러미터가 가능하지 않으면 링크 계층이 initiating 상태에 진입할 때, 아래의 페러미터를 사용해야 한다.

- $T_{LE\_GAP}$(conn_est_int)의 최소 연결 인터벌
- $T_{LE\_GAP}$(conn_est_int_max)의 최대 연결 인터벌
- $T_{LE\_GAP}$(conn_est_latency)의 슬레이브 latency

센트럴 디바이스는 아래의 페러미터와 함께 링크 계층 initiating 상태로 진입한다.

- $T_{LE\_GAP}$(conn_est_superv_timeout)의 연결 타입아웃
- $T_{LE\_GAP}$(conn_est_min_ce_len)의 최소 CE 길이
- $T_{LE\_GAP}$(conn_est_max_ce_len)의 최대 CE 길이

페리퍼럴 디바이스가 Connectable 모드에 있는 동안, 주기적으로 connectable undirected 애드버타이징 이벤트 또는 directed 애드버타이징 이벤트를 전송한다. 디바이스는 블루투스 public 또는 랜덤 디바이스 어드레스를 이용하여 애드버타이즈를 한다.

링크 계층 애드버타이징 상태와 connectable undirected 애드버타이징 이벤트를 이용할 때, 페리퍼럴 디바이스는 링크 계층 애드버타이징 필터 정책을 알려진 디바이스 연결, 요청 진행 중에 엄격하게 사용한다.

페리퍼럴 디바이스는 최소의 애드버타이징 인터벌, $T_{LE\_GAP}$(conn_adv_int_min)과 최대의 애드버타이징 인터벌 $T_{LE\_GAP}$(conn_adv_int_max)을 사용해야 한다.

### 2.4.3.4 연결 수립 프로시져

연결 수립 프로시져는 링크 계층 initiating 상태를 이용하여 두 디바이스간 물리 링크를 설정한다. 연결 수립 프로시져는 어떤 검색 부분에도 속하지 않는다.

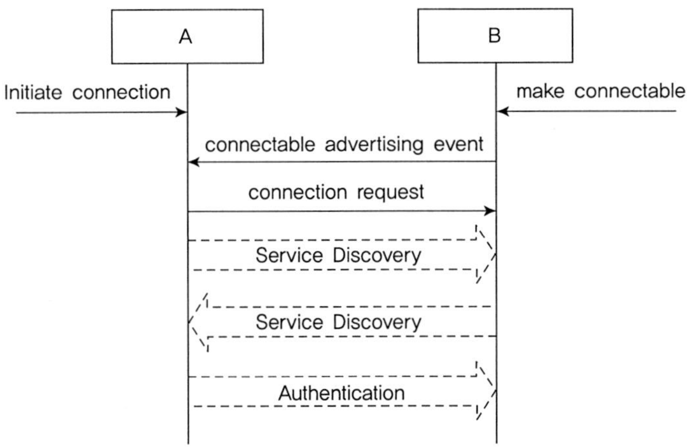


[그림 79 센트럴 디바이스(A)에 의한 연결 수립 프로시져]

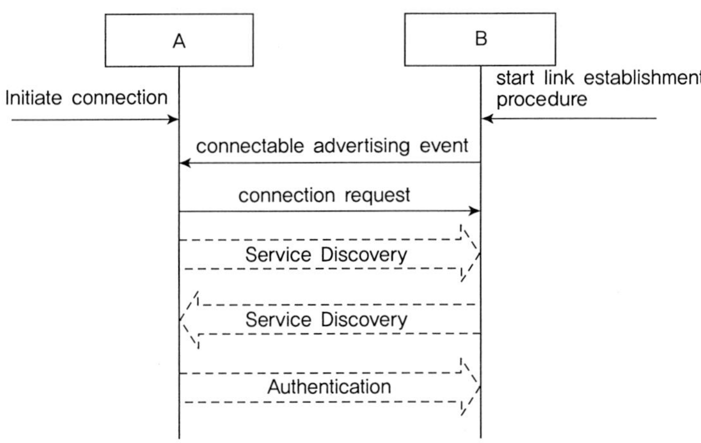


[그림 80 페리퍼럴 디바이스(B)에 의한 연결 수립 프로시져]

브로드캐스터와 옵져버 디바이스는 연결 수립 프로시져를 지원하지 않는다. 이 디바이스 initiating 연결 수립 프로시져는 Connectable 리모트 디바이스의 디바이스 어드레스(public 또는 랜덤)를 가져야 한다.

페리퍼럴 디바이스는 그것의 로컬에서 사용된 LE features를 initiating 연결 수립 프로시져를 사용한다. 센트럴 디바이스는 리모트 디바이스와 연결 수립 프로시져를 초기화하고 이를 결정하기 위한 제한 연결 또는 일반 연결 프로시져가 수행되는 동안, 애드버타이징 데이터의 서비스 AD 타입 내에 포함된 정보를 이용한다. 제한 연결 또는 일반 연결 프로시져 동안, 서비스 AD 타입에 포함된 서비스 정보로부터 서비스 검색 사용이 가능하다. 인증은 부가적이다. 센트럴이나 페리퍼럴 디바이스가 결합되었을 때, 페리퍼럴 디바이스는 랜덤 디바이스 어드레스를 사용한다.

디바이스는 connectable 모드 또는 discoverable 모드에서 연결 수립 프로시져를 수행할 때, 검색 또는 디바이스 이름 요청 프로시져가 수행될 때, 또는 슬레이브 디바이스로 링크가 수립되었을 때는 수행되지 않는다. 만약 검색하는 동안 센트럴 디바이스가 슬레이브 preferred connection interval range AD 타입을 수신하면 연결 인터벌 값을 사용한다. 만약 센트럴 디바이스가 페리퍼럴 디아비스의 슬레이브 선순위 연결 페러미터 애트리뷰트를 가진 페리퍼럴 디바이스에 재연결을 시도하면 이 연결 페러미터를 사용해야 한다.

만약 선순위 연결 페러미터가 사용가능하지 않으면, 링크 계층 initiating 상태에 진입시에 아래의 페러미터를 사용한다.

- $T_{LE\_GAP}$(conn_est_int)의 최소 연결 인터벌
- $T_{LE\_GAP}$(conn_est_int_max)의 최대 연결 인터벌
- $T_{LE\_GAP}$(conn_est_latency)의 슬레이브 latency

센트럴 디바이스는 아래의 페러미터와 함께 링크 계층 initiating 상태로 진입한다.

- $T_{LE\_GAP}$(conn_est_scan_int)의 스캔 인터벌
- $T_{LE\_GAP}$(conn_est_scan_wind)의 스캔 윈도우
- $T_{LE\_GAP}$(conn_est_superv_timeout)의 연결 타임아웃
- $T_{LE\_GAP}$(conn_est_min_ce_len)의 최소 CE 길이
- $T_{LE\_GAP}$(conn_est_max_ce_len)의 최대 CE 길이

페리퍼럴 디바이스는 connectable undirected 애드버타이징 이벤트를 이용하여 애드버타이징 상태로 진입한다. 애드버타이징 데이터는 LE Limited Discoverable 플래그나 LE General Discoverable 플래그를 포함하지 않는다.

페러퍼럴 디바이스는 public 디바이스 어드레스 또는 static 어드레스를 사용한다.

페리퍼럴 디바이스는 애드버타이징 인터벌, $T_{LE\_GAP}$(conn_est_adv)을 사용해야 한다. 페리퍼럴 디바이스는 알려진 센트럴 디바이스와의 연결 승인을 위해서 링크 계층 애드버타이징 필터 정책을 사용한다. 애드버타이징은 $T_{LE\_GAP}$(conn_est_adv_timeout)의 최대값으로 사용될 수도 있다.

센트럴 디바이스는 만약 어떤 옵셔널 링크 계층 feature가 페리퍼럴 디바이스에서 사용된다면, 링크 계층 feature exchange 프로시져를 이용한다. 옵셔널 feature는 그것의 지원이 결정되기 전까지 사용되지 않는다. 센트럴 디바이스는 링크 계층 feature exchange 프로시져가 initiating되기 전까지 그것의 local used LE feature를 쓴다.

센트럴 디바이스가 만약 페리퍼럴 디바이스에 재연결을 시도하면, 페리퍼럴 디바이스의 슬레이브 선순위 연결 페러미터 애트리뷰트를 읽고 저장한다.

만약 페리퍼럴 디바이스가 private 어드레스를 사용하여 connectable 센트럴 디바이스에 연결하려고 한다면 이는 보증할 수 없다. 센트럴 디바이스는 링크 계층 initiator 필터 정책을 사용하고 화이트 리스트는 이전의 private 어드레스나 다른 어드레스 타입(public or static)을 사용하기 때문이다. 만약 페리퍼럴 디바이스가 private 어드레스를 사용하면 그것의 어드레스 값은 연결 수립 프로시져가 수행되는 동안 갱신되지 않는다.

#### 2.4.3.5 Directed 연결 수립 프로시져

Directed 연결 수립 프로시져는 매우 낮은 대기시간을 가진 센트럴 디바이스의 링크 계층 연결을 수립하기 위한 페리퍼릴 디바이스를 위한 메소드이다. 센트럴 디바이스는 높은 duty cycle 스캐닝 페러미터를 가진 connectable 모드에 있어야 한다.

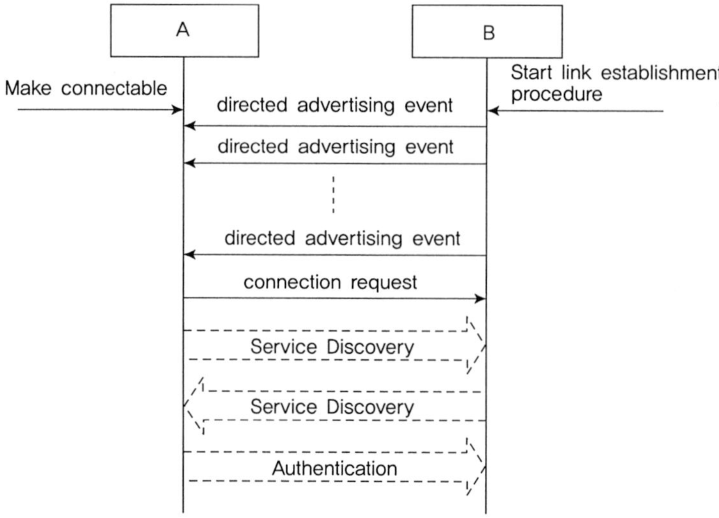


[그림 81 페리퍼럴 디바이스(B)에 의한 직접 연결 설정 프로시저]

센트럴, 브로드캐스터와 옵져버 디바이스는 Directed 연결 수립 프로시져를 사용하지 않는다. 페리퍼럴 디바이스는 Directed 링크 수립 프로시져 전에 그것의 로컬 used LE feature를 쓴다. 페리퍼럴 디바이스는 InitA 필드에 포함된 링크 계층 연결을 수립하고자 하는 센트럴 디바이스의 디바이스 어드레스를 가지고 connectable directed 애드버타이징 이벤트를 이용하여 링크 계층 애드버타이징 상태로 진입한다.

페리퍼럴 디바이스는 public 디바이스 어드레스나 static 어드레스를 사용한다. 페리퍼럴 디바이스는 센트럴 디바이스의 디바이스 어드레스를 가지고 있어야 한다. 센트럴 디바이스는 만약 어떤 옵셔널 링크 계층 feature가 페리퍼럴 디바이스상에서 지원되는지 결정하기 위해 링크 계층 feature exchange 프로시져를 사용한다. 옵셔널 feature는 그것들이 결정되기 전까지 사용하지 않는다. 센트럴 디바이스는 링크 계층 feature exchange 프로시져가 초기화 되기 전에 local used LE feature를 쓴다.

### 2.4.3.6 연결 페러미터 업데이트 프로시져

연결 페러미터 업데이트 프로시져는 페리퍼럴 또는 센트럴 디바이스에 수립된 연결의 링크 계층 연결 페러미터를 업데이트하기 위한 메소드이다. 브로드캐스터와 옵져버 디바이스는 연결 페러미터 업데이트 프로시져를 지원하지 않는다.

연결 페러미터 업데이트 프로시져를 시작하는 센트럴 디바이스는 필요한 연결 페러미터를 가진 링크 계층 연결 업데이트 프로시져를 사용한다. 연결 페러미터 업데이트 프로시져를 가진 페리퍼럴 디바이스는 연결 인터벌, 슬레이브 대기시간 그리고 관리 타임아웃 패러미터를 가진 L2CAP 연결 패러미터 업데이트 요청 명령어를 사용한다.

페리퍼럴 디바이스는 L2CAP 연결 페러미터 업데이트 요청 명령어를 보낸 후 $T_{LE\_GAP}$(conn_param_timeout) 타이머를 셋팅한다. 만약 디바이스가 이 타이머 시간 내에 링크 계층으로부터 연결 페러미터 업데이트 통지를 받지 못한다면, 다시 L2CAP 연결 페러미터 업데이트 요청 명령어나 UNACCEPTABLE CONNECTION INTERVAL(0x3B) 에러 코드를 가진 연결 종료 명령어를 보낸다.

### 2.4.3.7 업데이트 채널 맵 프로시져

업데이트 채널 맵 프로시져는 센트럴 디바이스에 의해서 현재의 또는 그 직후의 연결을 위한 데이터 채널 선택을 위한 채널 맵을 업데이트하기 위해서 사용된다. 채널 맵은 로컬 정보에 기반한 데이터 채널 분류를 포함한다.

브로드캐스터와 옵져버 또는 페리퍼럴 디바이스는 업데이트 채널 맵 프로시져를 사용하지 않는다. 업데이트 채널 맵 프로시져를 초기화하는 센트럴 디바이스는 링크 계층 채널 맵 업데이트 프로시져를 사용한다.

### 2.4.3.8 연결 종료 프로시져

연결 종료 프로시져는 센트럴 또는 페리퍼럴 디바이스에 의해서 연결 설정된 리모트 디바이스와의 연결을 종료하는데 사용된다. 브로드캐스터 또는 옵져버 디바이스는 연결 종료 프로시져를 사용하지 않는다. 연결 종료 프로시져를 시작하는 디바이스는 링크 계층 종료 프로시져를 사용한다.

## 2.4.4 결합(Bonding)

결합(bonding)은 디바이스들 간의 보안 및 identity 정보의 저장 및 교환 등 안전한 관계를 생성하기 위한 기능을 의미한다. 이 보안 및 identity 정보는 Long Term Key(LTK), Diversifier(DIV) 그리고 Identity Root(IR)를 뜻한다. 그리고 이를 bonding(결합)이라 칭한다. 디바이스가 첫 번째로 연결되는 경우, 또는 첫 번째 보안이나 인증이 요구될 때 일어난다. 이 보안 관계는 SM 키 분배가 일어날 때 생성된다. 결합 프로시져의 타입은 일반 결합과 전용 결합이 있다. 결합 프로시져는 아래와 같이 SM 페어링 메소드로 정의된다.

- 일반 결합 : 유저가 디바이스간의 결합 생성을 가진 SM 페어링을 초기화할 때 사용
- 전용 결합 : 유저가 디바이스간 결합을 생성할 때, 특정 서비스를 필요로 하는 경우가 아닌 페어링을 목적으로만 요청하는 경우에 해당

Non-connectable과 conectable 두 가지 모드가 있다. 결합을 수행하기 위해 두 디바이스는 결합 프로시져를 요구한다. 결합은 SM 페어링 메소드 이후에 수행되거나 또는 수행되지 않을 수 있는 추가적인 프로세스 단계이다. 페리퍼럴 또는 센트럴 디바이스는 non-connectable 모드 또는 connteable 모드가 가능하다. 브로스캐스터와 옵져버 디바이스는 SM 페어링 메소드를 지원할 수 없다. 따라서 결합 프로시져는 지원할 수 없다. 브로드캐스터와 옵져버 디바이스는 항상 non-connectable 모드로 동작하게 된다.

### 2.4.4.1 요구사항

디바이스들 간의 결합을 위해서는 아래와 같은 요구사항이 충족되어야 한다.

[표 51 결합 적합 요구사항]

| 결합 | 브로드캐스터 | 옵져버 | 페리퍼럴 | 센트럴 |
|---|---|---|---|---|
| Non-Bondable 모드 | X | X | O | O |
| Bondable 모드 | X | X | O | O |
| General Bonding 프로시져 | X | X | C1 | C1 |
| Dedicated Bonding 프로시져 | X | X | C1 | C1 |

C1: bondable모드를 지원할 때, Generable Bonding 프로시져 또는 Dedicated Bonding 프로시져는 부가기능이다.

### 2.4.4.2 Non-connectable 모드

Non-connectable 모드 보안 정보는 SM 페어링 후에 교환되거나 저장되지 않는다. Non-connectable 모드 디바이스는 SM Authentication_Requirements Parameter indication no bonding을 사용한다. 센트럴 또는 페리퍼럴이 Non-bondable 모드일 때, 페리퍼럴 디바이스는 그것의 LTK, DIV를 그리고 SM 키를 분배하는 동안 분배하지 않는다. 만약 디바이스가 IR 또는 Signature Resolving Key(SRK)를 주변 디바

이스로부터 받으면, 이것을 나중에 랜덤 어드레스 resolution 또는 signed 데이터 검증을 위해서 저장한다. 만약 디바이스가 인증된 보안 I/O 능력이 있다면, 디바이스는 특정 SRK를 저장한다.

#### 2.4.4.3 Connectable 모드

Connectable 모드에 있는 디바이스는 SM 페어링 후의 페리퍼럴 디바이스의 보안 정보나 identify 정보를 저장하거나 교환하는 것을 수락한다. Connectable 모드에 있는 디바이스는 일반 결합 또는 전용 결합을 나타내는 SM Authentication_Requirements 페러미터를 사용한다. 센트럴이나 페리퍼럴 디바이스가 connectable 모드에 있을 때, 페리퍼럴 디바이스는 그것의 LTK, DIV 그리고 IR를 SM 키 분배를 이용하여 분배한다. 센트럴 디바이스는 미래에 사용될 인증 그리고 재연결 또는 랜덤 어드레스 레졸루션을 위해 SM 키 분배동안 페리퍼럴 디바이스의 LTK, DIV 그리고 IR 교환을 저장한다.

만약 디바이스 인증된 보안정보와 같은 I/O 능력이 있다면, 디바이스는 어떤 SRK나 결합의 보안 특성을 저장한다. 디바이스는 미래에 인증을 위해 LTK의 사이즈를 저장한다. 페리퍼럴 디바이스는 Bondable 모드일 때, Limited discoverable 모드와 Connectable 모드를 사용한다. 만약, 디바이스가 피어 디바이스로부터 SRK를 받으면, 이때 표시된 데이터 검증을 위해 이를 저장한다. Static 또는 private 어드레스를 사용하여 연결된 LE only 디바이스에 결합되었을 때, 다음과 정보 패킷이 적용된다. Public 디바이스 어드레스는 그 이후 연결이 SM 보안 정보 패킷에 대응하는 LTK를 이용하여 성공적으로 인증된 public 디바이스 어드레스에 연결을 요구할 때, IR에 의해서 확인된 디바이스와의 결합만 고려한다. 센트럴 디바이스는 페리퍼럴 디바이스의 슬레이브 선순위 연결 페러미터 애트리뷰트를 읽는다. 만약 지원한다면, 이것을 미래에 재연결될 가능성을 위해 저장한다.

#### 2.4.4.4 일반 결합 프로시져

일반 결합은 선도적인 서비스 액세스와 같이 연결이 수립된 이후의 결합 수행 프로세스를 참조한다. 디바이스가 일반 결합을 수행할 때, SM Authentication_Requirement 페러미터는 No MITM으로 셋팅되어야 한다. 일반 본딩에 해당하지 않는 한, 로컬 서비스 보안 정책은 MITM 보호가 필요하다. 이 경우 Authentication_Requirements 페러미터는 MITM으로 설정해야 한다.

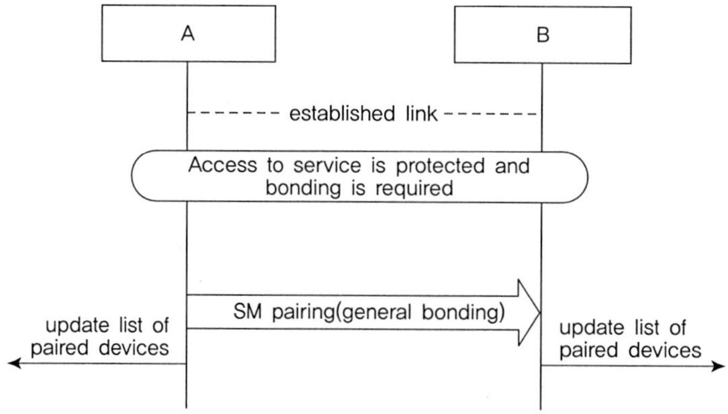


[그림 82 보호된 서비스 접근을 위한 일반적인 결합 프로시져]

일반 결합 프로시져를 수행하기 위하여 연결이 확립되어야 한다. 양쪽 모두 디바이스는 Bondable 모드여야 한다. 페리퍼럴 또는 센트럴 디바이스는 일반 결합 프로시져를 지원한다. 브로드캐스터 또는 옵져버 디바이스는 일반 결합 프로시져를 지원하지 않는다.

### 2.4.4.5 전용 결합 프로시져

전용 결합은 한 디바이스가 각각의 서비스 액세스없이 결합의 목적으로 또 다른 디바이스에 연결할 때, 이 프로시져를 참조하게 된다. 디바이스가 전용 결합을 수행할 때, SM Authentication_Requirements 페러미터는 No MITM으로 셋팅되어야 한다.

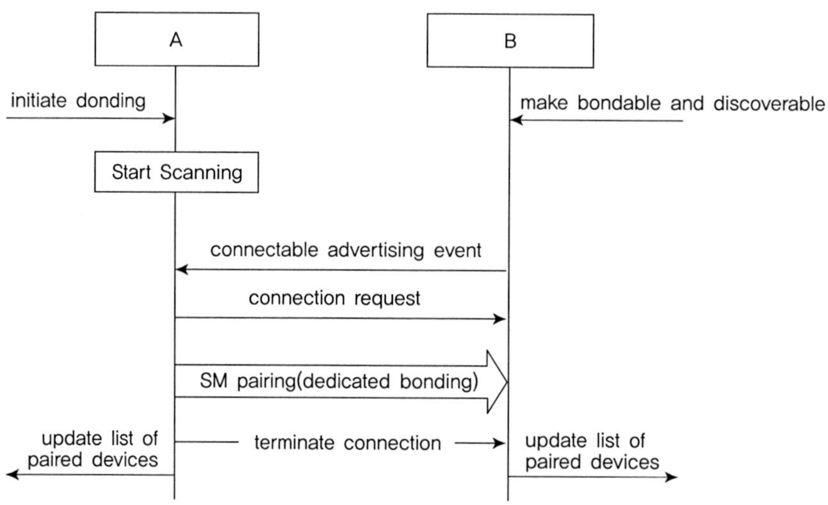


[그림 83 전용 결합 프로시져]

전용 결합 프로시져는 제한 연결 프로시져를 지원해야 하고 결합가능 모드는 Limited Discoverable 모드를 지원해야 한다. 두 디바이스는 Bondable 모드에 있어야 한다. 페리퍼럴 또는 센트럴 디바이스는 전용 결합 프로시져를 지원해야 한다. 브로드캐스터 또는 옵져버 디바이스는 전용 결합 프로시져를 지원하지 않는다.

### 2.4.5 서비스 검색

서비스 검색은 페리퍼럴 또는 센트럴 디바이스가 리모트 디바이스의 가능한 서비스를 검색하기 위해 사용되는 메소드이다. 검색된 서비스는 리모트 디바이스에서 프로파일 또는 프로토콜을 지원한다.

서비스 검색은 Generic Attribute Profile(GATT)의 지원을 요구한다. 디바이스는 서비스 검색 클라이언트에게 지원을 요청하고 서비스 검색 서버에게 지원 요청을 한다. 이 클라이언트와 서버의 역할은 GATT에서 설명한다.

#### 2.4.5.1 시스템 요구사항

아래표는 서비스 검색에 필요한 사항을 정리한 것이다.

[표 52 서비스 검색 적합 요구사항]

| 서비스 검색 | 브로드캐스터 | 옵져버 | 페리퍼럴 | 센트럴 |
|---|---|---|---|---|
| 서비스 검색 클라이언트 | X | X | O | M |
| 서비스 검색 서버 | X | X | O | M |

#### 2.4.5.2 서비스 검색 클라이언트

서비스 검색 클라이언트는 서비스 검색 서버에게 리모트 디바이스의 서비스에 관련된 정보를 요청한다. 브로드캐스터나 옵져버 디바이스는 서비스 검색 클라이언트를 지원하지 않는다. 페리퍼럴 디바이스는 서비스 검색 클라이언트를 지원한다. 페리퍼럴 디바이스는 다른 디바이스와 연결 초기화를 할 수 없으므로 다른 디바이스와의 연결 상태에 있는 동안, 서비스 검색 클라이언트를 지원할 수 있다. 만약 연결 상태에 있다면, 페리퍼럴 디바이스는 서비스 UUID 타입의 GATT 애트리뷰트 검색을 수행할 것이다.

센트럴 디바이스는 서비스 검색 클라이언트를 지원한다. 센트럴 디바이스는 브로드캐스터 또는 페리퍼럴 디바이스의 서비스 애드버타이징 데이터로부터 가능한 서비스의 리스트를 받는다. 만약 센트럴 디바이스가 페리퍼럴 디바이스와 연결이 설정되었고 서비스 AD 타입 내에 서비스 리스트가 포함되었다면, 센트럴 디바이스는 서비스 UUID 타입의 애트리뷰트를 가진 GATT 애트리뷰트 검색을 수행한다. 디바이스의 재연결 수행에서의 서비스 검색 프로시저는 서비스 정보가 GATT 애트리뷰트 검색 수행 전에 바뀌었는지 체크한다.

#### 2.4.5.3 서비스 검색 서버

서비스 검색 서버는 서비스 검색 클라이언트로부터 로컬 디바이스에 의해 지원되는 서비스 요청에 대해서 응답한다. 브로드캐스터나 옵져버 디바이스는 서비스 검색 서버를 지원하지 않는다. 페리퍼럴 디바이스와 센트럴 디바이스는 서비스 검색 서버를 지원한다.

## 2.5 보안에 대한 고려사항

### 2.5.1 요구사항

아래는 보안에 관련된 각 요구사항을 정리한 것이다.

[표 53 보안 프로시저 적합 요구사항]

| 프로시저 | 브로드캐스터 | 옵져버 | 페리퍼럴 | 센트럴 |
|---|---|---|---|---|
| 인증 프로시져 | X | X | O | O |
| LE보안 프로시져 | | | | |
| 데이터 서명에 기반한 연결 | X | X | O | O |
| 데이터 서명에 기반한 애드버타이징 | C1 | C1 | O | O |
| 인크립션 | X | X | O | O |
| 인증 | X | X | O | O |
| 랜덤 디바이스 어드레스 전송 | O | C2 | O | O |
| 랜덤 디바이스 어드레스 수신 | C3 | M | M | M |

C1은 만약 서명에 기반한 애드버타이징일 경우 브로드캐스터 디바이스는 페리퍼럴이나 센트럴 디바이스로 동작해야 한다. C2는 액티브 스캐닝이 지원되면 랜덤 디바이스 어드레스 전송이 지원되어야 한다. C3는 만약 discoverable undirected advertising 이벤트 타입이 지원되면 랜덤 디바이스 어드레스 수신이 지원되어야 함을 나타낸다.

### 2.5.2 인증 프로시져

#### 2.5.2.1 설명

인증 프로시져는 링크 계층 인크립션 feature와 SM 페어링 메소드가 센트럴 디바이스에 의해서 인증 프로시져에서 수행되는지에 대해서 담당한다. 이는 페리퍼럴 디바이스와 센트럴 디바이스가 인증 프로시져에서 어떻게 SM을 사용하는지에 대해서도 기술한다.

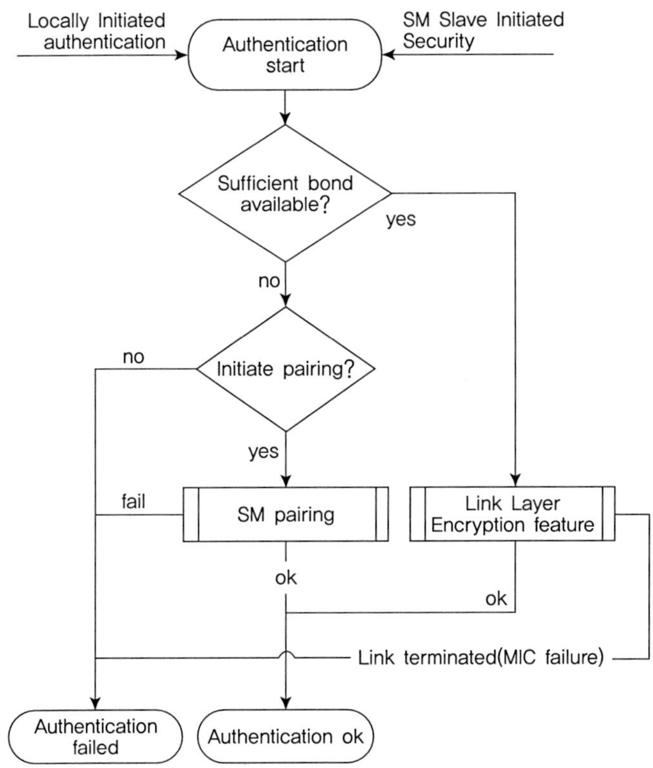


[그림 84 센트럴 디바이스에 의한 인증 프로시져의 정의]

#### 2.5.2.2 조건

센트럴 또는 페리퍼럴 디바이스는 링크 설정이 완료되면 인증을 초기화할 수 있다. 센트럴 디바이스는 요청된 인증을 위해서 충분한 보안 애트리뷰트를 가지고 결합이 저장되었는지 확인한다. 만약 결합이 충분한 보안 애트리뷰트를 가졌다면, SM 인크립션 세션 셋업은 LTK와 DIV를 초기화한다. 그렇치 않으면 SM 페어링 메소드가 초기화된다.

페리퍼럴 디바이스는 SM 슬레이브 초기화 보안 요청을 이용하여 인증 프로시져를 초기화한다. 브로드캐스터와 옵져버 디바이스는 인증 프로시져를 사용하지 않는다.

### 2.5.3 블루투스 저에너지 보안 프로시져

디바이스는 그것의 서비스, 결합, 인크립션 상태 및 SRK(Signature Resolving Key)의 보안 요구 등 보안 특징에 따라서 분류된다. 현재 인크립션의 보안 특징 즉, STK를 생성 또는 저장된 인크립션이 가능한 결합등의 보안 특징에 따라서 결정된다. 아래의 보안 프로시져는 데이터를 디바이스에 보내기 위해 사용이 가능하다.

- Signing 데이터
- 인크립션

마스터 디바이스는 현 인크립션 데이터와 어떤 보안 프로시져가 초기화되기 전에 어떤 행동이 필요한지 결정하기 위해 저장된 결합의 보안 특성을 체크한다.

[표 54 마스터 디바이스의 현상태에서 필요한 보안 프로시져]

| 현 인크립션 상태 및 결합/SRK \ 보안 프로시져 요구 | 인크립트 불가 & 비결합/SRK | 인크립션 불가 & 결합저장/SRK | 인크립션 가능 & 비결합/SRK | 인크립션 가능 & 결합저장/SRK |
|---|---|---|---|---|
| 없음 | 지속 | 지속 | 지속 | 지속 |
| 서명된 데이터 | 디바이스 페어링 후 서명하지 않은 데이터 전송 | SRK의 보안 정보가 충분하면 서명된 데이터 전송, 그렇치 않으면 다시 페어링 후 사인되지 않은 데이터 전송 | 인트립션 보안 정보가 충분하면 서명되지 않은 데이터를 전송하고, 그렇치 않으면 다시 페어링 후 사인되지 않은 데이터 전송 | 만약 인크립션의 보안 특성이 충분하면 지속하고, 그렇치 않으면 다시 페어링 후 지속 |

| 현 인크립션 상태 및 결합/SRK \ 보안 프로시저 요구 | 인크립트 불가 & 비결합/SRK | 인크립션 불가 & 결합저장/SRK | 인크립션 가능 & 비결합/SRK | 인크립션 가능 & 결합저장/SRK |
|---|---|---|---|---|
| 인크립션 | 디바이스 페어링 후 지속 | 저장된 결합 보안 정보가 충분하면 인크립션 가능, 그렇치 않으면 다시 페어링 후 지속 | 인트립션의 보안 정보가 충분하면 지속, 그렇치 않으면 다시 페어링 후 지속 | 인트립션의 보안 정보가 충분하면 지속, 그렇치 않으면 다시 페어링 후 지속 |

슬레이브 디바이스는 현재 인크립션 상태와 아래 그림과 같이 요구하는 보안 프로시저를 위해 어떤 액션이 필요할지 결정한다.

[표 55 슬레이브 디바이스의 현상태에서 필요한 보안 프로시저]

| 현 인크립션 상태 및 결합/SRK \ 보안 프로시저 요구 | 인크립트 불가 & 비결합/SRK | 인크립션 불가 & 결합저장/SRK | 인크립션 가능 & 비결합/SRK | 인크립션 가능 & 결합저장/SRK |
|---|---|---|---|---|
| 없음 | 지속 | 지속 | 지속 | 지속 |
| 서명된 데이터 | 슬레이브 초기화 보안 요청 전송 | SRK의 보안 정보가 충분하면 서명된 데이터 전송, 그렇치 않으면 슬레이브 초기화 보안 요청 전송 | 인트립션 보안 정보가 충분하면 서명되지 않은 데이터를 전송하고, 그렇치 않으면 슬레이브 초기화 보안 요청 전송 | 인트립션의 보안 정보가 충분하면 서명되지 않은 데이터 전송, 그렇치 않으면 슬레이브 초기화 보안 요청 전송 |
| 인크립션 | 슬레이브 초기화 보안 요청 전송 | 슬레이브 초기화 보안 요청 전송 | 인트립션 보안 정보가 충분하면 서명되지 않은 데이터 전송하고, 그렇치 않으면 슬레이브 초기화 보안 요청 전송 | 인트립션의 보안 정보가 충분하면 서명되지 않은 데이터 전송, 그렇치 않으면 슬레이브 초기화 보안 요청 전송 |

#### 2.5.3.1 서명 데이터

페리퍼럴, 센트럴 또는 브로드캐스터 디바이스는 아래의 메소드를 이용하여 보내는 디바이스의 identify를 받는 디바이스에서 확실히 확인하고 보증하기 위해서 데이터에 서명을 한다.

- 링크 계층 연결 동안
- 브로드캐스팅 애드버타이징 데이터

만약 연결이 인크립션되었다면 데이터는 상대방이 이미 인증하였더라도 서명을 하지 않을 것이다. 보내는 디바이스는 키를 서명한다. 이를 Signature Resolving Key(SRK)라고 한다. 받는 디바이스는 서명을 검증하기 위해서 보내는 디바이스의 SRK를 갖는다. SRK는 SM 키 분배동안 교환된다. 데이터는 SM 서명 알고리즘에 의해서 서명된다. SM 서명 알고리즘은 서명되는 데이터(m), 카운터 값(SignCounter), 그리고 SRK(k)의 세개의 입력값을 갖는다. SM 서명 알고리즘은 Message Authentication Code(MAC)를 생성한다. 보내는 디바이스는 SM 서명 알고리즘에 사용되는 SignCounter 값을 '0'으로 초기화하고 새로운 서명때마다 '1'씩 증가하도록 보증해야 한다. 받는 디바이스는 SM 서명 알고리즘을 이용하여 받은 데이터의 서명을 검증한다. 만약 받는 디바이스가 상대방 디바이스로부터 받은 SignCounter 값이 이전의 값보다 작거나 같거나 또는 서명 검증에 실패하면, 받은 서명된 데이터를 무시한다. 옵져버 디바이스는 데이터 서명을 할 수 없다.

##### ■ 데이터 서명에 기반한 연결

페리퍼럴 또는 센트럴 디바이스는 연결 중에 서명된 데이터를 전송한다. 연결 중 전송되는 서명된 데이터는 아래와 같다.

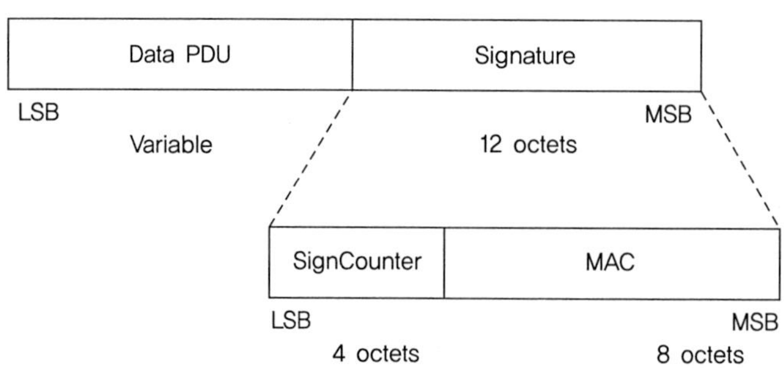


[그림 85 signing 데이터를 위한 일반적인 특성 포맷]

센트럴 디바이스는 현재의 인크립션 상태와 연결 중 서명된 데이터를 전송하기 전에 SRK의 보안 특성을 체크한다. 페리퍼럴 디바이스는 현재의 인크립션 상태와 연결 중 서명된 데이터의 전송 전에 SRK의 보안 특성을 체크한다.

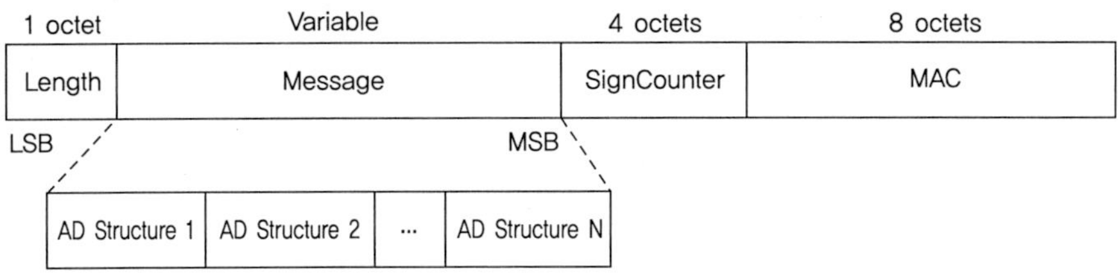


[그림 86 애드버타이징 데이터를 위한 포맷]

브로드캐스터 또는 옵져버 디바이스는 연결을 지원할 수 없다. 그러므로 연결 중 서명된 데이터를 전송할 수 없다.

■ 데이터 서명에 의한 애드버타이징

페리퍼럴 또는 브로드캐스터 디바이스는 서명된 데이터 AD 타입을 사용하여 애드버타이징 패킷 내의 서명된 데이터를 전송한다. 가변의 데이터는 Signed 데이터 AD 타입을 제외한 특정 데이터 타입의 하나나 두 개의 AD 타입으로 구성된다. SM 서명 알고리즘에 의한 데이터는 length와 message 페러미터로 구성된다. 전송하는 디바이스는 서명 데이터를 위한 SRK의 보안 특성은 충분함을 보증한다. 센트럴 또는 옵져버 디바이스는 서명된 데이터 AD 타입 내의 서명한 데이터의 서명을 검증한다. 브로드캐스터와 옵져버 디바이스는 결합 프로시져의 부분과 같이 SRK를 교환할 때의 센트럴/페리퍼럴 디바이스와 같이 동작해야 한다. 센트럴 또는 옵져버 디바이스는 애드버타이징 패킷내에서 서명된 데이터를 전송할 수 없다. 페리퍼럴 또는 브로드캐스터 디바이스는 애드버타이징 패킷 내에 서명된 데이터를 받을 수 없다.

### 2.5.3.2 인크립션(encryption)

센트럴 디바이스는 연결에 대한 신뢰와 인크립션을 하기 위해 SM 인크립션 세션 셋업을 사용한다. 페리퍼럴 디바이스는 센트럴 디바이스가 연결의 인크립션에 대해 신뢰를 제공하기 위해 SM 슬레이브 초기화 보안 요청을 사용한다. 브로드캐스터 또는 옵져버 디바이스는 연결을 지원할 수 없다. 그러므로 연결에 인크립션을 제공할 수 없다. 브로드캐스터와 옵져버 디바이스는 인크립트되는 애드버타이징 데이터를 지원한다. 옵저버 디바이스는 결합 프로시져 부분과 같이 인크립션 키를 교환할 때의 센트럴/페리퍼럴 디바이스와 같이 동작해야 한다.

■ 리모트 디바이스에 접근하기 위한 보안

센트럴 디바이스는 현재의 인크립션 상태와 결합의 보안 특성을 체크해야 한다. 보안이 필요할 때 필요한 액션을 수행한다. 센트럴 디바이스가 리모트 서비스에 접근이 요구될 때, 보안이 충분하지 않을 때, 충분한 결합이 존재하지 않을 때, 디바이스는 요구되는 보안 특성을 가진 SM 페어링 메소드를 초기화한다. 페리퍼럴 디바이스는 현재의 인크립션 상태와 결합의 보안 특성을 체크한다. 보안이 필요할 때, 필요한 액션을 수행한다. 페리퍼럴 디바이스는 현재의 인크립션 상태와 [표 54 마스터 디바이스의 현상태에서 필요한 보안 프로시져]에 정의된 결합의 보안 특성을 체크한다. 그리고 보안이 필요할 때, 필요한 액션을 수행한다. 페리퍼럴 디바이스가 리모트 디바이스에 접근을 요청할 때 충분한 보안이 없을 때, 디바이스는 요구되는 보안 특성을 가지고 SM 슬레이브 초기화 보안 요청을 시작한다.

충분한 보안이 가능하면 디바이스는 지속할 수 있다. 디바이스는 리모트 디바이스에 의해 접근 서비스에 시도하기 전, 연결 상태 동안 그것의 보안 요구를 이용하여 강제로 접근한다.

■ 리모트 디바이스에 의해 로컬 서비스에 연결하기 위한 보안

리모트 디바이스가 연결 상태동안 로컬 서비스에 접근하기 위해 시도할 때 디바이스는 서비스가 허가되기 전 충분한 보안이 가능하다는 것을 보증해야 한다. 만약 충분한 보안이 되지 않으면 그 서비스에 대한 접근은 거절된다.

■ 보안 실패

결합이 센트럴 디바이스에 의해서 저장될 때, 그 이후 같은 리모트 디바이스가 결합을 제거했다면 디바이스에 대한 연결은 실패한다. 아래는 이와 같은 현상이 발생할 때의 상황을 설명한다.

[표 56 보안 실패 후의 액션]

| 결합이 보안 카테고리 | 결합 여부 | 보안 실패시의 행동 |
|---|---|---|
| 비인증 | No | 디바이스의 보안 정책에 의존적<br>옵션 1: 자동으로 초기에 페어링<br>옵션 2: 페어링을 위해 유저로부터 확인을 받음<br>옵션 1을 추천 |
| 비인증 | Yes | 보안 실패를 유저에게 알림 |
| 인증 | No | 디바이스의 보안 정책에 의존적<br>옵션 1: 자동으로 초기에 페어링<br>옵션 2: 페어링을 위해 유저로부터 확인을 받음<br>옵션 2를 추천 |
| 인증 | Yes | 보안 실패를 유저에게 알림 |

#### 2.5.3.3 보안 인증

디바이스는 서비스에 접근하거나 특정 디바이스에 서비스의 애트리뷰트가 인가되기 전에 권한 부여가 필요하다. 권한 부여는 자동으로 부여되지 않는다. 권한 부여는 성공적인 인증 후 사용자의 확인에 의해서만 인가된다.

### 2.5.4 랜덤 어드레싱

링크 계층 랜덤 디바이스는 이 장에서 정의하는 랜덤 어드레스를 사용하는 프로파일에 의해서 사용된다. 랜덤 어드레스는 static 어드레스와 private 어드레스가 있다. Static 어드레스는 디바이스의 라이프 타임(life time) 동안 변경되지 않거나 배터리 파워가 있는 동안 변경되지 않는다(비휘활성 메모리가 없는 디바이스를 위해). 만약 디바이스가 static 어드레스를 바꾸면 새로운 identity로 가정되므로 리모트 디바이스에서는 이 디바이스를 같은 디바이스로 생각하지 않는다. Private 어드레스는 정기적으로 변경된다.

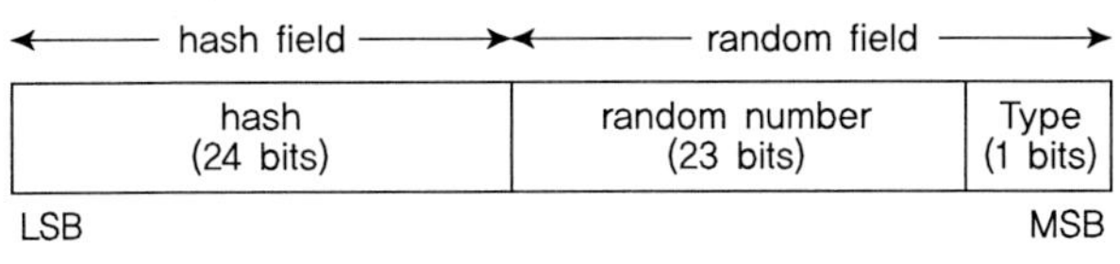


[그림 87 랜덤 어드레스의 포맷]

Type 필드가 '1'이면 Static 어드레스이며, '0'일 경우 private 어드레스를 나타낸다.

### 2.5.4.1 랜덤 어드레스 전송

디바이스는 랜덤 어드레스로 전송이 가능하다.

#### 2.5.4.1.1 Identity 설명

만약 resolvable 랜덤 어드레스를 발생시키고자 한다면, 디바이스는 Identity Resolving Key(IRK)를 가져야 한다. 만약 디바이스가 그것의 IRK를 변경하고자 한다면, 디바이스는 그것의 IRK를 변경한다. 그렇게 되면 그 디바이스의 identity가 변경되고, 디바이스는 IRK가 할당되어 더 이상 디바이스 랜덤 어드레스를 결정할 수 없다.

#### 2.5.4.1.2 Static 어드레스

Static 어드레스를 사용하는 디바이스는 static 어드레스 값을 바꾸지 말아야 한다. 만약 static 어드레스의 분석이 필요하면 IRK를 이용하여 생성한다. 만약 static 어드레스 분석이 필요하지 않으면, 하나의 24-비트와 하나의 23-비트 랜덤 넘버를 사용하여 생성한다. Static 어드레스의 24-비트 랜덤 필드는 23 least significant 비트셋과 함께 23-비트 랜덤 넘버를 셋팅한다. 그리고 most significant 비트는 '1'로 셋팅된다. Static 어드레스의 24-비트 해쉬필드는 24-비트 랜덤 넘버로 셋팅된다.

#### 2.5.4.1.3 Private 어드레스

Private 어드레스는 주기적으로 바뀌기 때문에 디바이스를 추적하기 어렵다. Private 어드레스가 변경되는 주기는 디바이스에 달려있다. Private 어드레스는 IRK를 이용하여 생성된다. 만약 private 어드레스의 변경 주기가 짧다면 링크 설정 프로시져를 수행하고 있는 리모트 디바이스를 검색 후 애드버타이징 디바이스에 연결 수립하는데 문제가 생길 것이다. 이는 애드버타이징 디바이스의 private 어드레스가 검색과 연결 수립시간 사이에 변경되기 때문이다. 만약 static 데이터가 로컬 이름 AD 타입과 같은 애드버타이징 데이터를 전송한다면 디바이스 private 어드레스가 변경되고 시간의 주기를 넘어선다하더라도 추적이 가능하다.

#### 2.5.4.1.4 IRK를 이용한 랜덤 어드레스 생성

24-비트넘버(prand) 랜덤 어드레스를 생성하기 위해서는 24-비트 해쉬(hash) 값을 연결한다. Prand의 23 LSB은 23-비트 넘버로 셋팅된다. 만약 디바이스가 static address의 랜덤 어드레스를 사용하면 Prand의 MSB는 '1'로 세팅된다. 또한 만약 디바이스가 private 어드레스의 랜덤 어드레스를 사용하면 prand의 MSB는 '0'으로 셋팅된다. 해쉬 값은 랜덤 어드레스 함수 ah를 사용하여 생성한다. 여기에서 입력 페러미터 k는 디바이스의 IRK를 셋팅한다. 그리고 입력 페러미터 r은 prand로 셋팅한다.

$$\text{Hash} = \text{ah}(\text{IRK}, \text{prand})$$

Prand와 hash는 아래의 방법에 따라서 랜덤 어드레스(random address)를 생성하기 위해서 연결된다.

$$\text{randomAddress} = \text{prand} \parallel \text{hash}$$

prand의 least significant octet은 randomAddress의 least significant octet 값이 된다. 그리고 hash의 most significant octet은 randomAddress의 most significant octet이 된다.

### 2.5.4.2 랜덤 어드레스 수신

디바이스는 리모트 디바이스로부터 랜덤 어드레스를 받아들인다.

#### 2.5.4.2.1 랜덤 어드레스 결정

디바이스가 랜덤 어드레스를 받을 때, 피어 디바이스의 identity가 알려져 있는지에 대해서 결정하기 위해 랜덤 어드레스를 분석한다. 디바이스는 그 디바이스의 identity를 결정하기 위해 피어 디바이스의 IRK를 가져야 한다. IRK는 센트럴 디바이스와 같은 SM 키 분배동안 IR로부터 생성된다.

수신된 48비트 랜덤 어드레스는 24비트 랜덤(prand) 부분과 24비트 해쉬(hash)로 분할된다. RandomAddress의 Least significant octet는 prand의 least significant octet이 된다. 그리고 randomAddress의 most significant octet은 hash의 most significant octet이 된다.

24비트 locahash 값은 랜덤 어드레스 해쉬 함수인 ah에 의해서 생성된다. 이때 입력 페러미터로 알려진 디바이스의 IRK로 셋팅되고 입력 페러미터 r은 randomAddress로부터 추출된 prand 값으로 셋팅된다.

$$\text{LocalHash} = \text{ah}(\text{IRK}, \text{prand})$$

localHash 값은 radomAddress로부터 추출된 hash 값과 비교한다. 만약 localHash 값이 추출된 해쉬 값과 매치되면, 피어 디바이스의 idntity는 결정된다. 알려진 IRK의 셋팅으로부터 피어 디바이스를 확인하기 위해서 디바이스는 각 알려진 IRK로 위의 프로시져를 반복한다.

## 2.6 애드버타이징 데이터 포맷

애드버타이징 데이터(AD) 포맷은 아래 그림과 같다. 데이터는 31octet과 non-significant 부분과 significant 부분으로 구성된다. Significant 부분은 데이터 구조의 연속으로 구성된다. 각 데이터 구조는 length 값이 포함된 1octet의 length 필드를 갖는다. 데이터 필드의 첫 번째 octet은 AD 타입을 포함한다. Length-1 octet의 남은 부분은 AD 데이터라 한다. 이는 AD 타입의 값에 따라 달라진다. Non-significant 부분은 AD에서 31octet까지 확장이 가능하고 모두 '0' octet을 포함한다.

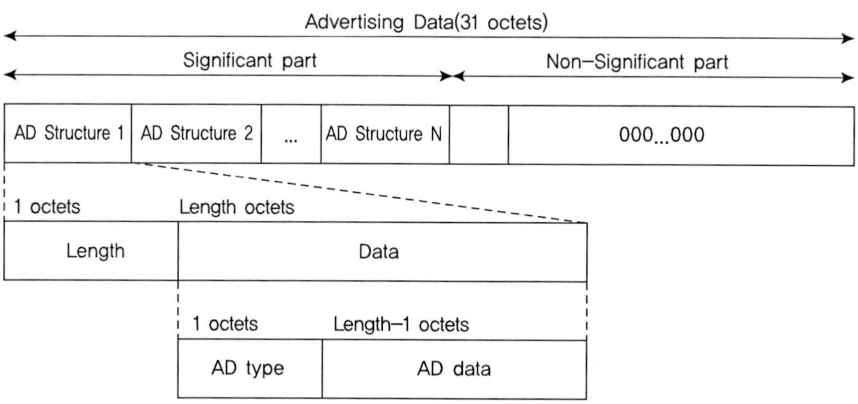


[그림 88 애드버타이징 데이터 포맷]

만약 length 필드가 '0'이면, 데이터 필드는 '0'octet을 갖는다. 단지 AD의 significant만이 전송된다. AD는 링크 계층 애드버타이먼트 상태에서 항상 전송된다. AD는 Connectable undirected, Discoverable undirected 그리고 연결 불가능 애드버타이징 이벤트의 Adv 데이터 필드 내에 위치한다. AD는 또한 SCAN_RSP 패킷의 ScanRsp 데이터 필드에 위치한다.

### 2.6.1 AD Type 정의

이 섹션에서는 기본적인 LE AD 타입을 정의한다. 추가적인 타입은 프로파일 스펙내에서 정의된다. 모든 AD 데이터 타입은 블루투스 Assigned Number 문서에 리스팅된다. 모든 수의 멀티 바이트 엔터티와 값은 littel-endian 바이트 오더를 사용한다. 아래에 정의되어지지 않은 어떤 AD 데이터 타입 값은 예약되고 사용되지 않는다.

#### 2.6.1.1 로컬 네임

AD 내 블루투스 디바이스 이름은 줄이거나 또는 같은 이름으로 디바이스에 할당된다. AD 타입 값은 디바이스 이름이 전체 이름인지 줄인 이름인지 나타낸다. 만약 줄인 이름이라면 전체 이름 스캔 요청 프로시져를 이용하여 읽을 수 있다. AD는 AD 데이터 타입 하나 이상의 인스턴트를 포함하지 않는다.

[표 57 로컬네임]

| 값 | 설명 | |
|---|---|---|
| 0x08 / 0x09 | 로컬 이름 | 0x08 = 줄인 로컬 이름<br>0x09 = 전체 로컬 이름 |

#### 2.6.1.2 플래그

플래그 AD 데이터 타입은 플래그 비트를 할당한다. 플래그 비트 할당은 아래의 그림과 같이 boolean 정보를 사용한다. 플래그 비트는 만약 어떤 비트의 값이 '0'이 아니면 포함되고 만약 모든 플래그 비트가 '0'이면 생략한다. AD는 이 AD 데이터 타입의 하나 이상의 인스턴트를 포함하지 않는다. 플래그 필드는 '0'이거나 octet보다 길수도 있다. 플래그 필드는 데이터 패킷내에서 최소 octet수를 이용하는 동안 확장된다.

[표 58 AD 데이터 타입을 위한 플래그 비트]

| 값 | 설명 | 바이트 | 비트 | |
|---|---|---|---|---|
| 0x01 | 플래그 | 0 | 0 | LE Limited Discoverable 플래그 |
| | | 0 | 1 | LE General Discoverable 플래그 |
| | | 0 | 2 | BR/EDR capable 디바이스 플래그 |
| | | 0 | 3..7 | 예약됨 |

#### 2.6.1.3 생산자 상세 데이터

제조사 상세 데이터 AD 타입은 제조사 상세 데이터를 위해 사용된다. 첫 번째 두 데이터 octet은 Assigned Number로부터 제조사의 식별 코드를 포함한다. 데이터 내의 다른 octet의 해석은 제조사의 식별자에 의해 제조사 명시에 의해서 정의된다.

[표 59 생산자 상세 데이터]

| 값 | 설명 |
|---|---|
| 0xFF | 제조사 상세 데이터 |

#### 2.6.1.4 TX 파워 레벨

TX 파워 레벨 AD 데이터 타입은 전송되는 애드버타이징 패킷의 파워 레벨을 나타낸다.

[표 60 TX 파워 레벨]

| 값 | 설명 |
|---|---|
| 0x0A | TX 파워 레벨(1 바이트)<br>0xXX: -127 ~ +127 dBm<br>* TX 파워 레벨 태그가 존재하지 않으면 애드버타이징 패킷의 TX 파워 레벨은 알 수 없다. |

TX 파워 레벨 AD 타입은 아래의 식을 이용하여 수신된 애드버타이징 패킷의 path 손실을 계산하기 위해 사용된다.

Pathloss = Tx Power Level – 애드버타이징 패킷 RSSI

예를 들면, 만약 애드버타이징 패킷 상에서 Tx Power Level = +4 (dBm)과 RSSI가 -60 (dBm)이면, 전체 pathloss는 +4 – (-60) dB이다. 만약 두 번째 애드버타이징 패킷이 Tx Power Level AD 데이터 타입 = + 15dBm을 가진 -40dBm을 받았다면, pathloss는 +55dB가 된다. 애플리케이션은 이 pathloss 값을 사용할 수 있다.

불행하게도 안테나의 페이딩과 바뀜, 회로와 칩 특성으로 인해 이 pathloss값은 불확실하다. 하지만 어떤 경우에 불확실성은 만약 같은 디바이스로부터 멀티플 애드버타이징 패킷을 받는다면 제거가 가능하다.

### 2.6.1.5 애트리뷰트

애트리뷰트 AD 데이터 타입은 애트립뷰트 데이터를 보내기 위해 사용된다. 데이터 타입은 16/128비트 UUID에 의해 표현되고 남은 octet은 애트리뷰트 UUID에 따른다.

애트리뷰트 UUID는 Assigned Numbers 문서에 따른다.

[표 61 애트리뷰트 AD 타입]

| 값 | 설명 |
|---|---|
| 0x10 | 첫 번째 두 octet은 16비트 애트리뷰트 UUID를 표시한다.<br>그에 따르는 Length-2 octet은 애트리뷰트에 의해서 정의되는 애트리뷰트의 데이터이다. |
| 0x11 | 첫 16octet은 128비트 UUID 애트리뷰트를 표시한다. 그리고 그에 따르는 Length-16octet은 애트리뷰트에 의해서 정의되는 애트리뷰트 데이터이다. |

### 2.6.1.6 슬레이브 선순위 연결 인터벌 범위

슬레이브 연결 인터벌 레인지는 모든 연결을 위한 슬레이브의 선순위 연결 인터벌 레인지이다. 이 선택은 최소 연결 인터벌(슬레이브의 사용가능한 최대 연결 인터벌과 배터리에 의존적인)을 표현하는데 사용한다. 마스터는 연결이 수립되었을 때, 슬레이브 연결 인터벌 레인지로 슬레이브를 이용한다. 슬레이브는 만약 연결 수립이 안되었을 때, 연결 페러미터를 사용할 경우, 슬레이브 연결 페러미터 업데이트 프로시져를 이용한다.

이 값은 0x12로 슬레이브 연결 인터벌 범위를 나타낸다. 첫 2octet은 최소 연결 인터벌을, 다음 2octet은 최대 연결 인터벌을 나타낸다. 연결 인터벌을 위한 최소값은 아래와 같은 방법으로 정의한다.

$$connInterval_{MIN} = Conn\_Interval * 1.25\ ms$$

여기에서 Conn_Interval은 0x0006에서 0x0C80으로 정의된다. 0xFFFF는 최소값이 존재하지 않음을 나타내고 범위 밖의 값들은 예약된 것으로 표시된다.

$$connInterval_{MAX} = Conn\_Interval * 1.25\ ms$$

위는 최대 값 연결 이벤트 인터벌을 나타낸다. Conn_Interval_Max의 범위는 0x0006에서 0x0C80이다. Conn_Interval_Min 값과 같거나 크다. 0xFFFF는 최소값이 없음을 나타내면 범위 밖의 값은 예약된 값이다.

#### 2.6.1.7 서비스

서비스 AD 데이터 타입은 디바이스 상에서 지원되는 서비스를 정의한다. 지원되는 서비스 UUID의 리스트는 디바이스상의 완전한 또는 부분적으로 가능한 서비스의 리스트를 제공한다. 서비스 UUID는 assigned numbers 문서에 정의되어 있다. 필수 서비스를 위한 서비스 UUID에서 GAP, ATT 그리고 GATT는 서비스 태그 내에 있지 않다.

[표 62 서비스 UUID]

| 값 | 설명 |
|---|---|
| 0x13 | 서비스의 부분 리스트(16비트 서비스 UUID) |
| 0x14 | 서비스의 완전한 리스트 |

#### 2.6.1.8 서명된 데이터

서명된 데이터 AD 타입은 전송 서명 데이터에 사용된다. 서명된 데이터는 하나 또는 그 이상의 AD 타입(Message), SignCounter와 MA로 구성된다.

[표 63 서명된 데이터]

| 값 | 설명 |
|---|---|
| 0x15 | 서명된 데이터(첫 N-12 octet은 AD 타입을 포함하고, 그 다음 4octet은 SignCounter, 그리고 그 다음의 8 octet은 MAC을 의미한다. |

### 2.6.2 애드버타이징 데이터 예

아래는 limited discoverable 모드에서의 애드버타이징 데이터이다.

[표 64 애드버타이징 데이터의 예]

| 값 | 설명 |
|---|---|
| 0x02 | 데이터의 길이 |
| 0x01 | AD Type = 플래그 |
| 0x01 | LE Limited Discoverable 플래그 |
| 0x0A | 데이터의 길이 |
| 0x09 | AD Type = 전체 로컬 디바이스 이름 |
| 0x50 | 'P' |
| 0x65 | 'E' |
| 0x64 | 'D' |
| 0x6F | 'O' |
| 0x6D | 'M' |
| 0x65 | 'E' |
| 0x74 | 'T' |
| 0x65 | 'E' |
| 0x72 | 'R' |

## 2.7 GAP 애트리뷰트

각 디바이스는 모든 디바이스들 사이의 애트리뷰트 세트를 갖는다. 본 장에서는 이들에 대해서 알아본다.

[표 65 GAP 프로파일 애트리뷰트]

| 애트리뷰트 | 브로드캐스터 | 옵저버 | 페리퍼럴 | 센트럴 |
|---|---|---|---|---|
| GAP UUID | X | X | M | M |
| 디바이스 이름 | X | | M | M |
| 버전 정보 | X | X | M | M |
| 아이콘 | X | X | O | O |
| 벤더 및 제품 정보 | X | X | O | O |
| 디바이스 언어 지원 | X | X | O | O |
| 현재 사용 언어 | X | X | O | O |
| 슬레이브 선호 연결 페러미터 | X | X | O | X |

### 2.7.1 GAP 프로파일 UUID

GAP 프로파일 UUID(Universally Unique Identifiers) 값은 assigned numbers 문서에 정의된다. GAP 프로파일 UUID는 서비스 AD 타입 내에 위치하지 않는다.

### 2.7.2 디바이스 이름

디바이스 이름 애트리뷰트는 UTF-8 스트링과 같이 디바이스의 이름을 포함한다.

[표 66 디바이스 이름 애트리뷰트]

| 애트리뷰트 | BLE 16 비트 UUID | 퍼미션 | 값 사이즈 | 포맷 |
|---|---|---|---|---|
| 디바이스 이름 | 0xuuuu | 읽기 가능 | 1-20 octet | utf-8 |

### 2.7.3 버전 정보

버전 정보 애트리뷰트는 호스트 버전 정보에 대해서 다양한 필드를 갖는다. 디바이스는 이 애트리뷰트를 포함하며, 이를 읽기 위한 접근은 엄격히 제한된다.

[표 67 버전 정보 애트리뷰트]

| 애트리뷰트 | BLE 16 비트 UUID | 퍼미션 | 값 사이즈 | 포맷 |
|---|---|---|---|---|
| 버전정보 | 0xuuuu | 읽기 가능 | 15 octet | 포맷된 버전 정보 |

### 2.7.4 아이콘

아이콘 애트리뷰트는 디바이스의 일반적인 설명을 포함하는데 만약 디바이스의 정확한 타입을 확인할 수 없다면 디바이스의 타입을 위해 일반 아이콘 디스플레이를 가능하게 한다.

[표 68 아이콘 애트리뷰트]

| 애트리뷰트 | BLE 16 비트 UUID | 퍼미션 | 값 사이즈 | 포맷 |
|---|---|---|---|---|
| 아이콘 | 0xuuuu | 읽기 가능 | 2 octet | 열거된 아이콘 타입 |

### 2.7.5 벤더와 제품 정보

밴더와 제품정보 애트리뷰트는 디바이스 타입의 유일한 일반 설명을 포함한다. 이는 애플리케이션이 디바이스를 식별하고 꼭 지원해야 한다.

[표 69 벤더와 제품 정보 애트리뷰트]

| 애트리뷰트 | BLE 16 비트 UUID | 퍼미션 | 값 사이즈 | 포맷 |
|---|---|---|---|---|
| 벤터와 제품 정보 | 0xuuuu | 읽기 가능 | 8 octet | 구조화된 벤더와 제품 정보 |

멀티플 조직이 가능하기 위해서 밴터 식별자를 할당한다. 조작은 authority 식별자를 통해서 식별이 가능하다.

[표 70 authority 식별자]

| 이름 | 사이즈(octet) | 설명 |
|---|---|---|
| Authority ID | 2 | 0x0001 = Bluetooth SIG<br>0x0002 = USB IF |
| Vendor ID | 2 | 벤더 정보 |
| Product ID | 2 | 제품의 identifier, 벤더마다 다르게 셋팅됨. |
| Revision Number | 2 | 리비젼 버호를 넣음, 제품에 따라서 달라지며, 해당 제품의 버전을 관리함. |

### 2.7.6 디바이스 언어 지원

디바이스 언어 지원 애트리뷰트는 디바이스가 지원하는 언어를 정의한다. 언어는 ISO 639-1 포맷에 의해 정의된다.

[표 71 디바이스 언어지원 애트리뷰트]

| 애트리뷰트 | BLE 16 비트 UUID | 퍼미션 | 값 사이즈 | 포맷 |
|---|---|---|---|---|
| 디바이스 언어 지원 | 0xuuuu | 읽기 가능 | 2-20 octet | 2 character 코드 리스트 |

### 2.7.7 현재 사용 언어

현 사용 언어 애트리뷰터는 디바이스에서 현재 사용되고 있는 언어를 셋팅하는데 사용한다. 언어 코드는 ISO 639-1 포맷에 의해 정의되어지며 디바이스 언어 지원 애트리뷰트로부터 읽을 수 있다.

[표 72 현재 사용 언어 애트리뷰트]

| 애트리뷰트 | BLE 16 비트 UUID | 퍼미션 | 값 사이즈 | 포맷 |
|---|---|---|---|---|
| 현재 사용 언어 | 0xuuuu | 쓰기 가능 | 2 octet | 2 character 코드 |

### 2.7.8 슬레이브 선순위 연결 페러미터

슬레이브 선순위 연결 페러미터 애트리뷰트는 슬레이브 링크 계층 역할에서 디바이스의 선호하는 연결 페러미터를 포함한다. 이 애트리뷰트는 재연결시에 리모트 디바이스에 의해서 로컬에 저장된 정보를 읽는다.

[표 73 슬레이브 선순위 연결 페러미터]

| 애트리뷰트 | BLE 16 비트 UUID | 퍼미션 | 값 사이즈 | 포맷 |
|---|---|---|---|---|
| 슬레이브 선호 연결 페러미터 | 0xuuuu | 읽기 가능 | 6 octet | 구조화된 슬레이브 선호 연결 페러미터 |

# 3 블루투스 저에너지 프로토콜

## 3.1 애트리뷰트 프로토콜(Attribute Protocol)

### 3.1.1 프로토콜 요구사항

각 애트리뷰트는 UUID를 이용해서 클라이언트가 서버에 의해 보여지는 애트리뷰트를 알기 위해 애트리뷰트가 나타내는 것을 구분하는 애트리뷰트 유형을 갖는다. 각 애트리뷰트는 애트리뷰트값 뿐만 아니라 서버에 있는 애트리뷰트에 접근하기 위해 사용되는 애트리뷰트 핸들을 갖는다.

애트리뷰트 값은 애트리뷰트 핸들을 사용해서 접근한다. 애트리뷰트 핸들은 애트리뷰트 프로토콜 PDU(Protocol Data Unit)를 사용하는 클라이언트에 의해 발견된다. 동일한 애트리뷰트 유형을 갖는 애트리뷰트는 서버에서 한 번 이상 존재할 수 있다. 또한 애트리뷰트는 읽고 기록될 수 있는지의 여부와 애트리뷰트값이 암호화된 연결 위에서 전송되는지의 허용에 대한 설정도 갖게 된다. 애트리뷰트 프로토콜의 보안에 대한 설명은 3.1.5장에서 설명한다.

### 3.1.2 기본개념

#### 3.1.2.1 애트리뷰트 유형

UUID(universally unique identifier)는 모든 애트리뷰트를 구별하기 위해 사용되며 시공간 상에서도 유일하게 구분된다. UUID는 요구에 의해 누구나 생성해서 분배할 수 있다. 복제되지 않는 유일한 구분자이기 때문에 UUID를 위한 중앙 저장소가 없다. 애트리뷰트 프로토콜은 읽고 쓰기 요청을 구분하기 위해 사용되는 로컬의 핸들과 상관없이 장치가 UUID를 사용하여 애트리뷰트 유형을 구분하는 것을 허용한다. UUID는 128비트 값으로 되어 있다. 더 효율적인 방법은 일반적으로 UUID를 16비트보다 짧게할 수 있다. 블루투스 기반의 UUID는 16비트 애트리뷰트 UUID를 기본으로 사용한다. 블루투스 기반 UUID는

00000000-0000-1000-8000-00805F9B34FB

16비트 애트리뷰트 UUID를 128비트 UUID로 변환하기 위해 다음의 공식이 적용

된다.

$$128\text{비트 UUID} = 16\text{비트 애트리뷰트 UUID} * 2^{96} + \text{Bluetooth\_base\_UUID}$$

더 간단히 16비트 애트리뷰트 UUID를 x로 대체하면 다음과 같다.

0000xxxx-0000-1000-8000-00805F9B34FB

0x1234의 16비트 애트리뷰트 UUID를 128비트 UUID로 나타내면 아래와 같다.

00001234-0000-1000-8000-00805F9B34FB

16비트 애트리뷰트 UUID는 128비트 UUID로의 변환이 없는 16비트 애트리뷰트 UUID와 비교된다. 하지만 비교할 때마다 16비트 애트리뷰트 UUID는 128비트 UUID로 먼저 변환되어야 한다. 16비트 UUID는 블루투스 SIG에서 할당받고 블루투스에서 할당된 숫자의 페이지로 제공된다. 16비트 애트리뷰트 UUID는 SDP16비트 UUID와 같은 네임 스페이스를 사용한다.

### 3.1.2.2 애트리뷰트 핸들

애트리뷰트 핸들은 클라이언트가 애트리뷰트 값을 참조하도록 각각의 서버에 할당한 16비트 값이다. 클라이언트와 서버간에 L2CAP 채널이 활성화되어 있는 동안에 애트리뷰트 핸들은 재사용될 수 없다. 서버에서의 애트리뷰트 핸들은 0이 아닌 유일값을 가져야 한다. 애트리뷰트는 애트리뷰트 핸들에 의해 정렬된다. 핸들값 0은 예약되어 있어 사용될 수 없고 애트리뷰트 핸들의 최대값은 0xFFFF이다.

Note: 애트리뷰트는 L2CAP 채널이 열려있는 동안에 추가 또는 삭제될 수 있지만 삭제된 애트리뷰트는 열려있는 동안 같은 핸들의 다른 애트리뷰트에 의해 대체될 수 없다.

### 3.1.2.3 애트리뷰트 핸들 그룹화

그룹화는 상위계층 스펙에 정의되어 있듯이 해당 애트리뷰트로 그룹화 된 다른 애트리뷰트 그룹의 처음에 위치한 특정 그룹화 애트리뷰트에 의해 정의되어 있다. 동일한 유형을 가진 다음 애트리뷰트가 나올 때까지 그룹화 애트리뷰트에 있는 모든 애트리뷰트는 해당 애트리뷰트에 의해 그룹화 되도록 고려되어야 한다. 클라이언트는 애트리뷰트 그룹과 연관된 처음과 마지막 핸들을 요청할 수 있다.

#### 3.1.2.4 애트리뷰트 값

애트리뷰트 값은 고정되거나 가변 길이를 갖는 8배수 배열이다. 하나의 8배수 값과 4개의 8배수 값 또는 가변의 문자열이 될 수 있다. 몇몇의 애트리뷰트에 대해서는 값이 단일 PDU에서 보낼수 있는 것보다 길어질 수 있으며, 이에 따라 여러 개의 PDU를 전송할 수 있다. 애트리뷰트 프로토콜은 전송되는 값의 의미를 알 수 없다. 이러한 8배수 배열의 인코딩은 적절한 프로파일로 정의된다.

요청이나 응답 또는 알림이나 지시를 위해 애트리뷰트 값을 전송할 때 애트리뷰트값 길이는 PDU에 기록되지 않는다. 애트리뷰트의 길이는 PDU를 처리하는 패킷의 길이를 보고 암묵적으로 알 수 있다. 이는 다음과 같은 내용을 포함한다.

a) 상위 계층의 스펙에 의해 정의된 것처럼 애트리뷰트 값이 서버나 클라이언트에 의해 길이값이 알려지지 않았다면 하나의 애트리뷰트 값만이 단일 요청(request), 응답(response), 알림(notification)이나 지시(indication)에 따라 제공될 수 있다.
b) 이러한 애트리뷰트값은 요청, 응답, 알림이나 지시에 따라 가변의 길이가 된다.
c) 운반 프로토콜은 datagram의 범위를 보호한다.

일부 응답의 경우 다중 애트리뷰트 값을 포함한다(클라이언트가 다중 애트리뷰트 읽기를 요청하는 경우). 클라이언트가 애트리뷰트 값의 범위를 결정하기 위해서는 애트리뷰트 값의 크기가 정해져 있어야 한다.

#### 3.1.2.5 애트리뷰트 허용(Attribute Permissions)

애트리뷰트는 관련된 허용 값들을 갖고 있으며 관련된 허용권한으로는 읽기와 쓰기 등이 있다. 알림(notification) 및 지시(indication)뿐만 아니라 읽기, 쓰기에도 요구되는 보안 수준도 명시한다. 주어진 애트리뷰트의 허용은 상위계측 스펙에 정의되있고 애트리뷰트 프로토콜을 이용해서는 검색되지 않는다. 보안 애트리뷰트에 접근하는데 인증된 링크가 필요하거나 애트리뷰트 클라이언트가 충분한 보안을 갖는 서버로 인증되지 않는다면 "Insufficient Authentication"이라는 에러 코드로 응답이 간다.

보안 애트리뷰트에 대한 접근이 암호화된 연결을 요구하고, 연결에 있어 요구되는 보안레벨로는 매우 짧은 암호화 키로 암호화되면 "Insufficient Encryption Key 사이즈"라는 에러 코드로 응답한다. 애트리뷰트 클라이언트가 에러 코드를 수신하면 연결을 인증하기 위해 시도하고, 인증이 성공하면 보안 애트리뷰트를 접근하게 된다. 애트리뷰트가 암호화되지 않은 매체에 대해 인증을 요구하는 것을 알고 있고 이러한 애트리뷰트에 대해 에러 응답을 허용하지 않는 명령어에 대해, 애트리뷰트 클라이언트가 그러한 명령어를 사용하면 이러한 명령에서의 애트리뷰트 값은 인증을 제공하지만 보안은 제공되지 않는다. 애트리뷰트 허용은 접근 허용 및 인증허용과 권한허용의 조합으로 구성된다. 접근 허용으로는 다음과 같은 종류가 있다

- 읽기가능
- 쓰기가능
- 읽기 및 쓰기 가능

인증 허용으로 다음과 같은 것이 가능하다.

- 인증 요구됨
- 인증 필요없음

권한 허용으로는 다음과 같은 것이 가능하다

- 권한 요구됨
- 권한 필요없음

접근 허용은 클라이언트가 애트리뷰트 값을 읽거나 쓸 수 있는지를 결정하기 위해 서버에 의해 사용된다. 인증 허용은 클라이언트에게 알림이나 지시를 보내기 전에 인증을 위한 물리적 연결이 요구되는지를 결정하기 위해 서버에 의해 사용된다. 권한 허용은 클라이언트가 애트리뷰트 값에 접근하기 전에 허가받을 필요가 있는지를 결정한다.

### 3.1.2.6 컨트롤 포인트 애트리뷰트

읽지는 못하지만 쓸 수 있고, 알림 또는 지시될 수 있는 애트리뷰트를 컨트롤 포인트 애트리뷰트라 한다. 이러한 컨트롤 포인트 애트리뷰트는 장치에 특화된 프로시저를 가능케 하기 위해 상위 계층에서 사용된다. 예를 들면 장치에 대해 주어진 프로시저가 완성될 때 명령이나 지시를 기록할 경우를 말한다.

### 3.1.2.7 프로토콜 메소드

애트리뷰트 프로토콜은 검색, 읽기, 쓰기, 알림과 지시를 수행하기 위해 3.1.4장에

정의된 메소드를 사용한다. 메소드는 요청, 응답, 명령, 알림, 지시 또는 확인 메소드로 분류된다(3.1.3장 참조). 애트리뷰트 프로토콜 PDU는 인증 서명을 포함하고 암호화를 요구하지 않고 PDU 발생자의 인증을 허용한다. 메소드와 서명 비트를 opcode라 한다

### 3.1.2.8 MTU 크기 교환

ATT_MTU는 클라이언트와 서버 사이에 보내는 패킷의 최대크기로 정의된다. 상위계층 스펙은 기본 ATT_MTU 값을 정의한다. 클라이언트와 서버는 Exchange MTU 요청과 응답 PDU를 사용하여 받는 패킷의 최대 크기를 선택적으로 교환한다. 양쪽의 장치들은 다른 통신들에 대해서도 교환되는 값의 최소값을 사용한다

동시에 서버와 클라이언트로 동작하는 장치는 Client Rx MTU와 Server Rx MTU에 대해 동일 값을 사용해야 한다. 연결되는 동안 ATT_MTU는 23~157범위 내에 존재한다.

### 3.1.2.9 긴 애트리뷰트 값 (Long Attribute Values)

단일 패킷으로 전송될 수 있는 가장 긴 애트리뷰트의 크기는 ATT_MTU-1 octet이다. 최소한 애트리뷰트 명령어 코드(Attribute Opcode)는 애트리뷰트 PDU에 포함된다.

애트리뷰트 값은 크기가 ATT_MTU-1보다 크도록 정의될 수 있으며, 이러한 애트리뷰트를 긴 애트리뷰트(long attributes)라 한다.

ATT_MTU-1octet 이상의 애트리뷰트 값을 읽기 위해서는 read blob을 요청해야 한다. Read 요청을 사용해서 긴 애트리뷰트(long attribute) 값의 처음 ATT_MTU-1 octet을 읽는 것이 가능하다. ATT_MTU-3 octet 이상의 애트리뷰트 값을 쓰기 위해서는, write blob을 요청해야 한다. write 요청을 사용해서 긴 애트리뷰트(long attribute) 값의 처음 ATT_MTU-3를 쓰는 것이 가능하다.

이러한 프로토콜을 사용해서 애트리뷰트 값이 ATT_MTU-3 octet보다 큰지 아닌지는 알 수 없다. 상위 계층의 스펙은 주어진 애트리뷰트 값이 ATT_MTU(3 octet)보다 긴 최대 값을 가질 수 있다고 명시해야 한다. 애트리뷰트 값의 최대 길이는 512 octets이 되어야 한다.

서버는 간단히 구현하기 위해 특정 애트리뷰트에 대한 애트리뷰트 프로토콜 PDU

의 사용을 제한할 수 있다. 예를들면 4octet 애트리뷰트 값은 긴 애트리뷰트 값을 읽도록 설계된 애트리뷰트 프로토콜 PDU의 사용을 허용하지 않을 수 있다. 애트리뷰트서버는 애트리뷰트 클라이언트가 다중 애트리뷰트 프로토콜 메시지를 사용하는 애트리뷰트 값을 읽고 있는 동안에 긴 애트리뷰트(long attribute)의 값을 바꿀수도 있다. 상위 계층에서는 이러한 특징을 알고 있어야 하고 그에 따라 애트리뷰트 프로토콜을 설계해야 한다.

#### 3.1.2.10 최소 단위 동작(Atomic Operations)

서버는 동시에 요청이나 명령을 보내는 다른 클라이언트에 의해 영향을 받아서는 안되는 최소단위 동작(atomic operation)으로 각 요청이나 명령을 다루어야 한다. 링크가 어떠한 이유로(사용자 동작이나 라디오 링크 손실) 해제된다면, 어떠한 수정된 애트리뷰트의 동작이라도 관련된 상위 계층의 스펙에 정의되어야 한다.

긴 애트리뷰트(Long attribute)는 단일 최소 단위 동작에 읽혀지거나 기록되어서는 안된다.

### 3.1.3 애트리뷰트 PDU

애트리뷰트 PDU는 6개의 메소드 유형이 있다.

- 요청(Requests) – 클라이언트가 서버에 보내며 응답을 발생시킨다
- 응답(Responses) – 서버 요청에 대한 응답으로 클라이언트로 보낸다.
- 명령(Commands) – 클라이언트가 서버에 보낸다
- 알림(Notification) – 서버에 의해 클라이언트의 요구없이 보내진다.
- 지시(Indication) – 서버에 의해 클라이언트의 요구없이 보내지며 확인(confirmations)을 발생시킨다.
- 확인(Confirmations) – 애트리뷰트 서버에 지시에 대한 수신을 확인하기 위해 보내진다.

서버는 다음과 같은 요청들을 수신할 수 있어야 한다.

- 검색 정보 요청(Find Information Request)
- 읽기 요청(Read Request)

애트리뷰트 서버에 있는 다른 모든 PDU 유형에 대한 지원은 상위 계층 스펙에서 기술된다. 클라이언트가 요청을 보내면, 클라이언트는 이 요청에 대한 모든 가능한 응답을 지원해야 한다. 서버가 주어진 요청을 지원하지 않는데 클라이언트가 이러한 요청을 보낸다면 서버는 "Request Not Supported"라는 에러 코드를 갖는 "Error Response"로 응답한다. 이 때 "Attribute Handle In Error" 인자는 0x0000으로 설정된다. 클라이언트는 "Handle Value Notification" PDU를 항상 지원해야 한다. 이것은 클라이언트가 "Error Response", "Find Information Response", "Read Response"와 "Handle Value Indication" PDU를 지원한다는 것을 의미한다.

#### 3.1.3.1 애트리뷰트 PDU 포맷

애트리뷰트 PDU는 다음과 같은 포맷을 갖는다.

[표 74 애트리뷰트 PDU 포맷]

| 이름 | 크기 (octets) | 설명 |
|---|---|---|
| Attribute Opcode | 1 | 애트리뷰트 PDU 동작 코드<br>bit7: 인증 서명 플래그<br>bit6-0: 메소드 |
| Attribute 페러미터 | 0 to (ATT_MTU - X) | 애트리뷰트 PDU 페러미터<br>X = 1애트리뷰트 Opcode의 인증서명 플래그가 0일 경우<br>X = 13애트리뷰트 Opcode의 인증서명 플래그가 1일 경우 |
| Authentication Signature | 0 or 12 | 애트리뷰트 Opcode와 애트리뷰트 페러미터를 위한 인증서명 옵션 |

애트리뷰트 프로토콜내의 다중 octet 필드는 애트리뷰트 값의 필드를 제외하고는 little endian 방식으로 least significant octet이 먼저 전송된다. 애트리뷰트 값 필드의 endian 방식은 상위계층 스펙에서 정의된다.

애트리뷰트 명령코드(Attribute Opcode)는 인증서명 플래그(Authentication Signature Flag)와 메소드 두 개의 필드로 구성되어 있다. 메소드는 애트리뷰트 인자들의 포맷과 의미를 결정하는 7비트 값으로 되어 있다.

애트리뷰트 명령어 코드의 인증서명 플래그가 1로 설정되면 인증 서명값은 애트리뷰트 PDU의 끝에 추가되고 X는 13이 된다. 애트리뷰트 명령 코드의 인증서명 플래그가 0으로 설정되면 인증서명 값은 추가되지 않고 X는 1이 된다.

인증서명 필드는 보안 관리자에서 정의되어 계산된다. 이 값은 애트리뷰트 명령 코드(Attribute Opcode), 애트리뷰트 인자(Attirbute Parameters) 순서로 이루어진 값으로 인증 서명에 제공된다. 인증 서명을 포함하는 애트리뷰트 PDU는 암호화된 연결로 보내져서는 안 된다.

- **Note:** 암호화된 연결은 이미 모든 패킷에 대해 인증 데이터를 포함하므로 추가적인 인증 데이터가 요구되지 않는다.

다음과 같은 메소드가 인증서명을 포함한다.

- 읽기 응답(Read Response)
- 쓰기 명령(Write Command)
- 쓰기 요청(Write Request)
- 핸들값 알림(Handle Value Notification)
- 핸들값 지시(Handle Value Indication)

다른 모든 메소드는 인증 서명을 포함하지 않는다

#### 3.1.3.2 순차적 프로토콜(Sequential Protocol)

많은 애트리뷰트 프로토콜 PDU는 순차적인 요청-응답 프로토콜을 사용한다. 일단 클라이언트가 서버에 요청을 보내면 응답 메시지가 수신될 때까지 어떤 요청이 동일한 애트리뷰트 서버에 보내지지 않는다.

서버에서 보내진 지시(indication)는 순차적인 지시-확인(confirmation) 프로토콜을 갖게 된다. 확인 PDU가 수신될 때까지 어떤 지시들도 서버로부터 동일한 애트리뷰트 클라이언트에게 보내지지 않는다. 응답 메시지를 갖지 않는 알림(notification)에 대해서는 흐름제어(flow control)도 없고 알림은 언제든지 보낼수 있다. 응답을 요구하지 않는 명령들은 어떠한 흐름제어도 갖지 않는다. 서버에 명령어가 몰릴수 있으므로 상위계층 스펙은 이러한 사태가 발생하는 것을 어떻게 예방할 것인지를 정의해야 한다. 버퍼 오버플로우나 다른 이유 때문에 수신하지만 처리되지 않은 명령이나 지시(notifications)는 폐기된다. 이러한 PDU는 신뢰할 수 없는 것으로 간주된다.

- **Note:** 각 클라이언트와 서버에 대한 흐름제어는 서로 독립적이다.
- **Note:** 서버가 요청을 받는 것 뿐만 아니라, 하나 이상의 알림을 보내고 원래 요

청에 대한 응답을 보내는 것도 가능하다. 요청에 대한 흐름제어는 명령 전송에 의해 영향받지 않는다.

- **Note:** 서버가 요청을 수신하고 원래 요청에 대한 응답 전에 명령을 받는 것이 가능하다. 요청의 흐름제어는 명령 전송에 영향받지 않는다.
- **Note:** 지시(indication)가 보내졌지만 확인(confirmation)이 수신되지 않은 상태에서는 서버로부터의 알림(notification)을 보낼 수 있다. 지시의 흐름제어는 알림의 전송에 의해 영향받지 않는다.
- **Note:** 클라이언트가 서버로부터의 지시를 수신하고 원래 지시의 확인을 보내기 전에 요청이나 명령을 서버에 보내는 것이 가능하다.

#### 3.1.3.3 트랜잭션

애트리뷰트 프로토콜 요청과 응답은 단일 트랜잭션으로 간주된다. 트랜잭션은 항상 단일의 능동적인 L2CAP 채널로 수행되고 다중 L2CAP 채널로 분리되지 않는다. 트랜잭션은 요청이 클라이언트에 의해 보내졌을 때 시작한다. 트랜잭션은 응답이 클라이언트에 의해 수신됐을 때 완료된다. 트랜잭션은 요청이 서버에 의해 수신됐을때 시작한다. 트랜잭션은 응답이 서버에 의해 보내졌을 때 완료된다.

트랜잭션은 지시(indication)가 서버에 의해 보내졌을 때 시작되며, 트랜잭션은 확인(confirmation)이 서버에 의해 수신됐을 때 완료된다.

트랜잭션은 지시가 클라이언트에 의해 수신됐을 때 시작한다. 트랜잭션은 확인이 클라이언트에 의해 보내졌을 때 완료된다. 트랜잭션은 시간이 만료되는 지점에서 30초 이내에 완료된다. 만료되기 전에 트랜잭션이 완료되지 않으면 실패된 것으로 간주되고 로컬에 있는 상위 계층에 실패한 것을 알린다. 더 이상의 애트리뷰트 프로토콜에 대한 요청(request), 명령(commands), 지시(indication)와 알림(notification)은 보내지지 않는다.

다른 애트리뷰트 프로토콜 PDU를 보내기 위해서는 장치간에 새로운 L2CAP 채널이 구성되어야 한다. 이미 존재하는 L2CAP 채널은 연결 해제가 필요할 수 있으며, 새로운 L2CAP 채널이 구성되기 전에 종료될 수 있다. L2CAP 채널이 트랜잭션 동안에 해제되면 트랜잭션이 닫혀진 것으로 간주되고 애트리뷰트 서버에 대해 수정되는 어떠한 값도 확정되지 않은 상태로 남게 되며 L2CAP 채널을 사용하는 애트리뷰트 클라이언트에 의해 형성된 모든 큐가 제거된다. 각 Prepare Write Request는 별도의 요청이기 때문에 별도의 트랜잭션이 된다. 각 Read Blob Request와 Write Blob Request도 별도의 요청이므로 별도의 트랜잭션이 된다.

## 3.1.4 애트리뷰트 프로토콜 PDU

### 3.1.4.1 에러 처리(Error Handling)

#### 3.1.4.1.1 에러 응답(Error Response)

"Error Response"는 주어진 요청이 수행될 수 없고, 그 이유에 대해 기술하기 위해 사용된다.

Note: Write Command는 Error Response를 생성하지 않는다

[표 75 에러 응답 포맷]

| 페러미터 | 사이즈 (octets) | 설명 |
|---|---|---|
| Attirbute Opcode | 1 | 0x01 = Error Response |
| Request Opcode In Error | 1 | 발생된 에러응답에 대한 요청 |
| Attribute Handle In Error | 2 | 발생된 에러 응답에 대한 애트리뷰트 핸들 |
| Error Code | 1 | 발생된 에러 응답에 대한 이유 |

"Request Opcode In Error" 인자는 이러한 에러를 발생시키는 요청에 대한 애트리뷰트 명령 코드(Attribute Opcode)로 설정되어야 한다.

"Attribute Handle In Error" 인자는 이 에러를 발생시키는 원래 요청에 있는 애트리뷰트 핸들로 설정되어야 한다. 원래 요청에 어떠한 애트리뷰트 핸들도 없고 요청이 지원되지 않는다면 이 필드값은 0x0000이다. Error Code 인자는 다음과 같은 값들 중에 하나로 설정된다.

[표 76 에러 코드]

| 이름 | 에러 코드 | 설명 |
|---|---|---|
| Invalid Handle | 0x01 | 서버에서 제공된 유효하지 않은 애트리뷰트 핸들 |
| Read Not Permitted | 0x02 | 애트리뷰트를 읽을 수 없음 |
| Write Not Permitted | 0x03 | 애트리뷰트를 쓸 수 없음 |

| 이름 | 에러 코드 | 설명 |
|---|---|---|
| Invalid PDU | 0x04 | 유효하지 않은 애트리뷰트 PDU |
| Insufficient Authentication | 0x05 | 쓰거나 읽기전에 발생하는 충분하지 않은 인증정보 |
| Request Not Supported | 0x06 | 서버는 클라이언트로부터의 요청을 지원하지 않음 |
| Invalid Offset | 0x07 | 애트리뷰트의 유효하지 않음 옵셋 |
| Insufficient Authorization | 0x08 | 쓰거나 읽기전에 발생하는 충분하지 않은 인증정보 |
| Prepare Queue Full | 0x09 | 너무 많이 준비된 쓰기(큐가 넘침) |
| Attribute Not Found | 0x0A | 애트리뷰트 핸들 범위에서의 애트리뷰트를 찾을 수 없음 |
| Attribute Not Long | 0x0B | Read Blob Request나 Write Blob Requests에 의해서 애트리뷰트를 읽을 수 없거나 쓸 수 없음 |
| Insufficient Encryption Key size | 0x0C | 인크립션 키 사이즈가 충분하지 않음 |
| Invalid attribute value Length | 0x0D | 오퍼레이션을 위해서 애트리뷰트의 길이가 유효하지 않음 |
| Reserved | 0x0E – 0x7F | 예약됨 |
| Application Error | 0x80 – 0xFF | 상위계층 스펙에 의해서 정의되는 애플리케이션 에러 |

### 3.1.4.2 MTU 교환

#### 3.1.4.2.1. Exchange MTU 요청

"Exchange MTU Request"는 서버에 클라이언트의 수신 MTU의 크기를 알려주고 그 응답으로 최대 수신 MTU 크기를 얻기 위해 애트리뷰트 클라이언트에 의해 사용된다.

[표 77 Exchange MTU 요청 포맷]

| 페러미터 | 사이즈 (octets) | 설명 |
|---|---|---|
| Attribute Opcode | 1 | 0x02 = Exchange MTU Request |
| Client Rx MTU | 2 | 클라이언트에서 수신되는 MTU 사이즈 |

이러한 요청은 클라이언트와 연결이 진행되는 동안 한 번만 전송된다. Client Rx MTU 인자는 클라이언트가 받을 수 있는 애트리뷰트 프로토콜 메시지의 최대 사이즈로 설정된다.

#### 3.1.4.2.2 Exchange MTU 응답

"Exchange MTU Response"는 "Exchange MTU Request"에 대한 응답으로 보내진다.

[표 78 Exchange MTU 응답 포맷]

| 페러미터 | 사이즈 (octets) | 설명 |
|---|---|---|
| Attribute Opcode | 1 | 0x03 = Exchange MTU Response |
| Server Rx MTU | 2 | 애트리뷰트 서버는 MTU 사이즈를 수신한다. |

"Server Rx MTU" 인자는 서버가 받을 수 있는 애트리뷰트 프로토콜 메시지의 최대 크기로 설정된다. 서버와 클라이언트는 ATT_MTU를 "Client Rx MTU"와 "Server Rx MTU"의 최소값으로 설정한다. 클라이언트가 긴 애트리뷰트 읽기의 최종 패킷을 정확하게 감지하는 것을 보장할 수 있게 동일한 사이즈로 한다. ATT_MTU 값은 응답이 보내진 후 다른 애트리뷰트 프로토콜 메시지가 보내지기 전 사이에 서버에 적용된다. ATT_MTU 값은 응답이 수신된 후 다른 애트리뷰트 프로토콜 메시지가 보내지기 전 사이에 클라이언트에 적용된다.

### 3.1.4.3 검색 정보

#### 3.1.4.3.1 검색 정보 요청

"Find Information Request"는 애트리뷰트 핸들관 관련된 타입들을 맵핑시키기 위해 사용된다. 이것을 통해 애트리뷰트 클라이언트는 애트리뷰트 리스트와 애트리뷰트 서버에서의 애트리뷰트 타입을 찾을 수 있다.

[표 79 Find Information Request 포맷]

| 페러미터 | 사이즈 (octets) | 설명 |
|---|---|---|
| Attribute Opcode | 1 | 0x04 = 검색 정보 요청 |
| Starting Handle | 2 | 첫 번째 요청 핸들 번호 |
| Ending Handle | 2 | 마지막 요청 핸들 번호 |
| UUID Filter | 0, 2 or 16 | 만약 UUID의 필터 페러미터의 사이즈가 0이면, 모든 애트리뷰트 타입을 리턴한다.<br>만약 UUID 필터 페러미터의 사이즈가 2, 16이면, 단지 애트리뷰트 타입은 UUID 필터 필드와 같은 값을 리턴한다. |

모든 애트리뷰트를 읽기 위해서는 Starting Handle 인자를 0x0001로 설정하고 Ending Handle 인자를 0x0001로 설정한다. UUID 필터 인자의 크기가 2 또는 16 octet이면 UUID 필터 인자와 동일한 애트리뷰트 타입을 갖는 애트리뷰트가 반환된다. Starting Handle 인자는 Ending Handle 인자보다 작거나 같아야 한다. 모든 애트리뷰트 타입은 요청에서 16비트 UUID로 제공되어도 실제적으로는 128비트 UUID와 비교된다. 하나 이상의 애트리뷰트가 반환되면, "Find Information Request" 메시지가 보내진다.

서버가 Ending Handle 인자보다 큰 Starting Handle 인자이거나 Starting Handle 값이 0x0000인 "Find Information Request"를 수신하게 되면 "Invalid Handle"이라는 에러 코드를 갖고 "Error Response"를 전송한다. Attribute Handle In Error 인자는 Starting Handle 인자로 설정된다. 어떤 애트리뷰트도 반환되지 않으면, "Attribute Not Found" 에러 코드를 갖는 "Error Response"가 전송된다. Attribute Handle In Error 인자는 Starting Handle 인자로 설정된다.

서버는 "Insufficient Authentification", "Insufficient Authorization" 또는 "Application Error" 등의 에러 코드를 갖는 "Error Response"로 "Find Information Request"에 응답하지 않는다.

### 3.1.4.3.2 검색 정보 응답(Find Information Response)

"Find Information Response"는 "Find Information Request"에 대한 응답으로 보내며 서버에 대한 정보를 담고 있다.

[표 80 Find Information Response 포맷]

| 페러미터 | 사이즈 (octets) | 설명 |
|---|---|---|
| Attribute Opcode | 1 | 0x05 = 검색 정보 응답 |
| Format | 1 | 정보 데이터의 포맷 |
| Information data | 0 to (ATT_MTU – 2) | 포맷 필드에 의해서 결정되는 정보 데이터 |

“Find Information Response”는 완전한 handle-UUID 쌍을 갖거나 UUID 필터 인자의 길이가 0 이상이면, 핸들 리스트를 갖고 있어야 한다. Handle-UUID 쌍이 이용될 경우 응답 패킷으로 분할되면 안 된다. Handle-UUID 쌍이나 핸들은 애트리뷰트 핸들을 기반으로 순차적으로 반환되어야 한다. 포맷 인자는 다음 표와 같은 3개 값 중에 하나의 값을 갖는다.

[표 81 포맷의 필드 값들]

| 이름 | 포맷 | 설명 |
|---|---|---|
| 핸들과 16비트 블루투스UUID | 0x01 | 16비트 블루투스 UUID를 가진 핸들 |
| 핸들과 128비트 블루투스UUID | 0x02 | 128비트 블루투스 UUID를 가진 핸들 |
| 핸들 | 0x03 | 하나 이상의 핸들 |

정보데이터 필드는 아래와 같이 포맷에서 지정된 값에 따라 정의된 데이터를 포함하게 된다.

[표 82 Format 0x01 – 핸들과 16비트 블루투스 UUID]

| 핸들 | 16 비트 블루투스 UUID |
|---|---|
| 2 octets | 2 octets |

[표 83 Format 0x02 – 핸들과 128비트 블루투스 UUID]

| 핸들 | 128 비트 블루투스 UUID |
|---|---|
| 2 octets | 16 octets |

[표 84 핸들]

| 핸들 |
|---|
| 2 octets |

연속된 애트리뷰트들이 각기 다른 UUID 사이즈를 갖고 있다면 "Find Information Response"가 (handle, UUID)쌍의 최대값으로 채워지지 않는데 이것은 다른 UUID 사이즈를 갖는 애트리뷰트를 단일 응답 패킷으로 포함시키기 어렵기 때문이다. 이런 경우 다음 애트리뷰트는 업데이트되는 시작 핸들을 갖는 "Find Information Request"를 이용하여 읽어야 한다.

#### 3.1.4.3.3. 타입 값에 의한 검색 요청

"Find By Type Value Request"는 동일 애트리뷰트 타입의 다음 애트리뷰트 바로 전 애트리뷰트 핸들 뿐만 아니라 애트리뷰트 타입과 애트리뷰트 값을 갖는 애트리뷰트 핸들을 얻기 위해 사용된다. 애트리뷰트 타입이 애트리뷰트들의 그룹을 결정할 때 주어진 애트리뷰트와 연관된 핸들의 범위를 찾게 해준다. Generic Attribute Profile은 애트리뷰트 타입에 의해 애트리뷰트의 그룹을 결정한다.

[표 85 타입 값 요청 검색 포맷]

| 페러미터 | 사이즈 (octets) | 설명 |
|---|---|---|
| Attribute Opcode | 1 | 0x06 = 타입값 요청에 의한 검색 |
| Starting Handle | 2 | 첫 번째 요청 핸들 번호 |
| Ending Handle | 2 | 마지막 요청 핸들 번호 |
| Attribute Type | 2 | 검색을 위한 2 octet UUID |
| Attribute Value | 0 to (ATT_MTU – 7) | 검색을 위한 애트리뷰트 값 |

요청된 애트리뷰트 타입과 애트리뷰트 값을 매치시키는 Starting Handle 인자와 Ending Handle 인자 사이의 애트리뷰트 핸들을 갖는 애트리뷰트만이 반환된다. 모든 애트리뷰트를 읽기 위해서 Starting Handle 인자는 0x0001로 설정되고 Ending Handle 인자는 0xFFFF로 설정된다. 하나 이상의 핸들이 반환되면 "Find By Type Value Response" PDU를 보낸다.

- Note: 애트리뷰트 값이 길이와 이진 표현법으로 비교된다.
- Note: ATT_MTU-7보다 긴 값을 갖는 애트리뷰트에 대한 요청을 사용하는 것은 불가능하다.

서버가 Ending Handle 인자보다 큰 Starting Handle 인자를 갖는 "Find By Type Value Request"를 수신하거나 Starting Handle 인자가 0x0000이면 "Invalid Handle"

에러 코드로 “Error Response”를 보낸다. “Attribute Handle In Error” 인자는 Starting Handle 인자로 설정된다.

어떠한 애트리뷰트도 반환되지 않으면 서버에 의해 “Attribute Not Found” 에러 코드로 “Error Response”를 보낸다. Attribute Handle In Error 인자는 시작 핸들로 설정된다. 서버는 “Find By Type Value Request”에 “Insufficient Authentication”, “Insufficient Authorization”, “Application Error”와 같은 에러 코드로 “Error Response”를 응답하지 않는다.

### 3.1.4.3.4 타입값에 의한 검색 응답

“Find By Type Value Response”는 수신된 “Find By Type Value Request”에 대한 응답으로 보내지며 서버에 대한 정보를 담고 있다.

[표 86 타입 값 검색 응답 포맷]

| 페러미터 | 사이즈 (octets) | 설명 |
|---|---|---|
| Attribute Opcode | 1 | 0x07 = 타입값에 의한 검색 응답 |
| Handles Information | 0 to (ATT_MTU – 1) | 하나이상의 핸들 범위 |

Handle Information 필드는 표에 정의된 것처럼 애트리뷰트 핸들 범위 리스트를 포함하고 있다.

[표 87 핸들 정보 포맷]

| 애트리뷰트 핸들 검색 | 검색된 핸들 |
|---|---|
| 2 octets | 2 octets |

“Find By Type Value Response”는 하나 이상의 완성된 Handles Information을 포함한다. Handles Information은 응답 패킷들로 나눠지면 안 된다. 이것은 Handles Information은 단일 응답 패킷으로 맞춘다는 것을 의미한다. Handles Information은 검색된 애트리뷰트 핸들을 기반으로 순차적으로 반환한다.

“Find By Type Value Request” 내에 있는 애트리뷰트 타입과 애트리뷰트 값에 매치되는 각 핸들에 대해서 Handle Information이 반환된다. “Found Attribute Handle”은 “Find By Type Value Request”로부터 정확한 애트리뷰트 유형과 애트리뷰트 값을 갖는 애트리뷰트로 설정된다. End Found Handle은 임의의 애트리뷰트 값을 갖는 동일 애트리뷰트 유형인 다음 애트리뷰트 바로 전에 애트리뷰트의 애트리뷰트 핸들로 설정된다. 동일 애트리뷰트 유형을 갖는 다른 애트리뷰트가 Found Attribute Handle 이후에 존재하지 않는다면 End Found Handle은 0xFFFF로 설정된다. 서버가 "Find By Type Value Request"를 수신하면 서버는 애트리뷰트에 대해 많은 핸들을 포함하는 "Find By Type Value Response"로 응답한다. 애트리뷰트는 최대 PDU 크기가 ATT_MTU-1인 서버에 존재하는 요청된 애트리뷰트 유형과 애트리뷰트 값과 매치시킨다.

### 3.1.4.4 읽기 애트리뷰트

#### 3.1.4.4.1 타입으로 읽기 요청

"Read By Type Request"는 애트리뷰트 타입은 알지만 핸들은 알지 못하는 애트리뷰트의 값을 얻기 위해 사용된다.

[표 88 타입 읽기 요청 포맷]

| 페러미터 | 사이즈 (octets) | 설명 |
|---|---|---|
| Attribute Opcode | 1 | 0x08 = 타입으로 읽기 요청 |
| Starting Handle | 2 | 첫 번째 요청 핸들 번호 |
| Ending Handle | 2 | 마지막 요청 핸들 번호 |
| Attribute Type | 2 or 16 | 2 또는 16 octet UUID |

애트리뷰트 타입과 동일한 타입을 갖는 Starting Handle과 Ending Handle사이의 애트리뷰트 핸들이 애트리뷰트로 반환된다. 모든 애트리뷰트를 통해 검색하기 위해 시작 핸들은 0x0001로 시작되고 마지막 핸들은 0xffff로 설정된다. 요청에 의해 16비트 UUID가 제공되고 애트리뷰트로 제공되지만 모든 애트리뷰트 타입은 실제적으로 128비트 UUID로 비교된다. 시작 핸들은 마지막 핸들보다 작거나 같아야 한다. 서버가 마지막 핸들보다 큰 시작 핸들을 갖는 "Read By Type Request"를 수신하거나 시작 핸들이 0x0000이면, "Invalid Handle" 에러 코드로 "Error Response"가 전송된다. "Attribute Handle In Error" 인자는 에러를 발생시키는 애트리뷰트 핸들로 설정된다. 주어진 타입의 애트리뷰트가 핸들범위 내에 존재하지 않는다면 어떤 애트리뷰트 핸들이나 값도 반환되지 않고 "Error Response"가 "Attribute Not Found" 에러 코드로 전송된다. "Attribute Handle In Error" 인자는 시작 핸들로 설정된다. 반환

된 애트리뷰트는 핸들 범위 내의 최소 핸들값을 갖는 애트리뷰트로 설정된다. 요청된 애트리뷰트가 바로 이러한 애트리뷰트이다. 핸들 범위 내의 요청 타입을 갖는 애트리뷰트가 동일한 길이를 갖는 애트리뷰트 값을 갖는다면 이러한 애트리뷰트는 단일 요청으로 모두 읽혀질 수 있다.

핸들범위내의 요청 타입을 갖는 애트리뷰트가 다른 길이를 갖는 애트리뷰트 값을 갖는다면 여러 개의 "Read By Type Request"로 수행되어야 한다.

다수의 애트리뷰트가 매치될 때 다음의 규칙들이 차례로 적용된다. 읽혀질 수 있는 애트리뷰트만이 "Read By Type Response"으로 반환된다. 요청된 애트리뷰트 중에 있는 애트리뷰트가 "Error Response"를 발생시키면 이 애트리뷰트는 "Read By Type Response"에 포함되고, 이 에러를 발생시킨 애트리뷰트 이전의 애트리뷰트가 반환된다. 요청된 애트리뷰트들 중의 첫 번째 애트리뷰트가 "Error Response"를 발생시키면 요청 애트리뷰트들 중 어떤 애트리뷰트도 고려되지 않는다.

서버는 요청 애트리뷰트가 읽기를 허용하는 허가를 갖고 있다면 "Read By Type Response"로 응답한다. 클라이언트가 요청 애트리뷰트를 읽는데 필요한 인증이 없다면 "Insufficient Authorization" 에러 코드로 "Error Response"를 보낸다. Attribute Handle In Error 인자는 에러를 발생시키는 애트리뷰트 핸들로 설정된다. 애트리뷰트 클라이언트가 요청 애트리뷰트를 읽는데 필요한 보안이 없다면 "Insufficient Authentication" 에러 코드로 "Error Response"를 보낸다. "Attribute Handle In Error" 인자는 에러를 발생시키는 애트리뷰트 핸들로 설정된다. 클라이언트가 요청 애트리뷰트를 읽는데 필요한 암호화 키 사이즈가 없다면 "Insufficient Encryption Key 사이즈" 에러 코드로 "Error Response"를 보낸다. "Attribute Handle In Error" 인자는 에러를 발생시키는 애트리뷰트 핸들로 설정된다.

요청 애트리뷰트값이 허가가 없어 읽혀지지 않는다면 "Read Not Permitted" 에러 코드로 "Error Response"를 보낸다. "Attribute Handle In Error" 인자는 에러를 발생시키는 애트리뷰트 핸들로 설정된다. 핸들 범위 내에 요청 타입을 갖는 다수의 애트리뷰트가 존재하고 클라이언트가 요청 타입을 갖는 다음 애트리뷰트를 원한다면 갱신된 시작 핸들을 갖는 다른 "Read By Type Request" 메시지를 보내주어야 한다. 클라이언트는 이러한 애트리뷰트들이 없다는 것을 "Attribute Not Found"라는 "Error Response"를 통해 확인할 수 있다.

### 3.1.4.4.2 타입으로 읽기 응답

"Read By Type Request" 수신에 대한 응답으로 "Read By Type Response"를 보내며 읽어온 애트리뷰트 값을 포함하고 있다.

[표 89 타입 읽기 응답 포맷]

| 페러미터 | 사이즈 (octets) | 설명 |
|---|---|---|
| Attribute Opcode | 1 | 0x09 = 타입으로 읽기 응답 |
| Length | 1 | 읽기 애트리뷰트의 길이 |
| Attribute data | 2 – (ATT_MTU – 2) | 하나 이상의 애트리뷰트 핸들 값 페어 |

"Read By Type Response"는 handle-value 한 쌍으로 구성되어야 하며 응답 패킷으로 분할되어서는 안 된다. Handle-value는 애트리뷰트 핸들을 기반으로 순차적으로 반환된다. 애트리뷰트값은 요청에 따른 애트리뷰트 핸들에 의해 확인된 애트리뷰트 값으로 설정된다. 애트리뷰트 값이 ATT_MTU-4보다 길면 처음 ATT_MTU-4개의 octet은 응답에 포함된다. "Read Blob Request" 긴 애트리뷰트 값의 남아 있는 octet을 읽기 위해 사용된다.

Attribute 데이터 필드는 아래 테이블에 정의한 것처럼 애트리뷰트 핸들과 값 한 쌍의 리스트를 포함한다.

[표 90 애트리뷰트 데이터 포맷]

| 애트리뷰트 핸들 | 애트리뷰트 값 |
|---|---|
| 2 octets | (Length – 2) octets |

### 3.1.4.4.3 읽기 요청

"Read Request"는 애트리뷰트 값을 읽고, 애트리뷰트 서버에 요청하기 위해 사용되며 값을 "Read Response"로 반환한다.

[표 91 읽기 요청 포맷]

| 페러미터 | 사이즈 (octets) | 설명 |
|---|---|---|
| Method | 1 | 0x0A = 읽기 요청 |
| Attribute hadle | 2 | 읽혀지는 애트리뷰트 핸들 |

애트리뷰트 핸들 인자는 유효한 핸들로 설정된다. 핸들이 유효하고 애트리뷰트가 읽기를 수행하는데 확실한 허가를 갖고 있다면 애트리뷰트 서버는 "Read Response"로 응답한다. 클라이언트가 요청된 애트리뷰트를 읽기에 부족한 권한을 갖는다면 "Error Response"로 "Insufficient Authorization" 에러 코드를 보낸다. 클라이언트가 부족한 보안을 갖는다면 "Error Response"로 "Insufficient Authentication" 에러 코드를 보낸다. 클라이언트가 요청된 애트리뷰트를 읽기에 부족한 암호화 키 사이즈를 갖는다면 "Error Response"로 "Insufficient Encryption Key Size" 에러 코드를 보낸다. 애트리뷰트 핸들이 유효하지 않다면 "Error Response"로 "Invalid Handle" 에러 코드를 보낸다. 애트리뷰트 값의 허가가 없어 읽을 수 없다면 "Error Response"로 "Read Not Permitted" 에러 코드를 보낸다.

### 3.1.4.4.4 읽기 응답

"read response"는 "Read Request"수신에 따른 응답으로 보내지며 애트리뷰트 값을 포함하고 있다.

[표 92 읽기 응답 포맷]

| 페러미터 | 사이즈(octets) | 설명 |
|---|---|---|
| Attribute Opcode | 1 | 0x0B = 읽기 응답 |
| Attribute value | 0 to (ATT_MTU – 1) | 주어진 핸들의 애트리뷰트 값 |

애트리뷰트 값은 요청에 따른 애트리뷰트 핸들로 확인된 애트리뷰트 값으로 설정된다. 애트리뷰트 값이 ATT_MTU-3보다 크면 처음 ATT_MTU-3 octet이 응답에 포함된다. "Read Blob Request"는 긴 애트리뷰트 값의 남아 있는 octet을 읽기 위해 사용된다.

### 3.1.4.4.5 Read Blob Request

"Read Blob Request"는 주어진 오프셋의 값의 일부를 읽고, 애트리뷰트 서버에 요청하기 위해 사용되며 "Read Blob Response"에 값의 특정부분을 반환한다.

[표 93 Read Blob Request 포맷]

| 페러미터 | 사이즈(octets) | 설명 |
|---|---|---|
| Attribute Opcode | 1 | 0x0C = Read Blob Request |
| Attribute handle | 2 | 읽혀지는 애트리뷰트 핸들 |
| Value Offset | 2 | 첫 번째로 읽혀지는 octet의 오프셋 |

애트리뷰트 핸들 인자는 유효한 애트리뷰트 값으로 설정된다. Value offset 인자는 0 부터 시작된다. 첫 번째 값 octet은 0을 오프셋으로 갖고 두 번째 octet은 1, 이러한 순서로 갖는다. 핸들이 유효하고 애트리뷰트가 읽기를 수행하기에 충분한 허가를 갖는다면 애트리뷰트 서버는 "Read Blob Response"로 응답한다. 애트리뷰트 클라이언트가 요청 애트리뷰트를 읽기에 부족한 권한을 갖는다면 "Error Response"로 "Insufficient Authorization" 에러 코드를 보낸다. 애트리뷰트 클라이언트가 부족한 보안을 갖는다면 "Insufficient Authentication" 에러 코드를 보낸다. 애트리뷰트 클라이언트가 요청된 애트리뷰트를 읽기에 부족한 암호화 키 사이즈를 갖는다면 "Error Response"로 "Insufficient Encryption Key Size" 에러 코드를 보낸다. 핸들이 유효하지 않다면 "Error Response"로 "Invalid Handle" 에러 코드를 보낸다. 애트리뷰트 값이 허가가 없어 읽을 수 없다면 "Error Response"로 "Read Not Permitted" 에러 코드를 보낸다. "Read Blob Request"의 value Offset이 애트리뷰트 값의 길이보다 크면 "Error Response"로 "Invalid Offset" 에러 코드를 보낸다. 애트리뷰트 값이 ATT_MTU-1과 같거나 작은 고정된 길이를 갖는다면 "Error Response"로 "Attribute Not Long" 에러 코드를 보낸다. "Read Blob Request"의 value Offset이 애트리뷰트 값의 길이와 같다면 응답으로 온 파트 애트리뷰트 값의 길이는 0이 된다.

애트리뷰트가 ATT_MUT-1 octet보다 길면, long attribute의 추가 octet을 읽을 수 있는 유일한 방법은 "Read Blob Request" 밖에 없다. 처음 ATT_MUT-3octet은 "Read Request, "Handle Value Notification" 또는 "Handle Value Indication"을 사용하여 읽는다. 긴 애트리뷰트는 프로파일에 의해 명시된 길이를 갖고 있을 수도 없을 수도 있다. 애트리뷰트가 가변의 길이를 갖고 있으면 그 끝을 얻는 유일한 방법은 "Read Blob Response"에 있는 값이 ATT_MTU-5보다 작은 길이를 갖거나 "Invalid Offset" 에러 코드를 갖는 "Error Response"를 가질 때까지 차례대로 읽는 것이다. 긴 애트리뷰트 값은 "Read Blob Request"와 다음 "Read Blob Request"사이에서 변한다. 상위계층 스펙에서는 이를 인지하고 적절한 동작을 정의해야 한다.

#### 3.1.4.4.6 Read Blob Response

"Read Blob Response"는 수신된 "Read Blob Request"에 대한 응답으로 보내며 읽혀진 애트리뷰트 값의 일부를 포함한다.

[표 94 Read Blob Response 포맷]

| 페레미터 | 사이즈 (octets) | 설명 |
|---|---|---|
| Attribute Opcode | 1 | 0x0D = Read Blob Response |
| Part attribute hadle | 0 to (ATT_MTU – 1) | 주어진 애트리뷰트 핸들의 부분 값 |

파트 애트리뷰트(part attribute) 값은 애트리뷰트 핸들과 요청에 의한 value offset에 의해 확인된 애트리뷰트 값의 일부로 설정된다. Value offset이 애트리뷰트 값의 길이와 같다면 파트 애트리뷰트 값의 길이는 0이 된다. 애트리뷰트 값이 Value Offset + ATT_MUT-1보다 크면 Value offset에서 ATT_MTU-1 octet 사이값이 응답에 포함된다.

### 3.1.4.4.7 다중 읽기 요청

"Read Multiple Request"는 애트리뷰트들 중에 2개 이상의 값을 애트리뷰트 서버에 요청하기 위해 사용되며 "Read Multiple Response"로 값을 반환한다. 고정된 크기가 알려진 값만이 읽혀질 수 있지만 가변의 길이를 갖을 수 있는 마지막 값은 예외로 한다. 애트리뷰트가 고정된 크기로 알려졌는지 여부에 대해서는 상위계층 스펙에 정의된다.

[표 95 다중 읽기 요청 포맷]

| 페레미터 | 사이즈 (octets) | 설명 |
|---|---|---|
| Attribute Opcode | 1 | 0x0E = 다중 읽기 요청 |
| Set Of Handles | 4 to (ATT_MTU – 1) | 하나 또는 두개의 애트리뷰트 핸들 |

Set Of Handle 인자에 있는 애트리뷰트 핸들은 유효한 핸들이어야 한다. 모든 핸들이 유효하고 모든 애트리뷰트가 읽기를 수행하기에 충분한 권한을 갖고 있다면 애트리뷰트 서버는 "Read Multiple Response"로 응답해야 한다. Set Of Handles 인자의 애트리뷰트 값은 모두 동일한 크기를 가질 수 없다. Set Of Handles 인자의 애트리뷰트 핸들은 애트리뷰트 핸들 순서로 존재하지 않고 응답에서 값들에 요구되는 순서로 존재한다.

클라이언트가 요청 애트리뷰트를 읽기에 부족한 권한을 갖는다면 "Error Response"로 "Insufficient Authorization" 에러 코드를 보낸다. 클라이언트가 부족한 보안을 갖는다면 "Insufficient Authentication" 에러 코드를 보낸다. 클라이언트가 요청된 애트리뷰트를 읽기에 부족한 암호화 키 사이즈를 갖는다면 “Error Response”로 “Insufficient Encryption Key Size” 에러 코드를 보낸다. 핸들이 유효하지 않다면 “Error Response”로 “Invalid Handle” 에러 코드를 보낸다. 애트리뷰트 값이 허가가 없어 읽을 수 없다면 “Error Response”로 “Read Not Permitted” 에러 코드를 보낸다.

#### 3.1.4.4.8 다중 읽기 응답

Read Response는 “Read Multiple Request”에 대한 응답으로 보내며 읽혀진 애트리뷰트 값을 포함한다.

[표 96 다중 읽기 응답 포맷]

| 페러미터 | 사이즈 (octets) | 설명 |
|---|---|---|
| Attribute Opcode | 1 | 0x0F = 다중 읽기 응답 |
| Set Of Values | 0 to (ATT_MTU – 1) | 두개 이상의 값 |

Set Of Values 인자는 요청된 순서로 요청에 따른 애트리뷰트 핸들 각각의 애트리뷰트값을 연결해 붙인 것이다. Set Of Values 인자가 ATT_MTU-1보다 크면 처음 ATT_MTU-1octet이 응답에 포함된다. 클라이언트는 마지막 애트리뷰트 값이 완전한지 아니면 오버플로우인지 결정하기가 불가능하기 때문에 Set Of Values 인자가 ATT_MTU-1일 때 애트리뷰트에 대한 요청을 사용하지 않는다.

### 3.1.4.5 쓰기 애트리뷰트

#### 3.1.4.5.1 쓰기 명령

“Write Command”는 애트리뷰트 서버에 애트리뷰트(보통 제어 포인트 애트리뷰트)값을 기록하도록 요청하기 위해 사용된다.

[표 97 쓰기 명령 포맷]

| 페러미터 | 사이즈 (octets) | 설명 |
|---|---|---|
| Attribute Opcode | 1 | 0x10 = 쓰기 명령 |
| Attribte handle | 2 | 셋팅되는 애트리뷰트의 핸들 |
| Attribute value | 0 to (ATT_MTU – 3) | 애트리뷰트에 쓰여지는 값 |

애트리뷰트 핸들 인자는 유효한 핸들로 설정된다. 애트리뷰트 값 인자는 애트리

뷰트의 새로운 값으로 설정된다. 애트리뷰트 값이 가변 길이이면 애트리뷰트 값은 애트리뷰트 값 인자 길이에 맞춰서 자르거나 늘려야 한다. 애트리뷰트 값이 가변 길이이고 애트리뷰트 값 인자 길이가 0이면 애트리뷰트 값은 전체가 잘라져 버린다.

애트리뷰트 값이 고정 길이이고 애트리뷰트 값 인자 길이가 애트리뷰트 값 길이와 같거나 작다면 애트리뷰트 값 인자 길이의 octet까지 기록된다. 애트리뷰트 값에 대한 다른 모든 octet은 변하지 않는다. 애트리뷰트 값의 길이가 가변이고 애트리뷰트 값 인자 길이가 애트리뷰트 값의 최대 유효길이를 넘어서면 서버는 명령을 무시한다. 애트리뷰트 값의 길이가 고정이고 요청된 애트리뷰트 값 인자 길이가 애트리뷰트값의 길이보다 크면 서버는 명령을 무시한다. 어떤 "Error Response"나 "Write Response"도 이러한 명령에 대한 응답으로 보내지지 않는다. 애트리뷰트 클라이언트가 어떠한 이유로도 이 애트리뷰트를 기록하지 않는다면 명령은 무시된다.

#### 3.1.4.5.2 쓰기 요청

"Write Request"는 애트리뷰트 서버에 애트리뷰트 값을 기록할 것을 요청하기 위해 사용되고 "Write Response"를 통해 수행 결과를 알려준다.

[표 98 쓰기 요청 포맷]

| 페러미터 | 사이즈 (octets) | 설명 |
|---|---|---|
| Attribute Opcode | 1 | 0x12 = 쓰기 요청 |
| Attribte handle | 2 | 쓰여질 애트리뷰트의 핸들 |
| Attribte value | 0 to (ATT_MTU – 3) | 애트리뷰트에 쓰여질 값 |

애트리뷰트 핸들은 유효한 핸들로 설정된다. 애트리뷰트 값은 애트리뷰트의 새로운 값으로 설정된다. 애트리뷰트 값의 길이가 가변이면 애트리뷰트 값은 애트리뷰트 값인자 길이에 맞춰 자르거나 늘린다. 애트리뷰트 값이 가변 길이이고 애트리뷰트 값 인자 길이가 0이면 애트리뷰트 값은 전체가 잘라져 버린다.

애트리뷰트 값의 길이가 고정이고 애트리뷰트 값의 인자 길이가 애트리뷰트 값 길이와 같거나 작다면 애트리뷰트 값 인자 길이의 octet까지 기록된다. 애트리뷰트 값에 대한 다른 모든 octet은 변하지 않는다. 핸들이 유효하고 애트리뷰트가 쓰기를 허용할 정도의 충분한 권한을 갖고 있으며 애트리뷰트 값이 유효한 사이즈와 포맷을 갖고 있고 애트리뷰트를 기록하는데 성공적이면 애트리뷰트 서버는 "Write

Response"로 응답한다. 애트리뷰트 값 길이가 가변이고 "Attribute Value" 인자 길이가 애트리뷰트 값의 최대 유효길이를 초과하면 서버는 "Error Response"로 "Invalid Attribute Value Length" 에러 코드를 보낸다. 애트리뷰트 값의 길이가 고정이고 요청된 애트리뷰트 값 인자의 길이가 애트리뷰트 값의 길이보다 길면 서버는 "Error Response"로 "Invalid Attribute Value Length" 에러 코드를 보낸다. 클라이언트가 요청 애트리뷰트를 쓰기에 부족한 권한을 갖는다면 "Error Response"로 "Insufficient Authorization" 에러 코드를 보낸다. 클라이언트가 부족한 보안을 갖는다면 "Insufficient Authentication" 에러 코드를 보낸다. 애트리뷰트 클라이언트가 요청된 애트리뷰트를 쓰기에 부족한 암호화 키 사이즈를 갖는다면 "Error Response"로 "Insufficient Encryption Key Size" 에러 코드를 보낸다. 핸들이 유효하지 않다면 "Error Response"로 "Invalid Handle" 에러 코드를 보낸다. 애트리뷰트 값이 허가가 없어 기록 할 수 없다면 "Error Response"로 "Write Not Permitted" 에러 코드를 보낸다.

#### 3.1.4.5.3 쓰기 응답

"Write Response"는 유효한 "Write Request"에 대한 응답으로 보내며 애트리뷰트에 대한 기록이 성공적으로 수행된 것을 알려준다.

[표 99 쓰기 응답 포맷]

| 페러미터 | 사이즈 (octets) | 설명 |
|---|---|---|
| Attribute Opcode | 1 | 0x13 = 쓰기 응답 |

쓰기 동작이 다른 동작을 유발하면 그 동작이 완성되기를 기다리는 대신에 쓰기 작업을 즉각적으로 완료한다. 지시(Indication)는 쓰기 장치의 프로파일이나 동작이 완료된 어플리케이션에 알리기 위해 사용된다. 이것은 애트리뷰트 프로토콜이 다중 프로파일을 동시에 지원하게 해준다.

#### 3.1.4.5.4 Write Blob Request

"Write Blob Request"는 애트리뷰트 서버가 주어진 오프셋에 있는 애트리뷰트 값을 기록하도록 요청하기 위해 사용되며 "Write Blob Response"를 통해 수행이 완료됨을 알려준다.

[표 100 Write Blob Request 포맷]

| 페러미터 | 사이즈 (octets) | 설명 |
|---|---|---|
| Attribute Opcode | 1 | 0x14 = Write Blob Request |
| Attribte handle | 2 | 쓰여질 애트리뷰트의 핸들 |
| Value Offset | 2 | 첫 번째로 쓰여지는 octet의 오프셋 값 |
| Part Attribte value | 0 to (ATT_MTU – 5) | 쓰여지는 핸들을 갖고 있는 애트리뷰트 값의 일부 |

애트리뷰트 핸들 인자는 유효한 핸들로 설정된다. Value Offset 인자는 Part 애트리뷰트 값 인자가 애트리뷰트 값 이내로 기록되는 첫 번째 octet의 오프셋으로 설정된다. Value Offset 인자는 0부터 시작되고 첫 번째 값 octet은 0을 오프셋으로 갖고 두 번째 octet은 1 이러한 순서로 갖는다. 애트리뷰트 값 길이가 가변이면 애트리뷰트 값은 Part Attribute 인자에 Value Offset인자를 더한 길이에 맞춰 자르거나 늘린다. 애트리뷰트 값이 가변 길이이고 파트 애트리뷰트 값 인자와 Value Offset 인자 길이가 0이면 애트리뷰트 값은 전체가 잘라져 버린다. 애트리뷰트 값의 길이가 가변이면 long attribute 값은 연속의 "Write Blob Request"를 이용하여 기록된다.

애트리뷰트 값이 고정 길이면 애트리뷰트 값을 자르거나 늘리지 못한다. 애트리뷰트 값의 길이가 고정이고 파트 애트리뷰트 값 인자의 길이를 더한 Value Offset 인자 값이 애트리뷰트 값의 길이와 같거나 작다면 Value Offset 인자부터 시작하는 octet들이 기록된다. 애트리뷰트 값에 대한 다른 모든 octet은 변하지 않는다. 핸들이 유효하고 애트리뷰트가 쓰기를 허용할 정도의 충분한 권한을 갖고 있으며 결과로 나오는 애트리뷰트 값이 유효한 사이즈와 포맷을 갖고 있다면 애트리뷰트 서버는 "Write Blob Response"로 응답한다.

애트리뷰트 값의 길이가 가변이고 파트 애트리뷰트 값 인자의 길이를 더한 Value Offset 인자값이 애트리뷰트 값의 최대 유효길이를 초과하면 서버는 "Error Response"로 "Invalid Attribute Value Length" 에러 코드를 보낸다. 애트리뷰트 값의 길이가 고정이고 파트 애트리뷰트 값 인자의 길이를 더한 Value Offset 인자값이 애트리뷰트값 길이보다 길면 서버는 "Error Response"로 "Invalid Attribute Value Length" 에러 코드를 보낸다. Value 오프셋이 애트리뷰트 값의 현재 길이보다 크면 "Error Response"로 "Invalid Offset" 에러 코드를 보낸다. 애트리뷰트 값이 ATT_MTU-1 octet길이 보다 작거나 같은 고정된 길이를 갖게 되면 "Error Response"

로 “Attribute Not Long” 에러 코드를 보낸다. 애트리뷰트 클라이언트가 요청 애트리뷰트를 쓰기에 부족한 권한을 갖는다면 “Error Response”로 “Insufficient Authorization” 에러 코드를 보낸다. 애트리뷰트 클라이언트가 부족한 보안을 갖는다면 “Insufficient Authentication” 에러 코드를 보낸다. 애트리뷰트 클라이언트가 요청된 애트리뷰트를 쓰기에 부족한 암호화 키 사이즈를 갖는다면 “Error Response”로 “Insufficient Encryption Key 사이즈” 에러 코드를 보낸다. 핸들이 유효하지 않다면 “Error Response”로 “Invalid Handle” 에러 코드를 보낸다. 애트리뷰트 값의 허가가 없어 기록할 수 없다면 “Error Response”로 “Write Not Permitted” 에러 코드를 보낸다. 어플리케이션 에러 때문에 애트리뷰트 값이 기록될 수 없다면 상위계층 스펙으로 정의된 에러 코드로 “Error Response”가 전송되어야 한다.

#### 3.1.4.5.5 Write Blob Response

“Write Blob Response”는 유효한 “Write Blob Request”에 대한 응답으로 보내며 주어진 애트리뷰트의 일부가 성공적으로 기록되었는지를 알려준다.

[표 101 Write Blob Response 포맷 ]

| 페러미터 | 사이즈 (octets) | 설명 |
|---|---|---|
| Attribute Opcode | 1 | 0x15 = Write Blob Response |

실제 애트리뷰트가 기록되어진 이후에 “Write Blob Response”가 보내진다.

### 3.1.4.6 쓰기 큐

쓰기 큐(Queued write)의 목적은 다중 애트리뷰트 값의 기록을 큐에 대기시킨 후 단일 최소단위 오퍼레이션으로 큐 전체에 대한 기록을 수행한다.

#### 3.1.4.6.1 쓰기 준비 요청

“Prepare Write Request”는 서버가 애트리뷰트 값을 기록하기 위해 준비하도록 요청하기 위해 사용된다. 애트리뷰트 서버는 “Prepare Write Response”를 이용하여 이러한 요청에 대해 응답함으로써 클라이언트는 값이 정확하게 수신됐음을 검증할 수 있다. 클라이언트는 애트리뷰트 서버에 하나 이상의 “Prepare Write Request”가 보낸다. 이때 서버는 각 handle-value 쌍에 대한 응답에 대해 큐를 이용해 응답을 보낸다. 애트리뷰트 서버는 허용할 수 있는 write request의 수를 제한할 수 있다. 상위계층 스펙은 이러한 한도에 대해 정의해야 한다. “Prepare Write Request”가 제공되고 응답이 수신된 후, 다른 애트리뷰트 명령이나 요청이 동일 클라이언트에서 동일 클라이언트 서버로 제공될 수 있다. 각 클라이언트의 큐에 있는 값들은 분리될 수 있다. 하나의 큐의 실행은 다른 클라이언트의 큐 값의 실행에 영향을 끼쳐서는 안 된다. 준비 큐에 존재하는 애트리뷰트에 있는 어떤 동작도 준비 큐가 존재하지 않는 것처럼 처리해야 하고 준비 큐는 이러한 동작에 영향받아서는 안 된다. 준비된 write들이 시작된 이후에 애트리뷰트 값이 변했어도 다음에 오는 실행 기록은 준비 큐에 있는 값들을 기록한다. 애트리뷰트 핸들이 이전 "Prepare Write Request"와 동일할지라도 각 "Prepare Write Request"는 큐에 들어간다. 이후 순차적으로 실행되며 이 때 애트리뷰트가 다중 쓰기를 발생시키는 원인이 될 수 있다. 다수의 준비된 write 요청이 큐에 들어가면서 링크를 잃게 되면 큐가 제거되고 어떠한 write도 실행될 수 없다.

[표 102 쓰기 준비 요청 포맷]

| 페러미터 | 사이즈 (octets) | 설명 |
|---|---|---|
| Attribute Opcode | 1 | 0x16 = 쓰기 준비 요청 |
| Attribte handle | 2 | 쓰여질 애트리뷰트의 핸들 |
| Attribte values | 0 – (ATT_MTU – 3) | 쓰여질 애트리뷰트의 값 |

애트리뷰트 핸들 인자는 유효한 핸들로 설정된다. 애트리뷰트 값 인자는 쓰기를 위해 준비된 애트리뷰트 값으로 설정된다. 애트리뷰트 값 길이가 가변이면 애트리뷰트 값은 애트리뷰트 값인자 길이에 맞춰 자르거나 늘린다. 애트리뷰트 값이 가변 길이이고 애트리뷰트 값 인자 길이가 0이면 애트리뷰트 값은 전체가 잘라져 버린다.

애트리뷰트 값의 길이가 고정이고 애트리뷰트 값 인자 길이가 애트리뷰트 값 길이와 같거나 작다면 애트리뷰트 값 인자 길이의 octet까지 기록된다. 애트리뷰트 값에 대한 다른 모든 octet은 변하지 않는다. 핸들이 유효하고 애트리뷰트가 쓰기를 허용할 정도의 충분한 권한을 갖고 있으며 애트리뷰트 값이 유효한 사이즈를 갖고 있고 준비 큐가 충분한 공간을 갖고 있다면 애트리뷰트 서버는 "Prepare Write Response"로 응답한다. 애트리뷰트 값 길이가 가변이고 "Attribute Value" 인자 길이가 애트리뷰트 값의 최대 유효길이를 초과하면 서버는 "Error Response"로 "Invalid Attribute Value Length" 에러 코드를 보낸다. 애트리뷰트 값의 길이가 고정이고 요청된 애트리뷰트 값 인자의 길이가 애트리뷰트 값 길이보다 길면 서버는

"Error Response"로 "Invalid Attribute Value Length" 에러 코드를 보낸다. 애트리뷰트 클라이언트가 요청 애트리뷰트를 쓰기에 부족한 권한을 갖는다면 "Error Response"로 "Insufficient Authorization" 에러 코드를 보낸다. 애트리뷰트 클라이언트가 부족한 보안을 갖는다면 "Error Response"로 "Insufficient Authentication" 에러 코드를 보낸다. 클라이언트가 요청된 애트리뷰트를 쓰기에 부족한 암호화 키 사이즈를 갖는다면 "Error Response"로 "Insufficient Encryption Key Size" 에러 코드를 보낸다. 서버가 요청을 큐에 보내기에 충분한 공간을 갖고 있지 않다면 "Error Response"로 "Prepare Queue Full" 에러 코드를 보낸다. 핸들이 유효하지 않다면 "Error Response"로 "Invalid Handle" 에러 코드를 보낸다. 애트리뷰트 값이 기록될 수 없다면 "Error Response"로 "Write Not Permitted" 에러 코드를 보낸다. "Execute Write Request"가 수신될 때까지 서버는 애트리뷰트 값을 바꾸지 않는다. "Prepare Write Request"가 유효하지 않고, 이로 인해 "Error Response"가 발생하면 준비된 write는 수신되지 않은 것으로 간주된다. 준비큐에 존재하는 모든 prepare write는 유효하지 않은 요청에 영향받지 않는다.

3.1.4.6.2 쓰기 준비 응답

"Prepare Write Response"는 수신된 "Prepare Write Request"에 대한 응답으로 보내며 값이 성공적으로 수신되고 prepare write 큐에 위치한다는 것을 알려준다.

[표 103 쓰기 준비 응답의 포맷]

| 페러미터 | 사이즈 (octets) | 설명 |
|---|---|---|
| Attribute Opcode | 1 | 0x17 = 쓰기 준비 응답 |
| Attribte handle | 2 | 쓰여질 애트리뷰트의 핸들 |
| Attribte value | 0 – (ATT_MTU – 3) | 쓰여질 애트리뷰트의 값 |

애트리뷰트 핸들은 연관된 "Prepare Write Request"와 동일한 값으로 설정된다.
애트리뷰트 값은 연관된 "Prepare Write Request"와 동일한 값으로 설정된다.

### 3.1.4.6.3 쓰기 실행 요청

"Execute Write Request"는 클라이언트로부터 현재 prepare write 큐에 있는 모든 준비값들을 기록하도록 서버에 요청하기 위해 사용된다. 이 요청은 서버가 최소단위 동작(atomic operation)으로 다룬다.

[표 104 쓰기 요청 실행 포맷 ]

| 페러미터 | 사이즈 (octets) | 설명 |
|---|---|---|
| Attribute Opcode | 1 | 0x18 = 쓰기 실행 요청 |
| Flags | 1 | 0x00 – 모든 준비된 쓰기 취소<br>0x01 – 모든 지연된 쓰기에 대한 즉시 실행 |

flags인자가 0x01로 설정될 때 이전에 준비된 write 요청에 의해 큐에 보관하고 있는 값들은 그 값들이 연관된 "Prepare Write Request"에서 수신한 순서대로 기록된다. 그런다음 큐가 지워지고 "Execute Write Response"를 보낸다. Flags 인자가 0x00으로 설정될 때 모든 대기 중인 prepare write 값들은 클라이언트를 위해 버려진다. 그런 다음 큐가 지워지고 "Execute Write Response"를 보낸다. 준비된 write 요청들이 기록되지 않으면 어플리케이션 에러로 인해 큐는 지워지고 에러 코드를 정의한 상위계층 스펙으로 "Error Response"를 보낸다. "Attribute Handle In Error" 인자는 이러한 어플리케이션 에러를 야기시킨 "Prepare Write" 큐에 있는 애트리뷰트 핸들로 설정된다. 이런 경우 prepare write 큐부터 기록된 애트리뷰트의 상태는 정의되지 않았다.

#### 3.1.4.6.4 쓰기 실행 응답

"Execute Write Request"에 대한 응답으로 "Execute Write Response"를 보낸다. "Excuter Write Response"는 실제 애트리뷰트들이 기록되어진 이후에 바로 보내진다. 동작이 쓰기에 대한 응답으로 수행되는 경우에 동작이 완료되기만 하면 지시(indication)가 사용된다.

### 3.1.4.7 서버 시작

#### 3.1.4.7.1 핸들 값 알림

애트리뷰트 서버는 언제나 애트리뷰트 값의 알림(Notificaton)을 보낼 수 있다.

[표 105 핸들 값 알림 포맷]

| 페러미터 | 사이즈 (octets) | 설명 |
|---|---|---|
| Application Opcode | 1 | 0x1B = 핸들 값 알림 |
| Attribute Handle | 2 | 애트리뷰트 핸들 |
| Attribute Value | 0 to (ATT_MTU – 3) | 애트리뷰트의 새로운 값 |

애트리뷰트 핸들은 유효한 핸들로 설정된다. 애트리뷰트 값은 애트리뷰트 핸들로 구분되는 애트리뷰트 값으로 설정된다. 애트리뷰트 값이 ATT_MTU-3 octet보다 길면, 이 애트리뷰트 값의 처음 ATT_MTU-3octet만 알림으로 보내진다. 애트리뷰트 클라이언트가 long attribute를 얻기위해 알림에 대한 수신에 이어 "Read Blob Request"를 이용한다. 애트리뷰트 핸들이나 애트리뷰트 값이 유효하지 않으면 이러한 알림은 수신되자마자 무시된다.

#### 3.1.4.7.2 핸들 값에 대한 지시

애트리뷰트 서버는 애트리뷰트 값의 지시(indication)를 보낼 수 있다.

[표 106 핸들 값 지시 포맷]

| 페러미터 | 사이즈 (octets) | 설명 |
|---|---|---|
| Application Opcode | 1 | 0x1D= 핸들 값 지시 |
| Attribte handle | 2 | 애트리뷰트 핸들 |
| Attribte value | 0 to (ATT_MTU – 3) | 애트리뷰트이 새로운 값 |

애트리뷰트 핸들은 유효한 값으로 설정된다. 애트리뷰트 값은 애트리뷰트 핸들에 의해 확인된 값으로 설정된다. 애트리뷰트 값이 ATT_MTU-3 octet보다 길면 애트리뷰트 값의 처음 ATT_MTU-3 octet 길이만 지시로 보낼 수 있다. 애트리뷰트 클라이언트가 long attribute를 얻기 위해서 지시 수신에 따른 "Read Blob Request"를 이용해야 한다. 애트리뷰트 클라이언트는 "Handle Value Indication"에 대한 응답으로 "Handle Value Confirmation"을 보내야 한다. 확인(Confirmation)이 수신될 때까지 더 이상의 지시는 발생되지 않는다.

#### 3.1.4.7.3 핸들 값 확인

"Handle Value Confirmation"은 "Handle Value Indication" 수신에 대한 응답으로 보내며 애트리뷰트 클라이언트가 주어진 애트리뷰트의 지시(indication)를 수신했다는 것을 확인한다.

[표 107 핸들값 확인 포맷 ]

| 페러미터 | 사이즈 (octets) | 설명 |
|---|---|---|
| Attribute Opcode | 1 | 0x1E= 핸들 값 확인 |

### 3.1.4.8 애트리뷰트 Opcode 정리

애트리뷰트 프로토콜의 PDU를 아래의 표에 요약하였다.

[표 108 애트리뷰트 프로토콜 요약]

| 애트리뷰트 PDU | 애트리뷰트 Opcode | 페러미터 |
|---|---|---|
| Error Response | 0x01 | Request Opcode in Error, Attribute Handle In Error, Error Code |
| Exchange MTU Request | 0x02 | Client Rx MTU |
| Exchange MTU Response | 0x03 | Server Rx MTU |
| Find Information Request | 0x04 | Starting Handle, Ending Handle, UUID |
| Find Information Response | 0x05 | Format, Information Data |
| Find By Type Value Request | 0x06 | Starting Handle, Ending Handle, Attribute Type, Attribute Value |
| Find By Type Value Response | 0x07 | Handles Information |
| Read By Type Request | 0x08 | Starting Handle, Ending Handle, UUID |
| Read By Type Response | 0x09 | Attribute data |
| Read Request | 0x0A | Attribute Handle |
| Read Response | 0x0B | Attribute Value |
| Read Blob Request | 0x0C | Attribute Handle, Value Offset |
| Read Blob Response | 0x0D | part Attribute value |
| Read Multiple Request | 0x0E | Handle Set |
| Read Multiple Response | 0x0F | Value Set |
| Write Command | 0x10 | Attribute Handle, Attribute Value |
| Write Request | 0x12 | Attribute Handle, Attribute Value |
| Write Response | 0x13 | - |
| Write Blob Request | 0x14 | Attribute Handle, Value Offset, Part Attribute Value |
| Write Blob Response | 0x15 | - |
| Prepare Write Request | 0x16 | Attribute Handle, Attribute Value |
| Prepare Write Response | 0x17 | Attribute Handle, Attribute Value |
| Execute Write Request | 0x18 | Flags |
| Execute Write Response | 0x19 | - |
| Handle Value Notification | 0x1B | Attribute Handle, Attribute Value |
| Handle Value Indication | 0x1D | Attribute Handle, Attribute Value |
| Handle Value Confirmation | 0x1E | |

| 애트리뷰트 PDU | 애트리뷰트 Opcode | 페러미터 |
|---|---|---|
| Signed Read Response | 0x8B | Attribute Value, Signature |
| Signed Write Command | 0x90 | Attribute Handle, Attribute Value, Signature |
| Signed Write Request | 0x92 | Attribute Handle, Attribute Value, Signature |
| Signed Handle Value Notification | 0x9B | Attribute Handle, Attribute Value, Signature |
| Signed Handle Value Indication | 0x9D | Attribute Handle, Attribute Value, Signature |

### 3.1.4.9 애트리뷰트 PDU 응답 요약

애트리뷰트 PDU 메소드에 허용되는 응답들에 대한 요약이 아래 표에 나와 있다. 각각의 메소드는 성공적인 응답으로 보내진 메소드를 나타내고 Error Response로 응답했는지의 여부를 나타낸다. Error Response가 보내지게 되면 표는 주어진 메소드에 대한 Error Responses 내의 Error Code를 나타낸다.

[표 109 애트리뷰트 PDU 응답 요약]

| 애트리뷰트 PDU 메소드 | 응답 성공 | 에러 응답 허용 | 에러 응답/코드 |
|---|---|---|---|
| Exchange MTU Request | Exchange MTU Response | YES | Request Not Supported |
| Find Information Request | Find Information Response | Yes | Invalid Handle,<br>Attribute Not Found |
| Find By Type Value Request | Find By Type Value Response | Yes | Invalid Handle,<br>Attribute Not Found |
| Read By Type Request | Read By Type Response | Yes | Invalid Handle,<br>Attribute Not Found,<br>Insufficient Authorization,<br>Insufficient Authentication,<br>Insufficient Encryption Key size<br>Read Not Permitted,<br>Application Error |
| Read Request | Read Response | Yes | Invalid Handle<br>Insufficient Authorization<br>Insufficient Authentication<br>Insufficient Encryption Key Size<br>Read Not Permitted<br>Application Error |
| Read Blob Request | Read Blob Response | Yes | Invalid Handle<br>Insufficient Authorization<br>Insufficient Authentication<br>Insufficient Encryption Key Size |

| 애트리뷰트 PDU 메소드 | 응답 성공 | 에러 응답 허용 | 에러 응답/코드 |
|---|---|---|---|
| | | | Read Not Permitted<br>Invalid Offset<br>Attribute Not Long<br>Application Error |
| Read Multiple Request | Read Multiple Response | Yes | Invalid Handle<br>Insufficient Authorization<br>Insufficient Authentication<br>Insufficient Encryption Key Size<br>Read Not Permitted<br>Application Error |
| Write Command | No | No | |
| Write Request | Write Response | Yes | Invalid Handle<br>Insufficient Authorization<br>Insufficient Authentication<br>Insufficient Encryption Key size<br>Write Not Permitted<br>Invalid Attribute value Length<br>Application Error |
| Write Blob Request | Write Blob Response | Yes | Invalid Handle<br>Insufficient Authorization<br>Insufficient Authentication<br>Insufficient Encryption Key size<br>Write Not Permitted<br>Invalid Offset<br>Invalid Attribute value Length<br>Attribute Not Long<br>Application Error |
| Prepare Write Request | Prepare Write Response | Yes | Invalid Handle<br>Insufficient Authorization<br>Insufficient Authentication<br>Write Not Permitted<br>Prepare Queue Full<br>Insufficient Encryption Key size<br>Invalid Attribute value Length<br>Application Error |
| Execute Write Request | Execute Write Response | Yes | Application Error |
| Handle Value Notification | No | No | |
| Handle Value Indication | Handle Value Confirmation | No | |

### 3.1.5 보안 고려사항

애트리뷰트 프로토콜은 권한과 인증을 요구하는 정보를 접근하기 위해 사용되며 애트리뷰트가 읽혀지거나 쓰여지기 전에 물리적 연결을 암호화 한다. 클라이언트가 이러한 정보를 접근하는데 권한을 갖고 있지 않을 때, 요청이 보내지면 서버는 “Insufficient Authorization”이라는 에러 코드로 “Error Response”를 보낸다. 주어진 애트리뷰트의 접근에 대한 권한 요청은 이 스펙에서 정의되지 않았다. 각 장치의 수행동작은 어떻게 권한이 발생될지를 결정한다. 권한 처리절차는 GAP에 정의되어 있고 상위 계층 스펙에서 더 세부적으로 정의된다.

물리적 연결에 대한 인증이 설정되지 않고 요청이 발생하면 서버는 “Insufficient Authentication”이라는 에러 코드로 “Error Response”를 보낸다. 애트리뷰트를 읽거나 쓰기를 원하는 클라이언트는 물리적 연결에 인증을 줄 것을 요청하고 일단 완료되면 요청을 다시 보낸다. 애트리뷰트 프로토콜은 애트리뷰트 알림이나 지시가 수행되기 전에 인증되고 암호화된 물리적 연결을 요구하는 애트리뷰트의 값을 알리거나 지시하기 위해 사용된다. 이러한 애트리뷰트를 알리거나 지시하기를 원하는 서버는 물리적 연결이 인증되도록 요청하고 일단 완료되면 알림과 지시를 보낸다. 장치가 지원할 수 있는 애트리뷰트 리스트는 기밀 정보로 간주되지 않으며 Find Information 요청은 항상 허용된다. 다시 말하면 “Insufficient Authorization”이나 “Insufficient Authentication” 에러 코드는 “Find Information Request”에 대한 “Error Response”로 사용되지 않는다는 것이다. 예를 들어, 애트리뷰트 값이 임의의 장치에 의해 읽기가 허용되지만 인증 장치에 의해서 쓰기만 된다. 수행시 이것을 고려해야 하며 애트리뷰트 값을 읽을 수 있기 때문에 또한 값을 기록할 수 있을 것이라고 가정하지 않는다. 이와 유사하게 애트리뷰트 값을 기록할 수 있다는 것이 애트리뷰트 값을 읽을 수 있다는 것을 의미하지는 않는다. 각각의 개별 애트리뷰트는 다른 보안 요구사항을 가질 수 있다. 클라이언트가 애트리뷰트에 접근할 때, 서버에 수행되는 점검 명령은 보안의 함축적 의미를 갖는다. 다른 점검이 수행되기 전에 서버는 권한과 인증요구를 점검한다. 예로서 인증과 권한 요구 점검이 처음에 수행되지 않으면 애트리뷰트에 대한 반복된 Read blob requests 수행에 의해 애트리뷰트의 사이즈가 결정된다. “Invalid Offset” 에러 코드나 “Insufficient Authentication” 에러 코드가 반환되기 때문에 클라이언트가 이 애트리뷰트에 접근할 수 없다.

# 4 블루투스 저에너지 프로파일

블루투스 저에너지 무선기술에서의 프로파일은 잠깐 서두에서 말했듯이, 해당 기능을 수행하는데 필요한 규정에 따른 분류이다. 특정 기능을 수행할 수 있게 애플리케이션을 만들기 위해서는 꼭 필요한 부분이라 하겠다. 예를 들면, 온도 센서를 만들기 위해서는 브로드캐스터로서의 역할과 센서프로파일이 고려되어야 한다. 이들 프로파일은 해당 디바이스의 기능에 따라서 다양하게 사용된다. 어떤 경우엔 프로파일을 여러개 갖는 디바이스가 존재하기도 한다.

## 4.1 GATT(Generic Attribute Profile)

본 절에서는 서비스를 검색하고 피어(peer) 디바이스의 특성값들을 읽고 쓰기 위해 애트리뷰트 프로토콜(Attribute Protocol)을 사용하는 GATT(Generic Atribute Profile)라는 서비스 프레임워크(framework)에 대해서 알아본다. GATT는 애트리뷰트 프로토콜을 사용하여 서비스 프레임워크를 정의한다. 이 프레임워크는 그것들의 특성과 서비스의 포맷 및 프로시져를 정의한다. 이 프로시져는 검색(discovering), 읽기(reading), 쓰기(writing), 알림(notify) 그리고 지시(indicating) 특성뿐만 아니라 특성의 브로드캐스팅에 대한 설정을 정의한다.

이제 각 부분에 대한 자세한 내용을 알아보도록 하자.

### 4.1.1 프로파일 소개

#### 4.1.1.1 프로파일 의존도(Dependency)

보통 프로파일들은 상위의 프로파일에 의존하게 된다. 아래 그림과 같이 GATT는 GAP에 의존적이다. 그림에서 가운데 부분이 GATT를 나타내는데 GATT 바탕에는 GAP가 동작한다. 여기 그림에서처럼 GATT는 GAP에 의존적이다.

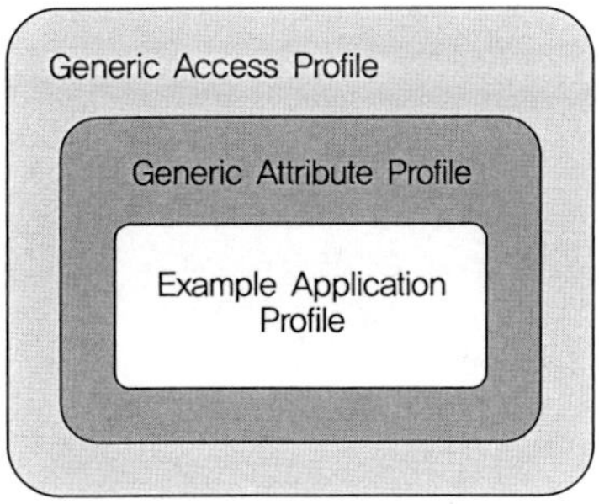


[그림 89 프로파일 의존도]

#### 4.1.1.2 프로파일 개요

이 프로파일은 애플리케이션에 의해서 사용할 수 있게 디자인되었다. 그러므로 애플리케이션 클라이언트는 애플리케이션 서버와 통신할 수 있다. 애플리케이션 서버는 애트리뷰트를 포함하고 GATT 프로파일은 이런 애트리뷰트들을 어떻게 쓰고, 읽고, 발견하고 지시하는지를 정의한다. 이 프로파일은 서버(server)와 클라이언트(client) 두 가지 역할로 나누어진다.

- **클라이언트** 프로시져를 초기화하고 서버로부터 지시를 받는 형태의 디바이스
- **서버** 클라이언트로부터 요청을 받고 응답하거나 표준에 따른 규칙에 의해서 클라이언트에게 지시하는 형태의 디바이스

위의 두 역할은 고정되어 결정되지 않는다. 이는 초기 프로시져의 정의에 따라서 결정되며, 프로시져가 끝나면 역할은 그 기능을 다하게 된다. 즉, 프로시져가 구동될 때, 역할을 정하고 그에 따라 행동하다가 프로시져가 끝나게 되면 초기화되어 버린다. 두 역할을 동시에 갖는 디바이스도 존재할 수 있다.

아래 그림은 두 역할에 대한 기능을 설명한 것이다. 여기 그림에서 보면, 센서는 서버가 되고 컴퓨터는 클라이언트가 되어 서버의 정보를 요청할 수 있다. 클라이언트는 값을 읽기위해 또는 디바이스의 환경을 설정하기 위해 초기화한다. 서버는 센서 디바이스에 노출된 애트리뷰트에 관한 정보를 제공하고 쓰는 것을 허용한다. 또한 서버는 적정한 값에 대해서 읽기를 요청하면 이에 대해서 응답한다.

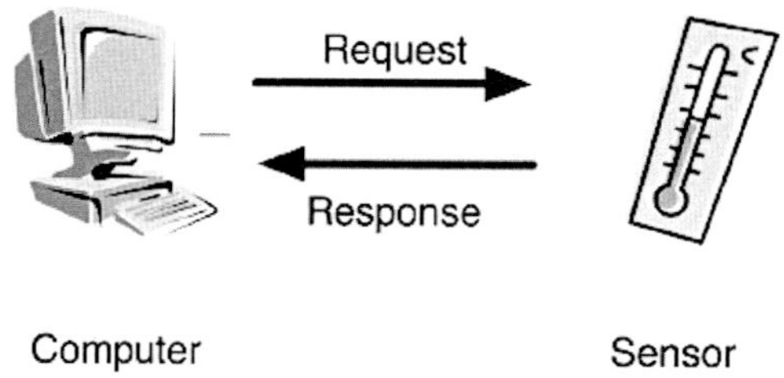


[그림 90 서버/클라이언트에 대한 정의]

#### 4.1.1.3 프로파일 사용 시나리오 및 정보

이 프로파일은 환경을 서로 교환할 수 있다. 또한 디바이스 상의 서비스(service)와 특성(characteristic)을 검색할 수 있으며, 특성 값을 읽고, 쓰고, 지시하고 알려줄 수 있다. 이 프로파일은 BR/EDR/AMP 또는 LE에서 사용이 가능하며 애트리뷰트 프로토콜 L2CAP 채널을 통해 물리적으로 연결이 가능하다. 그러나 보안 측면에서 보면 링크 레벨에서 권한(authorization), 인증(authentication) 그리고 인크립션은 부가적 기능으로 선택이 가능하다. ATT 베어러(bearer)는 채널 수립(establishment)을 이용하여 설정이 이루어지게 된다. 마스터와 슬레이브 역할은 고정적이지 않다. GATT 프로파일 내의 멀티-octet 필드는 리틀 엔디안(little endian)으로 least significant octet부터 전송된다.

#### 4.1.1.4 애트리뷰트 프로토콜(Attribute Protocol)

GATT 프로파일은 애트리뷰트 프로토콜(Generic Attribute Protocol)의 구현이 요구된다. 그리고 애트리뷰트 오피코드(opcode)가 필요하다. GATT 프로파일은 두 디바이스간에 명령, 요청, 응답, 지시, 알림 그리고 확인 등의 형태에 데이터를 전송하기 위해서 애트리뷰트 프로토콜을 사용한다. 이 데이터는 아래와 같은 애트리뷰트 프로토콜 PDU를 포함한다.

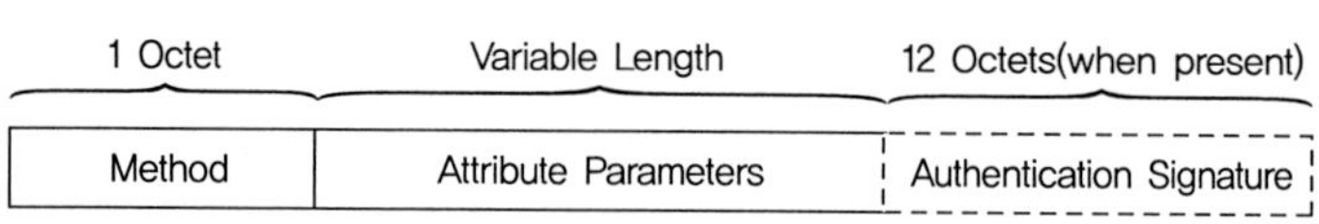


[그림 91 애트리뷰트 프로토콜 PDU]

메소드(Method)는 상세 명령, 요청, 응답, 지시, 알림, 확인의 Opcode 코드를 포함하고 인증을 위한 플래그(flag)를 포함한다. 애트리뷰트 페러미터는 특정 명령 또는 요청 또는 응답, 지시, 알림으로 리턴된 데이터를 포함한다. 인증 서명(Authentication Signature)은 부가적이다. 애트리뷰트 프로토콜 명령과 요청의 행동은 서버 디바이스의 애트리뷰트내 저장된 값에 따른다. 애트리뷰트는 네 개의 부분으로 나뉘는데 애트리뷰트 핸들, 애트리뷰트 타입, 애트리뷰트 값, 애트리뷰트 퍼미션이 바로 그것이다.

| 2 Octet | 2 or 16 Octets | Variable Length | implementation specific |
|---|---|---|---|
| Attribute Handle | Attribute Type | Attribute Value | Attribute Permissions |

[그림 92 논리 애트리뷰트 표현]

애트리뷰트 핸들은 특정 애트리뷰트에 대응되는 인덱스이다. 또한 애트리뷰트 타입은 애트리뷰트 값을 나타내는 UUID를 나타내고, 애트리뷰트 값은 애트리뷰트 타입에 의해서 설명되는 데이터이고 애트리뷰트 핸들에 의한 인덱스다. 애트리뷰트는 애트리뷰트 핸들 값의 증가된 값으로 순서되어지는데 애트리뷰트 핸들 값은 0x0001을 시작으로 0xFFFF로 끝난다. 비록 애트리뷰트 핸들 값은 증가순서로 되어 있어도 애트리뷰트 핸들 값은 항상 하나 이상 다르다. 말하자면 애트리뷰트 핸들은 갭(gap)이 존재하긴 하지만 연속적이라고 할 수 있다.

애트리뷰트 퍼미션은 애트리뷰트 프로토콜을 이용하여 읽을 수도 있고 쓸 수 없게도 할 수 있는 애트리뷰트의 한 부분이다. 이는 서버에 쓰기 또는 읽기를 접근할 수 있는 권한이 주어진다. 애트리뷰트 퍼미션은 GATT 프로파일 또는 상위 프로파일에 의해서 설정된다. 애트리뷰트 캐싱(Attribute Cashing)은 서버에 의해서 사용되는 애트리뷰트 핸들과 같은 애트리뷰트 정보를 클라이언트에서 검색하기 위해서 최적화되게 한다. 그리고 재검색없이 같은 애트리뷰트 정보로 재연결하는데 이용된다. 클라이언트는 매 재연결마다 애트리뷰트 정보를 재검색한다. 캐싱으로 검색시간을 단축하고 서버와 클라이언트 사이의 패킷 역시 필요하지 않아 효율적이다. 클라이언트에 의해서 캐쉬된 애트리뷰트 정보는 모든 서버 애트리뷰트의 애트리뷰트 핸들과 GATT 서비스 특성을 갖는다.

서버에 의해 사용되는 애트리뷰트 핸들은 변하지 않는다. 이 의미는 클라이언트에 의해 검색된 애트리뷰트 핸들은 바뀌지 않는다는 것이다. 어떤 상황에서 서버는 서비스를 위해 애트리뷰트 핸들을 바꾸는 경우가 있는데 이는 펌웨어 업그레이드를 위해 프로시져가 수행되거나 팩토리 리셋(factory reset)일 경우에만 가능하다. 만약 서버에 서비스가 추가, 변경 및 제거되었을 경우에 이 같은 경우가 발생할 수 있다. 캐싱을 지원하기 위해 서버의 서비스가 변경되었을 때 서버가 클라이언트에게 알린다(notification). 특성의 서비스 선언, 서비스 추가, 변경 또는 제거 또는 특성 디스크립터 선언으로 GATT 서비스 특성값이 변하는 경우가 이에 해당한다. 서비스 변경이 발생했을 때 클라이언트와 연결이 끊어지는 경우를 위해서 클라이언트는 서버에게 재연결 메시지를 알린다. 서버는 모든 결합된(bonded) 디바이스들을 위해서 서비스 변경 정보를 저장하며 결합되지 않는(non-bonded) 경우에도 저장된다.

#### 4.1.1.5 GATT 프로파일 계층(GATT Profile Hierarchy)

GATT 프로파일은 프로파일의 데이터가 변경되는 구조를 지정한다. 이 구조는 서비스와 특성과 같은 기본적인 요소로 정의된다. 모든 요소는 애트리뷰트에 포함되며 애트리뷰트 프로토콜내의 애트리뷰트는 이 프로파일 데이터를 송신하는 컨테이너이다. 아래 그림에서 계층의 가장 위쪽에 위치한 것이 프로파일이다.

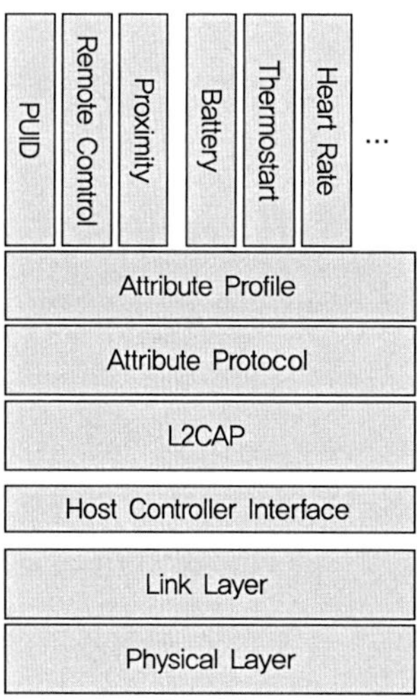


[그림 93 블루투스 저에너지 계층 구조도]

프로파일은 하나 또는 그 이상의 사용 케이스를 수행하기 위한 서비스가 필요하다. 서비스는 특성 또는 다른 서비스의 참조로 구성된다. 각 특성은 값과 그 값에 관련된 추가적인 정보를 포함한다. 서비스와 특성 그리고 특성의 구성요소는 프로파일 데이터를 포함한다. 서버의 애트리뷰트 내에 저장된다.

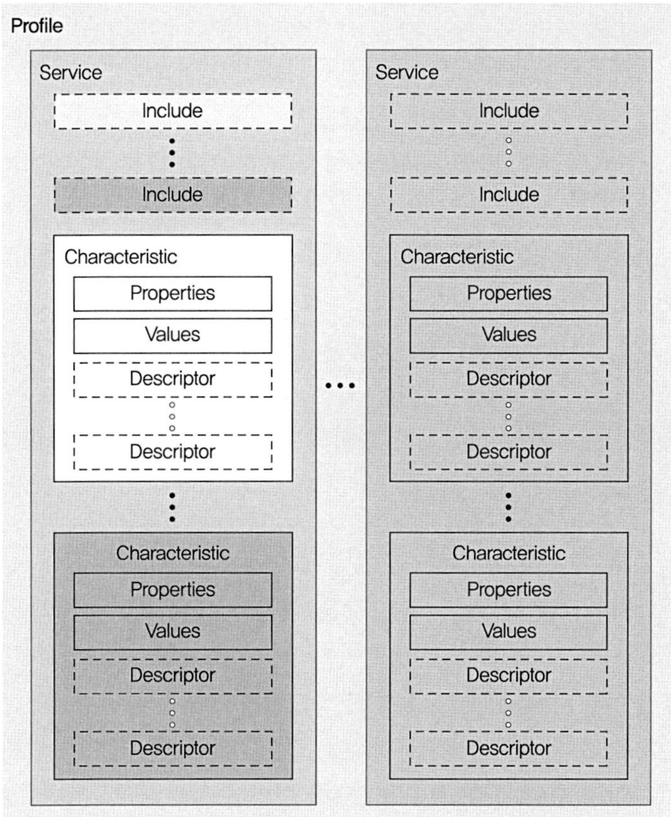


[그림 94 GATT 프로파일 계층도]

위의 그림은 지금까지 설정한 GATT 프로파일의 계층 구조를 나타낸다.

#### 4.1.1.5.1 서비스(Service)

서비스는 데이터의 집합이며 연관된 행동들을 완성하기 위한 특별한 기능 또는 특징이다. GATT에서 서비스는 그 서비스 정의에 의해서 특정지워진다. 서비스 정의는 참조된 서비스, 강제 특성 및 부가 특성을 포함한다. 백워드(backward) 호환성을 유지하기 위해서 이후의 서비스 정의 버전은 새롭게 참조된 서비스 또는 특성을 추가할 수 있다. 이후 서비스 정의의 버전은 서비스 정의의 이전 버전으로부터 변경 행위에 대해서 금지되어야 이들 호환이 가능해진다. 서비스는 하나 또는 그 이상의 특별한 사용 케이스를 수행한다.

#### 4.1.1.5.2 포함 서비스(Included Service)

GATT 프로파일의 계층구조를 보면 쉽게 알 수 있듯이 프로파일은 여러 서비스로 이루어져 있으며, 그 서비스는 지속적으로 여러 서비스와 연관관계를 가지고 연결하여 포함시킬 수 있다.

포함 서비스는 서버에 존재하는 또다른 서비스를 결합하기 위한 메소드이다. 또다른 서비스를 포함하기 위해서는 서비스 정의의 시작 단계에서 이 서비스의 정의를 포함해야 한다. 서비스 정의가 서비스 결합하기 위해 포함된 정의를 사용할 때, 전체가 포함된 서비스 정의는 새로운 서비스 정의의 부분이 된다. 이것은 모든 포함된 서비스와 포함된 서비스의 특성을 포함한다. 포함된 서비스는 여전히 독립적인 서비스로 존재한다. 그리고 포함된 서비스의 어떤 변화는 어떤 서비스에 그것을 포함한 것을 반영한다. 여기에서 서비스를 포함하는 것에 대한 제한은 없으며 그 깊이도 제한되지 않는다.

#### 4.1.1.5.3 특성(Characteristic)

특성은 서비스 내의 값을 나타낸다. 그 값을 어떻게 표시하고 어떻게 나타내는지, 어떻게 그 값을 접근하고 정보를 설정해야 하는지에 대한 등록정보를 나타낸다. GATT에서 특성은 그것의 특성에 따라서 정의된다. 특성 정의는 특성의 선언, 특성의 등록정보, 특성 값과 서버의 접근 설정 또는 값을 설명하는 디스크립터를 포함한다. 이에 관해서는 아래에 다시 한 번 자세하게 설명하도록 한다.

#### 4.1.1.6 설정된 브로드캐스트(Configured Broadcast)

저에너지 물리 링크를 위해, 설정된 브로드캐스트는 클라이언트를 위한 메소드이다. 서버가 브로드캐스트 모드 프로시져를 동작하고 있을 때, 특성 값은 애드버타이징 데이터내에 브로드캐스팅을 한다. 이때 이런 상황을 클라이언트에게 나타내기 위한 메소드가 설정된 브로드캐스트이다.

### 4.1.2 서비스 호환성 요구사항

#### 4.1.2.1 서비스 정의

서비스 정의는 서비스 선언과 특성 정의와 서비스 포함에 대한 내용을 다룬다. 서비스 정의는 다음 서비스 선언을 하기 전 또는 최대 애트리뷰트 핸들이 도달한 후에 하게 된다. 서비스 정의는 애트리뷰트 핸들을 순서로 해서 서버에 정보를 갖게 된다. 서비스 정의 내의 모든 특성 정의 및 포함된 정의는 서비스의 한 부분이다. 모든 포함된 정의는 즉시 서비스 선언을 따르고 특정 특성 정의를 선행한다. 서비스 정의가 없거나 포함된 서비스의 정의가 더 있을 수도 있다. 모든 특성 정의는 마지막 서비스 포함 또는 포함 정의가 없는 이벤트를 따른다. 서비스 정의는 없거나 더 많은 특성 정의가 있을 수 있다. 특성 정의 또는 포함 정의는 상한 제한이 없다.

서비스 선언은 서비스를 위한 UUID로 셋팅되는 애트리뷰트 타입을 가진 애트리뷰트이다. 애트리뷰트 값은 서비스를 위해 서비스 UUID로, 16비트 블루투스 UUID 또는 128비트 UUID 값을 갖는다. 클라이언트는 16비트와 128비트 UUID 모두에 대해서 사용을 지원한다. 클라이언트는 알려지지 않은 서비스 UUID에 대한 어떤 서비스 정의도 허락하지 않고 무시한다. 알려지지 않은 UUID는 지원하지 않는 서비스를 위한 UUID를 의미한다. 애트리뷰트 퍼미션은 읽기 전용이며 권한 및 인증을 필요로 하지 않는다.

다중 서비스가 존재할 때, 16비트 블루투스 UUID를 가진 서비스 선언은 함께 그룹화 되어야 하며 128비트 UUID를 가진 서비스 선언에서 서비스 정의 역시 그룹화 되어야 한다.

[표 110 서비스 선언]

| 애트리뷰트 핸들 | 애트리뷰트 타입 | 애트리뷰트 값 | 애트리뷰트 퍼미션 |
|---|---|---|---|
| 0xNNNN | 0xuuuu – UUID<br><<서비스>> | 서비스를 위한 16비트 블루투스 UUID 또는 128비트 UUID | 읽기 전용,<br>인증 없음<br>권한 없음 |

디바이스 또는 프로파일은 다중의 서비스 정의를 가지며 같은 서비스 UUID를 가진 서비스 정의를 갖는다. 모든 서버상의 애트리뷰트는 서비스 선언 내에 존재하거나 또는 서비스 선언을 포함한다. 서버 내의 서비스 선언은 순서적으로 표시되며, 클라이언트는 서버상의 서비스 정의의 순서를 가정하지는 않는다.

#### 4.1.2.2 포함 정의(Include Definition)

포함 정의는 하나의 포함 선언을 포함한다. 포함 선언은 애트리뷰트 타입을 가진

UUID로 셋팅하는 애트리뷰트이다. 애트리뷰트 값은 포함 서비스 애트리뷰트 핸들에 셋팅한다. 애트리뷰트 퍼미션은 읽기 전용이며 인증과 권한은 필요하지 않다.

[표 111 포함 서비스]

| 애트리뷰트 핸들 | 애트리뷰트 타입 | 애트리뷰트 값 | 애트리뷰트 퍼미션 |
|---|---|---|---|
| 0xNNNN | 0xuuuu – UUID <<포함>> | 포함 서비스 애트리뷰트 핸들 | 읽기 전용,<br>인증 없음<br>권한 없음 |

서버는 오리지널 서비스를 참조하는 또다른 서비스에 포함 정의를 가진 서비스 정의를 포함하지 않는다. 이것은 각 포함 정의 참조 서비스에 적용한다. 이는 순환 참조 구조와 같이 참조한다. 만약 포함 서비스가 알려진 서비스 UUID를 사용하면 클라이언트는 서비스에 순환 참조를 찾아내고 만약 발견이 된다면 논리 링크나 물리 링크를 종료한다. 만약 포함 서비스가 알려지지 않은 서비스 UUID를 사용한다면, 클라이언트는 그 서비스의 순환 참조를 찾아낼 필요가 없다.

### 4.1.2.3 특성 정의(Characteristic Definition)

특성 정의는 특성 선언, 특성 값 선언을 포함한다. 또한 특성 디스크립터 선언을 포함할 수 있다. 특성의 선언은 시작했을 때 또는 다음 특성 선언 또는 서비스 선언 아니면 최대 애트리뷰트 핸들(번호증가) 후에 끝나게 된다. 특성의 정의는 애트리뷰트 핸들에 기반한 순서내의 서비스 정의안에서 서버상에서 나타난다.

각 선언은 분할 애트리뷰트내에 포함된다. 특성 선언과 특성 값 선언의 두 가지 선언이 요구된다. 특성 값 선언은 특성 선언에 따라서 존재한다. 어떤 추가적인 특성 디스크립터 선언은 특성 값 선언 후에 배치된다. 여기에서 부가적인 특성 디스크립터 선언은 중요하지 않다. 특성 정의는 단독으로 집합된 특성 값내에 속하는 몇몇 특성 값을 연결함으로써 정의된다. 단독으로 집합된 특성값의 쓰기 그리고 읽기를 통해서 다중 특성 값의 읽기, 쓰기는 최적화된다. 이 특성 정의의 타입은 일반 특성 정의와 같다. 특성 선언은 집합 특성 정의에 유일한 특성 UUID를 사용한다. 또한 집합된 특성 정의는 집합 특성 값의 포맷을 표시하는 특성 집합 포맷 디스크립터를 포함한다.

#### 4.1.2.3.1 특성 선언(Characteristic Declaration)

특성 선언은 특성을 위한 UUID를 셋팅하는 애트리뷰트 타입을 가진 애트리뷰트이다. 그리고 애트리뷰트 값은 특성의 등록정보, 특성 값, 애트리뷰트 핸들과 특성의 UUID를 셋팅한다. 애트리뷰트 퍼미션은 읽기가 가능하며 인증이나 권한은 필요하지 않다.

[표 112 특성 선언]

| 애트리뷰트 핸들 | 애트리뷰트 타입 | 애트리뷰트 값 | 애트리뷰트 퍼미션 |
|---|---|---|---|
| 0xNNNN | 0xuuuu – UUID<br><<특성>> | 특성값 애트리뷰트 핸들<br>(특성 UUID) | 읽기 전용,<br>인증 없음,<br>권한 없음 |

특성 선언의 애트리뷰트 값은 읽기만 가능하다.

[표 113 특성 선언내의 애트리뷰트 값 필드]

| 애트리뷰트 핸들 | 애트리뷰트 타입 | 설명 |
|---|---|---|
| 특성 정보 | 1 octet | 특성 정보의 비트 필드 |
| 특성 값 핸들 | 2 octet | 애트리뷰트 핸들이 포함하는 특성 값 |
| 특성 UUID | 2 또는 16 octet | 특성 값의 16비트 블루투스 UUID또는<br>128비트 UUID |

서비스는 같은 UUID에서 다중의 특성 선언을 갖는다. 서비스 선언 내에서 어떤 특성은 필수사항이며 이런 특성은 포함 선언 후, 서비스 정의 내의 추가 특성 전에 위치한다. 클라이언트는 이런 필수 특성의 어떤 순서나 서비스 정의 내의 추가적인 특성의 순서는 고려하지 않는다. 16비트 블루투스 UUID를 사용하는 특성 선언을 가진 특성 정의는 함께 그룹핑 되어야 한다. 그리고 128비트 UUID을 사용하는 특성 선언을 가진 특성 정의 역시 그룹핑 되어야 한다.

특성에 대한 자세한 내용들에 대해서 알아본다.

**특성이 갖는 기능 정보들** 특성에는 여러 가지의 기능 정보들이 있다. 특성의 기능 정보들은 기능 정보 비트 필드에 따라서 정의되는데 이렇게 정의된 값들은 각 기능들을 분류하는데 사용된다. 아래는 각 기능에 대한 비트 필드의 셋팅 값이다.

[표 114 특성 정보 비트 필드]

| 특징 | 값 | 설명 |
|---|---|---|
| Broadcast | 0x01 | 비트가 셋팅되면, 특성 값의 브로드캐스트를 특성 설정 디스크립터를 이용하여 허용한다. |
| Read | 0x02 | 비트가 세팅되면, 각 해당 프로시져에 따라서 특성의 값을 읽도록 허용한다. |
| Write without Response | 0x04 | 비트가 세팅되면, 해당 프로시져에 따라서 해당 기능을 허용한다. |
| Write | 0x08 | 비트가 세팅되면, 해당 프로시져에 따라서 해당 기능을 허용한다. |
| Notify | 0x10 | 비트가 세팅되면, 해당 프로시져에 따라서 해당 기능을 허용한다. |
| Indicate | 0x20 | 비트가 세팅되면, 해당 프로시져에 따라서 해당 기능을 허용한다. |
| Authenticated | 0x40 | 비트가 세팅되면, 해당 프로시져에 따라서 해당 기능을 허용한다. |
| Extended Properties | 0x80 | 비트가 세팅되면, 해당 프로시져에 따라서 해당 기능을 허용한다. |

**특성 값 애트리뷰트 핸들** 특성 값 애트리뷰트 핸들 필드는 특성 값을 포함하는 애트리뷰트의 애트리뷰트 핸들이다.

**특성 UUID** 특성 UUID 필드는 6비트 블루투스 UUID 또는 128비트 UUID이다. 클라이언트는 이 둘의 타입을 모두 지원한다. 알려지지 않은 특성 UUID에 대해서 클라이언트는 이를 무시할 수 있다.

### 4.1.2.3.2 특성 값 선언

특성 값 선언은 특성의 값을 포함하게 된다. 이는 특성 선언 후의 첫 번째 애트리뷰트이다. 모든 특성 선언은 특성 값 선언을 가지고 있어야 한다. 특성 값 선언은 16비트 블루투스 또는 128비트 UUID의 값으로 애트리뷰트 타입을 셋팅하는 애트리뷰트이다. 애트리뷰트 값은 특성 값을 사용하며 애트리뷰트 퍼미션은 서비스에 의해서 명시된다.

[표 115 특성 값 선언]

| 애트리뷰트 핸들 | 애트리뷰트 타입 | 애트리뷰트 값 | 애트리뷰트 퍼미션 |
|---|---|---|---|
| 0xNNNN | 0xuuuu – 16비트 블루투스 UUID 또는 128비트(특성 값) | 특성 값 | 상위 계층 프로파일이나 구현에 따름 |

### 4.1.2.3.2 특성 디스크립터 선언

특성 디스크립터는 특성 값과 관련된 정보를 포함하여 사용한다. GATT 프로파일은 상위 계층 프로파일에 의해서 사용할 수 있게 특성 디스크립터의 표준을 정의한다. 상위 계층 프로파일은 프로파일에 맞는 추가적인 특성 디스크립터를 정의한다. 각 특성 디스크립터는 특성 디스크립터 UUID에 의해서 식별된다. 클라이언트는 16비트와 128비트 특성 디스크립터 UUID를 지원한다. 클라이언트는 알려지지 않은 특성 디스크립터 UUID를 가진 특성 디스크립터 선언은 무시한다. 만약 특성 정의 내에 존재한다면, 특성 디스크립터는 특성 값 선언을 따른다. 특성 디스크립터 선언은 특성 정의 내에 순서대로 나타난다. 클라이언트는 특성 값 선언에 따르는 특성 정의 내에 나타나는 특성 디스크립터 선언의 순서에 대해서 고려하지 않는다.

특성 디스크립터 선언 퍼미션은 상위 레벨 프로파일 또는 구현된 스펙에 따라 정의된다. 클라이언트는 모든 특성 디스크립터 선언에 대해서 읽기가 가능하지는 않다.

**특성의 확장된 기능 정보** 특성 확장 기능 선언은 추가적인 특성 기능을 정의하는 디스크립터를 의미한다. 만약 특성 기능의 확장 기능 비트가 셋팅되면 이 특성 디스크립터를 벗어난다. 특성 디스크립터는 특성 정의 후 특성 정의 내에 포지션된다. 단지 하나의 특성 확장 기능 선언은 특성 정의 내에서 벗어난다. 특성 디스크립터는 애트리뷰트 내에 포함된다. 그리고 그 애트리뷰트 타입은 특성 확장 기능을 위해 UUID로 셋팅된다. 애트리뷰트 값은 특성 확장 기능 비트 필드가 되고 애트리뷰트 퍼미션은 인증이나 권한없이 읽기가 가능하다.

[표 116 특성 확장 선언]

| 애트리뷰트 핸들 | 애트리뷰트 타입 | 애트리뷰트 값 | 애트리뷰트 퍼미션 |
|---|---|---|---|
| 0xNNNN | 0xuuuu – UUID <<특성 확장 >> | 특성 확장 기능 비트 필드 | 읽기 전용, 인증 없음 권한 없음 |

특성 확장 기능 비트 필드는 어떻게 특성 값이 사용되는지 또는 어떻게 특성 디

스크립터에 접근할 수 있는지에 대해 설정할 수 있다.

[표 117 특성 확장 선언 비트]

| 특징 | 값 | 설명 |
|---|---|---|
| Reliable Write | 0x0001 | 비트가 셋팅되면, reliable write가 가능해진다. |
| Writable Auxiliaries | 0x0002 | 비트가 셋팅되면, 특성값 디스크립터에 쓰기가 가능하다. |
| 예약 | 0xFFFC | 예약된다. |

**특성 유저 설명** 특성 유저 설명 선언은 특성 값에 대한 사용자의 설명으로 UTF-8 스트링으로 정의된다. 만약 Characteristic Properites의 Writable Auxiliary 비트가 셋팅되면 이 특성 디스크립터는 쓸 수 있다. 특성 디스크립터는 특성 값의 뒤에 특성 정의내에 위치한다. 단지 하나의 특성 유저 디스크립션 선언만이 특성 정의 내에 존재한다. 이 특성 디스크립터는 애트리뷰트 내에 포함되며, 애트리뷰트 타입은 특성 유저 설명을 위해 UUID를 셋팅한다. 그리고 애트리뷰트 값은 UTF-8 스트링으로 셋팅된다. 애트리뷰트 퍼미션은 프로파일에 의해서 명시된다.

[표 118 특성 유저 설명 선언]

| 애트리뷰트 핸들 | 애트리뷰트 타입 | 애트리뷰트 값 | 애트리뷰트 퍼미션 |
|---|---|---|---|
| 0xNNNN | 0xuuuu – UUID<br><<특성 유저 설명>> | 특성 유저 설명<br>(UTF-8 스트링) | 상위 계층 프로파일이나<br>구현에 따름 |

**클라이언트 특성 설정** 클라이언트 특성 설정 선언은 특정 클라이언트에 의해서 어떻게 특성을 설정할지에 대해서 정의하게 되는 추가적인 특성 디스크립터이다. 특성 디스크립터 값은 비트 필드이다. 비트가 셋팅되면 이 특성 설정을 할 수 있으며 그렇지 않으면 이 기능을 사용하지 못하게 설정한다. 클라이언트 특성 설정 디스크립터는 특성 선언에서 특성 값 뒤에 위치한다. 특성 정의 내에 하나의 특성 설정 선언만이 존재한다.

클라이언트는 서버상에서 이 특성 설정을 제어하기 위해 설정 디스크립터를 쓴다. 각 클라이언트는 클라이언트 특성 설정을 구체화할 수 있다. 클라이언트 특성 설정을 읽으면 그 설정을 확인할 수 있다. 그리고 이 설정 디스크립터를 쓰기 위해서는 서버에 의한 인증과 권한이 부여되어야 한다. 특성 디스크립터는 애트리뷰트 내에 포함된다. 이 애트리뷰트 타입은 클라이언트 특성 설정을 위해 UUID를 셋팅한다. 애트리뷰트 값은 특성 디스크립터 값을 셋팅하고 애트리뷰트 퍼미션은 프로파일에 의해서 또는 구현 스펙에 따른다.

[표 119 클라이언트 특성 설정 선언]

| 애트리뷰트 핸들 | 애트리뷰트 타입 | 애트리뷰트 값 | 애트리뷰트 퍼미션 |
|---|---|---|---|
| 0xNNNN | 0xuuuu – UUID<br><<클라이언트 특성 설정>> | 특성 설정 비트 | 상위 계층 프로파일이나 구현에 따름 |

[표 120 클라이언트 특성 설정 비트 필드 정의]

| 설정 | 값 | 설명 |
|---|---|---|
| Notification | 0x0001 | 특성 값에 대한 알림 |
| Indication | 0x0002 | 특성 값에 대한 지시 |
| 예약됨 | 0xFFF4 | 예약됨 |

**서버 특성 설정** 서버 특성 설정 선언은 특성이 어떻게 서버를 위해 설정되는지에 대해서 설명하는 추가적인 특성 디스크립터이다. 특성 디스크립터 값은 비트 필드로 정의된다. 비트 필드가 셋팅되면 수행이 가능하다. 그렇지 않으면 사용하지 않는다. 서버 특성 설정 선언은 특성 값 뒤에 위치한다. 서버 특성 설정 선언은 특성 선언 내에 하나만 존재한다.

클라이언트는 이 설정 디스크립터를 특성의 설정을 제어하기 위해서 사용한다. 모든 클라이언트를 위해서 서버 특성 설정을 구체화한다. 이 서버 특성 설정을 읽음으로써 모든 클라이언트의 설정을 볼 수 있으며, 이에 대한 값을 씀으로써 모든 클라이언트의 설정에 영향을 끼친다. 이 설정 디스크립터에 접근하기 위해서 서버로부터의 별도의 인증과 권한이 필요하다. 특성 디스크립터는 애트리뷰트 내에 포함된다. 애트리뷰트 타입은 서버 특성 설정을 위해 UUID를 셋팅하고 애트리뷰트 값은 특성 디스크립터 값을 갖는다. 애트리뷰트 퍼미션은 프로파일에 의해서 설정된다.

[표 121 서버 특성 설정 선언과 비트 필드 정의]

| 애트리뷰트 핸들 | 애트리뷰트 타입 | 애트리뷰트 값 | 애트리뷰트 퍼미션 |
|---|---|---|---|
| 0xNNNN | 0xuuuu – UUID<br><<서비스 특성 설정>> | 특성 설정 비트 | 상위 계층 프로파일이나 구현에 따름 |

| 설정 | 값 | 설명 |
|---|---|---|
| Broadcast | 0x0001 | 특성값은 서버가 브로드캐스트 프로시져 상태에 있을 때 애드버타이징 데이터가 유효하다면 브로드캐스트하게 된다. |
| 예약됨 | 0xFFF2 | 예약됨 |

**특성 프리젠테이션 포맷** 특성 프리젠테이션 포맷 선언은 특성 값의 포맷을 정의하는 추가적인 특성 디스크립터이다. 특성 디스크립터는 특성 값의 뒤에 특성 선언 내에서 위치한다. 만약 하나 이상의 특성 프리젠테이션 포맷 선언이 존재한다면, 특성 집합 포맷 선언은 특성 정의 부분에 존재한다. 특성 포맷의 값은 format, exponent, unit 그리고 설명 이렇게 네 부분으로 구성된다. 특성 디스크립터는 애트리뷰트 내에 포함된다. 애트리뷰트 타입은 특성 포맷의 UUID를 세팅하고 애트리뷰트 값은 특성 디스크립터 값을, 애트리뷰트 퍼미션은 프로파일에 의해서 정의된다.

[표 122 특성 포맷 선언과 값에 대한 정의]

| 애트리뷰트 핸들 | 애트리뷰트 타입 | 애트리뷰트 값 | | | | | 애트리뷰트 퍼미션 |
|---|---|---|---|---|---|---|---|
| 0xNNNN | 0xuuuu – UUID <<특성 값 포맷>> | format | exponent | unit | Name space | description | 상위 계층 프로파일이나 구현에 따름 |

| 필드 | 값 사이즈 | 설명 |
|---|---|---|
| Format | 1 octet | 특성 값의 포맷 값 |
| Exponent | 1 octet | Exponent 필드 값 |
| Unit | 2 octet | 특성 유닛 값 |
| Name space | 1 octet | 네임 스페이스 값 |
| Description | 2 octet | 상위 계층 프로파일내의 특성의 설명 |

**비트 순서** 특성 포맷 디스크립터를 위한 비트 순서는 리틀 엔디안으로 사용한다.

**Format** 포맷 필드는 싱글 값이 특성 값내에 어떻게 포맷팅되는지에 대해서 결정한다. 만약 포맷 전체가 octet으로 채워지지 않으면, 데이터는 값의 LSB 내에 포함되며 다른 비트는 '0'으로 채워서 전송한다. 그리고 수신시에 이는 무시된다. 만약 특성 값이 octet보다 작으면, 전체 octet를 '0'으로 채우게 된다.

[표 123 특성 포맷 타입]

| 포맷 | Short name | 설명 | Exponent 값 |
|---|---|---|---|
| 0x01 | BOOLEAN | Unsigned 1 비트, 0 = false, 1 = true | No |
| 0x02 | 2 bit | Unsigned 2 bit integer | No |
| 0x03 | Nibble | Unsigned 4 bit integer | No |
| 0x04 | Uint8 | Unsigned 8 bit integer | Yes |
| 0x05 | Uint12 | Unsigned 12 bit integer | Yes |
| 0x06 | Uint16 | Unsigned 16 bit integer | Yes |
| 0x07 | Uint24 | Unsigned 24 bit integer | Yes |
| 0x08 | Uint32 | Unsigned 32 bit integer | Yes |
| 0x09 | Uint48 | Unsigned 48 bit integer | Yes |
| 0x0A | Uint64 | Unsigned 64 bit integer | Yes |
| 0x0B | Uint128 | Unsigned 128 bit integer | Yes |
| 0x0B | SINT8 | Signed 8 bit integer | Yes |
| 0x0C | SINT12 | Signed 12 bit integer | Yes |
| 0x0E | SINT16 | Signed 16 bit integer | Yes |
| 0x0F | SINT24 | Signed 24 bit integer | Yes |
| 0x10 | SINT32 | Signed 32 bit integer | Yes |
| 0x11 | SINT48 | Signed 48 bit integer | Yes |
| 0x12 | SINT64 | Signed 64 bit integer | Yes |
| 0x13 | SINT128 | Signed 128 bit integer | Yes |
| 0x14 | float32 | IEEE-754 32 bit floating point | No |
| 0x15 | float64 | IEEE-754 32 bit floating point | No |
| 0x16 | SFLOAT | IEEE-11073 16 SFLOAT | No |
| 0x17 | FLOAT | IEEE-11073 32 bit FLOAT | No |
| 0x18 | Duint16 | IEEE-20601 format | No |
| 0x19 | Utf8s | Utf-8 string | No |
| 0x1A | Utf16s | Utf-16 string | No |
| 0x1B | struct | Opaque structure | No |
| 0x1C – 0xFF | Rfu | 예약됨 | No |

IPv4 어드레스로 인코딩되면 uint32 포맷 타입을 사용하고, IPv6 어드레스로 인코딩되면 uint128 포맷 타입을 사용한다. 블루투스 BD_ADDR로 인코딩되면, uint48 포맷 타입을 사용한다. Duint16은 uint16 값에 연속해서 연결한다.

- exponent: exponent 필드는 향후 어떻게 포맷팅을 할지에 대해 integer 데이터 타입을 사용한다. exponent 필드는 위의 테이블에서의 signed integer 값을 갖는다.

$$\text{실제 값} = \text{특성 값} * 10^{\text{Exponent}}$$

위의 식에서 실제 값은 특성 값의 10제곱수로 나타낸다. 예를 들면, 만약 exponent의 값이 '2'라면 특성 값은 '23'이 되며, 실제 값은 2300이 된다.

- Unit: unit 값은 UUID로 정의한다.
- 설명: 이는 UUID에 대한 설명을 나타낸다.

**특성 집단 포맷** 특성 집단 포맷 선언은 집합된 특성 값의 포맷을 정의하는 추가적인 특성 디스크립터이다. 특성 디스크립터는 특성 값 뒤에 특성 정의내의 어떤 곳에 위치한다. 특성 집단 포맷 값은 특성 프리젠테이션 포맷 선언의 애트리뷰트의 핸들의 리스트로 구성되며 각 애트리뷰트 핸들은 특성 프리젠테이션 포맷 선언를 말한다.

[표 124 특성 집단 포맷 선언]

| 애트리뷰트 핸들 | 애트리뷰트 타입 | 애트리뷰트 값 | 애트리뷰트 퍼미션 |
|---|---|---|---|
| 0xNNNN | 0xuuuu – UUID<br><<특성 집단>> | 특성 프리젠테이션 포맷 선언의 애트리뷰트 핸들리스트 | 상위 계층 프로파일이나 구현에 따름 |

애트리뷰트의 핸들 리스트는 16비트 애트리뷰트 핸들 값을 싱글 애트리뷰트 값속에 다중으로 연결한 것이다. 이 리스트는 특성 프리젠테이션 포맷 선언을 위해 적어도 두개의 애트리뷰트 핸들을 포함한다. 특성 값은 애트리뷰트 핸들이 지시하는 각 특성 프리젠테이션 포맷 선언에 의해서 분석된다. 여기에서 리스트 내의 애트리뷰트 핸들의 순서는 매우 중요하다.

만약 특성 정의 내에 하나 이상의 특성 프리젠테이션 포맷 선언이 존재한다면, 특성 집단 포맷 선언이 있게 된다. 특성 집단 포맷 선언은 애트리뷰트 핸들 리스트 내에 특성 정의 안에서 각 특성 프리젠테이션 포맷 선언을 포함한다. 다른 특성 정의에서도 특성 프리젠테이션 포맷 선언은 사용된다. 특성 집단 포맷 선언은 특성 정의에서 특성 프리젠테이션 포맷 선언없이 존재하기도 한다. 이 특성 집단 포맷 선언은 다른 특성 정의로부터 특성 프리젠테이션 포맷 선언을 사용하기도 한다.

#### 4.1.2.4 GATT 프로파일 애트리뷰트 타입 정리

위에서 설명한 GATT의 프로파일 타입을 정리하면 아래와 같다. 아래의 애트리뷰트 타입을 살펴보면, 해당되는 모든 타입을 선언할 수 있다. UUID에 대해서는 아직 정해지지 않아서 TBD로 표시했다.

[표 125 GATT 프로파일 애트리뷰트 타입 정리]

| 애트리뷰트 타입 | UUID | 설명 |
|---|---|---|
| <<Service>> | TBD | 서비스 선언 |
| <<Include>> | TBD | 포함 선언 |
| <<Characteristic>> | TBD | 특성 선언 |
| <<Characteractic Extended Properties>> | TBD | 특성 확장 특징 |
| <<Characteractic User Description>> | TBD | 특성 유저 설명 디스크립터 |
| <<Characteractic Configuration>> | TBD | 클라이언트 특성 설정 디스크립터 |
| <<Server Characteristic Configuration>> | TBD | 서버 특성 설정 디스크립터 |
| <<Characteristic Format>> | TBD | 특성 포맷 디스크립터 |
| Characteric Aggregate Format>> | TBD | 특성 집단 포맷 디스크립터 |

### 4.1.3 GATT 특징 요구(GATT Feature Requirements)

#### 4.1.3.1 서비스 정의

현재까지 GATT 프로파일은 프로파일 내에 11개의 특징을 정의한다. 아래는 그 특징을 나열한 것이다.

1. 서버 설정(Server Configuration)
2. 서비스 검색(Service Discovery)
3. 관계 검색(Relationship Discovery)
4. 특성 검색(Characteristic Discovery)
5. 특성 디스크립터 검색(Characteristic Descriptor Discovery)
6. 특성 값 읽기(Reading a Characteristic Value)
7. 특성 값 쓰기(Writing a Characteristic Value)
8. 특성 값 알림(Notification of a Characteristic Value)
9. 특성 값 지시(Indication of a Characteristic Value)
10. 특성 디스크립터 읽기(Reading a Characteristic Descriptor)

11. 특성 디스크립터 쓰기(Writing a Characteristic Descriptor)

각 특성들은 프로시져와 서브 프로시져에 맵핑된다. 이런 프로시져와 서브 프로시져는 어떻게 애트리뷰트 프로토콜이 각 특징에 대응하는지를 설명한다.

#### 4.1.3.2 특성 지원 및 프로시져 맵핑

아래의 맵핑 테이블은 각 프로시져에 어떻게 특성들이 맵핑되는지 보여준다. 각 특징이 강제사항인지 아니면 부가적인 사항인지에 대해 나타나 있다.

[표 126 GATT 특징 프로시져 맵핑]

| 특징 | 서브 프로시져 | 클라이언트 지원 | 서버 지원 |
|---|---|---|---|
| 서버 설정 | Exchange MTU | O | O |
| 서비스 검색 | Discover All Services | O | M |
| | Discover Services By Service UUID | O | M |
| 관계 검색 | Find Included Services | O | M |
| 특성 검색 | Discover All Characteristic of a Service | O | M |
| | Discover Characteristic by UUID | O | M |
| 특성 디스크립터 검색 | Discover All Characteristic Descriptors | O | M |
| 특성 값 읽기 | Read Characteristic Value | O | M |
| | Read Using Characteristic UUID | O | M |
| | Read Long Characteristic Values | O | O |
| | Read Multiple Characteristic Values | O | O |
| 특성 값 쓰기 | Write Without Response | O | O |
| | Write Without Response With Authentication | O | O |
| | Write Characteristic Value | O | O |
| | Write Long Characteristic Values | O | O |
| | Characteristic Value Reliable Writes | O | O |
| 특성 값 알림 | Notifications | M | C1 |
| 특성 값 지시 | Indications | O | O |
| 특성 디스크립터 값 읽기 | Read Characteristic Descriptors | O | O |
| 특성 디스크립터 값 쓰기 | Write Characteristic Descriptors | O | O |

C1: Service Change Characteristic이 존재하면, 이 특성이 필요하고 그렇치 않으면, 부가적임.

#### 4.1.3.3 서버 설정(Server Configuration)

이 프로시져는 클라이언트에 의해서 애트리뷰트 프로토콜을 설정하기 위해서 사용한다. 이 프로시져는 MTU(Maximum Transmission Unit) 사이즈를 셋팅하기 위해 서브 프로시져를 사용한다.

**MTU 변경 및 교체** 이 서브 프로시져는 클라이언트에 의해서 최대의 ATT_MTU 사이즈를 셋팅하기 위해서 사용한다. ATT_MTU값은 애트리뷰트 프로토콜에 의해서 디폴트(default) 값을 사용하는데 클라이언트가 이보다 더 큰 값을 지원할 때, 두 디바이스에 의해서 지원되는 가능한 최대값을 말한다. 이 서브 프로시져는 연결 중에만 초기화할 수 있다. 이 서브 프로시져는 L2CAP 채널 설정 프로시져에서 MTU 사이즈를 협상한 이후로는 BR/EDR 물리 계층에서 사용되지 않는다. 애트리뷰트 프로토콜, Exchange MTU Request는 서브 프로시져에 의해서 사용된다. 클라이언트 Rx MTU 페러미터는 클라이언트가 수신할 수 있는 최대의 MTU 값을 셋팅한다. 서버로 부터의 이 Exchange MTU Request를 위한 응답에는 Exchange MTU Reponse와 Error Response 두 가지가 있다. 이 서버는 Server Rx MTU 페러미터와 함께 Exchange MTU Response 메시지를 리턴한다. 만약 Error Response가 서버에 의해서 송신될 때, Error Code에 Reqeust Not Supported와 함께 보내지면, 애트리뷰트 Opcode는 지원하지 않으며, 디폴트 MTU를 사용하게 된다.

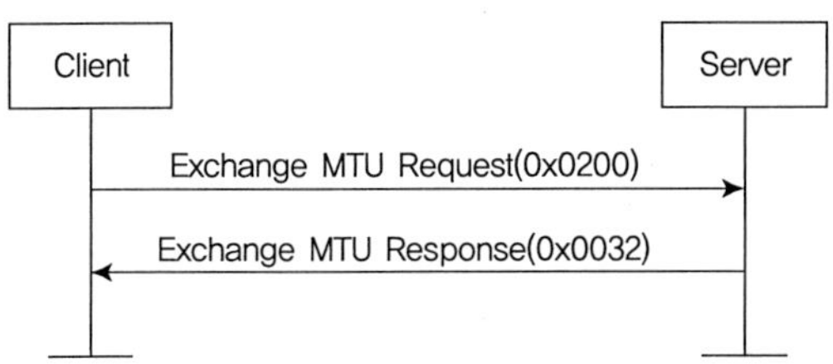


[그림 95 Exchange MTU]

위의 예에서와 같이 ATT_MTU는 0x0032가 된다.

#### 4.1.3.4 서비스 검색

이 프로시져는 클라이언트가 서버의 서비스를 검색하기 위해서 사용된다. 해당 서비스에 대해서 서비스가 검색되면 다른 프로시져에 의해서 해당 서비스에 접근할 수 있다. 여기에는 모든 서비스 검색과 서비스 UUID에 의한 검색 두 가지 서비스 검색이 가능한 서브 프로시져가 존재한다.

**모든 서비스 검색(Discover All Services)** 이 서브 프로시져는 클라이언트 서버가 서비스 가능한 모든 서비스를 검색할 때 사용한다. 애트리뷰트 프로토콜 Read By Type Request는 서비스를 위한 UUID로 셋팅되어 있는 애트리뷰트 타입 페러미터를 사용한다. 시작 핸들은 0x0001이고 마지막 핸들은 0xFFFF으로 셋팅한다. 여기에서 서버에서 응답 가능한 메시지는 Read By Type Response와 Error Response 두 가지가 있다. Read By Type Response는 서버에서 지원하는 서비스에 대해서 애트리뷰트 핸들과 애트리뷰트 값의 쌍을 리스트로 전달한다. 각 애트리뷰트 값은 서비스 가능한 서비스 UUID를 포함하고 애트리뷰트 핸들은 서비스 선언을 위한 핸들을 가지고 있다. 애트리뷰트 핸들은 다음 서비스 시작 전의 서비스 정의의 시작과 끝을 나타낸다. Read By Type Request는 Ready By Type Response의 시작 핸들을 하나 증가하여 다시 수행한다. 이 서브 프로시져는 Error Response를 받으면 종료되는데, 이때 Error Code에 셋팅되는 에러값은 Attribute Not Found이다. 만약 희망하는 서비스를 종료전에 발견하게 된다면 서브 프로시져를 모두 검색하기 전에 종료할 수 있다. 여기에서 서비스 선언은 읽기가 가능하고 인증이나 권한이 필요하지 않다.

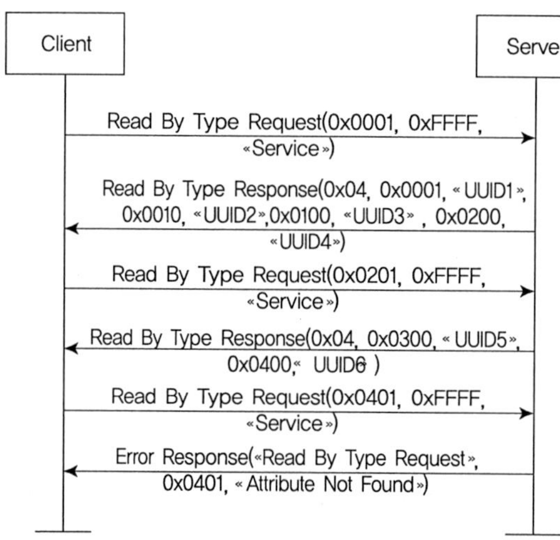


[그림 96 모든 서비스 검색]

**서비스 UUID에 의한 서비스 검색** 이 서브 프로시져는 클라이언트가 서버상의 특정 서비스를 검색하기 위해 사용하게 되는데, 이때 클라이언트는 서비스 UUID를 이미 알고 있는 상황에서 사용한다. 애트리뷰트 프로토콜 Find By Type Value Request는 서비스를 위한 UUID로 셋팅되어 있는 애트리뷰트 타입 페러미터를 이용하며 애트리뷰트 값은 16비트 블루투스 UUID 또는 128비트 UUID를 사용한다. 시작 핸들은 0x0001로 마지막 핸들은 0xFFFF로 셋팅한다. 이때 서버는 이에 대한 응답으로 Find By Type Reponse와 Error Response 두 가지로 응답이 가능하다. Find By Type Value Response는 서버에서 지원하는 서비스 UUID와 함께 서비스 값의 범위를 가진 애트리뷰트 핸들로 응답한다. 애트리뷰트 핸들의 범위는 서비스 선언의 시작 핸들과 마지막 핸들을 나타낸다. 만약 검색한 서비스 UUID를 가진 애트리뷰트 핸들 범위 대해서 리턴값이 없고 마지막 핸들이 0xFFFF가 아니면, Find By Type Value Request를 다시 셋팅하게 되는데, 이때 시작 핸들 값은 이전의 Find By Type Value Request 값보다 하나 증가된 값을 사용한다. 이 서브 프로시져는 Error Response를 받거나 Atrtibute Not Found를 가진 Error Code를 받으면 종료된다. 만약 희망하는 서비스를 종료 전에 발견하게 된다면 서브 프로시져를 모두 검색하기 전에 종료할 수 있다. 여기에서 서비스 선언은 읽기가 가능하고 인증이나 권한이 필요없다.

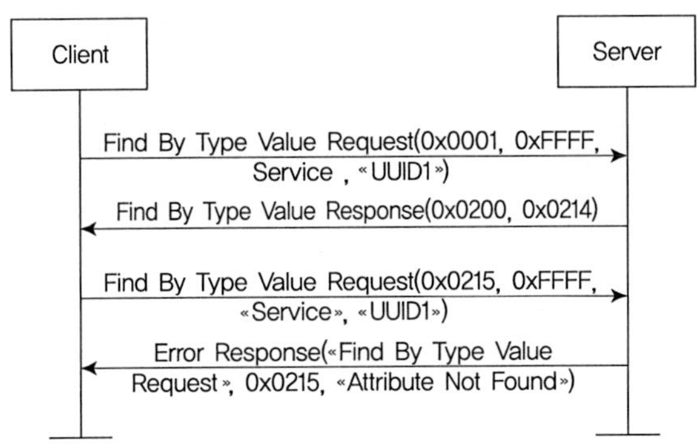


[그림 97 서비스 UUID 검색 서비스]

#### 4.1.3.5 관계 검색(Relationship Discovery)

이 프로시져는 클라이언트가 다른 서비스와의 관계에 대해서 검색하기 위해서 사용된다. 이를 위한 하나의 서브 프로시져가 존재한다.

**포함 서비스 검색(Find Included Services)** 이 서브 프로시져는 클라이언트에 의해서 서버상에 선언된 서비스 선언에 포함된 서비스를 찾기 위해서 사용된다. 이 서비스는 서비스 핸들 범위에 의해서 확인할 수 있다. 애트리뷰트 프로토콜 Read By Type Request는 포함된 서비스를 위한 UUID를 셋팅한 애트리뷰트 타입 페러미터를 이용한다. 시작 핸들은 해당 서비스의 시작 핸들을 나타내고 마지막 핸들은 특정 해당 서비스의 마지막 핸들값을 셋팅한다. 이에 대한 응답으로는 Read By Type Response와 Error Response 두 가지가 있다. Read By Type Response는 애트리뷰트 핸들과 애트리뷰트 값의 쌍으로 서비스 정의 내에 포함된 서비스 값으로 응답된다. 각 응답된 애트리뷰트 값은 포함된 서비스의 애트리뷰트 핸들을 나타낸다. 애트리뷰트 핸들은 포함된 선언을 위한 핸들이다. Read By Type Request는 Read By Type Response내의 마지막 애트리뷰트 핸들보다 하나 증가한 시작 핸들을 셋팅하고 다시 송신된다. 이 서브 프로시져는 Error Response를 받거나, Attribute Not Found를 가진 Error Code를 받으면 종료된다. 여기에서 포함 선언은 읽기가 가능하고 인증이나 권한을 필요로 하지 않는다.

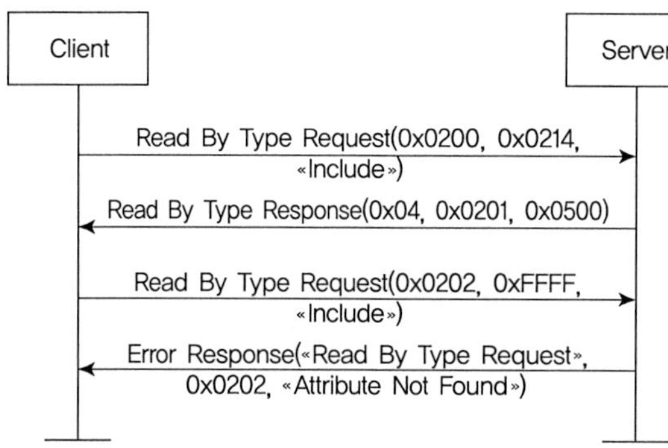


[그림 98 포함 서비스 검색]

#### 4.1.3.6 특성 검색

이 프로시져는 클라이언트가 서버가 가진 서비스 특성을 검색하기 위해서 사용된다. 특성이 추가적인 정보를 가지고 있다면 다른 프로시져를 이용하여 검색하거나 접근할 수 있다. 여기에는 모든 서비스 특성 검색과 UUID에 의한 특성 검색이 있다.

**모든 서비스 특성 검색** 이 서브 프로시져는 클라이언트에 의해서 서버상의 모든 서비스 정의내에 특성 선언을 찾기 위해서 사용한다. 단 핸들의 범위를 알고 있어야 한다. 이 서비스는 서비스 핸들 범위에 의해서 확인된다. 애트리뷰트 프로토콜 Read By Type Request는 특성을 위한 UUID를 셋팅하는 애트리뷰트 타입 페러미터를 사용한다. Startig Handle은 해당 서비스의 시작 핸들을 Ending Handle은 마지막 핸들을 나타낸다. 가능한 리턴값은 Read By Type Response와 Error Response로 두 가지가 존재한다. Read By Type Response는 Attribute Handle과 애트리뷰트 값를 리턴한다. 애트리뷰트 핸들은 특성 선언을 위한 핸들이며 애트리뷰트 값은 특성 정보, 특성 값 그리고 특성 UUID이다. Read By Type Request는 다시 받은 Read Type Response의 애트리뷰트 핸들보다 하나 더한 Starting Handle을 가지고 다시 Read By Type Reqeust를 진행한다. 이 서브 프로시저는 Error Response를 받거나 Attribute Not Found를 가진 Error Code를 받으면 종료된다. 만약 희망하는 서비스를 종료 전에 발견하게 된다면 서브 프로시저를 모두 검색하기 전에 종료할 수 있다. 여기에서 서비스 선언은 읽기가 가능하고 인증이나 권한이 필요치 않다.

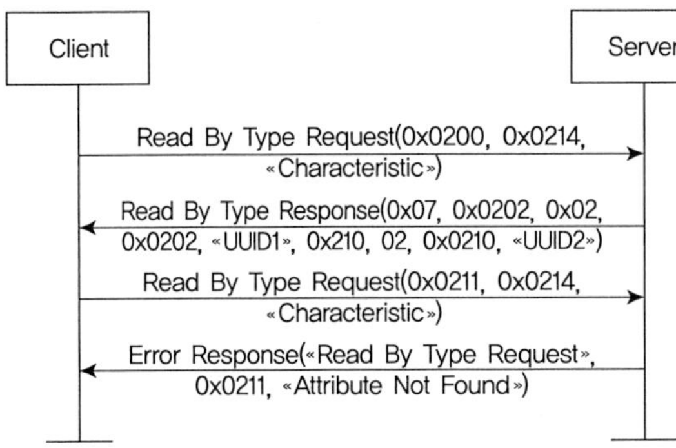


[그림 99 모든 서비스 특성 검색]

**UUID에 의한 서비스 검색** 이 서브 프로시저는 클라이언트가 서버상의 서비스 특성을 검색하기 위해서 사용한다. 이 때, 서비스 범위와 특성 UUID를 알고 있어야 한다. 검색된 특성은 특성 UUID에 의해서 확인할 수 있다. 애트리뷰트 프로토콜 Read By Type Request는 서브 프로시저의 시작을 수행한다. Attribute Type은 특성을 위해 UUID를 셋팅한다. Starting Handle과 Ending Handle 페러미터는 서비스 핸들의 범위를 셋팅한다. 이때 Read By Type Request에 대해서 서버는 Read By Type Response와 Error Response 두 가지로 응답할 수 있다. Read By Type Response는 애트리뷰트 핸들과 애트리뷰트 값은 핸들 범위를 제공하며 쌍의 값을 리턴한다. 리스트내의 각 애트리뷰트 값은 특성 선언을 위한 애트리뷰트의 값이다. 애트리뷰트 값은 특성 정보, 특성 값 핸들과 특성 UUID를 포함한다. 각 애트리뷰트 값과 애트리뷰트 핸들 쌍은 특성 UUID와 매칭하기 위해서 체크한다. 서브 프로시져는 서비스 핸들 범위에 다다를 때까지 지속적으로 Read By Type Response 내의 마지막 애트리뷰트 값보다 하나 더 큰 값의 Starting Handle을 세팅하며 진행한다. Attribute Not Found를 갖는 Error Code를 가진 Error Response가 서버에 의해서 보내지면 특성은 핸들 범위내에 존재하지 않음을 의미한다. 만약 희망하는 특성이 발견되면 서브 프로시져는 종료할 수 있다. 특성 선언은 인증이나 권한 없이도 읽기가 가능하다.

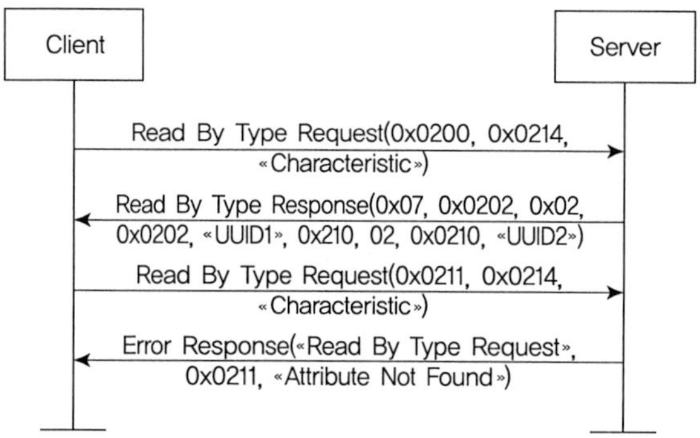


[그림 100 UUID에 의한 특성 검색]

#### 4.1.3.7 특성 디스크립터 검색

이 프로시져는 특성의 특성 디스크립터를 검색하기 위해서 클라이언트에서 실행하는 프로시져다. 특성 디스크립터에 관해서 추가적인 정보를 발견하면 다른 프로시져를 이용하여 접근이 가능하다. 이 프로시져에는 특성 디스크립터 검색을 위해서 사용되는 하나의 서브 프로시져가 있다

**모든 특성 디스크립터 검색** 특성 핸들 범위를 알고 있을 때, 클라이언트는 특성 정의 내의 모든 특성 디스크립터의 애트리뷰트 핸들과 타입을 검색한다. 특성은 특성 핸들 범위에 의해서 확인할 수 있다. 애트리뷰트 프로토콜 Find Information Request는 해당 특성의 시작 핸들과 마지막 핸들을 이용한다. UUID Filter 페러미터는 NULL값을 갖는다. 이 때, 서버로부터는 Find Information Response와 Error Response를 받을 수 있다. Find Information Response는 특성 정의 내의 특성 디스크립터의 애트리뷰트 핸들과 애트리뷰트 값 쌍의 리스트를 리턴한다. 애트리뷰트 핸들은 특성 디스크립터 선언의 핸들이며, 애트리뷰트 값은 특성 디스크립터의 UUID이다. Find Information Request는 Find Information Response 내의 마지막 애

트리뷰트 핸들보다 하나 더 큰 핸들을 Starting Handle로 셋팅하여 다시 요청한다. 이 서브 프로시져는 Attribute Not Found로 셋팅된 Error Code를 받거나 Error Response를 받으면 종료된다. 희망하는 특성 디스크립터가 발견되면 이 서브 프로시져는 조기에 종료될 수 있다.

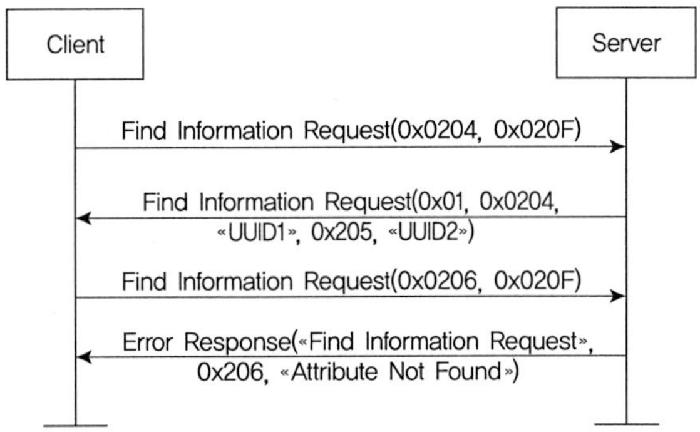


[그림 101 모든 특성 디스크립터 검색]

#### 4.1.3.8 특성 값 읽기

이 프로시져는 서버로 부터 특성 값을 읽기 위해서 사용한다. 여기에는 특성 값 읽기, 특성 UUID를 사용한 읽기, 긴 특성 값 읽기의 세 가지 서브 프로시져가 있다.

**특성 값 읽기** 이 서브 프로시져는 클라이언트가 특성 값 핸들을 알고 있을 때, 서버로부터 특성 값을 읽기 위해서 사용한다. 애트리뷰트 프로토콜 Read Request는 특성 값 핸들을 셋팅하는 애트리뷰트 핸들 페러미터를 사용한다. Read Response는 애트리뷰트 값 페러미터내의 특성 값을 리턴한다. Read Response는 (ATT_MTU-1)와 같거나 작은 특성 값을 포함한다. 만약 특성 값이 (ATT_MTU-1)보다 크다면, 긴 특성 값 읽기 프로시져를 사용한다. 클라이언트에 의해서 충분하지 않은 인증, 충분하지 않은 권한, 충분하지 않은 인크립션 키 사이즈가 사용된다면, 서버는 Error Response를 보낸다. Error Code 페러미터는 애트리뷰트 프로토콜 내에 명시된다.

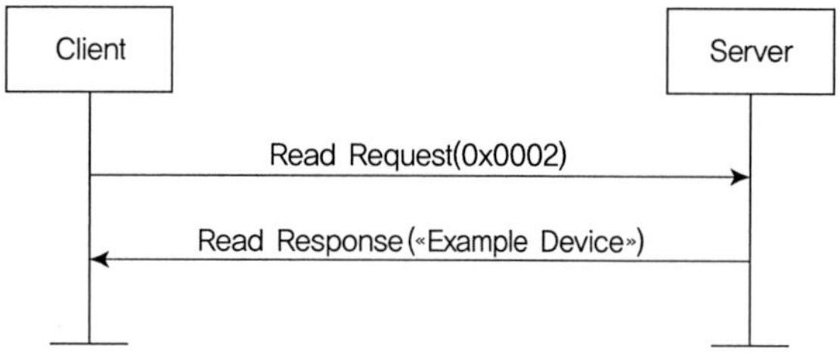


[그림 102 특성값 읽기]

**UUID를 사용한 읽기(Read Using Characteristic UUID)** 이 서브 프로시져는 클라이언트가 특성 UUID는 알지만 특성의 핸들 값을 모를 때 서버로부터 특성 값을 읽기 위해 사용된다. 애트리뷰트 프로토콜 Read By Type Request는 서브 프로시져에서 수행된다. 애트리뷰트 타입은 특성을 위해서 UUID로 셋팅된다. 시작 핸들과 마지막 핸들 페러미터는 읽기 위한 범위를 나타내며 이를 수행하고 서비스를 위한 핸들의 범위는 특성에 포함된다. 서버로부터의 응답으로는 Read By Type Response와 Error Response가 가능하다. Read By Type Response는 애트리뷰트 핸들과 애트리뷰트 값의 쌍의 리스트를 리턴한다. 리스트에서의 각 애트리뷰트 핸들은 특성 선언을 위한 애트리뷰트 핸들이다. 애트리뷰트 값은 특성의 정보, 특성 값 핸들과 특성 UUID를 포함한다. 각 애트리뷰트 핸들과 애트리뷰트 값 쌍을 위한 애트리뷰트 값은 특성 UUID에 매칭을 위해서 체크되어야 한다. 체크한 결과 매칭이 발견되면, 특성값 핸들에 대응하는 특성값을 사용한다. 만약 특성 UUID가 발견되지 않는다면 Read By Type Request는 Read By Type Response 내의 마지막 애트리뷰트 핸들보다 하나 더 큰 값을 시작 핸들에 셋팅하고 다시 요청한다. 만약 Error Response가 서버에서 Attribute Not Found를 가진 Error Code와 함께 보내지면 특성은 핸들 범위 내에 존재하지 않는다.

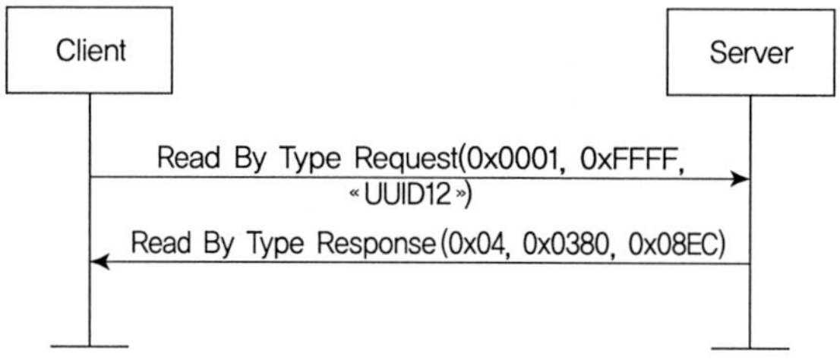


[그림 103 UUID를 사용한 읽기]

**긴 특성 값 읽기(Read Long Characteristic Values)** 이 서브 프로시져는 클라이언트가 특성 값 핸들과 특성 값의 길이가 Read Response 애트리뷰트 프로토콜 메시지에서 보낼 수 있는 것보다 길 경우, 서버로 부터 특성 값을 읽기 위해서 사용된다. 애트리뷰트 프로토콜 Read Blob Reqeust는 이를 위한 서브 프로시져를 수행하기 위해서 사용한다. 애트리뷰트 핸들은 읽혀질 특성 값의 특성 값 핸들을 셋팅한다. 값 옵셋 페러미터는 읽혀질 특성 값내의 옵셋이다. 완전한 특성 값을 읽기 위해 옵셋은 0x00으로 첫 번째 Read Blob Request를 위해 셋팅되어야 한다. 그 이후의 Read Blob Request를 위한 옵셋은 아직 읽지 않은 다음 octet을 나타낸다. Read Blob Request는 Read Blob Response의 애트리뷰트 값 페러미터가 '0' 이거나 서버에 의해서 Invalid Offset을 가진 Error Response가 올 때까지 계속 반복된다. Error Response는 클라이언트에 의한 불충분한 인증 및 권한, 인크립션 키 사이즈 또는 특성 값 읽기 오퍼레이션의 비인가 등의 이유로 서버에 의해서 보내진다. Error Code 페러미터는 애트리뷰트 프로토콜내에 정의된다. 만약 특성 값이 (ATT_MTU–1) 보다 길지 않다면, Attribute Not Long이라는 Error Code와 함께 Error Response를 첫 번째 Read Bob Request에서 받을 것이다.

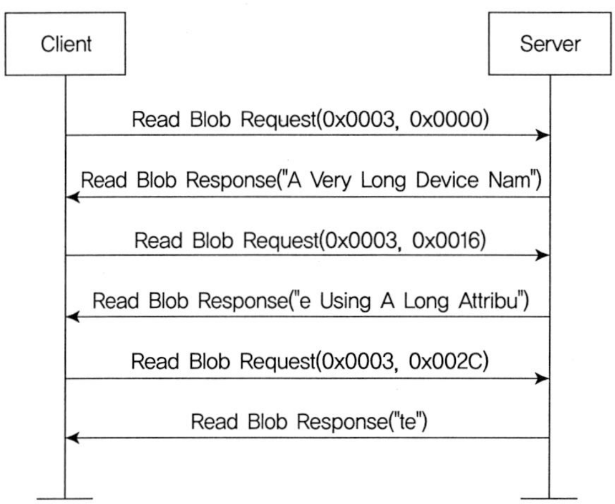


[그림 104 긴 특성 값 읽기]

**다중 특성 값 읽기** 이 서브 프로시져는 클라이언트가 특성 값 핸들을 알고 있을 때, 서버로부터 다중의 특성 값을 읽기 위해서 사용된다. 애트리뷰트 프로토콜 Read Multiple Requests는 특성 값 핸들의 Set Of Handles 페러미터와 함께 사용된다.

Read Multiple Response는 Set Of Values 페러미터 내의 특성 값을 리턴한다. Read Multiple Response는 (ATT_MTU - 1) octet과 같거나 작은 특성 값을 포함한다. 만약 Set Of Values가 (ATT_MTU -1) octet보다 길면 그 첫 번째 (ATT_MTU – 1) octet만 그 응답에 포함된다. 클라이언트는 서버로 부터의 응답 Set Of Values 페러미터가 (ATT_MTU - 1) octet의 사이즈와 같을 때, 다중 특성 값을 요청하지 않는다. Error Response는 클라이언트에 의해 Read Multiple Request시에 불충분한 인증 및 권한, 불충분한 인크립션 키 사이즈 또는 특성 값의 비인가된 오퍼레이션 등의 이유로 서버에 의해서 보내진다. Error Code 페러미터는 애트리뷰트 프로토콜 내에 정의된다.

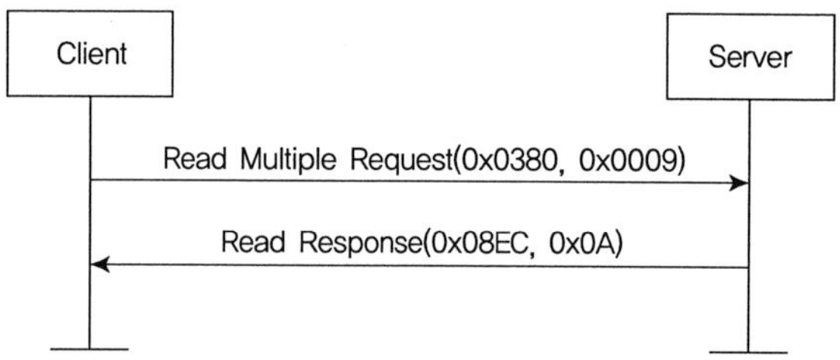


[그림 105 다중 특성 값 읽기]

### 4.1.3.9 특성 값 쓰기

이 프로시져는 특성 값을 서버에 쓰기 위해서 사용된다. 여기에는 응답없이 쓰기(Write Without Response), 인증을 통한 응답없이 쓰기(Write Without Response With Authentication), 특성 값 쓰기(Write Characteristic Value), 긴 특성 값 쓰기(Write Long Characteristic Values), 등의 특성 쓰기에 관련된 다섯가지의 서브 프로시져가 존재한다.

**응답없이 쓰기(Write Without Response)** 이 프로시져는 클라이언트가 특성 값 핸들을 알고 있을 때, 서버의 특성 값을 쓰는 프로시져이다. 클라이언트는 승인(acknowledgement) 없이 이를 성공적으로 수행할 수 있다. 이 프로시져는 단지 특성 값의 첫 번째 (ATT_MTU - 3) octet 값을 쓴다. 이 프로시져는 긴 특성 값을 쓸 수 없다. 대신에 긴 특성 값 쓰기 프로시져를 이용하면 된다. 애트리뷰트 프로토콜 Write Command는 이 서버 프로시져에서 이용된다. 애트리뷰트 핸들 페러미터는 값이 쓰여질 해당 특성 값 핸들을 세팅하고 애트리뷰트 값 페러미터는 새로운 그 특성 값을 쓴다. 만약 쓰여진 특성 값의 사이즈가 틀리거나 유효하지 않은 값이 정의된다면 이 프로시져는 실패하게 된다. 이를 위한 에러 리턴은 없다.

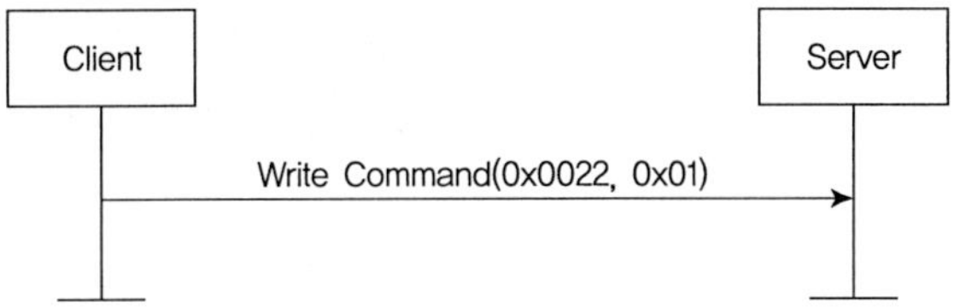


[그림 106 응답없이 애트리뷰트 쓰기]

**인증을 통한 응답없이 쓰기** 클리이언트가 특성 값 핸들을 알고 있지만 ATT 베어러가 암호화되어 있지 않을 때, 이 프로시져를 사용한다. 이 프로시져는 특성 정보 인증 비트가 셋팅되고 클라이언트와 서버 디바이스가 GAP에서의 정의가 결합(bond)되어 공유될 때 사용이 가능하다. 애트리뷰트 값의 첫 번째 (ATT_MTU – 15) octet값을 사용할 수 있으며, 이 서브 프로시져는 긴 애트리뷰트를 쓸 수 없다. 애트리뷰트 프로토콜 Write Command는 이 서브 프로시져에서 사용되며, 해당 애트리뷰트 핸들 페러미터는 값이 쓰여질 해당 특성 값 핸들에 셋팅된다. 애트리뷰트 값 페러미터는 새로운 특성 값에 셋팅된다. 이 새로운 특성 값은 싱글 값에 의해서 인증되며 이는 보안 매니저에서 정의한 인증된 값을 따른다. 만약 쓰여진 인증된 특성 값의 사이즈가 틀리거나 유효하지 않거나 또는 클라이언트에 인증된 값이 아니면 이 프로시져는 실패한다. 이를 위한 에러 리턴은 없다.

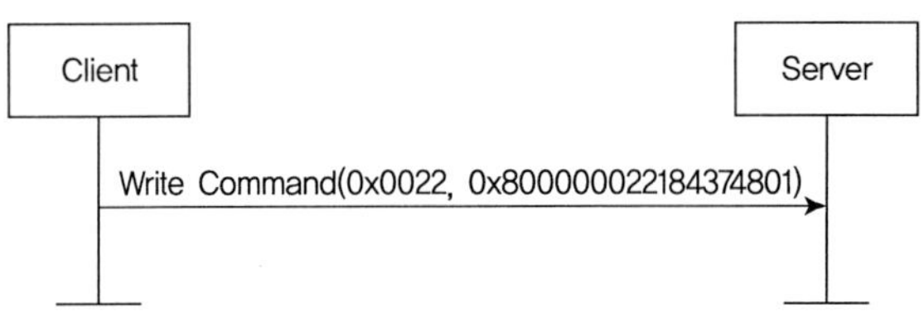


[그림 107 인증을 통한 응답없이 쓰기]

**특성 값 쓰기** 이 서브 프로시져는 클라이언트가 특성 값 핸들을 이미 알고 있을 때 서버상에서 특성 값을 쓰기 위해서 사용된다. 값을 쓰기 위해서는 특성 값의 첫 번째 (ATT_MTU – 3) octet 값만을 쓴다. 이 서브 프로시져는 긴 애트리뷰트를 쓸 수 없다. 대신에 긴 특성 값 쓰기(Write For Long Attributes) 서브 프로시져를 사용해야 한다. 애트리뷰트 프로토콜 Write Request를 이 서브 프로시져에서 사용한다. 애트리뷰트 핸들 페러미터는 특성 값 핸들에 셋팅해야 한다. Attribute Value 페러미터는 새로운 특성 값을 셋팅한다. 만약 특성 값 쓰기에 성공한다면 서버는 Write Response를 보낼 것이다. 클라이언트에 의해서 충분하지 않은 인증, 충분하지 않은 권한, 충분하지 않은 인크립션 키 사이즈가 사용되거나 write 오퍼레이션이 특성 값을 쓰기에 적절하지 않다면, 서버는 Error Response를 보낸다. Error Code 페러미터는 애트리뷰트 프로토콜내에 명시된다. 만약 프로파일에 쓰여진 값이 사이즈가 틀리거나, 유효하지 않은 값이면, 서버에 그 값은 쓰여지지 않고 Application Error라는 Error Code와 함께 Error Response로 응답한다.

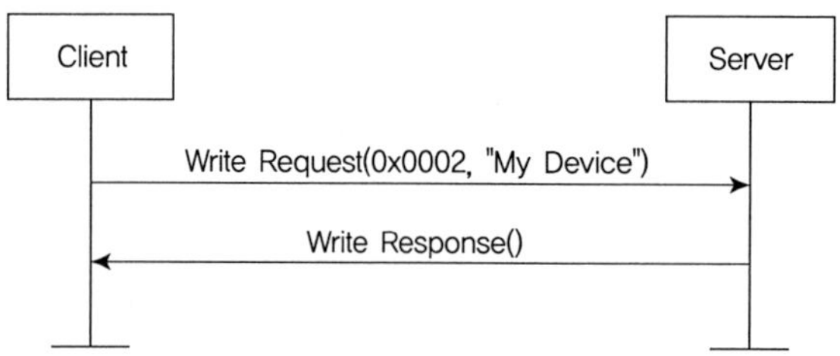


[그림 108 특성 값 쓰기]

**긴 특성 값 쓰기** 이 서브 프로시져는 클라이언트가 특성 값 핸들을 하고 있을 때, 서버의 특성 값을 쓸 때 사용한다. 그러나 이 특성 값의 길이는 싱글 Write Request 애트리뷰트 프로토콜 메시지보다 길어야 한다. 애트리뷰트 프로토콜 Write Blob Request는 이 서브 프로시져에서 수행된다. 애트리뷰트 핸들 페러미터는 쓰여질 핸들에 셋팅하고 페러미터의 옵셋 값은 쓰여질 애트리뷰트 값내에서 옵셋으로 셋팅된다. 파트 애트리뷰트 값 페러미터는 쓰여질 애트리뷰트의 값의 파트에 셋팅된다. 긴 애트리뷰트 값을 완벽하게 쓰기 위해서 값의 옵셋은 Write Blob Request를 통해서 첫 번째로 0x00로 셋팅한다. 그런 다음, 옵셋은 이전 값이 쓰여진 후에 셋팅된다. Write Blob Request 특성 값이 완벽하게 쓰여질 때까지 반복한다. 클라이언트에 의해서 충분하지 않은 인증, 충분하지 않은 권한, 충분하지 않은 인크립션 키 사이즈가 사용되거나 쓰기 오퍼레이션이 특성 값을 쓰기에 적절하지 않다면, 서버는 Error Response를 보낸다. Error Code 페러미터는 애트리뷰트 프로토콜내에 명시된다. 만약 프로파일에 쓰여진 값이 사이즈가 틀리거나, 유효하지 않은 값이면, 서버에 그 값은 쓰여지지 않고 Application Error라는 Error Code와 함께 Error Response로 응답한다.

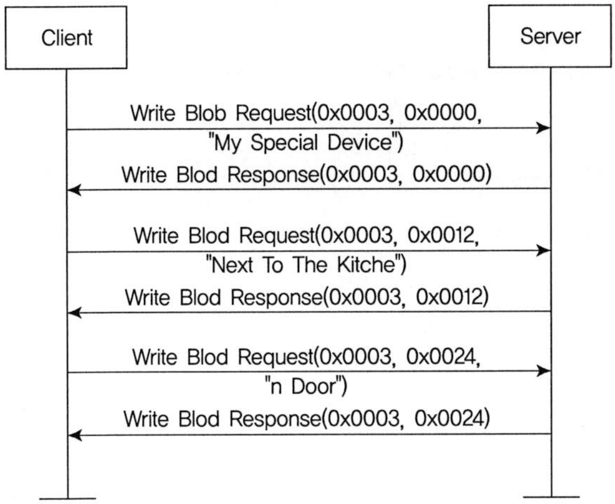


[그림 109 긴 애트리뷰트를 위한 핸들을 이용한 애트리뷰트 쓰기]

**신뢰 쓰기(Reliable Write)** 이 서브 프로시져는 클라이언트가 특성 값 핸들을 알고 있을 때, 서버의 특성 값을 쓰기 위해 사용한다. 그리고 값이 쓰여지기 전에 양방향으로 쓰여진 값이 전송으로 인해 올바른 값이 쓰여져 있는지 보장이 필요하다. 이 서브 프로시져는 한꺼번에 여러 값을 쓸 때에도 사용이 가능하다. 애트리뷰트 값의 첫 번째(ATT_MTU – 3) octet에만 쓰여지며, 긴 애트리뷰트 값을 쓰기 위한 신뢰 서브 프로시져는 없다. 이 서브 프로시져는 두가지 단계를 지니고 있다. 첫 번째 단계는 쓰여질 특성 값을 준비하는 단계이다. 이 단계를 수행하기 위해서는 클라이언트는 서버에게 올바른 값을 보내고, 서버는 특성 값의 유효성을 검사한다. 클라이언트는 각 값들이 서버 응답을 이용하여 정확한 값인지 확인한다. 이 과정이 끝나면 다음 단계를 수행하는데 이렇게 준비한 특성 값들을 클라이언트로부터 서버에 쓰는 작업을 실행한다. 첫 번째 단계에서 애트리뷰트 프로토콜 Prepare Write Request를 사용하며 애트리뷰트 핸들은 값을 쓰기 위해 준비한 애트리뷰트의 핸들을 셋팅한다. 애트리뷰트 값 페러미터는 두 번째 단계가 수행될 때 새로운 애트리뷰트의 값을 셋팅한다. 클라이언트에 의해서 충분하지 않은 인증, 충분하지 않은 권한, 충분하지 않은 인크립션 키 사이즈가 사용되거나 쓰기 오퍼레이션이 특성 값을 쓰기에 적절하지 않다면, 서버는 Error Response를 보낸다. Error Code 페러미터는 애트리뷰트 프로토콜내에 명시된다. 만약 프로파일에 쓰여진 값이 사이즈가 틀리거나, 유효하지 않은 값이면, 서버에 그 값은 쓰여지지 않고 Application Error라는 Error Code와 함께 Error Response로 응답한다.

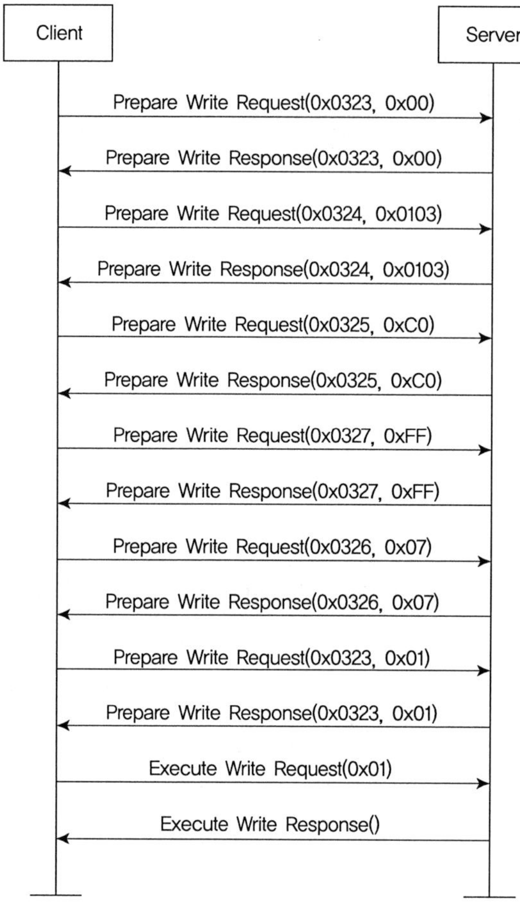


[그림 110 신뢰 애트리뷰트 쓰기]

여기에서 두 가지 가능한 응답이 존재한다: Prepare Write Response 또는 Error Response가 그것이다. 만약 Prepare Write Response가 리턴되면 애트리뷰트 값 페러미터는 Prepare Write Request에 보낸 애트리뷰트 값 페러미터와 함께 체크한다. 만약 다르다면 그 값은 전송하는 동안 깨진 것이다. 그리고 서브 프로시져는 전송을 중단하고 모든 준비된 쓰기를 취소하기 위해서 Execute Write Request 플래그 페러미터를 0x00으로 셋팅한다. 그런 후 서브 프로시져는 다시 시작하게 된다. 다중 Prepare Write Request는 클라이언트에 의해서 전송이 가능하며 서버의 큐(Queue)에 저장된다. 두 번째 단계에서 애트리뷰트 프로토콜 Execute Write Request를 사용한다. 애트리뷰트 플래그 페러미터는 준비된 값을 쓰기 위해서 즉시 0x01로 셋팅한다. 서버는 이 요청을 받으면 바로 준비된 쓰기를 시작한다. 만약 쓰기과정 중 애플리케이션 에러가 발생하면 서버는 애플리케이션 에러 코드를 가진 Error Response를 보낸다.

#### 4.1.3.10 특성 값 알림

이 프로시저는 서버로부터 특성 값을 클라이언트에게 알려준다. 여기에는 Attributes Notifications라는 하나의 서브 프로시저가 있다. 알림은 특성 설정 디스크립터에 의해서 설정된다. 프로파일은 언제 알림에 대한 기능을 사용할지를 정의해야 한다.

**애트리뷰트 알림(Attribute Notifications)** 이 서브 프로시저는 서버가 특성 값을 클라이언트에게 알리기 위해 필요하다. 이때 성공적인 알림을 위해서 어떠한 애트리뷰트 프로토콜 계층의 확인도 필요하지 않다. 애트리뷰트 프로토콜 Handle Value Notification은 이 서브 프로시저를 수행한다. 애트리뷰트 핸들 페러미터는 특성 값 핸들을 셋팅하고 애트리뷰트 값 페러미터는 특성 값을 셋팅한다.

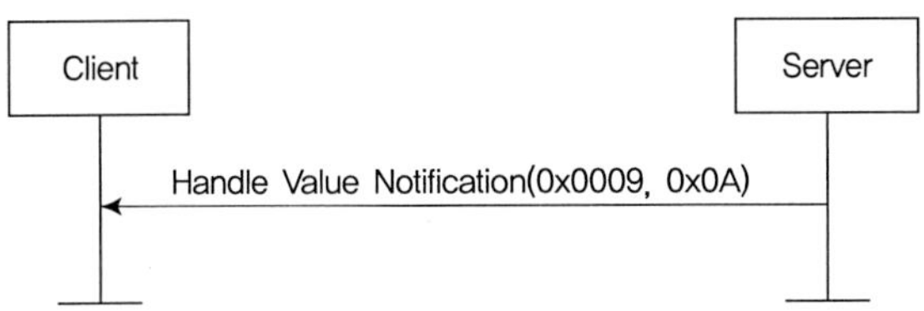


[그림 111 알림 프로시저]

#### 4.1.3.11 특성 값 지시

이 프로시저는 서버로부터 특성 값을 클라이언트에게 지시해준다. 이 서브 프로시저는 Indications라는 지시 값을 사용한다. 프로파일은 언제 이 indications을 사용할지에 대해서 정의해야 한다.

**지시(Indications)** 이 서브 프로시저는 서버가 클라이언트에게 특성 값을 표시하고자 할 때 이용하며, 성공적으로 애트리뷰트 프로토콜 계층에 전달되어 지시된다. 애트리뷰트 프로토콜 Handle Value Indication은 이 서브 프로시저에서 수행된다. 애트리뷰트 핸들 페러미터는 지시된 핸들을 셋팅하고 애트리뷰트 값 페러미터는 애트리뷰트의 값을 셋팅한다. 클라이언트에 의해서 받은 Handle Value Indication을 받았을 때, 클라이언트는 Handle Value Confirmation으로 응답한다.

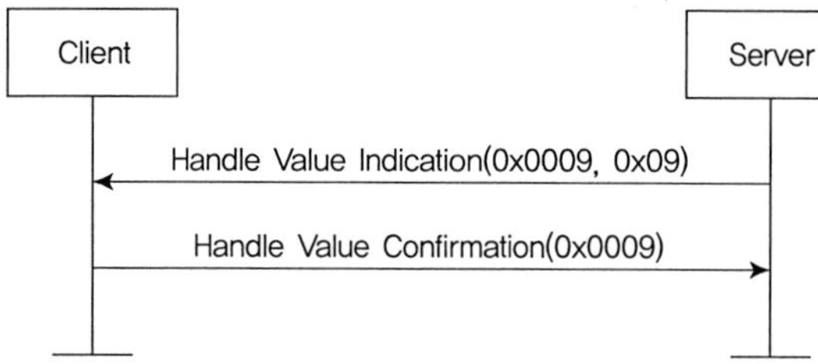


[그림 112 애트리뷰트 지시]

### 4.1.3.12 특성 디스크립터

이 프로시져는 서버의 특성 디스크립터를 쓰거나 읽기 위해서 사용한다. 이 프로시져는 특성 디스크립터 읽기(Read Characteristic Descriptors)와 특성 디스크립터 쓰기(Write Characteristic Descriptors)의 두 개의 서브 프로시져를 가진다.

**특성 디스크립터 읽기** 이 서브 프로시져는 클라이언트가 특성 디스크립터 선언의 애트리뷰트 핸들을 알고 있을 때, 서버로부터 특성 디스크립터를 읽기 위해서 사용한다. 애트리뷰트 프로토콜 Read Request는 이 서브 프로시져에서 사용된다. Read Request는 특성 핸들을 셋팅하는 애트리뷰트 핸들 페러미터와 함께 사용된다. Read Response를 애트리뷰트 값 페러미터 내에 특성 디스크립터 값을 리턴한다. 클라이언트에 의해서 충분하지 않은 인증, 충분하지 않은 권한, 충분하지 않은 인크립션 키 사이즈가 사용되거나 쓰기 오퍼레이션이 특성 값을 쓰기에 적절하지 않다면, 서버는 Read Request에 대해서 Error Response를 보낸다. Error Code 페러미터는 애트리뷰트 프로토콜 내에 명시된다.

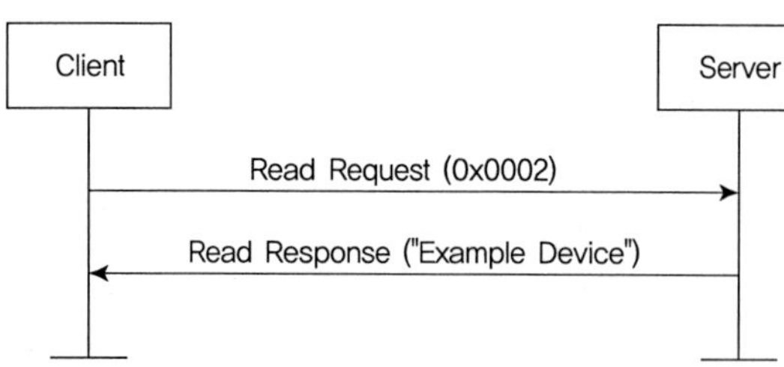


[그림 113 특성 디스크립터 읽기]

**특성 디스크립터 쓰기** 이 서브 프로시져는 클라이언트가 특성 디스크립터 선언의 애트리뷰트 핸들을 알고 있을 때, 서버로 부터 특성 디스크립터를 쓰기 위해서 사용한다. 애트리뷰트 프로토콜 Write Request는 이 서브 프로시져에서 사용된다. Attribute Handle은 특성 디스크립터 핸들을 셋팅한다. 애트리뷰트 값 페러미터는 새로운 특성 디스크립터 값을 셋팅한다.

클라이언트에 의해서 충분하지 않은 인증, 충분하지 않은 권한, 충분하지 않은 인크립션 키 사이즈가 사용되거나 쓰기 오퍼레이션이 특성 값을 쓰기에 적절하지 않다면, 서버는 Write Request에 대해서 Error Response를 보낸다. Error Code 페러미터는 애트리뷰트 프로토콜 내에 명시된다. 만약 잘못된 사이즈나 프로파일에 의한 유효하지 않은 값이 정의 되거나 또는 적절하지 않은 오퍼레이션이라면 이때 값은 쓰여지지 않으며, 서버는 Application Error를 갖는 Error Code와 함께 Error Response를 송신한다.

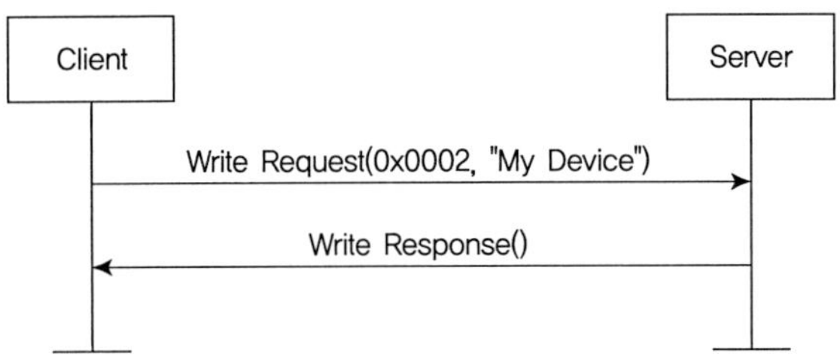


[그림 114 특성 디스크립터 쓰기]

#### 4.1.3.13 ATT 프로토콜 Opcode에 GATT 프로시져 맵핑

아래는 ATT 프로토콜 opcode에 GATT 프로시져와 서브 프로시져를 맵핑한 표이다.

[표 127 ATT 프로토콜 opcode에 GATT 프로시져 맵핑]

| 특징 | 서브 프로시져 | ATT 프로토콜 Opcode |
|---|---|---|
| 서버 설정 | Exchange MTU | Exchange MTU Request<br>Exchange MTU Response<br>Error Response |
| 서비스 검색 | Discover All Services | Read By Type Request<br>Read By Type Response<br>Error Response |

| 특징 | 서브 프로시저 | ATT 프로토콜 Opcode |
|---|---|---|
| | Discover Sevices By Service UUID | Find By Type Request<br>Find By Type Value Response<br>Error Response |
| 포함 서비스 검색 | Find Included Services | Read By Type Request<br>Read By Type Response<br>Error Response |
| 특성 검색 | Discover Al Characteristic of a Service | Read By Type Request<br>Read By Type Response<br>Error Response |
| | Discover Characteristic by UUID | Read By Type Request<br>Read By Type Response<br>Error Response |
| 특성 디스크립터 검색 | Discover All Characteristic Descriptors | Find Information Request<br>Find Inforamtion Response<br>Error Response |
| 특성 값 읽기 | Read Characteristic Value | Read Request<br>Read Response<br>Error Response |
| | Read Using Characteristic UUID | Read By Type Request<br>Read By Type Response<br>Error Response |
| | Read Long Characteristic Values | Read Blod Request<br>Read Blob Response<br>Error Response |
| | Read Multiple Characteristic Values | Read Multple Request<br>Read Multiple Response<br>Error Response |
| 특성 값 쓰기 | Write Without Response | Write Command |
| | Write Without Response With Authentication | Write Command |
| | Write Characteristic Value | Write Request<br>Write Response<br>Error Response |
| | Write Long Characteristic Value | Write Blod Request<br>Write Blob Reponse<br>Error Response |
| | Characteristic Value Reliable Writes | Prepare Write Request<br>Prepare Write Response<br>Execute Write Request<br>Execute Write Response<br>Error Response |
| 특성 값 알림 | Notifications | Handle Value Notificarion |

| 특징 | 서브 프로시져 | ATT 프로토콜 Opcode |
|---|---|---|
| 특성 값 지시 | Indications | Handle Value Indication<br>Handle Value Confirmation |
| 특성 디스크립터 값 읽기 | Read Characteristic Descriptors | Read Request<br>Read Response<br>Error Response |
| 특섭 디스크립터 값 쓰기 | Write Characteristic Descriptors | Write Request<br>Write Response<br>Error Response |

#### 4.1.3.14 프로시져 타임아웃

GATT 프로시져는 애트리뷰트 프로토콜 트랜잭션 타임아웃으로부터 보호받게 된다. 만약 애트리뷰트 프로토콜 트랜잭션이 타임아웃되면, 프로시져는 실패를 고려해야 한다. 그리고 로컬 상위 계층에 이를 알리게 된다.

### 4.1.4 L2CAP 호환성 요구사항

여기에서 설명되는 값들은 이 프로파일을 구현하기 위해서 사용되는 디폴트 값들이다. 이 디폴트 값들은 애트리뷰트 프로토콜이 전송되는 물리 채널에 따라서 다를 수 있다. 블루투스 저에너지 무선 기술은 기존의 BR/EDR과 호환성을 유지하기 위해 L2CAP단에서의 몇가지 사항이 요구된다.

#### 4.1.4.1 BR/EDR L2CAP 호환성 요구사항

BR/EDR 상에서 L2CAP 연결은 애트리뷰트 프로토콜 PDU를 전송하기 위해서 사용한다. 이 채널들은 고정된 PSM을 이용하여 L2CAP으로부터 채널 설정 프로시져를 사용한다.

**ATT_MTU** L2CAP 설정 마지막 단계에서 상태를 OPEN하기 위해 ATT 베어러를 위해 ATT_MTU는 협상된 MTU 설정 옵션의 최소값을 셋팅한다. 최소 BR/EDR을 위한 최소 ATT_MTU 값은 48octet이다.

**BR/EDR 채널 요구사항** 모든 애트리뷰트 프로토콜 메시지는 고정된 PSM을 통한 연결에 의한 다이나믹 채널 ID를 이용하여 전송되는 L2CAP 채널을 통해 GATT에 의해서 보내진다. 고정된 PSM의 이용은 예비 SDP 쿼리 과정이 필요없어, 애트리뷰트 프로토콜을 위한 L2CAP 채널의 빠른 재연결이 가능하다. 모든 패킷은 L2CAP

채널을 통해서 전송되며 애트리뷰트 PDU여야 한다. PDU의 전송은 신뢰되어야 하며 채널은 인크립트되어야 한다.

**BR/EDR 채널 설정 충돌** L2CAP 연결은 서버나 클라이언트에 의해서 초기화 될 수 있다. 단지 하나의 BR/EDR L2CAP 연결은 클라이언트와 서버 사이에서 연결 설정된다. 만약 L2CAP 연결이 이미 존재한다면 클라이언트 또는 서버는 연결 요청에 따른 초기화를 하지 않는다. 만약 두 디바이스가 양쪽 채널에 L2CAP 연결되어 있다면, 각 디바이스는 랜덤(100ms~1s)하게 기다린다. 그런 다음 L2CAP 연결을 다시 열려고 시도한다. 만약 알려진 디바이스가 마스터라면, 이 디바이스는 다시 한 번 재시도할 것이다.

#### 4.1.4.2 Bluetooth 저에너지 L2CAP 호환 요구사항

저에너지에서 ATT 베어러(애트리뷰트 프로토콜 내의 논리 링크를 참조)는 애트리뷰트 L2CAP 고정 채널이다. ATT 베어러를 없애기 위해서 물리 채널은 연결 설정을 끊어야 한다.

**ATT_MTU** GATT 클라이언트와 서버 구현은 디폴트 값보다 작지 않은 ATT_MTU를 지원한다. ATT_MTU의 디폴트 값은 23octet이다.

**LE 채널 요구사항** 모든 애트리뷰트 프로토콜 메시지는 고정된 채널 ID를 통해서 전송되는 L2CAP 논리 링크상에서 GATT에 의해서 보내진다. 이런 구조는 호스트 연결 셋업이 완료되면 애트리뷰트 프로토콜 메시지의 매우 빠른 전송을 가능하게 한다. 이 고정 채널 ID의 사용은 정의된 디폴트 채널 정보를 사용가능하게 한다. 모든 패킷은 이 고정 채널 상에서 전송되며 애트리뷰트 프로토콜 PDU여야 한다. 이 채널을 위한 재전송과 플로우 컨트롤 모드는 기본 L2CAP 모드에서 지원한다.

### 4.1.5 GAP 호환성 요구사항

BR/EDR에서 ATT 베어러를 설정하기 위해서 채널 설정 프로시져를 사용해야 한다. 또한, 저에너지에서는 링크를 설정하기 위해서 연결 설정 프로시져를 사용해야 한다. 프로파일 역할은 센트럴과 페리퍼럴 역할을 수행할 수 있다. 클라이언트가 서버와 설정되어 있다면(클라이언트에게 알림이나 지시를 보낼 수 있는 상황) 클라이언트는 Connectable 모드에 있다고 볼 수 있다. 클라이언트에게 알림이나 지시를 하기 위한 이벤트나 트리거 오퍼레이션이 발생했을 때, 서버는 연결 설정을 수행한다. 만약 서버가 이 연결 설정 프로시져를 통해서 연결 설정을 하지 못한다면, 이 이벤트를 위한 알림과 지시는 버려져야 하며 다른 이벤트가 발생하기 전까지는 연결 설정이 이루어지지 않는다.

### 4.1.6 정의된 GATT 프로파일 서비스

모든 특성은 GATT 서비스 정의내에 포함된다. GATT 서비스 UUID는 GAP을 위한 UUID이다. 아래는 클라이언트에 의해서 지원되는 특성과 서버 내에 존재하는 특성 리스트이다.

[표 128 GATT 프로파일 서비스 특성 지원]

| 특성 | 클라이언트 지원 | 서버 지원 |
|---|---|---|
| 서비스 변경 | M | C1 |
| 애트리뷰트 Opcode 지원 | M | M |
| Number of Prepared Writes Request | C2 | C2 |

C1: 만약 서버상에 서비스 정의가 추가, 변경, 제거되었다면 강제사항, 그렇치 않으면 부가사항
C2: 만약 Prepared Writes Request가 지원되면, 강제사항 그렇치 않으면 부가사항임.

#### 4.1.6.1 서비스 변경

서비스 변경 특성은 연결된 디바이스의 서비스가 변경됨을 알리는 컨트롤 포인트 애트리뷰트이다.

[표 129 서비스 변경 특성 선언 과 특성값 선언]

| 애트리뷰트 핸들 | 애트리뷰트 타입 | 애트리뷰트 값 | | | 애트리뷰트 퍼미션 |
|---|---|---|---|---|---|
| 0xNNNN | 0xuuuu – <<특성>>을 위한 UUID | 특성 정보 =0x60 | 0xuuuu – 특성값 핸들 | 0xuuuu – <<서비스 변경>> UUID | 인증 없음, 권한 없음 |

| 애트리뷰트 핸들 | 애트리뷰트 타입 | 애트리뷰트 값 | 애트리뷰트 퍼미션 |
|---|---|---|---|
| 0xMMMM | 0xuuuu – <<서비스 변경>>을 위한 UUID | 0 | 인증 없음, 권한 없음, 읽기 불가, 쓰기 불가 |

서비스 변경 특성 값은 '0'으로 셋팅한다. 만약 서비스의 리스트와 서비스 정의를 디바이스의 생명주기 동안 변경할 수 없다면, 이 특성은 존재하지 않으며, 변경할 수 있다면 이 서비스 특성은 변경 가능하다. 만약 서비스 변경 특성이 서버에 존재한다면 특성 값 알림(Characteristic Value Notification)은 서버에 필수적으로 존재한다. 클라이언트는 서비스 변경 특성의 특성 값 알림을 지원한다.

#### 4.1.6.2 애트리뷰트 opcode 지원

애트리뷰트 opcode 지원 특성은 지원하는 애트리뷰트 프로토콜 요청과 서버에서 지원하는 확정 opcode의 세트이다. 클라이언트가 추가적인 애트리뷰트 프로토콜 opcode를 시도하기 전에 클라이언트가 애트리뷰트 opcode 지원 특성 값을 결정하는 것을 추천한다. 만약 애트리뷰트 opcode 지원 특성 값이 주어진 opcode를 지원하지 않으면, 서버는 Invalid Request 에러 코드와 함께 응답한다. 이 특성은 필수사항이며, GATT 서비스 내에 존재하며, 서버에 의해서 단지 한 번만 가능하다. 이 특성은 어떤 디바이스든 읽을 수 있으며 특성 값은 서버의 생명주기 동안 변경이 가능하다.

[표 130 애트리뷰트 opcode 지원 특성 선언과 특성 값 선언/ 특성 값 정의]

| 애트리뷰트 핸들 | 애트리뷰트 타입 | 애트리뷰트 값 | | | 애트리뷰트 퍼미션 |
|---|---|---|---|---|---|
| 0xNNNN | 0xuuuu – <<특성>>을 위한 UUID | 특성 정보 = 0x2 | 0xMMMM – 특성값 핸들 | <<AttributeOpcode 지원>>을 위한 UUID | 읽기 전용, 인증 없음, 권한 없음 |

| 애트리뷰트 핸들 | 애트리뷰트 타입 | 애트리뷰트 값 | 애트리뷰트 퍼미션 |
|---|---|---|---|
| 0xMMMM | 0xuuuu – <<특성 Opcode 지원>>을 위한 UUID | Attribute Opcode 지원 | 읽기 전용, 인증 없음, 권한 없음 |

| 애트리뷰트 이름 | 사이즈 | 퍼미션 | 설명 |
|---|---|---|---|
| Attribute Opcode 지원 | 4 | 모든 서비스 읽기 가능 | Attribute 프로토콜 Opcode 지원 |

애트리뷰트 opcode 지원은 아래의 비트 매핑에 따른 비트 필드로 구성된다.

[표 131 애트리뷰트 opcode 지원 비트 필드]

| 애트리뷰트 프로토콜 Opcode 이름 | 값 |
|---|---|
| Exchange MRU Request | 0x00000001 |
| Find Inforamation Request | 0x00000002 |
| Find By Type Reqeust | 0x00000004 |
| Read By Type Reqeust | 0x00000008 |
| Read Request | 0x00000010 |
| Read Multiple Request | 0x00000020 |
| Read Blob Request | 0x00000040 |
| Write Command | 0x00000080 |
| Write Reqeust | 0x00000100 |
| Write Blob Request | 0x00000200 |
| Prepare Write Request | 0x00000400 |
| Execute Write Request | 0x00000800 |
| Handle Value Confirmation | 0x00001000 |
| Signed Write Command | 0x00002000 |
| Signed Write Request | 0x00004000 |
| Reserved for Future Use | 0xFFFF8000 |

만약 opcode가 지원되면, 이 비트는 '1'로 셋팅된다. 만약 비트가 정의되어 있지 않으면 예약되어 있다고 보면 되며, 비트 셋팅은 '0'으로 한다. 만약 요청 또는 명령 opcode를 지원한다면, 모든 연관된 응답 프로토콜 메시지는 지원이 가능하다. 만약 Prepare Write Request와 Prepare Write Response를 지원하면, Execute Write Request와 Execute Write Response 프로토콜 메시지 또한 지원한다.

서버는 지원되는 프로시져를 위한 필수사항에 대해 지원을 요구한다. 특성 값을 바꾸는 것은 GATT 서비스를 변경하는 것과 같이 다룬다. 클라이언트는 애트리뷰트 Opcode 지원 특성을 읽는 것을 지원한다.

### 4.1.6.3 Number of Prepare Write Values Supported

Number of Preapre Write Values Supported 특성은 서버가 클라이언트 당 쓸 수 있는 특성의 최대 수를 결정한다. 특성 값은 주어진 디바이스를 위해 애트리뷰트 신되 쓰기 서브 프로시져를 사용하기 전에 값을 읽는다. 이 특성은 Preapre Write Request를 지원하는 디바이스에 존재한다. 이 특성은 모든 디바이스가 그 값을 읽을 수 있다.

[표 132 Number of Preapre Write Values Supported 특성 선언]

| 애트리뷰트 핸들 | 애트리뷰트 타입 | 애트리뷰트 값 | | | 애트리뷰트 퍼미션 |
|---|---|---|---|---|---|
| 0xNNNN | 0xuuuu – <<특성>>을 위한 UUID | 특성 정보 = 0x2 | 0xMMMM – 특성값 핸들 | <<Number of Prepare Write Values Supported>>을 위한 UUID | 읽기 전용, 인증 없음, 권한 없음 |

| 애트리뷰트 핸들 | 애트리뷰트 타입 | 애트리뷰트 값 | 애트리뷰트 퍼미션 |
|---|---|---|---|
| 0xMMMM | 0xuuuu – <<Number of Prepare Write Values Supported >>을 위한UUID | Number of Prepare Write Values Supported | 읽기 전용, 인증 없음, 권한 없음 |

| 애트리뷰트 이름 | 사이즈 | 설명 |
|---|---|---|
| Number of Prepare Write Values Supported | 2 | Unsigned 16- bit integer |

특성 값을 바꾸는 것은 GATT 서비스를 바꾸는 것과 같이 다루어진다. 클라이언트는 만약 클라이언트가 Preapre Write Request를 지원하면, 이 특성 값 읽기를 지원이 가능하다.

### 4.1.7 보안에 대한 고려

#### 4.1.7.1 인증 요구 사항

GATT 프로파일 내의 인증은 각 특성마다 독립적으로 적용한다. 인증 요구는 이 프로파일 내에 상세화되고, 상위 계층 스펙 또는 구현 스펙에 관련된다. GATT 프로파일 프로시져는 클라이언트를 인증하고 특성 값을 읽거나 쓰기전에 인크립트된 연결을 갖는 접근 정보를 사용한다. 만약 이런 요청이 물리 링크 계층에서 인증되지 않거나 인크립션되지 않는다면 서버는 Error Response에 불충분한 인증에 관련된 코드를 셋팅해서 보낼 것이다. 클라이언트는 이 특성의 값을 읽고 쓰기 위해 GAP 인증 프로시져를 이용하여 물리 링크에 인증되는 요청을 할 수 있다. 그리고 이 프로세스가 완료되면, 다시 요청을 보낼 수 있다. 디바이스가 지원하는 특성과 서비스의 리스트는 각 디바이스만의 비밀스런 정보가 아니어야 한다. 그러므로 서비스와 특성 검색 프로시져는 항상 접근을 허락해야 한다는 것이다. 불충분한 인증 상태코드는 Read Information Request를 위해 Error Response를 사용하지 않는다. 특성은 어떤 디바이스에 의해서 읽혀지는 것을 허락한다. 그러나 인증된 디바이스에 의한 쓰기만을 허락한다. 만약 특성값을 쓸 수 있다면, 그 특성은 읽을 수도 있다. 각각의 특성은 다른 보안 정책을 가질 수 있다. 클라이언트의 충분한 인증 정보는 서비스 정의 내에서 하나의 특성에 접근을 허락한다. 서버는 서비스 정의의 구현 스펙 요구사항이나 상위 계층의 의존도 내에서 다른 특성의 접근을 허락하기도 한다. 서버는 한 번 충분한 인증을 수행했다면, 서비스 정의 내의 모든 특성에 대한 접근을 허락한다. 그러나 같은 서비스 정의 내의 다른 특성에 대해서는 엄격하게 접근에 대해서 정의할 것이다. 이런 경우 어떤 특성은 아주 강력하게 보안에 대해서 요구하기 때문이다.

#### 4.1.7.2 권한에 대한 요구 사항

GATT 프로파일내의 권한은 각 특성마다 독립적으로 적용한다. 권한 요구는 이 프로파일내에 상세화되고, 상위 계층 스펙 또는 구현 스펙에 관련된다. GATT 프로파일은 특성을 읽고 또는 쓰기 전에 권한에 대한 요구사항을 만족해야 한다. 만약 권한이 없는 서비스 정의 내에 특성에 대해서 요청한다면, 이에 대한 응답으로 Insufficient Authorization으로 셋팅된 Error Response를 보낸다. 특성을 접근하기 위한 그룹이나 서비스 정의 내에 클라이언트가 서버로부터 권한 부여가 되었다면, 자동적으로 다른 서비스 정의 내의 특성에 대해서 접근이 가능하다.

### 4.1.8 서버 애트리뷰트의 예

지금까지 알아본 애트리뷰트의 예에 대해서 알아보자. 처음 접하는 것이라 생소할 수도 있다. 블루투스 저에너지는 기존의 블루투스 무선기술과는 다르게 애트리뷰트라는 특별한 것이 존재한다. 이로 인해 혼란이 올 수도 있겠다. 이번 장에서는 이들에 대한 예를 들어 좀 더 이해의 폭을 넓혀보자.

아래의 표는 서버의 애트리뷰트에 대한 애트리뷰트를 예로 들었다. 아래의 표에서와 같이 이 애트리뷰트 서버는 GAP, GATT, Battery State Service 이렇게 세 가지의 서비스를 지원한다. 디바이스의 이름은 "Test Device"이다. Attribute Opcode Supported를 지원하고 2개의 Prepared Write Values를 지원한다. 이 특성은 배터리 상태값 0x04를 갖는다. 이는 배터리의 discharging 상태를 표시한다.

[표 133 서버 애트리뷰트의 예]

| 핸들 | 애트리뷰트 타입 | 애트리뷰트 값 |
|---|---|---|
| 0x0001 | <<Service>> | <<GAP Service>> |
| 0x0004 | <<Characteristic>> | {0x0002, 0x0003, <<Device Name>>} |
| 0x0006 | <<Device name>> | "Test Device" |
| 0x0010 | <<Service>> | <<GATT Service>> |
| 0x0011 | <<Characeteristic>> | {0x0002, 0x0012, <<Attribute Opcodes Supported>>} |
| 0x0012 | <<Attribute Opcode Supported>> | 0x01FF |
| 0x0013 | <<Characteristic>> | {0x0002, 0x0014, <<Number Of Prepare Write Values Supported>>} |
| 0x0018 | <<Number Of Prepared Write Values Supported>> | 0x0002 |
| 0x0100 | <<Service>> | <<Battery State Service>> |
| 0x0106 | <<Characteristic>> | {0x0002, 0x0012, <<Battery Stated>>} |
| 0x0110 | <<Battery State>> | 0x04 |

# 5 블루투스 저에너지 응용 프로파일

4절에서는 블루투스 저에너지 무선기술에서의 GATT에 대해서 알아보았다. 이미 이해하고 있겠지만, GATT는 상위 계층의 응용 프로파일을 위한 다리 역할을 해준다. 이제 이 장에서는 각 응용 프로파일에 대해서 알아보도록 하자. 현재까지 완벽한 스펙은 정의되지 않았지만, 현재 스펙이 제정을 진행하고 있는 응용 프로파일에 대해서 간략하게 소개해보도록 하겠다. 이들 프로파일들은 마치 센서처럼 역할을 수행한다. 구현에 있어 아주 심플하게 저전력으로 동작하는 응용 애플리케이션을 만들 수 있을 것이다.

## 5.1 근접 프로파일(Proximity Profile)

근접 프로파일은 유저의 개인 디바이스가 통신하고자 하는 디바이스와 가까이 있느냐 멀리 있느냐에 따른 알림 기능을 갖는 응용 프로파일이다.

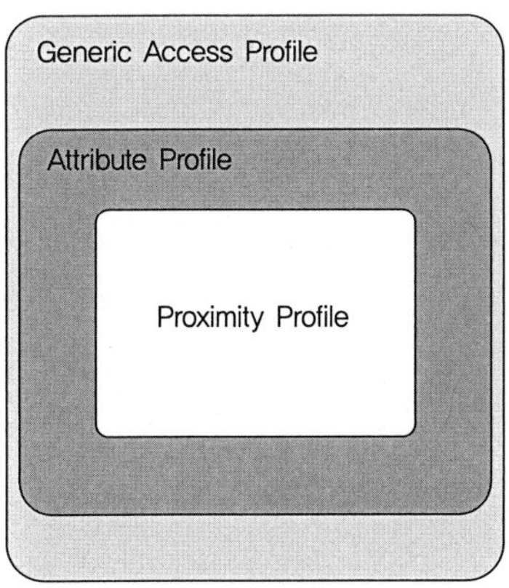


[그림 115 프로파일 의존도]

이 프로파일의 의존도는 그림과 같다. GAP과 ATT를 통한 통신 구조를 가지고 있다. 이 근접 프로파일은 많은 사용 케이스를 가지고 있다 이에 대해서 정리해보면 아래와 같다.

- 유저가 PC, PDA 및 휴대폰 등의 디바이스를 사용하다가 멀어지면 해당 디바이스를 사용할 수 없게 된다. 유저는 이들간의 통신을 위한 근접 프로파일을 가진 디

바이스(예를 들면, 손목 시계, 키 등)를 몸에 지니고 있다.

- 유저가 다른 디바이스에 다가오면 해당 디바이스에 보안코드를 입력하거나 또는 자동적으로 사용이 가능해진다(unlock 기능). 예를 들면 유저가 잠긴 문 앞으로 다가가면 문이 열리는 기능을 제공한다.
- 어린이가 부모와 떨어져서 멀어질 때, 알림 기능을 수행한다.
- 이미 다른 유저가 사용하고 있는 디바이스에 다른 디바이스가 해당 디바이스를 사용하려고 접근할 때, 페어링 전에 LED 점멸 등의 방법으로 알려준다.

이 근접 프로파일은 페리퍼럴과 호스트 두가지의 역할을 수행한다.

**근접 페리퍼럴(PP)** 페리퍼럴 디바이스들은 코인셀 등의 아주 작은 사이즈로 구성되며, 유저가 지니고 다닐 수 있는 디바이스들이다. 이 페리퍼럴 디바이스는 아주 간단한 알림 기능을 수행하며 LED 점멸이나 소리를 통한 방법을 이용할 수 있다.

**근접 호스트(PH)** PP 디바이스와 PH 사이에서 거리를 측정한다. 휴대폰이나 PC 등의 디바이스가 그 예가 될 수 있으며, 이 프로파일 역할은 PP 디바이스와의 거리를 모니터링하며 유저에게 이를 알리는 기능을 한다.

상기의 두 디바이스들은 한 디바이스에 모두 그 역할을 수행할 수 있도록 구현할 수 있겠다. 그럼 이 근접 프로파일의 구조는 어떻게 되는지 알아보도록 하자. PP같은 경우의 디바이스는 저전력으로 동작해야 한다. 항상 몸에 지니고 다니려면 사이즈도 작아야 한다. PP와 PH는 링크 손실(Link Loss)을 항상 모니터링한다. PH는 RSSI 측정과 한계치를 비교하게 된다. 이들 RSSI의 측정과 한계치에 따른 측정치를 토대로 알림 기능의 레벨을 정할 수 있다. 만약 링크 손실이 없다면 알림을 주지 않으며, 중간 단계의 알림 그리고 한계치를 넘어섰다면 아주 강한 알림을 줄 수 있다. 애플리케이션에서는 이들 알림 타입에 따라서 간단하게 구현할 수 있겠다. 강한 알림의 경우엔 소리와 LED를 켜서 알려줄 수 있으며, 중간 단계의 알림은 LED를 살짝 켜서 알려주도록 구현방법을 찾을 수도 있다.

PH디바이스는 RSSI 정보를 사용하는 PP의 패킷으로 부터 손실을 계산한다. 추가적인 TX Power 정보는 PP로부터 받을 수 있다. PP는 HCI 명령어를 통해 컨트롤러로 부터 RSSI 정보를 얻을 수 있을 것이다. TX Power 정보는 애트리뷰트 프로토콜을 이용하여 PP로부터 PH에 의해서 획득할 수 있다. 이 때 측정된 링크 손실은 계산 후에 애플리케이션에 따라서 한계치를 측정한다. 이후에는 유저에게 알림 타입을 설정해서 적절하게 해당 정보를 알려주면 된다.

그러나 상황에 따라서 잘못된 거짓의 정보가 알림으로 동작할 수 있다. 이를 방지하기 위해서는 한계치를 넘어선 RSSI 정보를 비교하기 전에 다중의 정보를 얻은 후 평균값을 찾아서 사용할 수 있다. 보통의 경우 PH가 오동작하여 한계치를 넘는 정보를 전달할 수 있다. 이를 피하기 위해서 해당 값을 인터벌을 두고 받았다가 평균을 내어 그 값을 사용하면 이런 문제를 회피할 수 있다.

이들 근접 프로파일을 사용하는 디바이스간의 구조를 아래 그림에 나타내었다. 이 구조는 PH와 PP 디바이스가 서로 연결될 때, 필요한 애트리뷰트들에 대해서 나타내었다. GATT 서버와 클라이언트가 두 디바이스에 사용되었다.

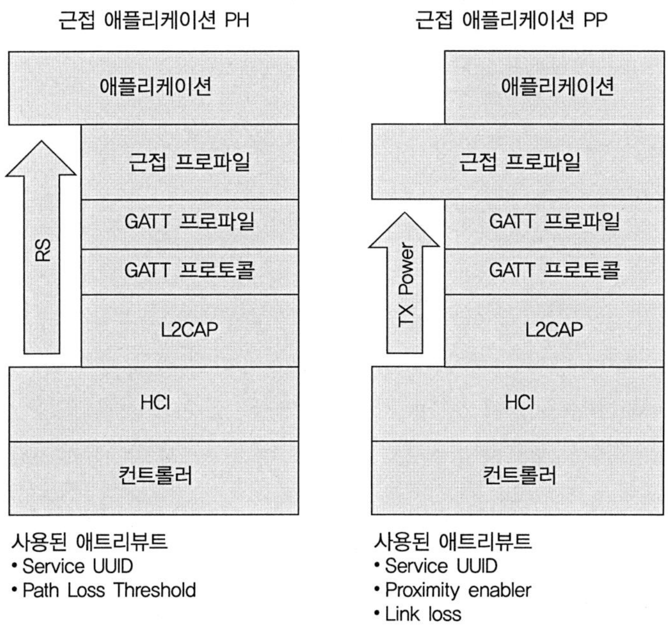


[그림 116 근접 프로파일을 가진 서버와 클라이언트]

근접 프로파일은 두 가지의 일반적인 애트리뷰트와 두 가지의 알림 애트리뷰트를 정의한다. 두 가지의 일반적인 애트리뷰트는 TX Power와 근접 프로파일 사용가능 애트리뷰트이며, 두 가지의 알림 애트리뷰트는 링크 손실 알림과 한계치 이상 알림 애트리뷰트이다. PH 역할을 하는 디바이스는 한계치 손실 알림 애트리뷰트를 가지며 PP에서 PH를 찾기 위해서 키를 누른 상황을 지원한다. PP 디바이스 상에서 같은 경우의 한계치 손실 알림 애트리뷰트는 PH 디바이스와 PP 디바이스가 한계치를 손실했을 때 이를 찾기 위해서 사용된다. PP 디바이스는 근접 프로파일 사용 가능 애트리뷰트와 추가적으로 TX Power 애트리뷰트를 지원한다. 아래 그림은 PP와 PH 디바이스사이에서 어떻게 링크 손실 알림 애트리뷰트와 한계치이상 알림기능을 사용하는지 보여준다.

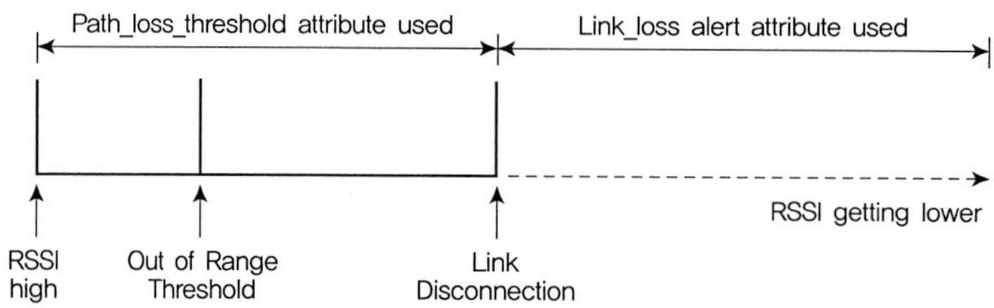


[그림 117 링크 손실 알림 애트리뷰트와 패쓰 손실 한계치이상 알림의 예]

이 근접 프로파일 애플리케이션의 초기 연결은 두 역할을 수행하는 PP, PH에 따라서 요구되는 사항이 있다.

■ PP

- PP 역할을 위한 초기화에서 검색 가능 모드(Discoverable mode)에 진입해야 한다.
- 연결을 위해서 Connectable 모드(connectable mode)에 진입해야 한다.
- 접합 모드(bondable mode)에 있어야 하며, 보안은 필수사항이다.
- PH 디바이스가 근접 프로파일 사용 상태(PP 디바이스내의 근접 프로파일 사용 애트리뷰트)에 있을 때까지 호스트는 유저에게 알림을 제공하지 않는다.
- TX Power 애트리뷰트 값을 연결 활성 상태에서 dBm의 파워 레벨을 전송하기 위해서 셋팅한다.
- PP 역할을 하는 디바이스는 슬레이브와 마스터 역할을 수행한다.

■ PH

- 이 프로파일의 PH 역할을 초기화하기 위해서 PP 역할을 하는 디바이스에 인증을 받는다.
- PP와 결합한다.
- PP의 TX Power 애트리뷰트를 읽는다.
- 알림 레벨을 PP디바이스에게 요청하기 위한 링크 손실 알림 애트리뷰트를 셋팅

한다.

- PH 역할의 디바이스는 마스터와 슬레이브 역할을 지원한다.

블루투스 저에너지 물리채널에서, 연결 인터벌은 0.5s로 제안한다. 연결 인터벌은 애플리케이션에 의존적인데 이 알림에 대한 응답 시간과 전력 소모사이에 양단간의 장단점이 존재한다. 만약 링크 레벨 연결이 끊긴다면, PP 디바이스는 연결 손실 알림 애트리뷰트 내의 값에 의해서 알림을 수행한다. PH 디바이스는 물리 링크가 끊겼을 때, 유저에게 알려줘야 한다. Path 손실은 매 새로운 RSSI 값을 통해서 계산된다. Path 손실은 (TX Power – RSSI)로 나타낸다. 이 경우는 TX Power를 지원할 경우이고 그렇지 않을 경우엔, (-20dBm – RSSI)로 계산한다. Path 손실 한계값 애트리뷰트는 검색된 디바이스의 사용 케이스에서 사용한다. PP 디바이스가 유저가 정의한 Path 손실을 연결 중에 넘어설 경우 사용될 수도 있다. 이럴 경우 해당 상황을 LED 또는 진동으로 알려줄 수 있다.

PH디바이스의 링크 레벨 연결이 링크 수퍼비젼 타임아웃에 의해서 끊길 경우, PH 디바이스는 주기적인 스캐닝에 의해서 다시 연결이 이루어진다. 스캐닝 간격은 전력 소모와 재연결의 속도에 따라 장단점을 가진다. 또한, PP 디바이스의 링크 레벨 연결이 수퍼비젼 타임아웃으로 인해 끊길 경우, PP 디바이스는 저전력 상태로 진입하고 유저 인터랙션에 의해서 재연결 동작이 이루어질 수 있다(예, 버튼을 누르면 재연결이 이루어질 수 있는 디바이스). PH 디바이스의 링크 레벨 연결이 링크 수퍼비젼 타임아웃에 의해서 끊기면, PH 디바이스는 다시 재연결이 가능하다.

이 근접 프로파일은 의존적인 계층 구조를 가지고 있다. 우선 이 프로파일은 애트리뷰트 프로파일에 연관된다. 그리고 보안 매니저가 요구된다. 만약 PP 디바이스와 PH 디바이스가 연결이 요구된다면 모든 보안 매니저 프로토콜 명령어와 응답은 PP에 의해서 지원되어야 한다. PH 디바이스는 SMP를 지원하며 GAP이 요구된다.

## 5.2 PUID(Personal User Interface Device) Profile

PUID 프로파일은 유저 측면에서 사용할 수 있는 기능을 정의한 프로파일이다. 손목시계로 휴대폰을 제어한다든지 상태를 변경한다든지와 같은 상황에 사용이 가능하다. PUID 프로파일은 아래와 같이 GAP, ATT 프로파일에 의존적이다.

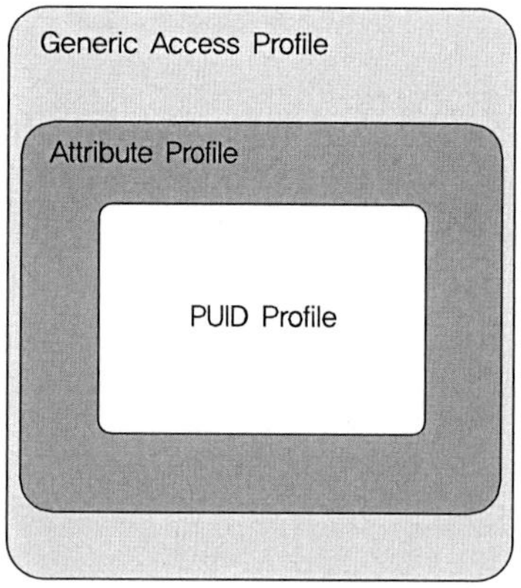

[그림 118 PUID 프로파일의 의존도]

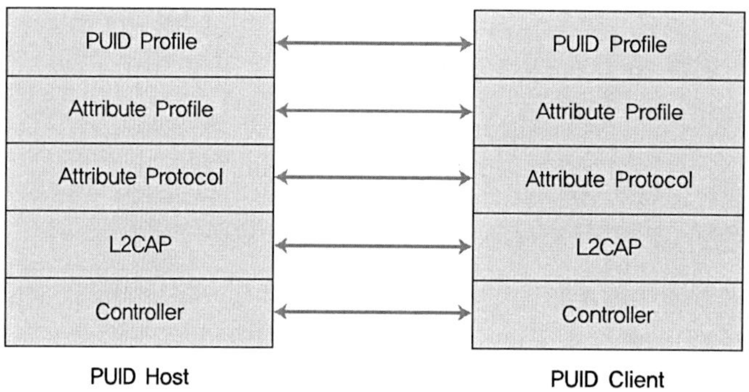

[그림 119 PUID 프로파일 스택]

프로토콜 스택은 위의 구조와 같다. 호스트와 클라이언트로 나누어진다. 이들의 각 역할에 대해서 알아보자.

**PUID 호스트** PUID 호스트는 시간과 알림에 대한 정보를 PUID 클라이언트에게 제공하는 역할을 한다. PUID의 어떤 기능들은 PUID 클라이언트에서 제어가 가능하기도 하다. 예를 들면, PUID 호스트는 PUID 호스트에 의해서 무음모드를 보내기도 한다. PUID 호스트는 블루투스 마스터 역할과 슬레이브 역할 양쪽을 지원한다.

**PUID 클라이언트** PUID 클라이언트는 시간과 정보에 대한 정보를 PUID 호스트로부터 제공 받는다. PUID 클라이언트는 PUID 호스트를 제어할 수도 있다. PUID 클라이언트는 블루투스 마스터 역할과 슬레이브 역할을 지원하기도 한다.

아래 그림은 전형적인 PUID 프로파일을 사용하는 디바이스를 나타낸다. 그러나 PUID 호스트와 PUID 클라이언트가 항상 이런 형태로 구현되지는 않는다.

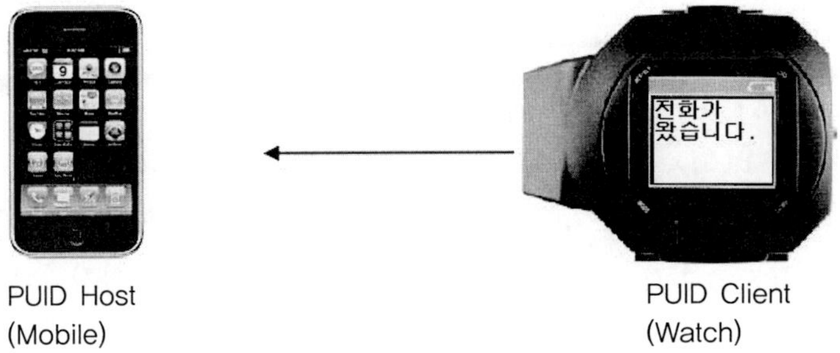


[그림 120 PUID 호스트와 클라이언트]

이런 PUID 프로파일을 사용하는 디바이스들은 각기 다른 시나리오를 가지고 구현되는데, 이들의 기능에 대해서 알아보자.

**휴대폰 제어** PUID 클라이언트는 PUID 호스트의 모드를 무음 모드로 바꾼다. 그리고 PUID 클라이언트는 PUID 호스트로부터 네트워크의 가용 상태를 받는다. PUID 호스트는 휴대폰의 특징에 대해서 지원할 필요가 없다. 이런 기능은 추가적으로 PC나 벽걸이 시계 등에서도 구현이 가능하다.

**알림 기능** PUID 클라이언트는 PUID 호스트로부터 시간 정보, 이메일, 메시지, 전화 수신, 비상정보, 뉴스 알림 등의 정보에 대한 알람을 받는다. 좀 더 진화된 PUID 클라이언트는 메시지 송신자 및 뉴스 헤드라인등과 관련된 추가적인 텍스트 정보를 읽을 수도 있다.

**시간 업데이트** PUID 클라이언트는 휴대폰, 벽걸이 시계등의 PUID 호스트로부터 시간 정보를 업데이트 받을 수 있다. PUID 클라이언트는 이런 시간 정보를 업데이트 해야할 상황에 이들 정보에 대해서 업데이트 요청을 할 수도 있다.

**패닉 버튼** PUID 클라이언트가 긴급한 상황에 도래했을 때, 추가적인 버튼이 존재할 수 있고 이 기능은 긴급 상황 발생을 알리기 위해 사용될 수 있다. PUID 클라이언트는 PUID 호스트의 어드레스를 기억하고 있으며, 이 버튼을 클릭하면 해당되는 PUID 호스트에게 전달된다. 버튼 클릭시 호스트 디바이스에는 해당되는 결과를 미리 상위 계층에 정의해둔다.

이 PUID 프로파일에 대한 상세한 정보에 대해서 알아보자. PUID 프로파일은 연결 설정과 PUID 서비스와 연관된 애트리뷰트들과 서브 서비스들(알림, 휴대폰 제어, 시간 업데이트, 패닉 버튼)들을 포함한다. PUID 호스트는 한번에 PUID 클라이언트만을 연결 지원한다.

■ PUID 연결 설정

PUID 호스트와 PUID 클라이언트 디바이스는 PUID 프로파일 연결 설정을 시작하기 전에 인크립트된 링크를 셋업한다. 이 때, PUID 호스트와 PUID 클라이언트는 그것들이 가진 기능들을 서로 교환하고 프로파일 레벨 연결을 설정한다.

■ PUID 서비스 애트리뷰트

PUID 호스트는 PUID 서비스와 그 하위의 연관된 서브 서비스와 함께 모든 애트리뷰트 값을 유지하게 된다. PUID 서비스는 네 가지의 PUID 서브 서비스를 위해 공통 PUID 애트리뷰트와 서브 서비스 애트리뷰트를 가지고 있다. 각 PUID 서브 서비스는 공통 애트리뷰트와 서브 서비스뿐만 아니라 클라이언트이 상세한 애트리뷰트도 포함한다. 아래는 이들 애트리뷰트에 대한 정보이다.

■ PUID 서비스들

- Common PUID Service Attributes
- PUID Client Specific PUID Service Attributes
- Subservice – Alert Notifications
  - Common Alert Attributes
  - PUID Client Specific Alert Attributes
- Subservice – Time Update
  - Common Time Attributes
  - PUID Client Specific Time Attributes
- Subservice – Phone Control
  - Common Phone Control Attributes
  - PUID Client Specific Phone Control Attributes
- Subservice – Panic Button
  - Common Panic Attributes
  - PUID Client Specific Panic Attributes

■ 휴대폰 제어 서브 서비스 애트리뷰트

PUID 프로파일은 PUID호스트 디바이스가 PUID 클라이언트에게 PUID 호스트의 알림 셋팅의 상태를 지시하기 위해 사용한다. PUID 클라이언트는 PUID 호스트의 링톤을 끄거나 켜는 스위치로서의 역할을 요청할 수 있다. PUID 호스트의 네트워크

가용은 PUID 클라이언트 상에서 지시가 가능하다. PUID는 PUID호스트가 업데이트에 대해서 레포트할 수 있도록 최소 업데이트 주기로 설정한다.

### ■ 알림 서브 서비스

PUID 프로파일은 PUID 호스트가 PUID 클라이언트에게 다른 알림 메시지를 보내도록 한다. PUID 클라이언트가 이 알림 메시지를 PUID 호스트로부터 받으면 PUID 클라이언트는 그 유저에게 이를 알린다. 이런 알림에 관한 구현 방법으로는 소리, 진동, LED, 문자 출력 및 아이콘 출력 등이 있다. 알림은 여러 다른 타입으로 구분된다. 예를 들면 다중의 목적, 스케쥴, 긴급상황, 이메일, 뉴스, 전화수신, 음성메일, SMS 등 아주 다양한 타입의 형태로 구분될 수 있다. 이들 알림 메시지들은 날짜, 보낸 디바이스, 내용등의 추가적인 정보들을 가진다. PUID 클라이언트는 들어오는 알림 메시지로부터 아주 다양한 방법으로 응답할 수 있다. 예를 들면, 메시지 리스트 요청, 전화수신 알림에 대한 수신 거부, 소리줄임 등 다양한 응답이 가능하다. PUID 호스트는 읽음/읽지않음, 보호상태/비보호상태 등의 알림 메시지 리스트를 관리한다. 알림 메시지 리스트는 카테고리별로 구분하며, 각 카테고리는 그 메시지들이 읽힌 메시지인지 아닌지를 구분하여 지시하게 된다. PUID 호스트는 유일한 식별번호인 UID(Unique IDentifier number)를 관리한다. 새로운 알림 메시지가 발생하면 PUID 호스트는 새로운 UID를 알리기 위해서 이를 생성한다. PUID 클라이언트는 UID에 의해서 PUID 호스트 내에서 알림을 요청할 수 있다. 모든 PUID 호스트는 PUID 호스트가 오버플로우(overflow)나 리셋에 있을 때, 모든 UID를 새로이 지정한다. 지원하는 알림 메시지의 구분은 PUID 호스트와 PUID 클라이언트 사이에서 협상(neogotiate)을 통해서 하게 된다.

### ■ 패닉 버튼

패닉 버튼 기능은 PUID 클라이언트에 의해서 긴급 상황이 발생했을 때, 사용할 수 있는 PUID 클라이언트 애플리케이션을 사용한다. 말그대로 PUID 클라이언트의 패닉 버튼을 누르면 이를 PUID 호스트에서 해당 정보를 받아 특정한 처리를 하게끔 하는 것이다. 이에 대한 구현은 사용하는 PUID 프로파일의 기능에 따라 달라진다.

### ■ 시간 업데이트

PUID 프로파일은 PUID 호스트와 PUID 클라이언트 사이에서 시간을 업데이트하고 설정하기 위한 기능을 제공한다. PUID 프로파일은 현재 시간과 DST(Daylight

Saving Time) 변경 애트리뷰트를 디바이스 내에 정의한다. 시간 업데이트 통지(notification)는 PUID 클라이언트에 의해서 사용될 수 있다. PUID 호스트가 PUID 클라이언트에 현재 시간에 대해서 업데이트 알림 메시지를 보낸다. 이때 이에 대한 업데이트 설정의 결과를 PUID 호스트에게 통지해준다. 참조 시간 업데이트는 PUID 클라이언트에 의해서 PUID 호스트에게 최대한 빨리 참조 시간으로부터 시간 업데이트를 얻기 위해서 사용할 수 있다. 이 요청은 유저에 의해서 초기화 할 때, PUID가 이미 오래된 데이터를 가지고 있을 때 사용이 가능하다. PUID 호스트와 PUID 클라이언트의 보다 정확한 시간 업데이트를 위해서 저에너지 레디오(radio) 설정을 조정해야 한다.

PUID 프로파일은 GAP과 ATT에 의존적이다. 위에서 설명한 그림을 보면 쉽게 알 수 있을 것이다. PUID 호스트는 GAP 센트럴 역할을 위한 모든 강제사항의 특징을 구현해야 하며, 모든 GAP 페리퍼럴 역할의 특징도 모두 구현해야 한다. 이와 함께 PUID 클라이언트는 GAP 페리퍼럴 역할을 위한 모든 특징을 구현하고 부가적으로 GAP 센트럴 역할의 특징을 구현하기도 한다. PUID 디바이스가 일시적으로 Discoverable 모드에 있을 때, Limited Discoverable 모드를 사용해야 한다. 이는 주로 결합(bonding)을 목적으로 사용된다. PUID 디바이스가 임시로 검색 가능한 디바이스를 찾아내기 위해서 시도할 때 제한된 질의를 사용해야 한다. 이는 결합(bondig) 목적으로 사용된다. PUID는 그것의 PUID 역할을 지원하는 애드버타이징 패킷을 포함한다. PUID 호스트와 PUID 클라이언트는 GAP 연결 모드를 지원하고 사용할 수 있게 한다. PUID 디바이스는 디바이스가 GAP 연결 모드에 있을 때, 연결 간접 또는 연결 직접 애드버타이징 이벤트를 사용한다. 연결 직접 애드버타이징 이벤트의 사용은 PUID 프로파일에서 잘 사용되지는 않지만 패닉 버튼 기능을 요구할 때는 예외로 한다.

## 5.3 리모트 컨트롤 프로파일(Simple Remote Control Profile)

리모트 컨트롤 프로파일은 다른 디바이스를 원격으로 제어하기 위한 프로파일이다. 쉽게 말하면 TV 리모컨 정도로 생각하면 되겠다. 이 프로파일의 메인 시나리오는 기존의 적외선(IrDA) 리모콘을 대체하고자 하는 것이다. 이 리모트 컨트롤 프로파일은 블루투스 저에너지에서만 사용할 수 있는 프로파일이다.

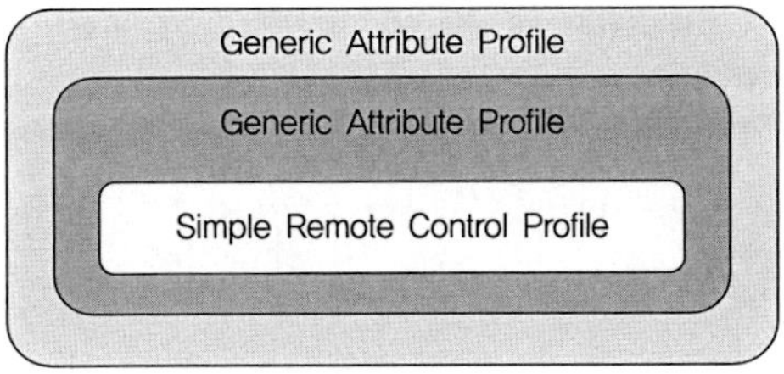


[그림 121 리모트 컨트롤 프로파일 의존도]

이 리모트 컨트롤 프로파일은 다양한 용도로 사용이 가능하다. TV 같은 디바이스를 컨트롤하기 위해서 사용이 가능하고 셋탑박스, 홈씨어터 및 DVD 플레이어 등에서도 사용이 가능하다. 멀티미디어 플레이어를 위해서 STOP/PLAY/PAUSE 등의 기능을 제공하기도 한다. 리모트 컨트롤 프로파일은 컨트롤러(Controller)와 타겟(Target)의 두 가지 역할로 나눌 수 있다.

**컨트롤러(CT)** 컨트롤러는 물리적으로 원격 기능을 수행하는 물리적인 디바이스를 말한다. 컨트롤러는 하나 이상의 타겟 디바이스에게 유저의 명령을 전달한다.

**타겟(TG)** 타겟은 컨트롤러에 의해서 제어되며, 컨트롤러로부터 명령을 받아 작동한다.

구현시에 이들 모든 역할을 수행할 수 있다. 아래는 이 리모트 프로파일의 스택 및 프로토콜을 보여준다.

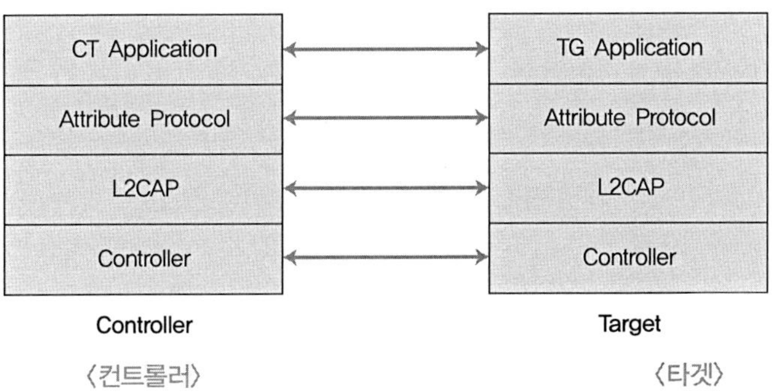


[그림 122 리모트 컨트롤 프로파일 디바이스 구조도]

그러면 이 리모트 프로파일이 어떻게 동작하는지 그리고 이에 따르는 애트리뷰트는 어떤 것들이 있는지 알아보도록 한다.

이 리모트 컨트롤를 사용하기 위해서는 버튼을 누르고 이를 확인하는 상태 및 버튼이 원위치로 올라온 상태와 이를 확인하는 상태를 설명하는 이벤트의 스펙이 정해져야 한다.

이 단순한 리모트 컨트롤 프로파일을 이용하는 리모트 컨트롤은 다중의 타겟 디바이스를 제어할 수 있다. 이를 위해서 추가적인 버튼이 필요하다. 유저가 이들 버튼을 선택했을 때, 모든 선택된 디바이스에게 이 명령이 전달된다. 각 타겟 디바이스는 이 리모튼 컨트롤 프로파일을 지원해야 하며, 이 기능을 사용하기 전에 컨트롤러와의 인증이 필요하다. 이 리모트 컨트롤 프로파일은 GATT, SM, GAP이 요구된다. 이들 프로파일과의 연관관계는 리모트 컨트롤 프로파일 의존도에서처럼 표기할 수 있다.

Part IV

BLUETOOTH LOW ENERGY WIRELESS TECHNOLOGY

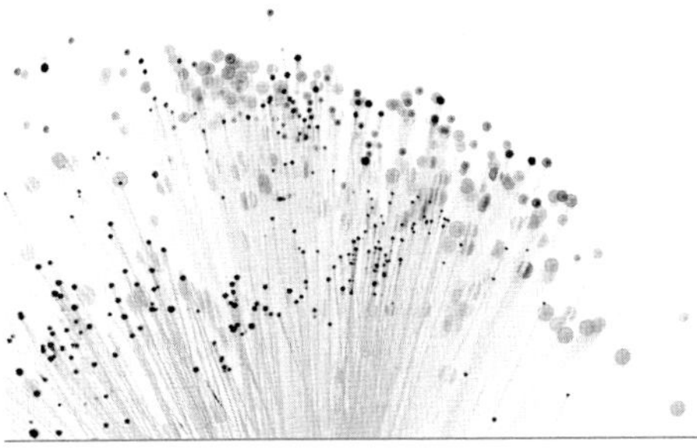

# 블루투스 Low Energy 시험과 인증

본 장에서는 블루투스 저에너지 시험과 인증에 대해서 알아본다. 모든 블루투스 제품을 시장에 판매하려면 블루투스 SIG에서 제시하는 시험과 인증 절차를 따라야 한다. 본 장에서 자세히 알아보도록 하자.

본 파트에서는 기존의 블루투스 무선 기술의 인증을 기본으로 작성되었다. 아직 블루투스 저에너지에 대한 정확한 인증 프로세스와 비용에 관해서 정해지지 않기 때문에 기존의 인증 절차 및 정보에 의존해서 작성되었다. 하지만, 가능한 많은 부분에 대해서 블루투스 저에너지 기술에 근접한 부분을 작성하려고 노력했다. 블루투스 저에너지 디바이스의 인증은 제품간 호환성을 확보하기 위함이다. 통상적으로 시장에서 사용하는 블루투스 저에너지 제품들은 각기 다른 회사에서 제조하여 시장에 내놓게 되는데, 이들에 대해 공통적으로 적용되어지는 부분이 블루투스 저에너지 기술 표준 스펙이며, 이를 잘 준수하여 제품을 만들었는지 확인하는 작업이 필요하다. 이런 과정을 블루투스 SIG에서는 표준화하여 제시하고 있다. 블루투스 저에너지 시험과 인증은 기존의 블루투스 무선 기술과 인증 절차는 동일하다. 다만, 블루투스 저에너지를 위한 각 항목별 테스트 케이스는 다소 차이가 있다. 하지만 전체적인 인증 절차 및 시험에 대한 플로우(flow)는 동일하며, 기존의 블루투스 무선 기술을 인증한 기관인 BQTF(블루투스 Qualified Test Facility)/BQRF(*Bluetooth* Qualified Recognized Facility)는 블루투스 저에너지 인증기관과 동일하다.

# 1 블루투스 저에너지 무선 기술 인증 소개

이 장에서 소개하는 인증 프로세스 및 절차는 블루투스 SIG의 문서를 참조했다. 그러므로 이에 대한 자세한 사항이나 업데이트된 최신의 정보는 블루투스 SIG의 문서에서 참조하기 바란다.

블루투스 저에너지 인증에 대한 소개 이전에 기존의 블루투스 무선 기술에 대한 인증을 소개하고자 한다. 간단하게 서술할 것이며, 자세한 내용은 인증기관에 확인해보면 쉬울 것이다. 국내의 인증기관에 대해서도 자세하게 소개해 두었으니 참조하면 되겠다. 위에서도 언급했듯이 블루투스 저에너지 인증 프로세스는 기존 블루투스 무선기술의 그것과 동일하거나 약간 간소화 될 수도 있다. 이들 과정에 대해서 간략하게 설명하고자 한다. 물론 블루투스 저에너지의 무선 기술인증은 과거의 블루투스 제품의 인증과 정확히 동일하다고 말할 수는 없다. 보통 인증은 프로젝트 컨셉트, 테스트 계획, 제품 테스트 및 제품 등록이라는 4개의 단계를 거침으로써 모든 과정이 완료된다.

## 1.1 블루투스 인증 제품 유형

통상적으로 블루투스 제품은 아래의 카테고리 내에 들어간다. 이 이외의 인증 카테고리는 존재하지 않는다. 이에 대한 자세한 내용은 블루투스 SIG 웹사이트에 가면 자세하게 나와 있으니 참조하기 바란다.

- 블루투스 최종 제품(End Product)
- 블루투스 컨트롤러 서브시스템 제품(Controller Subsystem Product)
- 블루투스 호스트 서브시스템 제품(Host Subsystem Product)
- 블루투스 프로파일 서브시스템 제품(Profile Subsystem Product)
- 블루투스 컴포넌트 제품(Component Product)
- 블루투스 테스트 장비(Test Equipment)
- 블루투스 개발 도구(Development Tool)

블루투스 컴포넌트 제품은 테스트를 거치거나 거치지 않고 적합성 심사를 통과할 수 있다. 블루투스 부품은 함께 조립하여 하나의 완전한 블루투스 제품을 형성할 수 있는 블루투스 제품이다. 이러한 제품은 일반적으로 최종 제품의 일부로 이를 사용하는 제조업체들에게 판매된다. 그러나 서브시스템이라는 유형의 부품은 적합성 심사를 거친 다른 보완적 서브시스템과 이를 결합하여 완전한 블루투스 솔루션을 제작하려는 최종 사용자에게 판매될 수 있다. 블루투스 완제품은 블루투스 기술을 통합한 최종 제품으로 일반적으로 최종 사용자에게 판매되는 제품이다. 블루투스 부품은 블루투스 컴포넌트 또는 블루투스 서브시스템으로 분류되며, 이러한 제품은 블루투스 사양의 일부만을 구현하는 제품이다.

블루투스 최종 제품은 블루투스 완제품, 즉 최소한의 RF, BB, L2CAP, GAP 및 GATT을 구현하는 블루투스 무선 제품을 의미하며 라이센스에 대한 제한없이 있는 그대로 결합하거나 판매할 수 있다.

## 1.2 블루투스 로고의 사용

블루투스 SIG에서는 블루투스 로고의 사용에 대해서 정확하게 정의하고 있으며, 해당 로고의 색상이나 사이즈도 구분하여 정의하고 있다. 언제 블루투스 로고를 제품에 사용할 수 있는지 이해하는 것 또한 중요하다. 블루투스 로고에는 블루투스 글자 표시나 조합이 포함된다. 블루투스 로고를 제품에 사용하기 위해서는 블루투스 SIG의 회원사여야 하며, 제품이 블루투스 적합성 심사 과정(BQP)에 따라야 한다.

판매하려는 제품이 다른 회사에 의해 최종 제품으로서의 적합성을 인정받았고 그 제품을 자사 브랜드로 판매하길 원하는 경우에는 블루투스 SIG의 회원사이기만하면 그 제품을 판매할 수 있다.

블루투스 SIG에 의해 발행되는 QDID(Qualified Design Identifier)는 심사한 설계를 구현하는 모든 제품, 제품 설명서 또는 제품 포장의 눈에 잘 띄는 곳에 표시해야 한다. 다시 말해 심사한 제품 ID를 찾기 위해 제품을 분해하는 과정이 필요해서는 안된다. 하지만 이들에 대한 정확한 규정을 시장에서는 준수하지 않는 경우도 있다. QDID는 SIG에 의해 언제든지 회원사에게 제공된다. QDID는 QDL의 인증된 정보에 대한 결과이다. 회원사는 심사한 설계를 언급함으로써 다음을 선언한다.

- 제품이 언급된 설계를 구현함
- 제품이 설계의 적합성 심사시 적용한 블루투스 적합성 심사 요건을 충족함
- 제품이 심사한 설계가 참조한 블루투스 규격을 준수함(심사한 설계가 테스트 장비 또는 개발 도구와 관련된 경우는 제외)

블루투스 컴포넌트를 컴포넌트로 판매하려는 경우에는 블루투스 로고만을 사용하여 해당 컴포넌트를 판매할 수 있다. 블루투스 컴포넌트로서의 적합성을 인정받은 제품을 포함하는 블루투스 제품을 구현한 경우 BQP에 따라 추가 적합성 심사 및 등록을 실시해야 한다. 이는 QPL에 서브시스템 또는 최종 제품을 등록하는 것을 의미한다. 이러한 적합성 심사를 실시하지 않으면 회원 약관(특허 및 저작권 라이센스 협약 포함)에 따라 제품에 라이센스가 부여되지 않으며 로고를 사용하거나 제품을 판매할 수 없다. 제품 내에 블루투스 서브시스템이라는 부품 유형을 통합했으나 아직 BQP에 따라 해당 제품의 적합성 심사를 받지 않은 경우, 회원 약관(특허 및 저작권 라이센스 협약 포함)에 따라 제품에 라이센스가 부여되지 않으며 로고를 사용할 수 없다.

## 1.3 제품의 변경

제품 내에 최종 제품을 구현한 경우, 최종 제품을 변경하여 그러한 변경이 블루투스의 성능 및 기능에 영향을 주는 경우를 제외하고는 추가 적합성 심사가 필요하지 않다. 제품을 수정한 경우에는 블루투스 적합성 심사 본부(BQB, Bluetooth Qualification Body)에 의해 수정된 제품을 평가받아야 한다. 보통 이런 경우의 예를 보면, 특정 모델의 휴대폰을 출시 후 이 모델의 변형을 만들어서 차기 모델로 내놓는 경우가 이에 해당하는데, 이 경우 기구물의 변경에 대한 부분과 내부 회로를 변경하고 블루투스 등의 부품을 변경하여 적용하였을 경우, 또는 블루투스는 그대로 사용하고 다른 부품이 변경된 경우가 있다. 이런 경우에는 인증업체의 BQE (Bluetooth Qulification Expert)에게 이에 대한 부분을 상의하고 추가 인증에 대한 진행 여부를 확인해야 한다.

## 1.4 시장 감시 및 강제 이행

블루투스 제품에 대해서 이들 제품의 정확한 인증 및 로고 사용에 대해서 시장 감시를 진행하기도 한다. 블루투스 SIG는 QEP(Qualification Enforcement Program) 문서에 규정된 바와 같이 QEP 절차에 따라 적합성 심사 감독, 감사 및 강제 이행 절차를 유지해야 한다. QEP 문서는 BQRB(Bluetooth Qualification Review Board)에 의해 유지 및 승인된다. 일례로 몇 년전, 이들 인증 규격을 따르지 않고 불법으로 블루투스를 탑재한 휴대폰을 시장에서 판매하여 강제 심사를 거쳐 강제 이행한 경우가 있었다.

### 1.4.1 불법 유통에 대한 시장 감독

블루투스 제품을 탑재한 디바이스의 인증없이 불법적으로 사용하는 경우에는 이에 대해서 시장의 감독을 진행한다. 인증을 받았더라도 위에서 언급한 제품의 변경 부분에서 임의로 이를 행한 경우에 해당한다. 이렇게 임의로 해당 제품을 시장에 내놓으면 블루투스를 사용하는 다른 디바이스와의 호환성 문제가 심각하게 발생할 수 있다.

시장 감독은 블루투스 무선 기술을 구현하는 시중 제품 중에서 QDL(Qulified Design Listing) 등록 시점까지 설계를 추적할 수 없는 상품이나 해당 제품의 목록과 참조하는 목록이 일치하지 않는 제품이 있는지 확인하고자 할 때 실시된다.

### 1.4.2 적합성 심사 감사

블루투스 SIG는 QEP 절차의 일부로 적합성 심사 감사를 실시하며, 이러한 감사에는 정기 감사와 임의 감사, 불만 제기로 실시된 감사가 있다. 정기 감사는 임의의 디바이스에 대해서 감사를 진행하는 것이며, 불만제로 실시되는 경우는 시장에서 시판되는 디바이스가 타 디바이스와 호환성 문제를 일으키거나 특정 제품을 만드는 타 회사에서 자신의 블루투스 디바이스와 문제를 일으켜 통신이 어렵거나 치명적인 제품 이상을 일으키는 경우이다. 적합성 심사 감사는 블루투스 적합성 심사 요건의 준수 여부를 확인하기 위해 실시된다.

감사에는 최소한 블루투스 적합성 심사 요건 준수를 확인하기 위한 제품의 Compliance Folder 검토 과정이 포함되어야 한다. 전자 데이터 전송 등을 통한 원격 감사와 현장 감사 중 하나를 실시하거나 둘 모두를 실시한다. 회원사는 원격 감사 대신 현장 감사를 선택할 수 있다. 감사 중에 불충족 항목이 발견되면 강제 이행 절차가 실시된다. 이 경우 불충족이란 감사 종료 시점까지 해결할 수 없는 블루투스 적합성 심사 요건 충족과 관련된 모든 문제점을 말한다. 문제를 발생시켜 인증 항목에서 실패한 항목이 존재한다면 이는 강제로 시장에서 판매를 중단시키거나 하는 행동으로 발전될 수 있다.

## 1.5 인증 기관

### 1.5.1 인증 기관

BQTF는 자체적으로 또는 다른 회원사를 대신하여 테스트를 실시할 수 있는 권한을 갖는다. 그러나 BRTF는 자사를 위해서만 테스트를 실시할 수 있는 권한을 갖는다. 국내에도 공인된 이런 기관들이 6개나 존재한다. 블루투스 적합성 심사 테스트 시설(BQTF) 및 블루투스 공인 테스트 시설(BRTF)은 테스트 사례 참조 목록(TCRL)에 "범주 A 및 호스트 컨트롤러 인터페이스(HCI) 레벨"로 지정된 블루투스 적합성 심사 RF 테스트, 프로토콜 및 프로파일 준수 테스트 및 프로파일 상호 호환성 테스트의 수행을 위해 적합하다는 사실을 블루투스 SIG로부터 인정 받은 테스트 실험실이다. 만일 블루투스 SIG의 Test Plan Generator(TPG)에 의해 작성된 회원사의 테스트 계획에 범주 A에서 또는 HCI 레벨 미만의 수준에서 필수 테스트가 수행되어야 한다는 내용이 있는 경우, 회원사는 BQTF와 직접 테스트 서비스 계약을 체결해야 하며, 만일 회원사가 BRTF일 경우 해당 회원은 자사를 위해 이 테스트를 수행할 수 있다. BRTF는 타 블루투스 회원사를 위해 독립적 테스트 시설에서 테스트를 수행하고 설계의 적합성을 심사할 수 없다(테스트 증거는 BQTF 또는 BRTF에 의해서만 자체적인 적합한 설계 목록의 일부로서 블루투스 SIG로부터 인정을 받을 수 있다).

아래는 국내의 BQTF의 리스트이다. 이 리스트의 정보는 블루투스 웹사이트에 상세하게 나와있다.

[표 134 국내 BQTF]

| 적합테스트범위 | 인증기관 | 담당자 | 공인일자 |
|---|---|---|---|
| -Profile<br>-Protocol | Samsung Electronics Co., Ltd.<br>CS Center Samsung Electronics<br>Tel: +82 31 277 7750 | Keun Young Choi | 01-Jan-2005 |
| -Profile<br>-Protocol<br>-RF | TUV Rheinland Korea Ltd<br>4F., E&C Venture Dream Tower 6 197-28, Guro-dong, Guro-gu<br>Tel: +82-2-860-9911 | Jeon Eun-jeong | 19-Feb-2003 |
| -Profile<br>-RF | Movon Corporation<br>194-1, Geumeo-ri, Pogok-eup Cheoin-gu, Yongin-si, Gyeonggi-do<br>Tel: 82 31 338 8837 | Yongdae Jang | 18-Jun-2007 |

| 적합테스트범위 | 인증기관 | 담당자 | 공인일자 |
|---|---|---|---|
| -RF | SGS Group<br>2FL, 18-34, Sanbong-dong,<br>Tel: +82 31 428 5887 | Jim Kim | 24-Nov-2006 |
| -Profile<br>-Protocol | LG Electronics Inc.<br>Q&R Center, Eco-strategy Team, 16,<br>Woomeon-dong Seocho-gu<br>Tel: 82-2-2630-3142 | Jagon Lee | 01-Jan-2009 |
| -Profile<br>-Protocol<br>-RF | TTA<br>IT Testing Lab. 267-2 Seohyeon-dong Bundang-gu<br>Tel: 82-31-724-0140 | | |

## 2 블루투스 저에너지 인증 프로세스

아래는 인증 프로세스를 나타낸 그림이다. 이 그림은 Bluetooth SIG 웹사이트에 가보면 아주 친절하게 이에 대해서 설명하고 있다. 저에너지 인증 프로세스 역시 동일한 과정을 거치게 될 것이다.

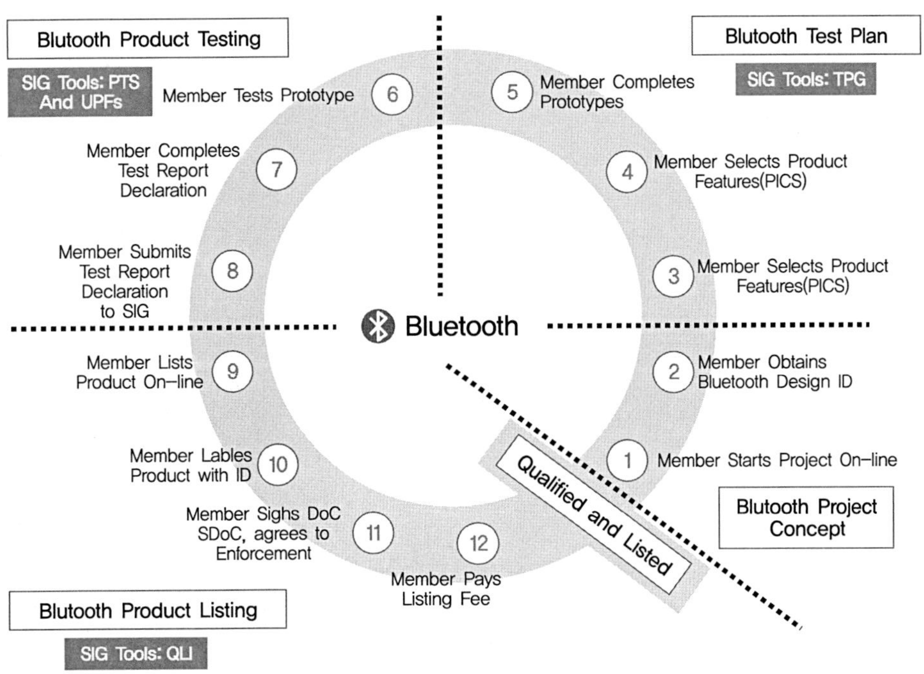


[그림 123 블루투스 인증 프로세스, 블루투스 SIG 사이트 참조]

## 2.1 블루투스 저에너지 디바이스 인증 시작

저에너지 디바이스는 기존의 인증 프로세스를 그대로 이용할 것이다. 아래 그림은 Bluetooth SIG에서 인증에 대한 표준을 구현하기 위해서 작성한 내용의 일부를 발췌했으며, 기타 내용은 기존의 인증 프로세스 및 문서에서 참조한 것이다.

현재의 PRD에 정의된 블루투스 적합성 심사 절차(PRD)는 자사 제품의 적합성을 심사하고 제품을 회원사 웹사이트를 통해 해당 공간에 게시할 수 있는 능력을 회원사에 부여한다. 새 적합성 심사 프로그램은 상호 호환성을 더욱 확고히 보장하고, 블루투스 규격에 대한 준수를 검증, 블루투스 SIG의 규정준수 이행 능력의 강화, 블루투스 상표의 잠재적 오남용을 시정 및 더 높은 테스트 표준을 충족하는 회원사의 제품이 타 블루투스 제품과의 상호 호환성을 위한 신뢰성 및 품질을 갖추고 있다는 사실에 대한 인증을 제공하는 것을 그 목적으로 한다. 이 프로그램은 많은 절차를 자동화함으로써 블루투스 디바이스의 보다 효율적인 개발을 용이하게 하며, 이를 통해 절차가 적용되는 방법의 일관성을 증진하고 아울러 적합성 심사 절차에 소요되는 시간과 비용을 절감해 준다.

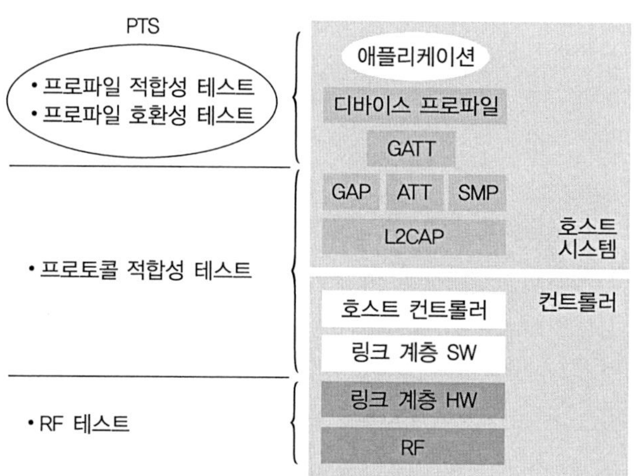


[그림 124 블루투스 계층별 테스트 구조]

새 제품 및 설계의 적합성 심사를 위해 필요할 때마다 테스트 사례 참조 목록(TCRL, Test Case Reference List)에서 이러한 문서를 참조할 수 있다. TCRL은 모든 회원사를 위한 살아 있는 적합성 심사 참조 문서로서 새 테스트 사례, 테스트 사례의 삭제 및 테스트 사례의 분류와 같은 정보를 제공한다. 회원사는 아래에 강조 표시된 노란색 링크를 참조함으로써 TCRL에 포함된 현재 및 잠재 버전의 테스트 요건을 확인할 수 있다. TCRL 문서는 회원사가 블루투스 제품의 적합성 심사를 위해 유일하게 사용할 수 있는 참조 문서이다.

ICS(Implementation Conformance Statement)에는 제품의 지원을 위한 블루투스의 능력을 정의하는 표준화된 방법이 제시되어 있다.

블루투스 테스트 규격은 모든 필수적인 블루투스 기능의 검증을 위해 목적, 순서 및 결과를 정의하는 역할을 한다. 모든 테스트 규격에는 모든 관련 테스트 사례를 식별할 수 있는 테스트 사례 매핑 테이블(TCMT)이 포함되어 있으며, ICS 문서에 지정된 바와 같이 지원되는 능력에 따라 수행되어야 한다.

테스팅 실시 추가 정보(IXIT)에는 일반적으로 프로토콜 또는 프로파일의 일부가 아닌 물리적 설정 및 테스트 연결에 관한 정보가 포함되어 있다. 이러한 정보는 시스템 테스트의 대상인 하드웨어, 소켓 또는 전화번호에 관한 정보일 수도 있고, 보다 유연한 테스트 또는 반복성의 확보 등을 위해 필요한 기타의 정보일 수도 있다.

TCRL, ICS 문서, IXIT, TCMT 및 테스트 규격은 블루투스 적합성 심사 요건 사슬의 필수 링크이다. Test Plan Generator는 블루투스 SIG로부터 제공되는 도구로서, 블루투스 규격을 사용하는 일체의 디바이스에 대해 적용될 수 있는 테스트 계획의 생성을 자동화해 주기 위해서 만든 것이다. TPG의 사용은 제품/설계의 적합성 심사를 위해 필수적이다.

## 2.2 블루투스 저에너지 디바이스 인증 테스트 플랜작성

### 블루투스 프로젝트 컨셉트 단계 – 블루투스 적합성 심사 프로젝트의 시작

- **단계 1:** 회원사가 QLI에 로그인한 후 프로젝트 이름 및 적합성 심사 일자를 입력하여 새 TPG 프로젝트를 시작한다. 회원사는 원하는 수만큼의 프로젝트를 생성할 수 있으며, 프로젝트의 적합성 심사 및 등록을 원하지 않는 한 이에 대해 비용이 발생하지 않는다.
- **단계 2:** 회원사가 자사의 새 프로젝트에 대한 적합한 설계 ID(QD ID)를 발급받을 수 있다. 현행 PRD 요건에 따라 회원사는 하나 이상의 QD ID(예: B001999)가 부

여된 모든 제품에 대해 EPL를 생성해야 한다. 이 단계를 통해 회원사는 제품 릴리스 일자보다 훨씬 앞서 QD ID를 부여받을 수 있다. 이 단계는 비록 절차의 이 부분에 설명되어 있기는 하나, 회원사는 2단계 이후의 어느 시점에서든 QD ID를 부여 받을 수 있다.

**블루투스 테스트 계획 단계 – TPG를 사용하여 테스트 계획을 자동 생성**

- **단계 3:** 회원사가 온라인 버전의 PICS 문서 내부에서 해당 프로토콜 및 프로파일 특성을 선택하는 방식으로 어느 블루투스 핵심 및 프로파일 기능을 자사의 적합성 심사 프로젝트에 통합할 것인지를 지정함으로써 자사의 TPG 프로젝트를 시작한다. 통합된 규격의 필수 및 옵션 기능이 모두 선택되면 TPG가 회원사에 의해 입력된 선택 항목에 대한 점검을 수행하고 입력된 항목이 규격 준수 요건을 충족하는지를 확인한다. 선택된 항목이 선택된 규격 준수 요건을 충족하지 못할 경우에는 회원사에 대해 중대한 오류 발견("불일치 또는 부적합"이라 함) 정보가 통지되며, 회원사는 테스트 계획 프로젝트를 완료하기 전에 TPG 프로젝트 내부에서 즉각 문제를 시정할 수 있다. 이 단계의 목적은 다음 단계로 진행하기 전에 오류가 없는 TPG 프로젝트를 확보하는데 있다.
- **단계 4:** 회원사가 TPG로부터 자사의 테스트 계획을 생성한다. 테스트 계획은 적합성 심사 및 등록 이전에 반드시 완료되어야 하는 최근의 모든 규격 및 적합성 프로그램의 테스트 요건을 자동적으로 계산해 준다. 테스트 계획은 Microsoft Excel 형식으로 생성되며, 회원사는 테스트 계획의 사본을 로컬 컴퓨터에 저장할 수 있다.
- **단계 5:** 회원사가 자사 설계의 프로토타입을 완성하고 블루투스 제품 테스트 단계를 시작한다. 따라서 이 시점에 회원사는 현행 PRD의 요건에 따라 Compliance Folder(규정 준수 폴더)를 생성해야 한다.

## 2.3 블루투스 저에너지 디바이스 인증 테스팅

**블루투스 제품 테스트 단계 – PTS 및 UPF를 이용하여 적합성 심사를 위한 제품을 준비**

- **단계 6:** 회원사가 위의 4단계에서 생성된 테스트 계획에 따라 자사 프로토타입의 테스트를 시작한다. 이 단계에서 회원사는 블루투스 SIG의 검증된 테스터(BITE 및 Rohde & Schwarz와 같은 RF 및 프로토콜 규격 준수 테스터 및 PTS와 같은

프로파일 테스터)를 이용하여 자사의 프로토타입을 테스트한다. 또한 회원사는 블루투스 SIG UnPlugFest 행사시 타 회원사의 블루투스 지원 제품, 블루투스 SIG의 검증된 테스터, 최근에 적합성을 심사 받은 블루투스 지원 제품 및 고급 보안 테스트 도구를 이용하여 자사의 프로토타입을 물리적으로 테스트할 수도 있다.

- **단계 7:** 회원사가 위의 단계에서 언급된 도구를 사용하여 모든 필수 테스트를 완료하고 TPG 테스트 계획 양식 필드에 입력할 테스트 요약 결과를 준비한다. 회원사가 TPG 테스트 계획의 입력을 마치면 보고서가 테스트 보고서 신고서로 바뀌고 등록에 앞서 블루투스 SIG 앞으로 제출된다.
- **단계 8:** 회원사가 QLI를 이용해 자사의 테스트 보고서 신고서를 블루투스 SIG 앞으로 제출한다.

아래 범주에 대해 블루투스 테스팅 요건를 충족하려면 장비 요건에서 규정한 테스트 장비에서 테스트가 실시되어야 하며 테스트 증거가 증거 요건을 충족해야 한다.

[표 135 테스트케이스 범주]

| 테스트 케이스 범주 | 장비 요건 | 증거 요건 |
|---|---|---|
| 범주 A | TCRL에 규정된 바와 같이 시중에 유통되는 검증된 테스트 장비 중 블루투스 SIG의 승인을 거친 장비 | RF, BB, LM 및 HCI 분야의 범주 A 테스트는 BQTF 또는 BRTF가 실시하고 BQTF 또는 BRTF가 발행한 테스트 보고서에 기록되어야 한다. 기타 모든 분야의 범주 A 테스트는 회원사가 실시할 수 있다. |
| 범주 B | 테스트 규격에 정의된 테스트 요건을 충족하고 회원사가 지정하는 테스트 준비 | 테스트 준비, 실행 및 결과 |
| 범주 C | 테스트 규격에 정의된 테스트 요건을 충족하고 회원사가 지정하는 테스트 준비 | 실시한 테스트 및 테스트 결과 신고, 다른 증거는 필요하지 않음 |
| 범주 D | 선택 테스트 – 회원사가 지정 | 증거 요건 없음 |

모든 증거 요건은 Compliance Folder에 보관해야 한다.

## 2.3.1 PTS(Profile Tuning Suite)

블루투스 프로파일 튜닝 스위트(PTS)는 블루투스 SIG가 회원사를 위해 개발한 유용한 테스트 도구이다. PTS는 프로토콜 및 프로파일에 대한 테스트 작업을 자동화함으로써 보다 정확하고 높은 품질의 테스트 결과를 제공하는 한편 제품의 상호 호환성을 높여준다. 자동 테스트를 통해 공평하고 높은 품질의 테스트 결과를 빠르게 제공하는 한편 제품의 상호 호환성을 높일 수 있다. 숙련된 엔지니어와 초보 사용자 모두 테스트를 수행할 수 있으므로 회사의 리소스를 절약하고 고급 인력을 보다 전략적인 프로젝트에 투입할 수 있다. 프로세스 전반에 걸쳐 새로운 규격과 함께 PTS를 활용하면 문제점을 조기에 파악하여 개발 비용을 절감할 수 있다. 라이센스는 회사 단위(전사적으로 적용)로 부여되며, 라이센스를 소지한 회원사는 대수의 제한 없이 자사의 기계에서 Profile Tuning Suite를 설치 및 실행할 수 있다. PTS는 후원사와 제휴사에 대해 무료로 제공되며, 일반 회원사에 대해서는 비용이 부과된다. PTS의 구매를 희망하는 일반 회원사는 블루투스 SIG 라이센싱 사이트를 통해 구매를 할 수 있다.

## 2.4 블루투스 저에너지 디바이스 인증 리스팅

**블루투스 제품 등록 단계** - QLI를 사용하여 적합성을 신고하고 블루투스 데이터베이스에 제품을 등록한다.

- **단계 9:** 회원사가 자사의 제품 설계에 관한 추가 등록 정보를 QDL에 입력하고 제품을 통해 구현된 설계를 EPL에 입력함으로써 등록 단계를 시작한다. 등록 단계는 4개의 단계(웹 양식)를 완료하는 방식으로 구성되어 있다.
- **단계 10:** 회원사가 현행 PRD의 요건에 따라 자사의 제품에 표시가 되어 있는지를 확인한다.
- **단계 11:** 회원사가 필수 신고서에 서명함으로써 자사가 구현된 규격을 준수함과 동시에 자사의 적합한 제품에 대해 적용되는 적합성 요건을 준수한다는 사실을 공표한다(모든 요건은 언급한 테스트 계획으로부터 생성된다). 이를 각각 규격 준수 신고(DoC) 및 공급자 규격 일치 신고(SDoC)라 한다. 회원사는 자사가 요건을 충족하였다는 사실이 보장될 수 있도록 온라인 체크리스트의 각 항목을 체크하고, DoC 및 SDoC를 인쇄하여 서명하고, Compliance Folder를 이용해 제출해야 한다.
- **단계 12:** 회원사는 신용카드 또는 청구서를 통해 등록 비용을 납부한다. QD ID에 대한 비용이 완납된 경우에는 이 단계에서 제출 버튼만 클릭하면 된다. 통상적으로 이 비용에 대한 납부는 인증기관에서 대행해주는 경우가 많다. 대금이 결제되

고 테스트 신고 내용에 불일치 사항이 없으면 제품이 등록된다.

### 2.4.1 EPL

블루투스 기술을 사용하는 모든 제품을 블루투스 SIG 최종 제품 목록(EPL)에 의무적으로 등록해야 한다. 이는 단순히 Bluetooth SIG의 웹사이트에서 해당 제품을 리스팅하면 된다. 여러 제품을 한꺼번에 리스팅할 수도 있다.

QDID 등으로 조합하여 이를 등록할 수도 있다. 이에 대한 자세한 사항은 역시 웹사이트에 자세히 나와 있으므로 이를 참조하거나 인증기관에 문의해보면 쉽게 알 수 있을 것이다.

이미 인증되어 리스팅된 제품이 EPL에 등록되어 있다면, 이와 유사한(해당 제품이 크게 변화가 없는 경우, 예를 들면 하드웨어 변경이 없고 기구물이 약간 변경된 경우, 물론 소프트웨어 변경이 없을 경우) 제품을 개발하여 등록시 테스팅 과정없이 기 등록한 QDID를 조합하여 리스팅하면 된다.

아래는 EPL등록을 위한 인증사이트이다. 아래의 사이트에서는 이미 인증한 블루투스 제품군들에 대한 상세한 정보가 있으며, 해당하는 EPL된 제품이 어떤 블루투스 칩셋을 사용했는지도 확인할 수 있다.

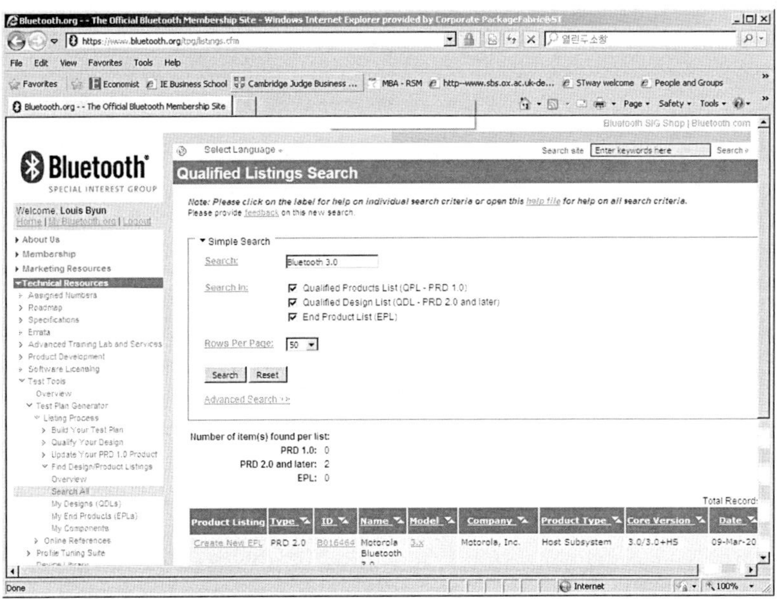


[그림 125 Bluetooth SIG의 인증사이트]

# 3 직접 테스트 모드

이 부분은 블루투스 RF PHY 테스팅을 위한 부분이다. 이 테스트 모드는 DUT (Device Under Test)를 컨트롤하기 위해서 사용한다.

직접 테스트 모드는 아래 그림과 같이 HCI를 통한 방법 또는 2-wire UART 인터페이스를 통한 방법이 있다.

호스트 인터페이스를 가진 블루투스 저에너지 디바이스는 HCI를 통해서 DUT 를 위해 직접 테스트 모드를 구현한다. 호스트 인터페이스가 없는 블루투스 저에너지 다비이스는 2-wire(그라운드가 필요하다면 3-wire) UART 인터페이스를 정의한다.

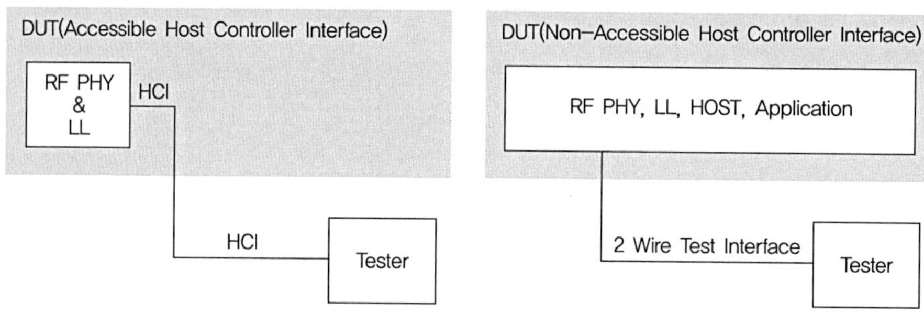


[그림 126 LE 직접 테스트모드 구현하기]

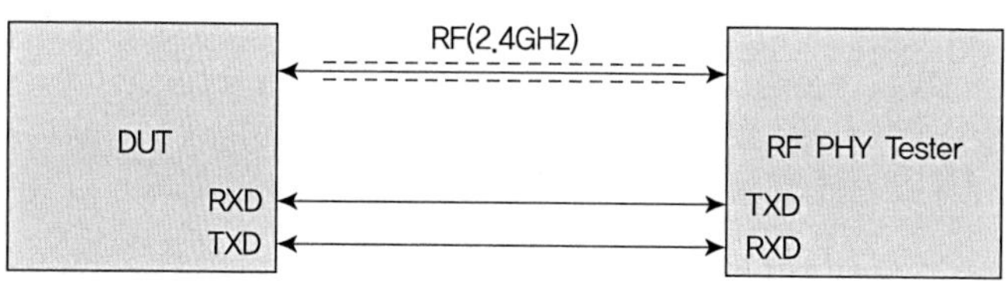


[그림 127 직접 테스트모드를 위한 RF PHY 테스트 셋업(UART)]

## 3.1 HCI 테스트 인터페이스

### 3.1.1 테스트 인터페이스 순서

이미 구현된 테스트 디바이스의 정확한 테스트를 위해서 HCI 인터페이스를 통해서 명령어를 보낸다. HCI인터페이스를 이용한 테스트에서 각 RF 테스트 명령은 아래와 같다.

[표 136 RF 테스트 명령어]

| RF 테스트 명령어 및 이벤트 | HCI 명령어 및 이벤트 | 2 wire 명령어 및 이벤트 |
|---|---|---|
| LE_TRAMNSMITTER_TEST | HCI_LE_Trandmitter_Test | LE_Transmitter_Test |
| LE_RECEIVER_TEST | HCI_LE_Receiver_Test | LE_Receiver_Test |
| LE_TEST_END | HCI_LE_Test_End | LE_Test_End |
| LE_STATUS | HCI_Command_Complete | LE_Test_Status |
| LE_PACKET_REPORT | HCI_Command_Complete | LE_Packet_Report |

### 3.1.2 저에너지 트랜스미터 테스트

아래는 블루투스 저에너지 트랜스미터 테스트를 위한 플로우를 나타낸다. 여기에서 Upper Test는 장비나 해당 DUT를 제어하기 위한 유저라고 생각하면 되겠다. DUT는 해당 테스트 디바이스를 말한다.

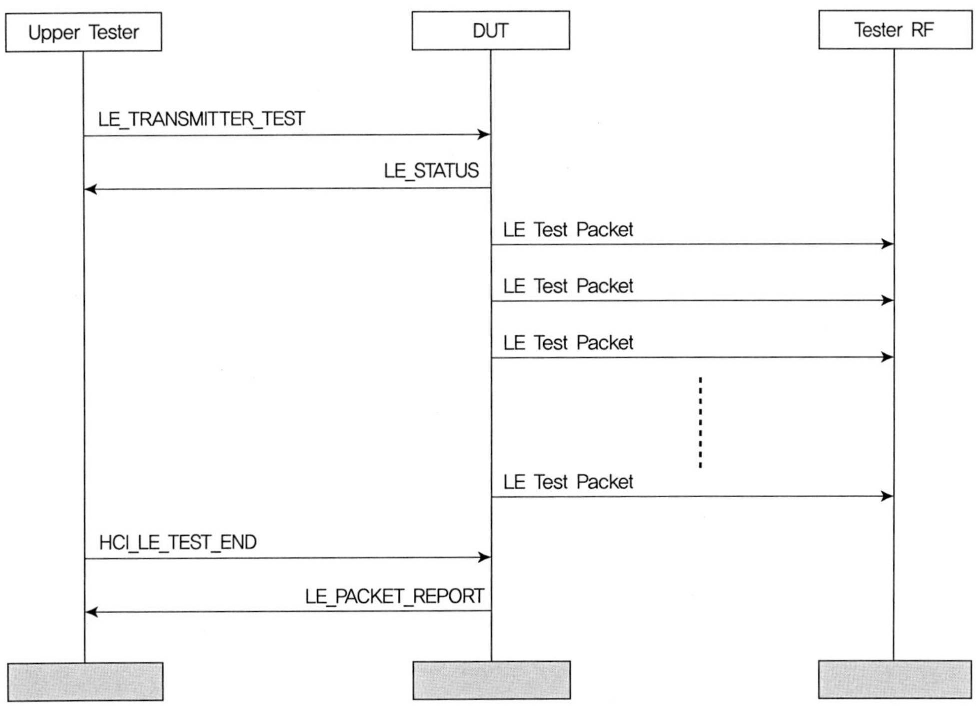


[그림 128 트랜스미터 테스트 플로우]

### 3.1.3 LE 리시버 테스트

아래는 LE 리시버 테스트를 위한 플로우를 나타낸다. 아래와 같이 트랜스미터의 테스트의 경우와 비슷하게 진행하면 된다.

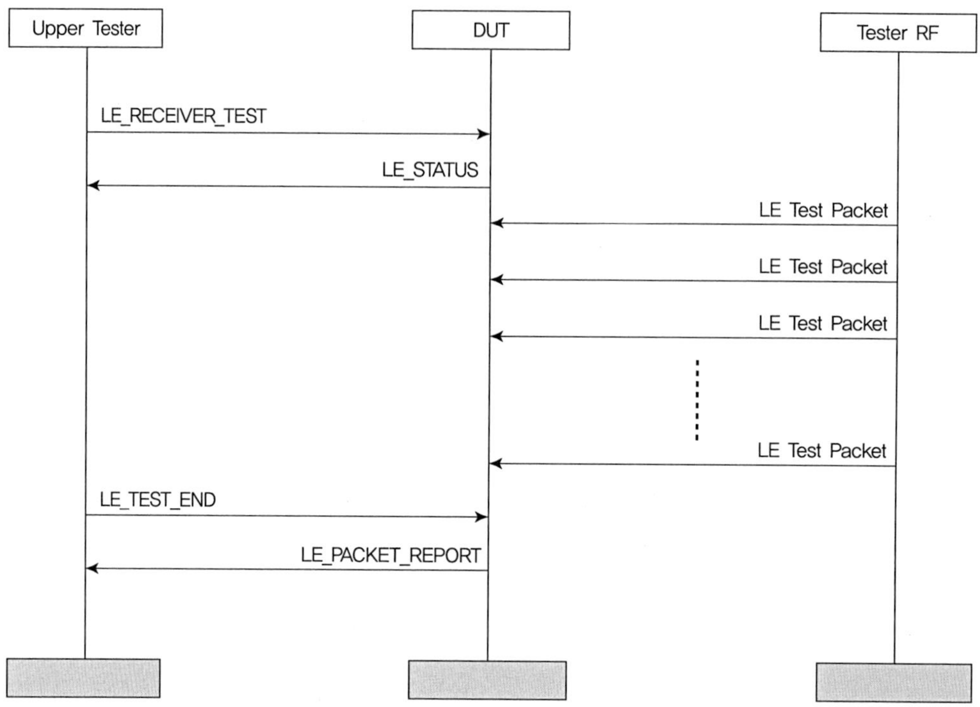


[그림 129 리시버 테스트 플로우]

## 3.2 UART 테스트 인터페이스

### 3.2.1 UART 인터페이스 특성

DUT에서 UART 인터페이스로 테스트를 하려면 UART간 통신 프로토콜을 맞추어야 한다. 아래에 이에 대해서 정리했다. 아래에서 Baud rate는 서로 통신을 위해 설정하는 UART 속도를 나타낸다. 서로 통신할 디바이스에 같은 Baud rate을 설정해야 통신이 가능하다.

- Baud rate: 1200, 2400, 9600, 14400, 19200, 38400, 57600, 115200
- 데이터 bits: 8

- No parity
- 1 stop bit
- No flow control(RTS 또는 CTS)

### 3.2.2 UART 기능 설명

상위 테스터는 UART 인터페이스를 통해서 초기화해야 한다. DUT는 상위 테스터로부터의 명령에 응답해야 한다. 상위 테스터는 테스트 명령을 DUT에게 전송한다. 그러면 DUT는 상태 이벤트 또는 패킷 리포팅 이벤트와 함께 응답해야 한다.

상위 테스터는 DUT로부터 응답이 없으면 그 이후의 다른 어떠한 명령도 보내지 않는다. 만약 상위 테스터가 $t_{TIMEOUT}$ 시간 내에 DUT로부터 응답을 받지 못한다면, 상위 테스터는 적당한 에러 메시지를 디스플레이하면서 DUT에게 리셋 명령을 전송하게 된다.

리셋 명령을 받으면, DUT는 모든 페러미터를 디폴트 상태로 리셋한다.

- 모든 명령과 이벤트는 16비트로 구성된다.
- Most Significant 비트는 비트 넘버 15이다.
- Least Significant 비트는 비트 넘버 0이다.
- Most Significant 바이트는 15비트에서 8비트까지이다.
- Least Significant 바이트는 7비트에서 2비트까지이다.
- 명령어와 이벤트는 MSO(most significant octet)가 우선되며, 그 다음에 LSO (Least significant octer)가 따른다.

### 3.2.3 명령어와 이벤트

아래는 DUT로부터 받을 수 있는 명령어와 DUT로부터 응답가능한 이벤트들로 구성되어 있다.

[표 137 명령어와 이벤트]

| 명령어 (DUT RXD) | 이벤트(DUT TXD) |
|---|---|
| LE_Reset | LE_Test_Status_SUCCESS<br>LE_Test_Status_FAIL |
| LE_Receiver_Test | LE_Test_Status_SUCCESS<br>LE_Test_Status_FAIL |

| 명령어 (DUT RXD) | 이벤트(DUT TXD) |
|---|---|
| LE_Transmitter_Test | LE_Test_Status_SUCCESS<br>LE_Test_Status_FAIL |
| LE_Test_End | LE_Packet_Report<br>LE_Test_Status_FAIL |

### 3.2.3.1 명령어

명령어 패킷 포맷은 아래와 같다.

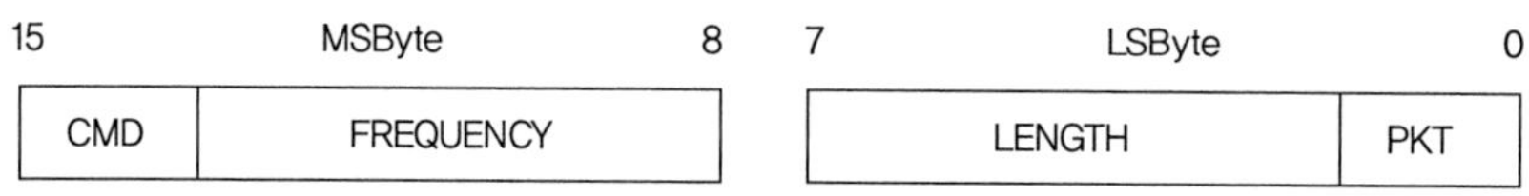


[그림 130 명령어 패킷 포맷]

위의 그림과 같이 CMD 필드에 해당 테스트 카테고리를 넣으면 된다. 해당 카테고리는 아래의 표를 참고하면 된다.

[표 138 CMD(command): 2 비트]

| 값 b1b0 | 페러미터 설명 |
|---|---|
| 00 | Reset |
| 01 | 리시버 Test |
| 10 | 트랜스미터 Test |
| 11 | Test End |

Frequency와 Length, PKT에 대한 내용은 아래의 명령어와 패킷 구조를 참조하여 작성할 수 있다. 각 사이즈는 6비트, 6비트, 2비트로 구성된다. Frequency는 N = 0x00 – 0x27이면, F= 2402 + (k*2 MHz)으로 계산되며, N = 0x28 – 0x3F까지는 예약된 구조로 되어 있다. Length는 N = 0x00 – 0x25까지는 테스트 패킷 길이를 나타낸다. 나머지는 예약되어 있다. PKT는 패킷의 타입을 나타내며, 각 비트별로 아래와 같이 표기할 수 있다.

00: PRBS9 packet payload
01: 11110000 packet payload
10: 10101010 packet payload

11: optional packet payload

### 3.2.3.2 이벤트

DUT에 의해서 보내지는 이벤트 타입은 LE_Test_Status_이벤트와 LE_Test_Packet_Report_이벤트가 있다.

이벤트 패킷 포맷은 아래와 같다.

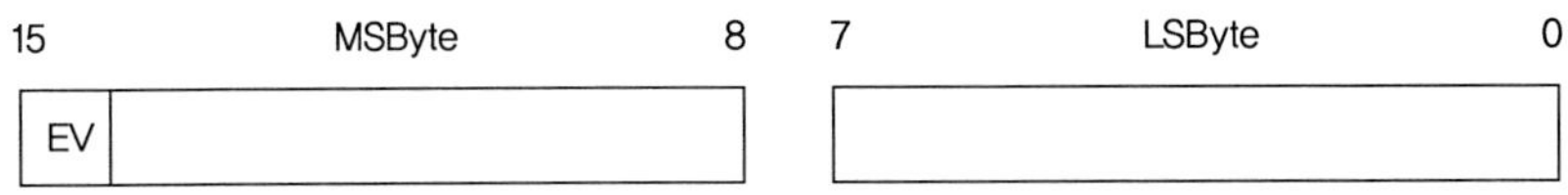


[그림 131 이벤트 패킷 포맷]

아래의 표는 EV 즉 이벤트 패킷의 형태를 나타낸다.

[표 139 이벤트 패킷 구조(1비트)]

| 값 | 페러미터 설명 |
|---|---|
| 0<br>1 | LE_Test_Status_Event<br>LE_Packet_Reporting_Event |

**LE_Test_Status 이벤트** LE_Test_Status 이벤트 패킷 포맷은 아래와 같다.

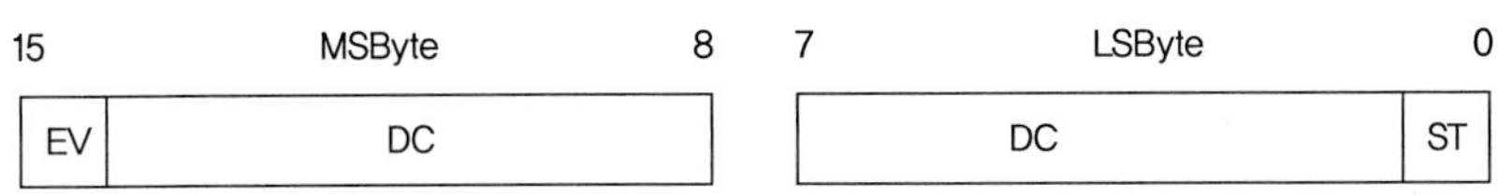


[그림 132 패킷 상태 이벤트 패킷 포맷]

아래표는 EV 필드에 대한 값을 의미한다.

[표 140 이벤트 패킷 구조(1비트)]

| 값 | 페러미터 설명 |
|---|---|
| 0<br>1 | Success<br>Error |

**LE_Packet_Report_이벤트** LE_Packet_Report_이벤트 패킷 포맷은 아래와 같다. Packet Count 페러미터는 수신된 LE Test 패킷의 수를 나타낸다. 패킷 레포트가 끝나면 Packet Cunt는 '0'이 된다.

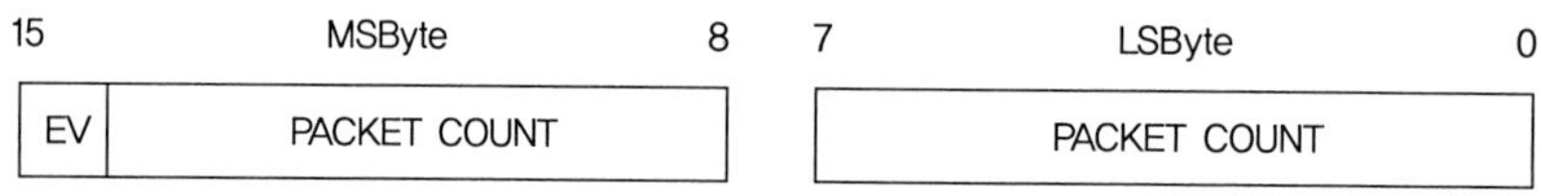


[그림 133 패킷 레포트 이벤트의 포맷]

아래표는 레포트 이벤트 패킷 구조를 나타낸다.

[표 141 레포트 이벤트 패킷 구조(1비트)]

| 값 | 페러미터 설명 |
| --- | --- |
| N | N은 받은 LE Test 패킷의 수를 나타내며, 0에서 32767까지이다. |

### 3.2.3.3 타이밍 - 명령어와 이벤트

타이밍 요구 사항은 아래와 같다.

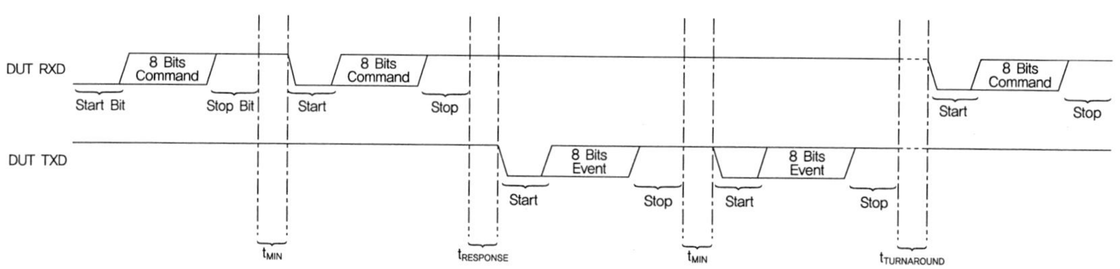


[그림 134 2-wire 인터페이스의 명령어와 이벤트 타이밍]

명령어와 이벤트는 두 번의 전송 사이에 최대시간에 두 개의 8비트 워드를 전송한다. 응답이 없거나 유효하지 않은 응답에 대해서 타임아웃이 필요하게 된다.

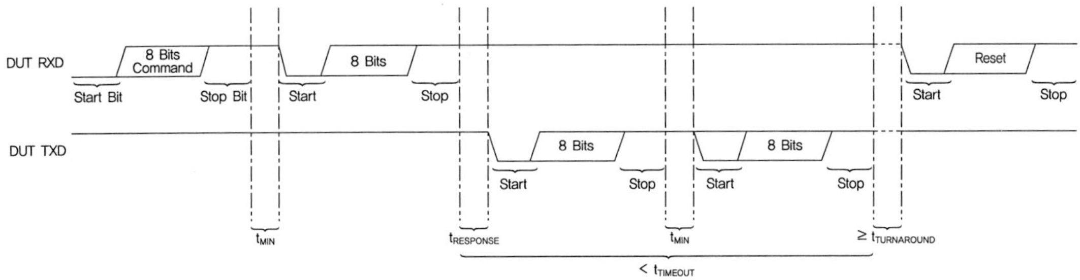


[그림 135 2-wire 인터페이스에서 명령어와 이벤트 타이밍에 대한 타임아웃]

아래의 표는 각 변수에 대한 페러미터의 한계를 위한 범위를 나타낸다. 이에 대한 설정은 테스트시에 유용하게 사용이 가능하다.

[표 142 인터페이스에서의 페러미터 요구 사항]

| 심볼 | 페러미터 | 최소 | 최대 | 단위 |
|---|---|---|---|---|
| $b_{ERR}$ | Baud Rate 정밀도 | | ±5 | % |
| $t_{MIN}$ | 첫 번째 명령과 두번째 8비트 명령의 시간 간격(스타트비트에서 스탑비트) | 0 | 5 | ms |
| $t_{RESPONSE}$ | 스탑비트의 끝에서 DUT가 명령어를 받는 시간부터 DUT가 응답할 때까지의 시간 | 0 | 50 | ms |
| $t_{TURNAROUND}$ | 테스터가 응답을 받고 테스터가 다른 명령어를 보내기까지의 시간 | 5 | - | ms |
| $t_{TIMEOUT}$ | 테스터가 명령을 보내고 테스터가 타임아웃에 걸릴 때까지의 시간 | 51 | 100 | ms |

# Part V

BLUETOOTH LOW ENERGY WIRELESS TECHNOLOGY

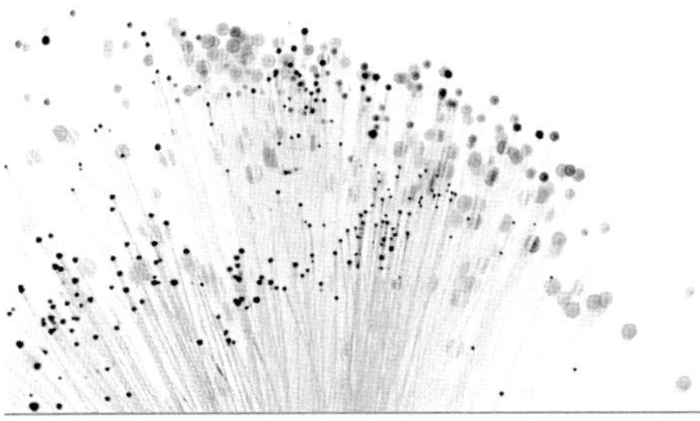

# 향후 과제 및 발전 방향

## 1 향후 블루투스의 발전 전망

지금까지 블루투스 무선 기술은 눈부시게 발전했고, 시장에서도 성공한 케이스에 속한다. 세계의 무선 시장에 표준을 만들었으며, 이들 이종 장치간의 다양한 버전들에서도 엄청난 호환성을 보여주고 있다. 이제 자동차에도 많은 블루투스 제품이 들어가고 있으며, 시계, 휴대폰, 심지어는 신발에도 이들 블루투스 제품을 쉽게 찾을 수 있다.

블루투스 무선 기술에 대한 시장의 요청과 주도로 인해, 향후 블루투스 저에너지에 대한 수요는 급증할 것으로 예상된다. 기존 블루투스 무선 기술을 탑제한 칩셋은 이미 가격이 상당히 합리화되어 미화 30달러 하던 제품들이 현재는 1달러 미만으로 팔리고 있다. 이로 인해 시장은 크게 성장했으며, 향후에는 AMP를 비롯한 고속 블루투스 제품군들도 시장에 출현할 예정이다.

블루투스 저에너지 무선 기술을 탑제한 제품들은 소규모의 저전력을 요구하는 제품군에 유력하게 채용될 것이다. 그러나 아직 다양한 프로파일이 나와있지 않으며, 저에너지 스펙 역시 제정되지 않은 상태이다. 2009년 12월 Bluetooth SIG는 Bluetooth

4.0에 대한 채택을 공시한 바 있다.

본 책에서는 전체에 대해서 다루지는 않았지만, 이 Bluetooth 4.0은 향후 저에너지뿐만 아니라 기존 블루투스 무선 기술의 모든 부분을 통합할 예정이다. 특히, Bluetooth 4.0은 건강과 운동에 관련된 애플리케이션에 대하여 아주 고무적이며 전폭적인 지원이 예상된다. 이런 목표는 이미 마이크 폴리박사에 의해서 예견되었으며, 이들은 아주 널리 사용되어온 배터리 소모가 많았던 애플리케이션들을 목표로 하고 있다. 앞으로는 이 블루투스 저에너지 무선 기술을 사용하는 제품이 다양하게 개발될 예정이며, 기존 애플리케이션을 대체할 것이다. 이 블루투스 저에너지 무선 기술은 새로운 시장을 형성할 것이며, 2013년에는 그 채택률이 70%에 달할 것으로 예측하고 있으며 휴대폰의 85%가 듀얼 모드를 지원할 것으로 예측하고 있다(IMS Research).

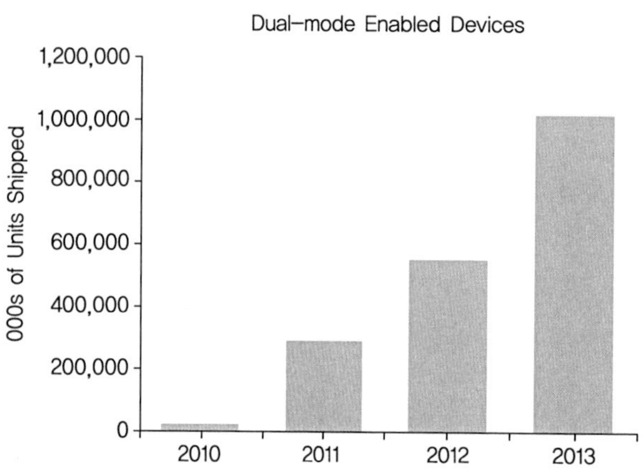


[그림 136 블루투스 듀얼모드 제품 양산 예측, IMS Research]

이런 애플리케이션은 센서 종류와 모니터 종류가 많을 것으로 예측하고 있다. 기존 휴대폰 메이커인 삼성, 노키아, LG, 소니 에릭슨 등은 "Fitness Phone"이라는 주제로 향후 개발을 진행할 가능성이 크다. 이런 트랜드를 갖고 스포츠용품 업체에서도 활발한 개발이 이루어지고 있다. 이들은 스포츠를 즐기는 환경에 무선환경의 기여도가 높아질 것으로 예상하고 있다. 보통 조깅 등의 운동은 선으로 연결된 기기보다는 무선으로 동작하는 디바이스가 향후 시장에서 우위에 서기 때문에 이런 상황은 현재 많은 제품을 생산하고 있는 기업에서 향후 무선 시장에 포커스를 맞추고 대대적인 개발 및 마케팅 비용을 투자하고 있다.

이런 현실의 시장 상황에서 꼭 필요한 무선 기술이 블루투스 저에너지 무선 기술인 셈이다. 위에서 언급한 휴대폰 등에서 사용가능한 듀얼모드와는 다르게 최소의 전력으로 제품을 오랫동안 사용할 수 있는 싱글모드 블루투스 저에너지 무선 기술 제품이 위와 같은 환경에 아주 적합하다. 이런 제품군은 아래의 그림과 같이 2013년에는 센서디바이스 군과 모니터링 디바이스 군으로 나뉘고, 이들의 비율은 아래와 같이 될 것이다. 보통 백만개 이상의 디바이스 제품이 생산될 것으로 예측되고 있다.

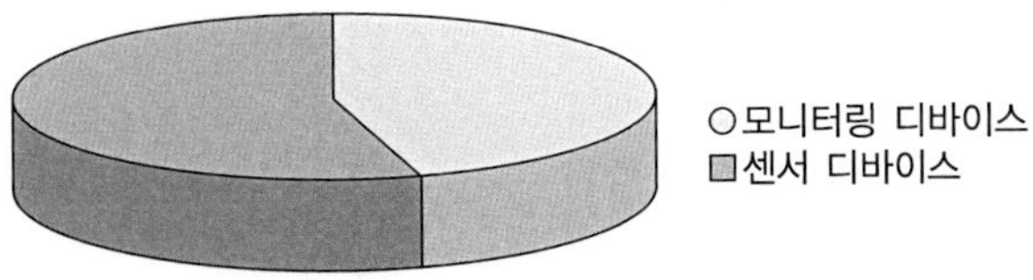


[그림 137 2013년 센서디바이스와 모니터링 디바이스의 비율, IMS Search]

## 1.1 새로이 선보일 애플리케이션들

향후 다양한 블루투스 저에너지 애플리케이션들이 시장에 쏟아져 나올 것이다. 이에 대해서 어떤 애플리케이션들이 시장에 나오게 될지 한 번 상상해 보자.

### 1.1.1 센서 프로파일을 이용한 스포츠 용품들

요즘 골프 인구가 많이 늘어나고 있다. 골프는 상당한 정확성이 요구되는 스포츠인데, 인간이 지각할 수 없는 부분을 이 블루투스 저에너지 제품을 통하여 정확도를 높일 수 있다.

블루투스 저에너지 기술을 이용하여 골프 클럽 헤더에 해당 제품을 구현할 수 있다. 이렇게 되면 각종 센서와 함께 보다 정확한 타격 감각을 익힐 수 있으며, 이런 제품들은 골프를 연습하는 선수 및 일반인들에게 많은 도움을 줄 수 있다.

또한 일단 구현된 제품은 시스템과 연계하여 그 자료들

을 이용할 수 있다. 타격한 정보를 서버에 전송하여 해당 자료를 이용할 수 있겠다. 이런 제품은 연습 능력을 향상시킬 수 있으며, 빠른 시간 내에 획기적인 성과를 얻을 수 있다.

골프공에 위치정보를 알아낼 수 있는 센서를 넣는 방법도 있다. 또한 운동화에 센서를 부착하여 유저들의 운동 패턴을 인지하고 이를 어드바이스 해주는 시스템 구현이 가능하다. 이미 Nike+ 등의 제품이 시장에 나와있다. 이는 블루투스 저에너지 무선 기술은 아니나, 이런 제품군은 얼마든지 블루투스 저에너지를 사용할 수 있다 하겠다. 이런 제품은 좀 더 저렴한 마이크로칩의 출현으로 시장에 퍼져나갈 것이다.

왼쪽의 그림처럼, 향후 블루투스 저에너지 무선 기술로 서비스가 가능한 제품군의 좋은 예가 된다. 이런 스포츠용 제품들은 향후 빠른 성장을 기대할 수 있다.

## 1.1.2 환자를 위한 원격 진단 모니터링 제품

환자들의 안전한 이동에는 항상 어려움이 있다. 또한 많은 환자들이 붐비는 병원에서의 많은 대기시간과 진료시간은 환자들을 괴롭히는 큰 요인이 되고 있다. 이에 대한 대안으로 집에서 직접 이를 측정하는 원격 진료시스템은 유비쿼터스 환경이 뒷받침되는 2013년 이후에는 실생활에서 아주 유용하게 사용될 것이다. 이미 이런 컨셉의 시스템은 오래전부터 이야기되어져 왔고 이미 실용단계에 이르고 있다. 이들 환경 구축을 위해 꼭 필요한 것이 블루투스 저에너지 무선 기술이다. 이런 디바이스들은 아주 심플하게 구현되어야 하고, 이런 작고 심플한 디바이스는 저전력으로 동작해야 한다.

국내 인구의 고령화로 인해 향후 노인들을 위한 시스템이 늘어날 것임은 분명한 사실이다. 이들을 위한 시스템의 개발은 이제 본격화 단계에 들어서고 있다. 이런 제품에는 심장박동 측정기, 입을 수 있는 만보계, 혈당 측정계 등의 제품군이 있다.

모바일 제품군에 사용가능한 초음파기기 등도 구현이 가능하다. 아래 그림은 이런 구현 가능한 제품군들을 보여준다.

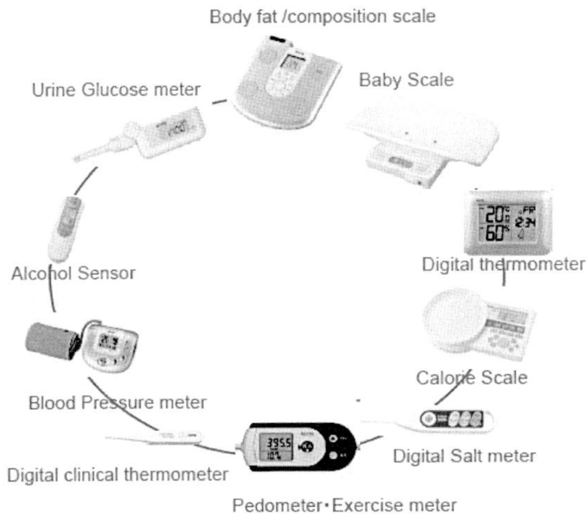


[그림 138 구현 가능한 의료제품들]

이런 제품들 외에도 사무용으로 사용할 수 있는 많은 제품군들이 존재한다. 이런 제품들의 데이터는 게이트웨이를 통해서 해당 의료기관의 서버로 전송되는 시스템을 백그라운드에 가지고 있어야 한다.

## 1.1.3 일상에 적용가능한 제품

일상에서 사용할 수 있는 방안으로는 특정 디바이스가 해당 호스트에서 멀어지거나, 또는 특정 디바이스가 센서의 역할을 해서 해당 데이터를 주변의 호스트나 서버에 브로드캐스팅하는 경우가 있다. 예를 들면, 타이어 내에 공기압센서를 달아두고 해당 정보를 서버에 해당되는 자동차의 MCU에 전달하는 방법이 이에 해당한다. 이 정보는 다시 해당 정보센터로 보내지고 이들 정보는 다시 유저의 단말 디바이스에 알려주는 역할을 수행할 수 있다. 이런 상황의 경우는 자동차가 고장을 일으켰을 경우, 해당 재해센터로 전달하여 긴급 출동할 수 있는 서비스가 가능하다. 또 다른 사용 용도로는 사무실에서 갖가지 정보를 저장 또는 분산화 하는 경우가 있다. 복사기 및 사용기기들의 사용횟수 및 해당 사용자의 사용이력을 쉽게 추적할 수 있는데, 예를 들면, 특정 사용자가 해당 복사기에서 복사를 하거나 프린팅을 했을 경우, 이를 주인이 찾아가지 않는 경우가 종종 발생한다. 이럴 경우 해당 사용자에게 일정한 시간이 지난 후에도 찾아가지 않으면 알려주는 역할을 할 수 있다.

또한, 사무실내에 비치된 정수기에 물이 다 떨어진 경우, 이를 해당 담당자에게 알려주는 역할도 가능하다. 일상에서 사용하는 용도로 가장 저렴하게 사용이 가능한 경우는 브로드캐스터 디바이스가 정보를 일반 사용자들에게 알려주는 역할을 하는 것이다. 이의 사용 용도로는 버스 정류장에서 다음 버스나 특정 번호를 가진 노선버스의 위치를 알려주는 것이다. 이런 쓰임새는 공공 서비스의 좋은 사용 예가 된다. 이외에도 가정에서 사용할 수 있는 제품의 기능에는 세탁이 끝났을 경우, 손목에 착용한 블루투스 저에너지 호스트 디바이스에게 알려주는 기능과 요리가 완료되었음을 알려주거나, 냉장고 내의 특정 과일이나 음식이 다 떨어진 경우를 알려주는 것 등이 있다.

블루투스 저에너지 무선 기술은 이렇게 아주 다양한 분야 또는 환경에서 사람의 인체에 유해하지 않도록 사용이 가능하다. 아주 다양한 산업분야에서 사용이 가능하고 기존의 블루투스 지원 단말과도 유연하게 호환이 가능한 이런 블루투스 저에너지 무선 기술은 미래의 인간생활에 많은 도움을 줄 것이다.

앞으로 이 블루투스 저에너지 무선 기술의 발전을 주시해보도록 하자.

# Part VI

BLUETOOTH LOW ENERGY WIRELESS TECHNOLOGY

# Appendix A 용어해설

## AFH

블루투스 장치들이 간섭을 감지하여 피하게 하는 방법, AFH(adaptive frequency hopping) 알고리즘. AFH 알고리즘을 이용하여 채널을 양호 또는 불량으로 분류함으로써 불량 채널을 피하고, hopping sequence에서 남은 양호 채널들 가운데서 의사무작위적 방법으로 선택함으로써 이를 대체할 수 있다.

## Basic L2CAP header

각 PDU의 시작을 나타내는 최소 L2CAP 프로토콜 정보: length와 채널 식별자를 포함한다(CID).

## CRC

cyclic redundancy checking, CRC는 통신 링크로 전송되어온 데이터 내에 에러가 있는지 확인하기 위한 방법 중의 하나이다. 송신장치는 전송될 데이터 블록에 16비트 또는 32비트 다항식을 적용하여, 그 결과로 얻어진 코드를 그 블록에 덧붙인다. 수신측에서는 데이터에 같은 다항식을 적용하여 그 결과를 송신측이 보내온 결과와 비교한다. 만약 두 개가 일치하면 그 데이터는 성공적으로 수신된 것이며, 그렇지 않은 경우 그 데이터 블록을 재 송신하도록 송신측에게 요구한다.

### Segmentation

L2CAP에서 사용한다. 재전송과 플로우 컨트롤모드에서 SDU 내에서 하나 이상의 작은 유닛으로 분할되며 이를 세그먼트라고 부른다. 이는 L2CAP 채널을 통해서 전송되기에 적합하다. 그러나 세그멘테이션은 기본 L2CAP 모드에서는 사용되지 않으며, 향상된 재전송 모드, 스트리밍 모드, 재전송 모드 그리고 플로우 컨트롤 모드에서 사용된다.

### Reassembly

세그멘테이션에 대응하는 프로시져이다. 상위 계층에 의해서 사용되며, L2CAP 채널을 통해서 받은 세그먼트로부터 SDU 내에 재조합되는 것을 말한다. L2CAP과 상위 계층간의 인터페이스는 정확하게 명시되지 않는데 그러므로 L2CAP 계층이 부분이라고 말하긴 하지만 이 재조합은 상위 계층의 엔터티 내에서 발생한다.

### PDU/L2CAP PDU

프로토콜 데이터 유닛이다(Protocol Data Unit). PDU는 L2CAP 정보필드, 제어 정보, 상위 계층 정보 데이터를 포함하는 패킷이다. 이 PDU는 항상 L2CAP 헤더에서 시작하며, PDU의 타입으로 B-frame, I-frame, S-frame, C-frame 그리고 G-frame이 있다.

### Basic information frame(B-frame)

B-frame은 기본 L2CAP 모드에서 L2CAP 데이터 패킷을 위해서 사용된다. 이는 기본 L2CAP 헤더에 의해서 인캡슐레이트 되고 페이로드와 같은 완전한 SDU를 포함한다.

### Information frame(I-frame)

I-frame은 향상된 재전송, 스트리밍, 재전송 그리고 플로우 제어 모드에서 사용된다. 이 프레임은 SDU 세그먼트와 추가 프로토콜 정보로 기본 L2CAP 헤더에 의해서 인캡슐레이트 된다.

### Supervisory frame(S-frame)

S-frame은 향상된 재전송, 재전송 그리고 플로우 컨트롤 모드에서 사용되는 PDU이다. 이는 프로토콜 정보만 포함하며, 기본 L2CAP 헤더에 의해서 인캡슐레이트 되며, SDU 데이터는 포함하지 않는다.

### | Control frame(C–frame)

C-frame은 두 L2CAP 엔터티 사이에서 L2CAP 시그널링 메시지를 교환하는 PDU이다. C-frame은 L2CAP 시그널링 채널상에서 배타적으로 사용된다.

### | Group frame(G–frame)

G-frame은 비접속 L2CAP 채널상에서 배타적으로 사용되는 PDU이다. 이는 기본 L2CAP 헤더에 의해서 인캡슐레이트되며 SDU에 따라 PSM을 포함한다. G-frame은 다중의 슬레이브에 브로드캐스트하는데 사용된다.

### | Fragment

단편화 오퍼레이션으로부터 얻어지는 결과로 PDU의 한 부분이다. 이는 하위 계층으로부터 데이터를 전달하기 위해서 사용한다. 그러나 이들은 피어간 전송에서는 사용되지 않는다. 프래그먼트는 PDU 이상의 어떤 프로코톨 정보도 포함하지 않는다. 시작 프레그먼트는 항상 PDU의 기본 L2CAP 헤더에서 시작한다.

### | Fragmentation

L2CAP PDU를 작은 부분으로, 정해진 프레그먼트를 하위 계층으로 전송하기 위해 적합한 형태로 분할하는데 사용되는 프로시져이다. 비록 이 프레그멘테이션이 L2CAP 계층에서 서술되기는 하지만, 실제로 이는 HCI 호스트 드라이버 또는 컨트롤러에서 발생된다. 모든 L2CAP 모드 내에서 이 프레그멘테이션이 적용된다.

### | Recombination

이 프로시져는 프레그멘테이션에 대응하는 과정이다. 프레그먼트로부터 L2CAP PDU를 재조합하는 과정이다. 컨트롤러나 호스트내에서 전체 또는 부분적인 재조합 오퍼레이션이 이루어진다.

### | Maximum Transmission Unit(MTU)

최대 페이로드 데이터의 사이즈(octet)를 말한다. 상위 계층 엔터티는 최대 SDU 사이즈에 상응된다.

### | Maximum PDU payload Size(MPS)

L2CAP 계층 엔터티가 수신 가능한 octet 내의 최대 페이로드 데이터 사이즈를 말한다. 예를 들면, MPS는 최대 PDU 페이로드 사이즈에 상응한다. 기본 L2CAP 모드 또는 세그먼테이션이 없는 경우, MTU는 MPS와 동일한 페이로드 사이즈와 동일한

설정 패러미터를 갖는다.

### Signaling MTU(MTUsig)

L2CAP 계층 엔터티가 받을 수 있는 명령 정보의 최대 사이즈를 말한다. 이 시그널링 MTU는 시그널링 채널과 기본 L2CAP 헤더를 제외한 최대 C-frame 사이즈를 대응한다.

### Connectionless MTU (MTUcnl)

비접속 MTU는 L2CAP 계층 엔터티가 연결 패킷 정보의 최대 사이즈를 말한다. 이 비접속 MTU는 비접속 채널만 참조하며 기본 L2CAP 헤더를 제외한 최대 G-frame에 대응된다.

### BR

Basic Rate를 의미하며, 블루투스 무선 기술의 초기 버전부터 사용하던 기본 전송 속도에서 기인한 용어이다. 723Kbps의 속도를 나타낸다.

### EDR

Enhanced Data Rate의 약어로, 2.1Mbps의 전송 속도가 가능하다. 블루투스 버전 2.0부터 가능하게 되었다.

### AMP

Alternative MAC/PHY의 약어로 블루투스 버전 3.0부터 사용하게 되었다. 802.11 PAL(Protocol Adaptation Layer)를 채용하여 EDR보다 최대 10배 이상 향상된 24Mbps로 속도를 낼 수 있다. AMP는 블루투스 3.0의 스택 구조를 표시해서 하위 계층에 해당하며 기존의 EDR의 기능을 선택적으로 사용가능한 구조적인 모습에서 기인했다.

### LE

Low Energy의 약어로 저에너지 스펙을 재정하기 이전 초기에 ULP(Ultra Low Power)라는 이름으로 사용되었다. 말그대로 저에너지를 의미한다.

### Duty cycle

duty cycle은 시스템의 활성화 상태 유지시간이다. duty cycle은 장치나 시스템이 작동되는 동안의 시간 비율이다. 5초 동안 동작하고, 95초 동안 꺼지고 또 다시 5초 동안 동작하는 것을 뜻한다. 이 때, 5%의 duty cycle이라고 말할 수 있으며, 통상적으로 이 duty cycle이 작은 경우 전제적인 시스템의 전력소모는 줄어들게 된다.

### Passkey

패스키란 블루투스 무선 기술에서 보안측면에 사용되는 일종의 디바이스간의 약속된 키값이다. 양쪽 디바이스 사이에서 사용자가 out of band로 보내는 6자리 숫자를 사용한다. 임으로 생성되는 6자리 숫자의 passkey는 대략적으로 20비트 길이를 갖는다.

### Bonding

디바이스들 간의 보안 및 identity 정보의 저장 및 교환 등 안전한 관계를 생성하기 위한 기능을 의미한다.

### White list

링크 계층과 디바이스 필터링을 사용하는 디바이스 세트를 화이트 리스트라 부른다. 화이트 리스트는 링크 계층 디바이스 필터링을 사용하는 화이트 리스트 레코드를 포함한다. 화이트 리스트 레코드는 디바이스 어드레스와 디바이스 어드레스 타입(public 또는 random)을 포함한다.

### Sleep mode

디바이스가 동작하지 않고 저전력 모드로 진입하는 상태를 나타낸다. 통상적으로 휴대용 단말기에는 이 슬립모드를 꼭 구현해서 전력 낭비를 줄인다. 이는 저전력으로 동작하게 칩레벨에서 설계가 가능해야 하며, 과거에 비해서 많은 부분 향상 되었다. 슬립모드에 진입하게 되면 일반적으로 디바이스에 접근하는 인터럽트는 끊기게 설계하지만 최소한의 인터럽트를 동작시키기 위해 슬립 current가 필요하다.

### Broadcaster

브로드캐스트 역할을 수행하는 디바이스, 단지 전송 역할만을 수행하고 다른 디바이스에 애드버타이징 브로드캐스트를 수행한다. 위에서 잠시 설명한 푸시 모델을 지원하는 까닭에 꼭 필요한 프로파일이다.

### Observer

옵저버 프로파일을 지원하는 디바이스로 수신 기능만이 존재하고 디바이스 브로드캐스팅 애드버타이즈먼트로부터 애드버타이즈먼트를 받기 위해 대기모드로 존재한다.

## Pheripheral

페리퍼럴 프로파일을 지원하는 디바이스로 전송과 수신 모두의 기능을 수행한다. 이 디바이스는 브로드캐스팅 애드버타이즈먼트를 지원하고 슬레이브 처럼 다른 디바이스를 연결한다.

## Central

센트럴 프로파일을 지원하는 디바이스로 송신과 수신 모두의 기능을 필요로 한다. 브로드캐스트 애드버타이즈먼트를 위해 대기상태로 존재해야 하며, 초기 연결시 마스터로써의 역할을 수행한다.

## MAC address

Media Access Controll address의 약어로, 근거리통신망에서 MAC 주소는 데이터링크 계층의 MAC 계층에 의해 사용되는 주소로서 네트웍 카드의 48비트 하드웨어 주소를 말하며, 이더넷 주소, 또는 토큰링 주소와 동일하다.

## Friendly name

이는 MAC address가 아닌 별칭으로 디바이스의 이름을 쉽게 구별하기 위해서 별명처럼 사용하는 경우에 이를 대체하여 사용한다.

## UUID

Universal Unique Identifier로 16비트, 32비트 그리고 128비트 unsigned integer의 형태를 갖는다. 각 클래스마다 그 값은 다르게 정의된다. 예를들면, L2CAP은 0x0100으로 16비트값을 쓴다.

## ULP

Ultra Low Power를 의미하며 Bluetooth Low Energy라 호칭하기 이전에 사용하던 이름이다.

## Working Group

블루투스 SIG에는 각 프로파일 및 코어 기술을 정의하기 위해 워킹 그룹을 결성하고 있다. 이 워킹그룹은 SIG의 멤버들이 자유롭게 가입하여 해당 스펙을 리뷰하고 의견을 개진할 수 있다.

## PTS

Profile Tuning Suite로 블루투스 무선 기술에 대해서 제품인증시에 사용하는 자동화된 툴이다. SIG의 멤버들은 이를 자유롭게 이용할 수 있다. 이 PTS는 각 프로파일 및 코어 프로토콜에 대해서 검증할 수 있다.

### | GFSK

Gaussian Frequency Shift Keying, 변조 전에 가우시안 필터를 사용하여 펄스 생성을 수행하는 FSK 변조 방식의 일종으로 GFSK는 스펙트럼 대역폭과 대역 외 스펙트럼을 줄여주고 인접 채널 전원 제거비 요구사항을 만족시킨다. 변조방식으로 2GFSK(Gaussian FSK)나 4GFSK가 있으며, 이 변조 방식은 FHSS(Frequency Hopping Spread Spectrum) 방식에서 사용되고 있다. 2FSK는 주파수가 다른 2종류의 전파로 0과 1을 표현하지만, 4FSK는 주파수가 다른 4종류의 전파로 00, 01, 10, 11을 표현하며 한번에 2비트의 정보량을 갖는다.

### | BER

Bit Error Rate로 통신에서 BER 즉 비트 에러율은 통신중 에러가 생긴 비트 수를 총 전송한 비트 수로 나눈 것이다. 대개 10의 마이너스 승으로 표현된다.

### | PRBS

Pseudorandom binary (bit) sequence란 n개의 레지스터로 n개의 출력상태를 발생시킨다. 출력이 불규칙적이나 일정한 반복 패턴을 지니므로 Psuedo Random이라고 할 수 있다. 그러므로 n이 크면 클수록 더욱 랜덤한 함수처럼 보인다. n번째와 n-1번째의 값들을 Modulo 2를 수행한 후 Feedback해주는 방식으로 PRBS를 생성하게 된다.

### | State Machine

스테이트 머신은 순차 논리부분과 조합 논리부분으로 구성되는 동기식 순차회로다. 각 변수들은 현재 상태를 결정하는 스테이트 머신에 유지된다. 기본적인 스테이트 머신은 현재 상태값을 지니고 있는 메모리 요소와 머신의 다음 상태를 제어하는 제어요소를 갖는다.

### | FDMA

FDMA (frequency division multiple access) ; 주파수분할 다중접속
FDMA는 무선 셀룰러 통신에 할당된 주파수 대역을 30개의 채널로 분할한 것이며, 각 채널은 음성 대화나 디지털 데이터를 옮기는 서비스에 사용될 수 있다. FDMA에서는 각 채널이 한번에 오직 단 한 명의 사용자에게 할당할 수 있다.

## | TDMA

TDMA (time division multiple access) ; 시분할 다중접속

TDMA는 디지털 셀룰러폰 통신에 사용되는 기술로서, 전송할 수 있는 데이터 량을 늘리기 위해 각 셀룰러 채널을 3개의 시간대로 나누기 위한 기술이다. TDMA는 D-AMPS (Digital-American Mobile Phone Service), GSM 및 PDC(Personal Digital Cellular)에 의해 사용된다. 그러나, 이러한 각 시스템들은 서로 간에 다소 다르고 호환성이 없도록 TDMA를 구현하였다. TDMA의 대안으로 제시되고 있는 다중화 개념으로, 코드분할 다중접속 즉 CDMA가 있는데, 이는 주어진 서비스에 할당된 전체 주파수 범위를 가지고 모든 사용자들의 정보를 광범위하게 동시에 다중화한다.

## | SAR

Segmentation And Reassembly, L2CAP에서 사용하는 재조합과 분할에 대한 것으로 L2CAP에서 PDU를 분할하고 다시 재조합하는 과정을 의미한다.

## | SDU

Service Data Unit로 상위 계층에서 생성되는 데이터로서 SDU는 한개 이상의 세그먼트로 구성된다.

## | Pairing

블루투스에서 사용하는 페어링은 쌍방향의 암호 교환을 통한 규약이다. 양쪽에 암호를 입력하는 과정은 매우 번거롭기 때문에 많은 기기들은 한 쪽은 고정 시켜놓고 다른 쪽에서만 입력하여 비교하고 있다. 암호 교환을 통해 신뢰성이 구축이 되고 나면, 그 뒤로는 암호 교환 과정이 필요없이 연결을 시도하면 바로 연결이 가능하다.

## | MITM(Man In The Middle)

두 통신 사용자가 알지 못하게 공격자가 공격자의 컴퓨터를 통해 두 사용자 사이의 통신을 가로채는 경우의 공격 형태를 말한다. 일반적으로 변형된 형태의 해킹이 이루어지기도 한다.

## | GAP

Generic Access Profile의 약어. 블루투스 디바이스간의 기본적인 액세스의 필요조건을 규정하는 프로파일이다. 이 GAP에 다른 Profile을 포함시킴으로써 이는 중간 계층에서 상위의 프로파일과 연동해주는 역할을 수행한다.

### | GATT

Generic Attribute Profile을 뜻한다. 서비스를 검색하고 피어(peer) 디바이스의 특성 값들을 읽고 쓰기 위해 애트리뷰트 프로토콜(Attribute Protocol)을 사용하는 서비스 프레임워크(framework)이다.

### | Bluetooth Address

블루투스 디바이스들은 자신만의 어드레스를 가지고 있다. 디바이스 어드레스는 Public address와 random address가 있다. Public address와 random address는 48비트의 길이를 갖는다. 디바이스는 적어도 하나 이상의 디바이스 address를 갖는다. Public address는 IEEE registration Authority에서 구입이 가능하다.

### | QDID

Qualification Design ID의 약어로 블루투스 제품에 대해서 인증을 진행할 때, 향후 제품 판매를 위해 꼭 필요한 유일한 값으로 블루투스 SIG로부터 부여받는다. 제품에 대한 검색은 Bluetooth.org에서 가능하며 이는 품질인증번호라고 해도 무방하다.

### | Peer Device

피어 디바이스란 현재 자신의 디바이스와 통신이 가능하건 향후 통신하게 될 다른 디바이스를 칭한다. 자신과 통신하는 이 피어 디바이스는 하나일 수도 있고 다수일 수도 있다.

### | HCI

Host Controller Interface의 약자로, Bluetooth Protocol의 인터페이스. 상위 프로토콜이 하드웨어를 억세스하기 위한 절차(방법)를 규정, UART, USB 등의 인터페이스를 제공한다.

### | Topology

여기에서 토폴로지(Topology)란 형상을 뜻하는데, 통신 네트워크 분야에서는 노드들과 이들을 연결하는 회선(라인)들 간의 물리적 관계를 나타낸다. 토폴로지는 망형, 스타형 및 Adhoc 등의 형태로 구분된다.

Part VI

BLUETOOTH LOW ENERGY WIRELESS TECHNOLOGY

# Appendix B
# 테이블 및 그림정리

## 그림


[그림 1] 블루투스 저에너지 제품 2
[그림 2] 블루투스 저에너지 무선 기술의 토폴로지 6
[그림 3] 온도 센서(브로드캐스터) 11
[그림 4] 온도 디스플레이(옵져버) 11
[그림 5] 시계(페리퍼럴) 11
[그림 6] 휴대폰(센트럴) 11
[그림 7] 블루투스 저에너지 온도 센서 12
[그림 8] 센트럴 디바이스 서버 애트리뷰트 23
[그림 9] 페리퍼럴 디바이스 서버 애트리뷰트 24
[그림 10] 블루투스 호스트 인터페이스 구조 36
[그림 11] GFSK 페러미터 정의 54
[그림 12] 링크 계층의 스테이트 다이어그램 58
[그림 13] Public 디바이스 어드레스 61
[그림 14] 임의(random) 디바이스 어드레스 61
[그림 15] 링크 계층 패킷 구조 63

[그림 16] 가장 작은 패킷, 10octets = 80비트 64
[그림 17] 가장 긴 패킷 구조, 47octets = 376비트 64
[그림 18] 애드버타이징 PDU 65
[그림 19] 애드버타이징 채널 PDU 헤더 66
[그림 20] LL데이터 필드의 구조 68
[그림 21] Sleep Clock Accuracy Encoding 69
[그림 22] 데이터 채널 PDU 70
[그림 23] 데이터 채널 PDU 헤더 70
[그림 24] 페이로드 비트 프로세스 74
[그림 25] LFSR circuit generating the CRC 75
[그림 26] LFSR circuit to generate 데이터 화이트닝 76
[그림 27] advDelay에 따른 애드버타이징 이벤트 진행도 80
[그림 28] 애드버타이징 패킷을 가진 Connectable undirected 이벤트 81
[그림 29] 애드버타이징 이벤트 중간 단계의 SCAN_REQ와 SCAN_RSP 패킷을 가진 Connectable undirected 애드버타이징 이벤트 81
[그림 30] 애드버타이징 이벤트 끝단계의 SCAN_REQ와 SCAN_RSP 패킷을 가진 Connectable undirected 애드버타이징 이벤트 82
[그림 31] CONNECT_REQ 패킷을 받았을 때의 Connectable undirected 애드버타이징 이벤트 82
[그림 32] Connectable directed 애드버타이징 이벤트 타입 패킷 83
[그림 33] 애드버타이징 패킷을 가진 Discoverable undirected 애드버타이징 이벤트 84
[그림 34] 애드버타이징 이벤트 중의 SCAN_REQ와 SCAN_RSP를 가진 discoverable undirected 애드버타이징 이벤트 84
[그림 35] 애드버타이징 이벤트 마지막에서의 SCAN_REQ와 SCAN_RSP를 가진 discoverable undirected 애드버타이징 이벤트 84
[그림 36] Non-connectable undirected 애드버타이징 이벤트 85
[그림 37] LL 연결 설정 을 위한 마스터의 transmitWindowOffset 셋팅, non-zero 셋팅(위), zero 셋팅(아래) 91
[그림 38] 두 번째 LL 연결 이벤트내의 슬레이브를 종료하는 LL 연결 설정 92
[그림 39] 채널 선택 알고리즘 블록 다이어그램 95
[그림 40] SN, NESN 플로우 다이어그램 96
[그림 41] 연결 이벤트 타이밍 99

[그림 42] Feature 교환 프로시저 ··· 104
[그림 43] L2CAP 블럭 구조도 ··· 111
[그림 44] L2CAP 트랜잭션 모델 ··· 114
[그림 45] 연결기반 채널의 기본 L2CAP PDU 포맷 ··· 115
[그림 46] 비접속 채널상에서의 L2CAP PDU 포맷 ··· 115
[그림 47] 플로우 컨트롤과 재전송 모드내의 L2CAP PDU 포맷 ··· 116
[그림 48] 시그널링 채널상의 L2CAP PDU 포맷 ··· 117
[그림 49] 명령어 포맷 ··· 117
[그림 50] 설정 옵션 포맷 ··· 118
[그림 51] BR/EDR 컨트롤러의 분할과 조합의 예, USB HCI 경우 ··· 121
[그림 52] SDU의 단편화와 분할, BR/EDR ··· 122
[그림 53] L2CAP 스테이트 머신의 예 ··· 124
[그림 54] 보안 매니저 관계 구조 ··· 125
[그림 55] 블루투스 저에너지 페어링 단계 ··· 126
[그림 56] Security Request 수신 후의 행동들 ··· 143
[그림 57] SMP 명령 형식 ··· 144
[그림 58] Pairing Request Packet ··· 145
[그림 59] Authentication Requirements 플래그 ··· 146
[그림 60] Pairing Response 패킷 ··· 147
[그림 61] 페어링 확정 패킷 ··· 149
[그림 62] 페어링 랜덤 패킷 ··· 150
[그림 63] 페어링 실패 패킷 ··· 150
[그림 64] LE 키 분배 형식 ··· 152
[그림 65] 암호화 정보 패킷 ··· 153
[그림 66] 마스터 식별 패킷 ··· 154
[그림 67] 식별자 정보 패킷 ··· 155
[그림 68] 식별 주소 정보 패킷 ··· 155
[그림 69] 서명 정보 패킷 ··· 156
[그림 70] 보안 요청 패킷 ··· 156
[그림 71] LE GAP 프로파일 스택 ··· 157
[그림 72] 오퍼레이션 모드와 의존도 ··· 165

[그림 73] Limited Discovery 프로시져 171
[그림 74] General Discovery 프로시져 173
[그림 75] 디바이스 이름 검색 프로시져 플로우 174
[그림 76] 디바이스 이름 검색 프로시져 174
[그림 77] 일반 검색 프로시져 175
[그림 78] 디바이스 검색 프로시져 176
[그림 79] 센트럴 디바이스(A)에 의한 연결 수립 프로시져 179
[그림 80] 페리퍼럴 디바이스(B)에 의한 연결 수립 프로시져 179
[그림 81] 페리퍼럴 디바이스(B)에 의한 직접 연결 설정 프로시져 182
[그림 82] 보호된 서비스 접근을 위한 일반적인 결합 프로시져 186
[그림 83] 전용 결합 프로시져 186
[그림 84] 센트럴 디바이스에 의한 인증 프로시져의 정의 189
[그림 85] signing 데이터를 위한 일반적인 특성 포맷 192
[그림 86] 애드버타이징 데이터를 위한 포맷 193
[그림 87] 랜덤 어드레스의 포맷 195
[그림 88] 애드버타이징 데이터 포맷 198
[그림 89] 프로파일 의존도 243
[그림 90] 서버/클라이언트에 대한 정의 244
[그림 91] 애트리뷰트 프로토콜 PDU 244
[그림 92] 논리 애트리뷰트 표현 245
[그림 93] 블루투스 저에너지 계층 구조도 246
[그림 94] GATT 프로파일 계층도 247
[그림 95] Exchange MTU 261
[그림 96] 모든 서비스 검색 262
[그림 97] 서비스 UUID 검색 서비스 263
[그림 98] 포함 서비스 검색 264
[그림 99] 모든 서비스 특성 검색 265
[그림 100] UUID에 의한 특성 검색 266
[그림 101] 모든 특성 디스크립터 검색 267
[그림 102] 특성값 읽기 268
[그림 103] UUID를 사용한 읽기 268

[그림 104] 긴 특성 값 읽기 269
[그림 105] 다중 특성 값 읽기 270
[그림 106] 응답없이 애트리뷰트 쓰기 271
[그림 107] 인증을 통한 응답없이 쓰기 271
[그림 108] 특성 값 쓰기 272
[그림 109] 긴 애트리뷰트를 위한 핸들을 이용한 애트리뷰트 쓰기 273
[그림 110] 신뢰 애트리뷰트 쓰기 274
[그림 111] 알림 프로시져 275
[그림 112] 애트리뷰트 지시 276
[그림 113] 특성 디스크립터 읽기 276
[그림 114] 특성 디스크립터 쓰기 277
[그림 115] 프로파일 의존도 287
[그림 116] 근접 프로파일을 가진 서버와 클라이언트 289
[그림 117] 링크 손실 알림 애트리뷰트와 패쓰 손실 한계치이상 알림의 예 290
[그림 118] PUID 프로파일의 의존도 292
[그림 119] PUID 프로파일 스택 292
[그림 120] PUID 호스트와 클라이언트 293
[그림 121] 리모트 컨트롤 프로파일 의존도 297
[그림 122] 리모트 컨트롤 프로파일 디바이스 구조도 297

## 표


[표 1] 블루투스 저에너지와 블루투스 기술의 비교 3
[표 2] 블루투스 저에너지 전력 소모 10
[표 3] 블루투스 SIG 역사, Bluetooth SIG자료 28
[표 4] 블루투스 SIG 회원사 혜택, Bluetooth SIG자료 33
[표 5] 블루투스 저에너지를 위한 명령별 요구 조건 37
[표 6] Packet Boundary 플래그 44
[표 7] 명령어 지원 44
[표 8] Event_Mask 테이블 46
[표 9] LE Set Event Mask 명령어 47
[표 10] LE Read Buffer Size 명령어 48
[표 11] LE_Read_Local_Supported_Features 명령어 49
[표 12] LE_Write_Local_Used_Features 명령어 50
[표 13] LE Write Advertising Parameters 명령어 51
[표 14] 전송 파워 54
[표 15] 전송 스펙트럼 마스크 55
[표 16] 패킷내의 최대 허용 주파수 56
[표 17] 참조 시그널 정의 56
[표 18] 간섭 성능 57
[표 19] Out-of-band 제거 요구사항 57
[표 20] 링크 계층 상태 조합도 60
[표 21] 애드버타이징 채널과 데이터 채널 62
[표 22] 애트러바티징 채널 PDU 헤더의 타입 인코딩 66
[표 23] 애드버타이징 채널 PDU패킷의 종류 67
[표 24] 데이터 채널 PDU 헤더 필드 70
[표 25] LL control PDU 종류 71
[표 26] 애드버타이징 이벤트 타입 및 가능한 회신 패킷들 79
[표 27] 연결 설정을 종료하는 MD 비트 설정 93
[표 28] FeatureSet 필드의 비트 맵핑 97
[표 29] CCM nonce 포맷 107

[표 30] 블록 B0 포맷 ··· 108
[표 31] 블록 B1 포맷 ··· 108
[표 32] 인크립션 블록 ··· 109
[표 33] 채널 식별자 이름 ··· 113
[표 34] 시그널링 명령어 코드 ··· 117
[표 35] 송수신시에 사용되는 여러 변수들 ··· 123
[표 36] 사용자 입력 능력 ··· 131
[표 37] 사용자 출력 능력 ··· 131
[표 38] I/O Capabilities Mapping ··· 131
[표 39] STK 생성 메소드와 IO Capability 매핑 ··· 133
[표 40] 보안 설정 실패 후의 후속 대책 ··· 140
[표 41] Securty Manager 채널 Configuration 페러미터 ··· 144
[표 42] SMP 명령 코드 ··· 144
[표 43] IO Capability 값 ··· 146
[표 44] OOB 데이터 present값 ··· 146
[표 45] Bonding 플래그 ··· 147
[표 46] 페어링 실패 원인 코드 ··· 151
[표 47] 프로파일 역할에 대한 설명 ··· 158
[표 48] 브로드캐스팅 요구사항 ··· 166
[표 49] 검색 적합 요구사항 ··· 167
[표 50] 연결 적합 요구사항 ··· 177
[표 51] 결합 적합 요구사항 ··· 184
[표 52] 서비스 검색 적합 요구사항 ··· 187
[표 53] 보안 프로시져 적합 요구사항 ··· 188
[표 54] 마스터 디바이스의 현상태에서 필요한 보안 프로시져 ··· 190
[표 55] 슬레이브 디바이스의 현상태에서 필요한 보안 프로시져 ··· 191
[표 56] 보안 실패 후의 액션 ··· 195
[표 57] 로컬네임 ··· 199
[표 58] AD 데이터 타입을 위한 플래그 비트 ··· 199
[표 59] 생산자 상세 데이터 ··· 200
[표 60] TX 파워 레벨 ··· 200

[표 61] 애트리뷰트 AD 타입 201
[표 62] 서비스 UUID 202
[표 63] 서명된 데이터 202
[표 64] 애드버타아징 데이터의 예 203
[표 65] GAP 프로파일 애트리뷰트 203
[표 66] 디바이스 이름 애트리뷰트 204
[표 67] 버전 정보 애트리뷰트 204
[표 68] 아이콘 애트리뷰트 204
[표 69] 벤더와 제품 정보 애트리뷰트 205
[표 70] authority 식별자 205
[표 71] 디바이스 언어지원 애트리뷰트 205
[표 72] 현재 사용 언어 애트리뷰트 206
[표 73] 슬레이브 선순위 연결 페러미터 206
[표 74] 애트리뷰트 PDU 포맷 213
[표 75] 에러 응답 포맷 216
[표 76] 에러 코드 216
[표 77] Exchange MTU 요청 포맷 217
[표 78] Exchange MTU 응답 포맷 218
[표 79] Find Information Request 포맷 219
[표 80] Find Information Response 포맷 220
[표 81] 포맷의 필드 값들 220
[표 82] Format 0x01 - 핸들과 16비트 블루투스 UUID 220
[표 83] Format 0x02 - 핸들과 128비트 블루투스 UUID 220
[표 84] 핸들 220
[표 85] 타입 값 요청 검색 포맷 221
[표 86] 타입 값 검색 응답 포맷 222
[표 87] 핸들 정보 포맷 222
[표 88] 타입 읽기 요청 포맷 223
[표 89] 타입 읽기 응답 포맷 225
[표 90] 애트리뷰트 데이터 포맷 225
[표 91] 읽기 요청 포맷 225

[표 92] 읽기 응답 포맷 226
[표 93] Read Blob Request 포맷 226
[표 94] Read Blob Response 포맷 228
[표 95] 다중 읽기 요청 포맷 228
[표 96] 다중 읽기 응답 포맷 229
[표 97] 쓰기 명령 포맷 229
[표 98] 쓰기 요청 포맷 230
[표 99] 쓰기 응답 포맷 231
[표 100] Write Blob Request 포맷 232
[표 101] Write Blob Response 포맷 233
[표 102] 쓰기 준비 요청 포맷 234
[표 103] 쓰기 준비 응답의 포맷 235
[표 104] 쓰기 요청 실행 포맷 236
[표 105] 핸들 값 알림 포맷 236
[표 106] 핸들 값 지시 포맷 237
[표 107] 핸들값 확인 포맷 237
[표 108] 애트리뷰트 프로토콜 요약 238
[표 109] 애트리뷰트 PDU 응답 요약 239
[표 110] 서비스 선언 249
[표 111] 포함 서비스 250
[표 112] 특성 선언 251
[표 113] 특성 선언내의 애트리뷰트 값 필드 251
[표 114] 특성 정보 비트 필드 252
[표 115] 특성 값 선언 253
[표 116] 특성 확장 선언 253
[표 117] 특성 확장 선언 비트 254
[표 118] 특성 유저 설명 선언 254
[표 119] 클라이언트 특성 설정 선언 255
[표 120] 클라이언트 특성 설정 비트 필드 정의 255
[표 121] 서버 특성 설정 선언과 비트 필드 정의 255
[표 122] 특성 포맷 선언과 값에 대한 정의 256

[표 123] 특성 포맷 타입 257
[표 124] 특성 집단 포맷 선언 258
[표 125] GATT 프로파일 애트리뷰트 타입 정리 259
[표 126] GATT 특징 프로시져 맵핑 260
[표 127] ATT 프로토콜 opcode에 GATT 프로시져 맵핑 277
[표 128] GATT 프로파일 서비스 특성 지원 281
[표 129] 서비스 변경 특성 선언 과 특성값 선언 281
[표 130] 애트리뷰트 opcode 지원 특성 선언과 특성 값 선언/ 특성 값 정의 282
[표 131] 애트리뷰트 opcode 지원 비트 필드 283
[표 132] Number of Preapre Write Values Supported 특성 선언 284
[표 133] 서버 애트리뷰트의 예 286

# Index

| A~C |

Access Address 64
Advertising State 59
BQRB 302
BQTF 299, 304
BRTF 304
CCM 106
CCM Nonce 106
Connectable 디바이스 163
Connectable 모드 178, 185
Connectable directed 이벤트 타입 82
Connectable undirected 이벤트 타입 80
Connection State 59
Counter Mode Blocks 107
CRC 65
CRC 생성 74

| D~G |

Directed 연결 수립 프로시져 181
Discoverable 모드 168
Discovery undirected 이벤트 타입 83
DUT 312
Duty Cycle 5
EDIV 138
EPL 311
GAP 애트리뷰트 203
GAP 프로파일 UUID 204
GAP 프로파일 160
GATT 242
Genaral Discoverable 디바이스 162
General Discoverable 모드 169
General Discovery 프로시져 172

| I~L |

ICS 307
Initiating 패킷 66
Initiating State 59, 87
IRK 생성 137
IXIT 307
Just Works 134
L2CAP 110
Limited Discoverable 디바이스 162
Limited Discoverable 모드 168
Limited Discovery 프로시져 171
LTK 138, 140

| M~O |

Man-In-The-Middle 6
MITM 147
MTU 교환 217
MTU 크기 교환 211
Non-connectable 디바이스 163

Non-connectable 모드 177, 184
Non-connectable undirected 이벤트 타입 84
Non-discoverable 디바이스 162
Non-discoverable 모드 168
OOB 데이터 flag 146
OOB 인증 데이터 131
Out of Band 135
Out-of-Band Blocking 57

| P~Q |

pass key 6
Passkey Entry 134
PDU 65
PH 290
PP 290
Preamble 64
Private 어드레스 196
PTS 309
PUID 클라이언트 292
PUID 호스트 292
PUID(Personal User Interface Device) Profile 291
QDID(Qualified Design Identifier) 301
QDL(Qulified Design Listing) 303
QEP 302

| S~U |

Scanning 패킷 66
Scanning State 59, 85
SDU 인캡슐레이션 122
SPP 6
SRK 생성 138
Standby 상태 78
Standby State 59
Static 어드레스 196
STK 139
TCMT 307
TCRL 307
UUID 265

| ㄱ |

검색 정보 218
결합(Bonding) 183
관계 검색 263
관리 타임아웃(Supervision Timeout) 89
근접 페리퍼럴(PP) 288
근접 프로파일 287
근접 호스트(PH) 288
긴 애트리뷰트 값 211

| ㄴ |

논리 링크 제어 110

| ㄷ |

대기시간 5
데이터 채널 PDU 69
데이터 패킷 포맷 114
데이터 화이트닝(Whitening) 75
디바이스 검색 167
디바이스 어드레스 61
디바이스 이름 171
디바이스 이름 검색 프로시져 173
디바이스와 이름 검색 프로시져 176

| ㄹ |

랜덤 디바이스 어드레스 161
랜덤 어드레스 전송 196
랜덤 어드레싱 195
랜덤 주소 해쉬 함수 127
로컬 네임 199
리모트 컨트롤 프로파일 296
리시버 56
링크 계층 58
링크 계층 보안 105

| ㅁ |

마스터 식별 154
마스터 역할 59
마스터 연결 설정 90
마스터 136
멤버쉽 29
모듈레이션 특성 54
물리 계층 규격 53
물리 채널 61

| ㅂ |

버전 교체 104
보안 매니저 125, 143
보안 애트리뷰트 130
보안 인증 195
보안 함수 127
분할 112, 121
브로드캐스터(Broadcaster) 8
브로드캐스터 프로파일 11
브로드캐스트 프로시져 166
브로드캐스팅 166
블루투스 디바이스 별칭 161
블루투스 디바이스 어드레스 161
블루투스 역사 28
블루투스 저에너지 보안 프로시져 190
블루투스 저에너지 컨트롤러 53
블루투스 패스키(passkey) 162
블루투스 SIG 27
비접속 데이터 채널의 기본 L2CAP 모드 115
비트 오더링 60

| ㅅ |

생산자 상세 데이터 200
서명 데이터 192
서명 알고리즘 140
서명(Signing) 정보 156
서버 설정 261
서버 시작 236
서비스(Service) 247
서비스 검색 187, 261
서비스 검색 서버 188
서비스 변경 281
세그멘테이션 111
센트럴(Central) 9
센트럴 프로파일 15
순차적 프로토콜 214
스테이트 머신(State Machine) 124
슬레이브 136
슬레이브 역할 59
슬레이브 연결 설정 91
승인과 플로우 컨트롤 95
시그널링 패킷 116
식별 주소 정보 155
식별자(Identity) 정보 154
신뢰 쓰기(Reliable Write) 273
쓰기 애트리뷰트 229
쓰기 큐 233

| ㅇ |

암호화 키 사이즈 132
암호화 툴박스 126
애드버타이징 데이터 포맷 198
애드버타이징 상태 78
애드버타이징 채널 PDU 65
애드버타이징 패킷 66
애트리뷰트 21
애트리뷰트 값 209
애트리뷰트 유형 207
애트리뷰트 프로토콜 207, 244
애트리뷰트 핸들 208
애트리뷰트 허용 209
애트리뷰트 PDU 212
애트리뷰트 Opcode 정리 238
액티브 스캐닝 86
업데이트 채널 맵 프로시져 183
에러 검사(Error Checking) 74
에러 제어 111
에어 인터페이스 패킷 63
연결(Connection) 177
연결 설정 164
연결 수립 프로시져 179
연결 업데이트 프로시져 97
연결 이벤트 88
연결 이벤트 전송 윈도우 89
연결 종료 이벤트 92
연결 종료 프로시져 183
연결 페러미터 업데이트 프로시져 182
연결기반 채널의 기본 L2CAP 모드 115
연결기반 채널의 재전송 116
예약 사용 65
옵저버(Observer) 9

옵져버 모드 167
옵져버 프로파일 13
윈도우 와이드닝(Window Widening) 93
인증 프로시져 189
인크립션(encryption) 105, 193
인크립션 블록 108
인크립션 시작 프로시져 101
인크립션 중지 프로시져 102
인터 프레임 스페이스 76
인터모듈레이션 특성 57
일반 검색 164
일반 검색 프로시져 175
일반 결합 프로시져 185
읽기 애트리뷰트 223
입출력 능력 131

| ㅈ |

재전송 111
재조합 111, 112, 121
적합 프로토콜 110
전력 소모 9
전용 결합 프로시져 186
제한된 검색 164
주파수 대역 53

| ㅊ |

채널 맵 업데이트 프로시져 99
채널 배열 53
채널 분류 94
채널 선택 94

| ㅋ |

컨트롤러(CT) 297
컨펌 값 생성 함수 128
키 분배 138, 151
키 생성 함수 129
키의 생성 137

| ㅌ |

타겟(TG) 297
토폴로지(Topology) 5, 6
트랜스미터 특성 54
트랜잭션 215
특성 248
특성 값 선언 252
특성 값 쓰기 270
특성 값 알림 275
특성 값 읽기 267
특성 값 지시 275
특성 디스크립터 276
특성 디스크립터 검색 266
특성 디스크립터 선언 253
특성 선언 251
특성 정의 250
특징 교환 프로시져 103
특징 지원(Feature Support) 96

| ㅍ |

패시브 스캐닝 86
페리퍼럴(Pheripheral) 9
페리퍼럴 프로파일 15
페어링(Pairing) 125
페어링 메소드 129
페어링 방법 145
페어링 실패 150
페어링 알고리즘 132
페어링 확정(Confirm) 148
포함 정의 249
프로시져 응답 타임아웃 105
프로시져 타임아웃 279
프로시져의 역할 158
프로토콜과 채널 멀티플렉싱 111
프로파일 242
프로파일 스택 157
프로파일의 역할 158
플로우 컨트롤 111

| ㅎ |

호스트 110
호스트 인터페이스 36
화이트 리스트(White List) 14, 77

**정가 21,000원**

## 블루투스 저에너지 무선 기술

2010년 8월 27일 초판 인쇄
2010년 9월 5일 초판 발행

| 저자와의 |
|---|
| 협의하에 |
| 인지생략 |

저 자 : 변계섭 · 임성화 · 이병훈 · 윤종욱
발행자 : 우명찬 · 송 준
발행처 : 홍릉과학출판사
주 소 : ㊙ 142-885 서울시 강북구 인수동 455-60
등 록 : 1976년 10월 21일 제5-66호
전 화 : 999－2274~5, 996－8341, 903－7037
팩 스 : 905-6729
ISBN : 978-89-7283-962-0

hongpub@hongpub.co.kr
www.hongpub.co.kr